水圏生物科学入門

会田勝美 編

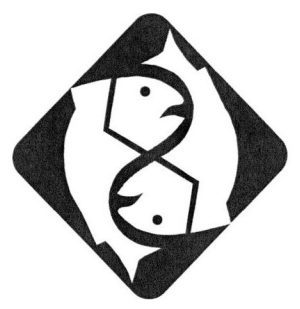

恒星社厚生閣

まえがき

　私の進学先が農学部水産学科に内定した1965年10月，2年生の後期の授業に水産学総論という講義があった．3年生として水産学科に進学する前に，水産学のおおよそを理解しておけということであったのだろう．進学先も決まり，専門の勉強が初めてできるとワクワクしながら講義に出席した若かりし日を思い出す．講義は大御所の先生，当時はたしか檜山義夫先生が担当されていたと思う．その後，この講義はしばらく続いたが，やがてカリキュラムの改正があり，この講義はなくなった．もしかしたら，講義のできる先生がいなくなったのかもしれない．このころから研究の細分化が進み，とても全体を把握し，講義できる人がいなくなった可能性も高い．現在でも復活していない．

　そうこうするうちに，大学院重点化が始まり，学部の水産学科は大学院に移されて水圏生物科学専攻と名を変えた．重点化に伴い修士課程の学生定員も大幅に増加した．そうなると他大学の出身者の受験も増え，なかには学部で水産学を学んでこない学生もいて，修士課程に入学した後の講義にも支障をきたすことが出てきた．

　そのような背景もあり，大学院が重点化されてから10年が経過したあたりから，水産学についての総論的な内容の講義や教科書が必要ではないかという声が聞こえるようになってきた．本書の出版はそのような背景から企画されたものである．

　本書の書名については，最終的に水圏生物科学入門とした．これは大学院重点化にあたり，学部では水産学科が水圏生物科学系専修に，大学院では専攻名が水産学から水圏生物科学になったことに因んでいる．専攻名を変えたのは，水産生物は水圏の中で水産生物以外の生物との相互関係のもとに存在することから，水圏生物全般を教育研究の対象にしようとの思いが強かったからである．もともと水産学科には水産経済などの社会科学系の講座がなかったこともあり，水圏生物科学への名称変更もあまり抵抗感がなかったようである．むしろ食用にならない水圏生物を研究対象にしていた先生からは，水産利用という枠が外されて肩身の狭い思いをすることがなくなったと言われたこともある．

　本書の企画にあたっては，第1章から第4章までの従来の水圏生物科学に加えて，新たに第5章として「水圏と社会とのかかわり」を設定することにした．これは，水圏も社会とのかかわりなしには存在し得ないとの思いが強くなってきたことによる．第5章の構成については，編集を担当された黒倉先生との試行錯誤が続いたが，なん

とか纏めることができてほっとしている．ちょうどこの間は，日本水産学会に新たに水産政策委員会を設置して社会に向けての提言をお願いしたり，学術大会に新たに社会科学系研究の発表の場を新設したり，さらに新公益法人制度への対応とも重なったが，私にとっては苦しくとも勉強のしがいのある楽しい期間であった．

　本書は，大学で初めて水産学を学ぶ学生の方々や水産学を学ばずに水産系大学院に進まれる学生の方々に利用していただくことを念頭においた．ところで農学系学部はミニ総合大学ともいってよいほどに多様な分野を包含しており，私自身は農学部教員として長年在籍しながら学科の壁に遮られたこともあり，他分野については勉強する機会を逸してきた．そのことへの反省もあり，本書を企画した背景には，他分野の農学系教員の方々に，本書を利用することにより，比較的容易に水圏生物科学全般を知っていただきたいとの願いもある．

　本書のような入門的教科書は本来一人で書くものであろうが，近年の研究分野の細分化と研究の高度化・先端化が進んだことから，もはや一人で纏めることは至難な状況になってきた．限られた時間の中で纏めるには各分野の研究者の方々の協力が不可欠であった．各章の編集担当の先生方には，担当の章を纏めるにあたり，全体の統一感を担保するよう努力していただいた．本書の刊行にあたり，編者の意図を理解していただいて執筆や編集に当たられた先生方に改めて感謝申し上げる次第である．

　また本書の刊行に際し，国内外のさまざまな文献から多くの図表を引用させていただいた．ここに快く引用を許可していただいた方々に改めて感謝申し上げる．

　本書を教科書や参考書として利用されて，なお不十分な点やわかりにくい点も多々あることと思う．忌憚のないご意見，ご批判を賜りたい．なお本書の刊行にあたり，恒星社厚生閣の小浴正博氏に大変お世話になった．ここに深謝申し上げる．

2009年2月5日

会田　勝美

編者・執筆者紹介 (50音順)

編者	会田勝美	1944年生,東京大学大学院(農・博)修了. 現在,東京大学名誉教授.
執筆者	青木一郎	1947年生,東京大学大学院(農・博)修了. 現在,東京大学名誉教授.
	阿部宏喜	1944年生,東京大学大学院(農・博)修了. 現在,東京大学名誉教授,実践学園常務理事・教育顧問.
	有路昌彦	1975年生,京都大学大学院(農・博)修了. 現在,近畿大学世界経済研究所教授.
	生田和正	1959年生,東京大学大学院(農・博)修了. 現在,国立研究開発法人水産研究・教育機構フェロー.
	岡田　茂	1964年生,東京大学大学院(農・博)中退. 現在,東京大学大学院農学生命科学研究科准教授.
	岡本純一郎	1952年生,東京大学農学部(水産学科)卒. 現在,(一社)日本トロール底魚協会専務理事.
	小川和夫	1949年生,東京大学大学院(農・修)修了. 現在,(公財)目黒寄生虫館館長.
	落合芳博	1957年生,東京大学大学院(農・博)中退. 現在,東北大学大学院農学研究科教授.
	金子豊二	1956年生,東京大学大学院(農・博)修了. 現在,東京大学大学院農学生命科学研究科教授.
	金子　元	1977年生,東京大学大学院修了,博士(農学). 現在,ヒューストン大学ビクトリア校　Assistant Professor.
	木下滋晴	1974年生,東京大学大学院修了,博士(農学). 現在,東京大学大学院農学生命科学研究科准教授.
	黒倉　寿	1950年生,東京大学大学院(農・博)修了. 現在,東京大学名誉教授,NPO法人 Hunet ASA 理事長.
	黒萩真悟	1961年生,鹿児島大学水産学部卒. 現在,水産庁増殖推進部長.
	佐藤克文	1967年生,京都大学大学院(農・博)修了. 現在,東京大学大気海洋研究所教授.

鈴木　譲	1948年生，東京大学大学院（農・博）修了． 現在，東京大学名誉教授．
清野聡子	1964年生，東京大学大学院（農　修了・総合文化　中退）． 現在，九州大学大学院工学研究院准教授．
塚本勝巳	1948年生，東京大学大学院（農・博）中退． 現在，日本大学生物資源科学部教授．
津田　敦	1958年生，東京大学大学院（農・博）修了． 現在，東京大学大気海洋研究所教授．
日野明徳	1946年生，東京大学大学院（農・修）修了． 現在，東京大学名誉教授．
古谷　研	1952年生，東京大学大学院（農・博）修了． 現在，創価大学プランクトン工学研究所長・教授．
松島博英	1982年生，東京大学大学院（農・修）修了． 現在，水産庁国際課．
松永茂樹	1957年生，東京大学大学院（農・博）修了． 現在，東京大学大学院農学生命科学研究科教授．
八木信行	1962年生，ペンシルバニア大学大学院（経営・修）修了． 東京大学大学院（農・博）． 現在，東京大学大学院農学生命科学研究科教授．
安田一郎	1960年生，東京大学大学院（理・修）修了． 現在，東京大学大気海洋研究所教授．
山川　卓	1960年生，東京大学大学院（農・修）修了． 現在，東京大学大学院農学生命科学研究科准教授．
山下東子	1957年生，シカゴ大学大学院（経・修），広島大学（学・博）修了． 現在，大東文化大学経済学部教授．
吉川尚子	1975年生，東京大学大学院（農・博）修了． 現在，静岡理工科大学理工学部准教授．
良永知義	1958年生，東京大学大学院（農・博）修了． 現在，東京大学大学院農学生命科学研究科教授．
渡部終五	1948年生，東京大学大学院（農・博）修了． 現在，北里大学海洋生命科学部特任教授．

（2021年　現在）

水圏生物科学入門　目次

はじめに ....（会田勝美）

第1章　水圏の環境 ....（古谷　研・安田一郎）......1
§1．水圏の形成と分布 2
1-1　水の惑星(2)　1-2　水の性質(3)
1-3　水圏の鉛直構造(5)　1-4　海　流(6)
§2．物理環境 7
2-1　水の物理的性質(7)　2-2　海洋構造の概観(8)
2-3　流体力学の基礎(12)　2-4　光環境(15)
§3．化学環境 18
3-1　親生物元素(18)　3-2　外洋域の化学環境(20)
3-3　沿岸と内湾の化学環境(21)　3-4　陸水の化学環境(22)
§4．有光層のダイナミクス 22
4-1　海洋表層混合層(22)　4-2　混合層深度と生物生産(23)
§5．物質循環 25
5-1　一次生産の概念(25)　5-2　海洋の一次生産(26)
5-3　低次生物生産(28)

第2章　水圏の生物と生態系
..........（金子豊二・塚本勝巳・津田　敦・鈴木　譲・佐藤克文）......30
§1．水圏の生物 30
1-1　水生生物の出現と進化(30)　1-2　原核生物・原生生物(32)　1-3　植　物(33)　1-4　動　物(33)
§2．水圏生態系 37
2-1　浮遊生物・底生生物(37)　2-2　代表的な生態系(37)
2-3　食物連鎖・食物網・食段階(39)　2-4　微生物ループと食物連鎖(41)　2-5　二次生産者と高次生産者(42)
2-6　トップダウンコントロールとボトムアップコントロール(44)　2-7　サイズ依存性食物連鎖とサイズ分布(45)
2-8　種多様性(46)　2-9　空間分布と不均一性(47)

§3．水生動物の生理 48
　　3-1　細胞組織器官(48)　3-2　魚類の発生と成長(49)
　　3-3　成熟と繁殖(51)　3-4　呼吸・循環(54)　3-5　神経と感覚(56)　3-6　内分泌系(59)　3-7　浸透圧調節(62)
　　3-8　生体防御(64)
§4．水圏動物の生態 66
　　4-1　生活史(66)　4-2　集団構造(69)　4-3　繁　殖(71)
　　4-4　摂　餌(73)　4-5　回　遊(75)　4-6　浮力と行動(78)

第3章　水圏生物の資源と生産
..................................(青木一郎・小川和夫・山川　卓・良永知義)............84

§1．漁業生産 84
　　1-1　日本の漁業生産(84)　1-2　世界の漁業生産(87)
　　1-3　漁業技術(89)　1-4　漁業制度(91)　1-5　責任ある漁業(93)
§2．資源の変動性 94
　　2-1　資源の動態(94)　2-2　加入量変動(95)
　　2-3　レジームシフト(99)
§3．資源の持続的利用 100
　　3-1　資源の変動単位と系群(101)　3-2　Russellの方程式(101)　3-3　余剰生産量モデル (surplus production model)(101)　3-4　成長－生残モデル，再生産モデル(104)
　　3-5　資源管理(108)
§4．資源の増殖 111
　　4-1　水産資源の増殖とは(111)　4-2　繁殖保護(112)
　　4-3　環境改善(112)　4-4　移植・放流(114)
　　4-5　栽培漁業(115)　4-6　水産増殖関連法規(118)
　　4-7　水産増殖の課題(118)
§5．養　殖 119
　　5-1　養殖とは(119)　5-2　養殖の過去から現在(119)
　　5-3　養殖対象種(120)　5-4　養殖技術(120)
　　5-5　疾病 (disease) と防疫 (prevention of epidemics)(125)

第4章　水圏生物の化学と利用
..................................(阿部宏喜・渡部終五・落合芳博・岡田　茂・
　　　　　　　　　吉川尚子・木下滋晴・金子　元・松永茂樹)............132
§1．水圏生物の化学・生化学 132

1-1　一般成分(132)　　1-2　タンパク質(134)
　　　1-3　脂　質(138)　　1-4　低分子成分(143)
　　　1-5　海藻成分(147)　　1-6　比較生化学(152)
　　　1-7　遺伝子工学(155)

§2. 水産食品の栄養・機能 160
　　　2-1　栄養機能(160)　　2-2　生理的機能(163)

§3. 魚介類の鮮度保持 164
　　　3-1　死後変化（post-mortem change）(164)　　3-2　鮮度
　　　保持(165)　　3-3　貯蔵中の成分変化(167)

§4. 水産食品の安全性 169
　　　4-1　魚介毒(169)　　4-2　その他の物質(172)

§5. 水圏生物資源の生化学的利用 173
　　　5-1　生物活性物質(173)　　5-2　その他の物質(178)

第5章　水圏と社会とのかかわり

　　　　　　　　　　　　（黒倉　寿・松島博英・黒萩真悟・山下東子・
　　　　　　　　　　　　日野明徳・生田和正・清野聡子・有路昌彦・
　　　　　　　　　　　　古谷　研・岡本純一郎・八木信行）............ 181

§1. わが国の水産業 181
　　　1-1　漁業の近現代史(181)　　1-2　わが国の漁業制度(195)

§2. 現代の水産業の直面する問題 202
　　　2-1　経　営(202)　　2-2　水圏環境(209)　　2-3　水圏の
　　　多面的利用と水産業(215)　　2-4　漁場喪失や水域保全
　　　における合意形成(220)

§3. 問題の解決に向けたいくつかのノート 223
　　　3-1　水産物の価格形成(223)　　3-2　生態系の機能（生
　　　態系サービス）(228)　　3-3　漁業権制度をめぐる確執と
　　　その解決（元行政官のノート）(231)　　3-4　水産物の国際
　　　貿易と資源保全(235)

付　録 241

第1章　水圏の環境

　地球上で生物の生存を可能にしている最も重要な要素は水の存在である．水は液体，気体（水蒸気），固体（氷）として相を変えながら地球上をたえず循環して生物活動を育んでいる．水圏とは，これら3相の水が存在する場であり，英語ではhydrosphere，まさに地球を包む球としての概念である．そこを生息場とする生物が水圏生物となる．しかしながら，この定義では水に依存する地球上の生物のほとんどが水圏生物ということになってしまう．本書では，湖沼，河川，海洋を主たる生息場とする生物を水圏生物と呼ぶことにする．この章では，これらの生息場が生物にとってどのような環境であるかについて基本的な事項を整理する．

　約46億年前に地球が誕生したとされている．今の宇宙が生成したのが約137億年前というから宇宙の歴史では地球の誕生は比較的最近の出来事といえるが，生物の寿命からみると途方もない過去になる．できたばかりの太陽系ではガスやちりが集まり微惑星という小さなかたまりができ，それらが衝突し，合体して地球は誕生した．微惑星の衝突で発生した熱は地球にマグマの海をもたらし，マグマから出た水蒸気と二酸化炭素，窒素を主成分とするガスは高温の大気となった．地球の温度が下がるに従い，上空では厚い雲ができて雨が降り，マグマの熱で水蒸気になって雲が形成されるという循環が繰り返され，やがて微惑星の衝突がおさまった頃，地球の温度がゆっくり冷えて固い地殻ができあがったと考えられている．その頃，海が形成された．約40億年前の出来事である．やがて海に生命が誕生し，酸素を発生する光合成生物が誕生して，地球の環境をそれまでの還元型から現在の酸化型に変えていくことになった．海の形成からほどなくして起った生命の誕生から，生物は進化しながら，様々な水圏環境に適応放散し，やがて陸上に進出した．このように書くと地球の形成と生命の誕生から現在まで一直線に生物は進化してきたような印象を与えてしまうが，実際は地球規模での環境変動と，それによる大量絶滅，そしてその後の新しい種の出現を繰り返して今日の地球生態系に至っている．現在，温暖化に代表される様々な地球規模の環境変化が議論されているが，生態系への影響についてみると，これまで生物が経験していない速度で環境が変化していることが問題となっている．生物は，それらに対してどのように適応していけるのか，生態系はどのように変化していくのだろうか，さらには人類生存に不可欠な生態系からの恵みをどのように確保していけばよいのだろうか．こうした問題への取り組みには，多くのことを考え合わせていくことが求められるが，中でも現在の生物活動に対する理解が不可欠である．これから，水圏の環境，そこでの生物活動，さらには人間社会との関わりを学んでいこう．

（古谷　研）

§1. 水圏の形成と分布

1-1 水の惑星

　地球は水の惑星と呼ばれている．確かに漆黒の宇宙に浮かぶ地球の写真を見ると，海ばかりでなく全体に青みがかっていて水の惑星であることを実感する．現に，氷も含めると水は地表の75％を覆っている．水は生命の存在に不可欠である．その中で生命は誕生し，すべての生物は水に依存している．太陽系の惑星の中で地球にだけ液体としての水が存在する．それには太陽からの距離と地球の大きさが鍵となっている．地球よりも1つ太陽寄りの金星では太陽から受ける熱量と大気の温室効果のために表面温度が約500℃になっており，1つ遠い火星では－60℃であるため水は液体として存在できない．それらの中間に位置する地球では，太陽光からの直達光により決まる表面温度は－18℃であり，これに大気の温室効果が加わるので約15℃となる．地球表面の温度と圧力の変動範囲内で液体，固体，気体の三相をもつ物質は水に限られている．地球上の水は，太陽からの熱を受けて水蒸気になり，それが雲を経て雨や雪として再び地表に戻る大きな循環系を作っている．もし，地球が今よりも小さくて引力が小さいと水蒸気を地球にとどめておくことができず，水分子は宇宙へ逃げてしまい，たちまち地球は水を失ってしまったであろう．これは月をみれば想像できる．月ができた時は地球のように大気があり，水も存在したと考えられるが，弱い引力のため水蒸気ばかりでなく大気を失ってしまったのだ．

　地球に存在する水の総量は13億7千万km^3であり，その97％は海に存在する（表1-1）．次いで大きな水の貯留は万年氷／氷河の1.7％，地下水の1.7％である．すなわち地球上の水のほとんどは直接利用しにくいものであり，われわれが直接利用できる湖沼や河川水はわずかに0.007％程度である．この表には平均滞留時間，すなわち1回置き換わるのに要する時間が示されている．大気中での水蒸気の平均滞留時間は9日となっている．これは蒸発がなくて降水ばかりだと大気中の水蒸気は9日間でゼロとなってしまうことを示している．実際には太陽からの熱を受けて海面や地表から盛んに蒸発が起こっているので水蒸気がなくなることはない．では，海面からどのくらいの水が蒸発しているのだろうか．表1-1から海水の平均滞留時間は3,700年である．海洋の平均水深は約3,800 mなので，1年間に平均して約1 m蒸発していることになる．蒸発ばかりだと3,700年たつと全海洋は干上がってしまうことになるが，蒸発した分は陸上からの河川水や海での降水として戻ってくるので海水の全

表1-1　水圏における水の分布と平均滞留時間

場　所	水量（$10^3 km^2$）	百分率（％）	平均滞留時間
海洋	1,338,000	97	3,700 年
極域万年氷・氷河	24,100	1.7	16,000 年
地下水	23,400	1.7	300 年
淡水湖	91	0.007	10～100 年
塩水湖	85	0.006	10～10,000 年
土壌水分	16.5	0.001	280 日
大気	12.9	0.001	9 日
河川	2.12	0.0002	12～20 日

Gleick（1996）などから作成

量は変わらないことになる．観測によれば全地球表面の平均降水量は約 1 m なので海面での蒸発と地球表面での降水とはバランスしていると見なせる．換言すれば地球上の水の循環は，海洋が巨大な貯留となって太陽エネルギーによって駆動される大がかりな蒸留装置にたとえることができる．

　河川水の平均滞留時間は約 2〜3 週間である．おおざっぱに言えば雨や雪などの降水が河川を通過して蒸発，あるいは海洋に流入するまでにかかる時間が約 2 週間である．われわれの生活は滞留時間の短いわずかな量の河川水に依存している．大気－海洋－陸地間の水の循環速度の変動が，日照りや洪水を引き起こしわれわれの生活に大きな影響を及ぼすのである．

1-2　水の性質

　水分子を構成する酸素は電気陰性度が大きいため，水分子においては酸素原子側が電気的に負，水素原子側が正の電気双極子を形成している．さらに共有結合に使われていない孤立電子対が 2 つ存在するため，水分子間の引力は水素結合によって強くなる．一般的な分子間の引力であるファンデルワールス力は重い分子間ほど強いが，分子量 18 の水分子間の引力はファンデルワールス力に加えて水素結合のため，分子量 100 の分子と同程度になる．この強い分子間引力により沸点 100℃，融点 0℃となっている．もし，水素結合がなければ水分子相互の引力が小さくなってしまい，沸点と融点はそれぞれ－90℃，－110℃以下となる．現在の地表の温度範囲では水はすべて水蒸気として存在して，液体や固体の水は存在し得ないことになる．さらに，水素結合により水はすぐれた溶媒となる．分極しているために塩化ナトリウムなどのイオン結晶の結合を破壊し易く，また，糖の溶解に代表されるように他の分子と容易に水素結合を作りやすい．この性質により，水は生体内で多くの物質を溶かし込み，多様な化学反応を可能にしている．

　生物が生育する媒質として空気と水を比較してみよう（表 1-2）．まず，密度についてみると空気と水の大きな違いは，水の中で生物は浮くが空中では運動をしない限り生物は浮くことができないことである．これは生物の空間分布を大きく規定する．すなわち，空中では生物は常態的には生存し得ず，したがって生息範囲は地面から大きく離れることはない．ヒマラヤを渡り鳥が越えることは知られているが地面からの高さという点では 1 km を超えることはほとんどない．一方，海洋では水深 10 km を超える海の海面から海底まで 3 次元的に生物は分布する．これは生物が水中で浮くことができるから可能になっている．空中のように浮くことに多大なエネルギーを必要とすれば，海水中に浮いている生物は浮くために多大な投資をしなければならず，見返りとなる恩恵がない限り，生存戦略としては極めて不利である．

表 1-2　空気と比較した媒質としての水の特徴（20℃）

特　性	水	空　気	水中での生物への影響
密度	〜1 g/cm^3	水の 1/800 程度	生物体が「浮き」やすい
定圧比熱容量	〜4.18 J/k/g	水の約 1/4	水温が安定，貯熱
粘性	1.002×10^3 Pa s	水より 2 桁小さい	摩擦の効果で沈みにくい
光吸収	大きい	小さい	深度とともに急激に減衰
酸素濃度	6〜8 mg/l	0.2 気圧	酸素欠乏になりやすい
音	〜1,500 m/s	〜340 m/s	シグナル伝達
相	3 相	単相	水温の安定に寄与

次に比熱を比べてみよう．これも水の方が大きい．これは，水素結合の大きさから容易に想像することができる．同じ熱量の移動があっても温度の変化は空気より水の方が小さいことになり，環境の温度がより安定していることを意味する．地球の表面温度で水が固体，液体，気体の三相を示すことも水温の安定化に寄与している．例えば氷の浮かぶ南極海を例にとろう．太陽からの熱エネルギーが供給されている状態では氷がなければ水温は上昇するが，氷が存在しているとその融解に熱エネルギーが消費されるので氷がすべて融解するまでは水温は上昇しない．逆に，冷却により熱エネルギーが海面から大気に奪われる場合，氷ができることによって水温の低下が妨げられる．また，熱帯・亜熱帯の暖海では，海面に熱が供給されても蒸発により海水温の上昇は緩和される．このように，水の態が変わることで海面の熱収支に伴う水温変化が緩和され，生物にとって安定した水温環境が担保される．

粘性も水の方がはるかに大きい．プールの中で歩くと普通に歩くよりもはるかに大きな抵抗を受けることから実感する．大きな粘性は，運動する物体に対して抵抗としてはたらくので，水中の生物を沈みにくくする．遊泳力をもたないプランクトン（浮遊生物，plankton）の生存にとって，粘性は一定の水深にとどまる上では有利にはたらく一方で，運動する場合には抵抗となり，その生活は水の粘性に大きく支配される．

密度が大きいことは光吸収や音の伝搬の違いを生む．水中では光はすみやかに減衰し，音の伝搬は速い．大気外から地表までの間に太陽光は大気の成分によって吸収されるが，水中では深度とともにはるかに急激に減衰する．最も透明な海であっても水深100 mで海面光量の1 %程度に減少する．一方，音は空気中に比べて遠くまで伝搬することになる．クジラ類はインド洋と大西洋の間で会話をしているとの研究報告もあるくらいだ．好気的な生物の生存にとって不可欠な酸素の濃度も水中と空気では大きく異なる．陸上では特殊な環境以外では酸素欠乏になることは稀であるが，水中では酸素欠乏が起こりやすい．これらの点については後ほど詳述する．

さらに，海水中には淡水と比べて大量の無機塩類（inorganic salt）が溶存している．海水中には天然の元素のほぼすべてが存在するが，塩化ナトリウムと硫酸マグネシウムが溶存物質（dissolved matter）の95 %以上を占める．主要なイオンはNa^+，Mg^+，K^+，Ca^+，Sr^+，Cl^-，SO_4^-，Br^-，F^-であり，これらの濃度は沿岸では低く沖合で高いが，それらの相対的な組成はどの海域に行っても一定である．この無機塩類のために海水の粘性や屈折率，比重は淡水よりも大きく，酸素や窒素などの溶存ガスの濃度は低い．さらに，塩分は生物にとっては浸透圧の違いを生み，海産種（marine species），淡水種（freshwater species），汽水種（brackish water species）など分布を規定する重要な要因となる．

このように生物が生存する媒質として水と空気は大きな違いがある．水中で誕生し，その中で進化してきた水圏生物は陸上生物とは異なる性質をもつことが想像できよう．陸上から水中に生活の場を移した生物，例えばクジラ類なども水中で新たな進化を経たことが知られている．地球上で最も大きな動物はシロナガスクジラである．陸上で最大の動物であるアフリカ象に比べるとはるかに大きい．シロナガスクジラは陸上では生育できないと考えられている．それは動物の骨を構成する物質の強度が陸上ではその体重を支えることができないためである．生存の場を水中に移すことにより，クジラ類は体を大きくする方向の進化を可能にしたといえる．このように陸上と水中では様々な面で環境に

違いが認められる．このような環境の違いが水圏生物の特性にどのような影響を及ぼしているかを考えながら，本書を読み進めてほしい．

1-3　水圏の鉛直構造

海面を境に地球の表面は二分される．上は陸上と大気，下は海洋である（図1-1）．陸上の最高度はエベレストの8,848 m，平均高度は840 mである．湖沼や河川，内海はこの高度範囲に分布する．一方，海洋の最深部は北太平洋マリアナ海溝の11,035 mであり，平均水深は3,800 mである．陸上の凸凹を削り取り海を平均的に埋め立てても，水深2,430 mの海洋が地球を覆う計算になる．大陸の周辺では，海岸線から沖合に向かって緩傾斜の海底が続き，シェルフブレークと呼ばれる傾斜の変換

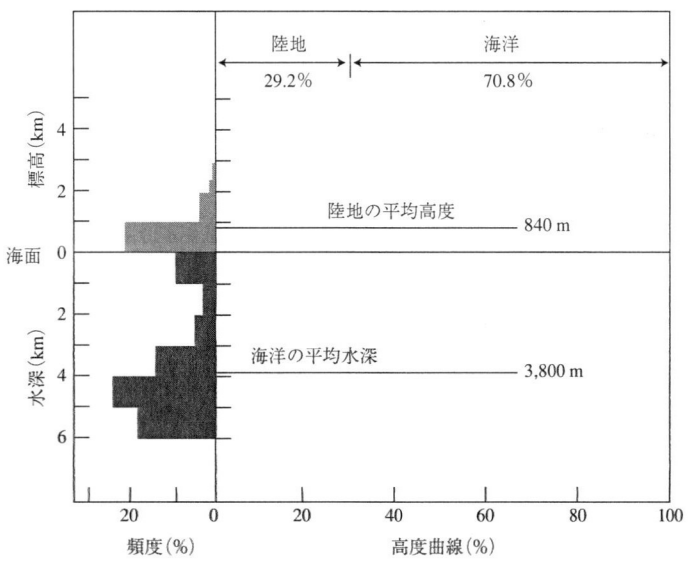

図1-1　海面からの標高および水深の分布（左）と高度曲線．

点から先で勾配は急になる．変換点の前を大陸棚，後を陸棚斜面と呼ぶ．大陸棚の平均深度は130 mである．大陸棚は，海面が現在よりも100 m以上も低かった氷河期の海岸平野だったと考えられている．

海洋は深度に応じて区分けされており，海面から水深200 mまでを表層（epipelagic zone），200 mから1,000 mまでを中層（mesopelagic zone），1,000 m以深を深層（bathypelagic zone）と呼ぶ．深層をさらに分けて1,000から3,000〜4,000 m付近を漸深海層（bathypelagic zone），水深3,000から4,000〜6,000 m付近を深海層（abyssopelagic zone），水深6,000 m以深を超深海層（hadalpelagic zone）と呼ぶこともある．表層では太陽からの光を受けて光合成（photosynthesis）による有機物生産が起こり，海洋生物の分布密度が最も高い．深層は光が全く届かず，水温が約5℃以下の暗黒で冷たい海である．中層は両者の中間にあたる．なお，飲料水や食品などで使われる，いわゆる深層水は，水深200 m前後以深から採取した海水を指し，海洋学上の定義とは異なる．

1-4 海流

地球規模で海面を見ると水平方向にも，構造があることがわかる．海流である．海流は低緯度から高緯度に流れる暖流と，高緯度から低緯度に流れる寒流の2つに大別される（図1-2）．この図を見ると太平洋では，暖流と寒流によって大きな2つの環が存在することに気づく．1つは黒潮から太平洋東岸のカルフォルニア海流，北赤道海流によって形成され，もう1つは親潮とアラスカ海流からなっている．流速は様々であるが，黒潮など強い海流では秒速1 mを超える流速が観測される．強い海流と述べたが，大洋の西側を流れる海流は地球自転の影響を受けて強い海流が存在する．黒潮，湾流，東オーストラリア海流，ブラジル海流が例としてあげられる．海流の力学についてはあらためて述べる．暖流は自身が冷やされながら大気に水蒸気を供給して暖めるので雨が降りやすくなる．このため暖流が流れる沿岸では温暖で湿潤な気候が保たれる．これに対して寒流は水蒸気が発生しにくく，沿岸を冷涼で乾燥した気候にする傾向がある．このように海流は熱の輸送や雲の形成を通して気候に影響を及ぼし，その水温や塩分は海洋生物の分布を規定する重要な要因となっている．

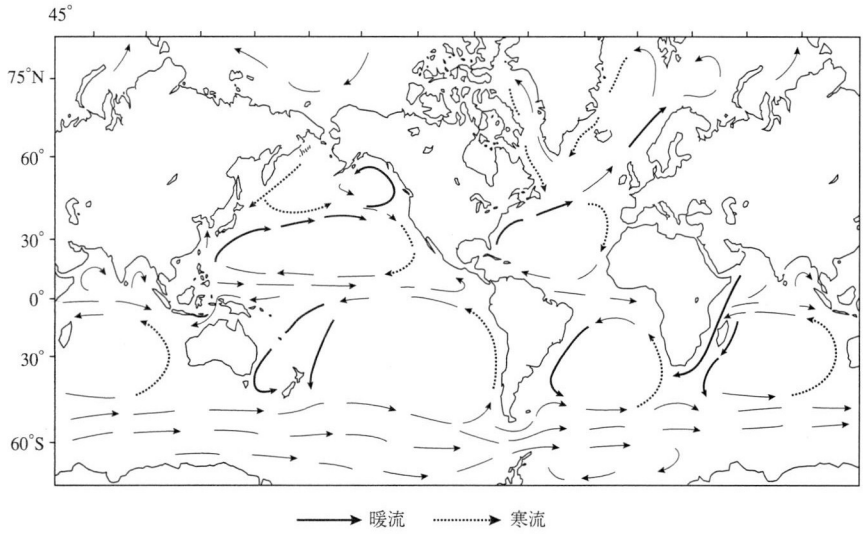

図1-2　海流の模式図．

漁業にとっても海流は重要である．回遊魚の生活史は海流を巧みに使っていることが知られている．わが国沿岸で孵化したマイワシの稚仔魚は黒潮に乗って北上し，餌の多い三陸沖で成長し，やがて岸沿いに南下して産卵場に戻る．このほかにもサケやカツオ，マグロ，ウナギ，ウミガメなど海流に依存した生態を示す海洋生物は多い．海流は漁場形成においても重要である．三陸沖では黒潮系水と親潮系水が混合して，餌となるプランクトンの生産量が高く好漁場となっている．このような暖流と寒流の潮境や，沿岸水と外洋水の潮目など異なる水塊が混合する場所はよい漁場となる．　　　　（古谷　研）

§2. 物理環境

2-1 水の物理的性質

水の物理的性質は，水温（Temperature），塩分（Salinity），圧力（Pressure）で決まり，水の密度（Density）はこれらの関数として与えられる．塩分Sは，1,000 g中の海水に溶けている物質の全含有量をグラム表示したもので定義され，単位は1000分率（‰パーミル）で表されていた．1960年代までは，試水を硝酸銀で滴定し，塩化銀の沈殿重量を計量して得られる塩素量Clに組成比を乗じる（$S = 1.80655 \cdot Cl$）ことによって塩分を求めていた．この方法は，海水中に溶けている物質の組成比が海域によらず一定であることを利用している．この場合，採水・滴定・計量という手間がかかる作業が必要であり，精度は0.02‰程度であった．その後，塩素の定量に代わって，電気伝導度（Conductivity）測定による，より簡便な塩分測定が可能となった．1978年には実用塩分PSS78（Practical Salinity Scale 1978）が導入され，塩分を電気伝導度，水温，圧力の関数として定義することになった．物質の重量を測定しない方法に代わったことに伴い，塩分の単位は「つけない」または「psu（practical salinity unit）」とすることとされた．圧力，電気伝導度，水温を精度よく測定できる観測機器CTDセンサが開発され，物理的特性の測定はかなり容易になった．しかし，CTDセンサは付着物などによって特性が時間変化するため，測定の精度を維持するためには，採水試料を温度管理された塩分計により標準海水を用いて測定し，CTDを校正することが不可欠である．採水試料の塩分測定については，海洋観測指針（気象庁編）を参照するとよい．

圧力について述べる．厚みが1 mの水の圧力が約0.1気圧（単位bar）であることから，深度mの代わりに圧力dbar（デシ・バールと読む，デシは10分の1の意）を用いることが通例となっている．海水1,000 m深の圧力は，ほぼ1,010 dbarであり，1 m海水～1 dbar＝10^4 Pa＝10^2 hPa（Pa［パスカル］は，単位面積当たりに加わる力N/m^2，hはヘクトで100の意）である．

海水の密度は1,020から1,070 kg/m^{3}の範囲にあるので，1000を引いたσ（シグマ）＝密度ρ－1000で表すのが通例となっている．海水には物質が溶け込んでおり，含有物のない純水の密度が約4℃で最大であるのに対し，海水は結氷温度で密度が最大となる．海水の密度は，同じ塩分・圧力では水温が高い程低く，同じ圧力・水温では塩分が高いほど高く，同じ水温・塩分では圧力が高いほど高い．同じ水温・塩分の海水を異なる圧力に置くと，圧縮されて，圧力が高い方がその場の密度は大きくなる．ある水温・塩分・圧力の現場環境下での密度を現場密度（In-situ density）と呼びσ_{stp}と書くことが多い．$\sigma_{s=35psu,\ t=0℃,\ p=0dbar} = 28.13$，$\sigma_{s=35psu,\ t=0℃,\ p=4000dbar} = 48.49$のように変化する．現場密度の計算については，巻末の付録1aを参照せよ．

海水を異なる圧力（水深）に断熱的に移動させると，断熱膨張（深から浅）または断熱圧縮（浅から深）によって，水温が低下（上昇）する．圧力0 dbar，塩分35，水温5℃の海水を断熱的に4,000 dbarまで移動させると5.45℃になる．すなわち，同じ海水でも圧力が変わると現場の水温は変わる．海水の起源などを同定しようとした場合，圧力によって変化する水温は使いにくいため，同じ圧力に揃えて同じ基準の下で定義されたポテンシャル水温θと呼ばれる水温が用いられる．海面（圧力p＝0dbar）基準のポテンシャル水温は巻末の付録1bにある式を用いて求めることができる．

同じ（θ, S）の海水は同じ起源の海水である可能性が高い．深海の海水の同定には，圧力によって水温変化率が異なるため，海面ではなく，その海水が存在する付近の圧力を基準とするポテンシャル水温を用いる必要がある．

現場密度の式（巻末付録1a）に，塩分，ポテンシャル水温 θ，基準圧力 Pr を与えた密度 $\sigma_{s, t=\theta, p=Pr}$ を基準圧力 Pr によるポテンシャル密度 σ_θ と呼ぶ．1,000 m 以浅の海洋構造を論じる場合には，基準圧力を海面にとった σ_0 または σ_θ がよく用いられる．大気や海底と接しておらず鉛直混合が小さい場合，海水は等ポテンシャル密度面に沿ってポテンシャル水温 θ や塩分などを保存しながら移動する傾向がある．このため，等ポテンシャル密度面上で水温や塩分など保存物質の分布を追跡することは，中深層の海流分布や海水の起源を推定する場合に有効である．浅海域では，現場水温 T，圧力 0 を用いた密度（シグマt）$\sigma_{s, t=T, p=0}$ もよく用いられる．

2-2 海洋構造の概観

海流や海洋内部の構造を作り出す駆動力は，主に大気と接する海面に存在する．年平均の海面水温（SST：Sea Surface Temperature）の分布を見てみよう（図1-3上）．SSTは高緯度で低温（結氷温度である−1.8℃が下限），低緯度で高温（約30℃が上限）となっており，等温線は概ね東西に走っている．等温線が緯度線に沿っているのは，緯度に依存する日射がSSTに影響しているためである．等温線が南北になっている部分は，強い海流による熱の輸送（例：大洋の西縁の黒潮など），風による湧昇低温域（大洋の東縁や東部赤道太平洋など）や強い鉛直混合による低温域（千島列島付近）など，特別の理由が存在する場合が多い．

海面での熱の交換は，日射 Q_s（Solar radiation: 0-400W/m^2）による海の加熱，海面からの長波放射 Q_b（冷却：−50 W/m^2 前後），海水の蒸発に伴う潜熱（Latent Heat：水が水蒸気になる際に海水から熱を奪う）輸送 Q_e（冷却：0 から−800 W/m^2），海洋と大気の温度差による顕熱（Sensible Heat：温度の高い方から低い方へ熱が移動する）輸送 Q_h（加熱または冷却±100 W/m^2）によって生じる．これらの合計 $Q_s + Q_b + Q_e + Q_h$ は正味の熱フラックス Q_{net} と呼ばれ，Q_{net} が正の値を取るとき加熱，負の時冷却を表す．長期的（1年以上）には，Q_{net} が正（負）の場所では海流による水平熱輸送や鉛直拡散などによって，Q_{net} の加熱（冷却）部分と釣り合い，水温は大きくは変化しない．潜熱輸送 Q_e や顕熱輸送 Q_h は，ともに海面上の風速に比例し，Q_e は海上大気が乾燥しているほど，Q_h はSSTと海上大気温度の差が大きいほど大きくなる．このため，冷たく乾燥した季節風が暖かい海に吹き付ける冬季日本南岸の黒潮域や日本海対馬暖流域では海洋から大気への熱輸送が大きくなる．各熱輸送の定式については，気象力学通論（小倉義光著）などを参照して欲しい．

海面塩分（図1-3下）は，海面水温分布と異なり，緯度20度を中心に高塩分，高緯度で低塩分である他，北大西洋と北太平洋を比べると全体的に北大西洋が高塩分である．また，沿岸海域で低塩分である場所が存在する．海面塩分の分布は，蒸発（Evaporation）−降水（Precipitation）−河川（River Discharge）で大まかには決まっている．すなわち表面海水からの淡水の出入りによって，蒸発（E）が降水（P）・河川による淡水供給を上（下）回る P−E＜0（＞0）の場所では，高（低）塩分となる傾向がある．長期的には塩分は一定であるので，これら過剰に供給された塩分や淡水は，海流や拡散によって海洋内部に輸送されバランスしている．北大西洋ラブラドル海では，低緯度から運

ばれた高塩分の海水が冷却され高密度深層水となって沈降し，北大西洋深層水を形成している．逆に北太平洋高緯度海域では，降水過剰のために表層が低塩分であり，冷却され低温となっても塩分が下層で大きいため深層水が形成されにくい．海水は結氷温度に達すると海氷を形成し始めるが，海氷は殆ど塩分を取り込まず，ブラインと呼ばれる低温高塩分高密度の海水を放出する．このブラインが元になって深層水や中層水が形成されることがある．

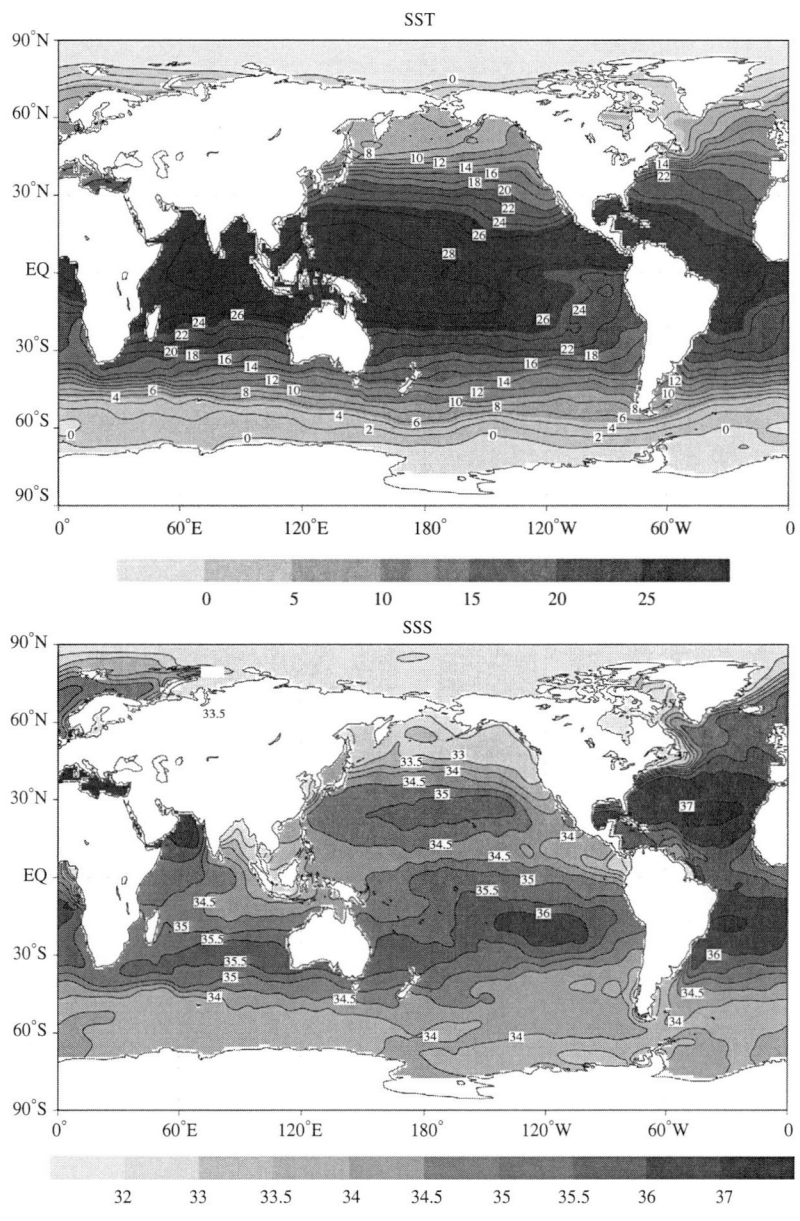

図1-3　年平均海面水温（SST：上）及び海面塩分（SSS：下）水平分布

大西洋（29.5°W）および太平洋（159.5°W）を南北に切った海面圧力基準のポテンシャル水温 θ・塩分S・ポテンシャル密度 σ_0 の断面図を図1-4に示す．θ や塩分は海洋内部では，海流に沿って一定の値をとる傾向にある保存成分である．ポテンシャル水温は1,000 m以深で概ね5℃以下であり，海の多くの部分が低温であることがわかる．また，南北緯度30度付近を中心に暖水および低密度水が下に凸の形状を示しており，亜熱帯循環系を示している．塩分分布は，中・深層の海流系を反映し

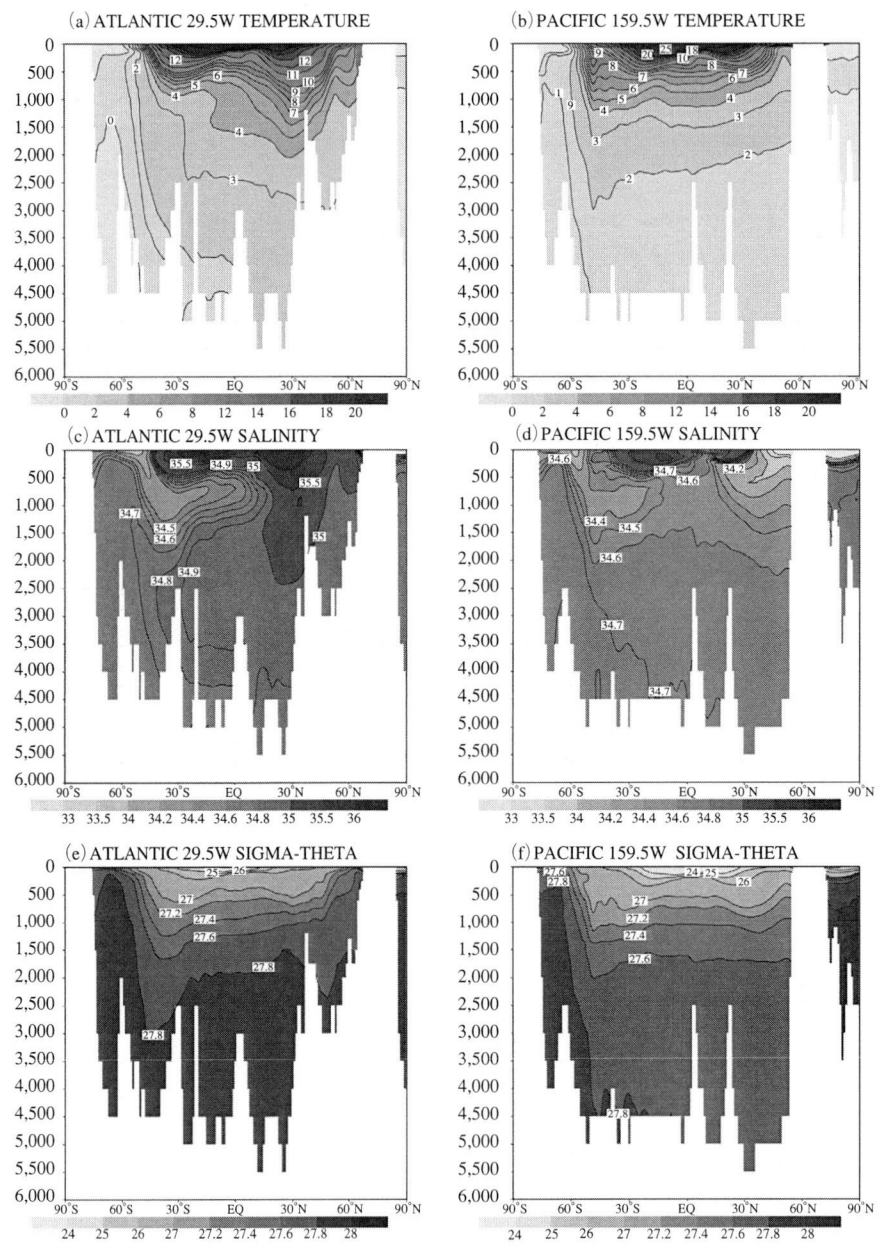

図1-4 大西洋（左）・太平洋（右）中央部を南北に横切るポテンシャル水温（上段）・塩分（中段）・ポテンシャル密度 $\sigma\theta$（下段）分布

て複雑である．北大西洋グリーンランド沖やラブラドル海で沈降してできる（深層水の中では）比較的高温・高塩分の北大西洋深層水（NADW：North Atlantic Deep Water）が3,000 m深を中心に南に向かうように分布している．NADWが分布することにより，大西洋の深層は，太平洋に比較して高温・高塩分・高密度となっている．南極周辺から大西洋底層には0℃以下の比較的低温低塩分の南極底層水（AABW：Antarctic Bottom Water）が分布している．太平洋の深層水は，NADWが

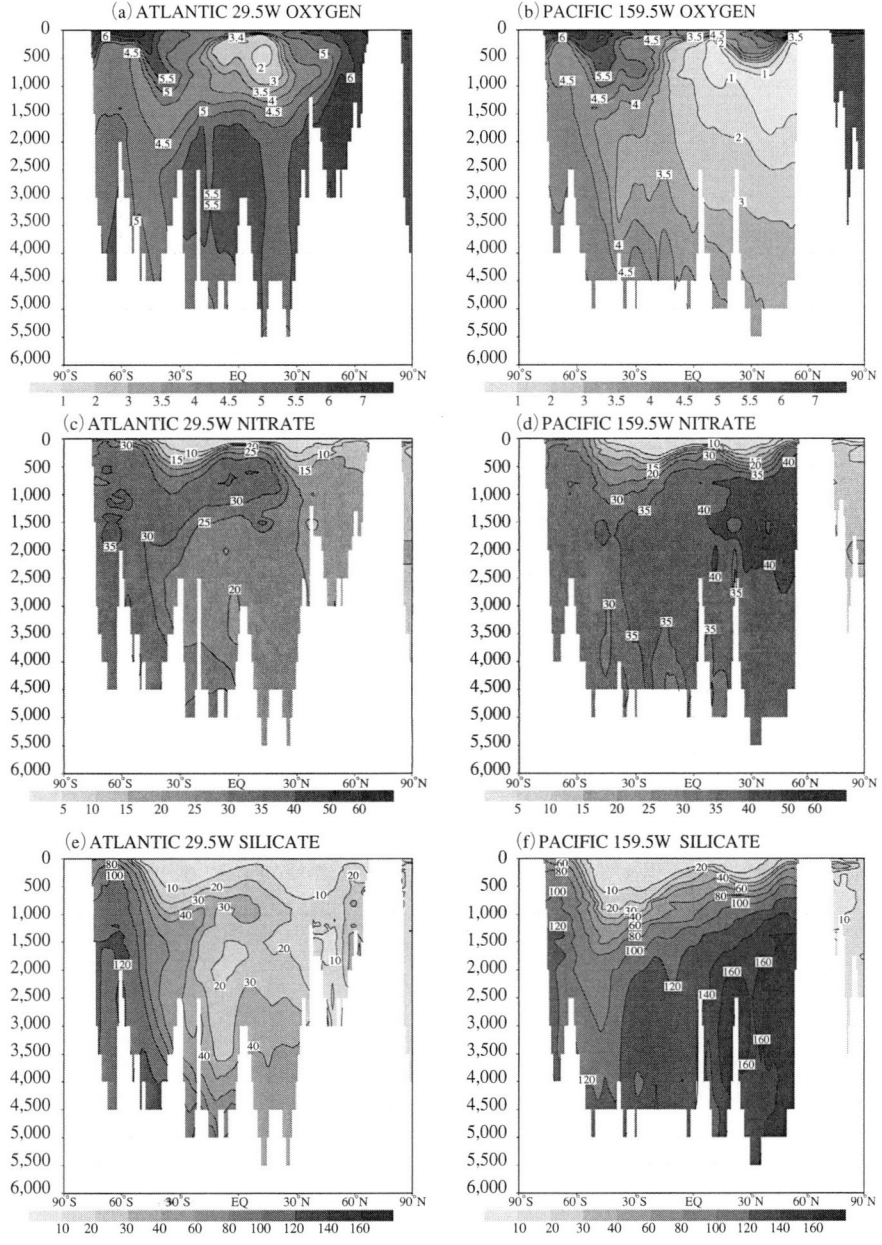

図1-5 大西洋（左）・太平洋（右）中央部を南北に横切る断面での，溶存酸素（上段）・硝酸（中段）・ケイ酸（下段）濃度分布

南極周辺で表層近くに上昇した海水が冷却・低塩分化したNADWとAABWが混合してできた海水と考えられている．塩分断面の中層500〜1,000 m深には，鉛直方向の塩分極小で特徴付けられる中層水と呼ばれる海水の高緯度から低緯度に向かう分布が見られる．南半球で見られる低塩分水は南極中層水（AAIW：Antarctic Intermediate Water），北太平洋で見られる低塩分水は北太平洋中層水（NPIW：North Pacific Intermediate Water）と呼ばれている．北大西洋北緯30度付近500〜2,000 m深に分布する高温・高塩分水は，地中海水（Mediterranean Water）と呼ばれている．

北大西洋高緯度で形成された深層水は，大西洋を南下し，南極海を経て大きく変質しながらインド洋・北太平洋へと移動する．この間，深層水は，熱の鉛直拡散により上から，ゆっくりと暖められ軽くなり，次第に上昇する．最終的には，海面に現れ，北大西洋高緯度で再び深層水となって沈降する．この深層水循環は海洋熱塩循環（Ocean Thermohaline Circulation）とも呼ばれ，1サイクルは約1,000年のオーダーであるとされている．

図1-5は溶存酸素（O_2），硝酸塩（NO_3^-），ケイ酸（$Si(OH)_4$）の断面図である．これらの物質は，θやSと異なり，海洋内部の流れに沿って物質の分解や生物の作用によって徐々に濃度が変化するため，非保存成分と呼ばれている．溶存酸素は，海水が海面にあり大気と接している時に供給され，ほぼ飽和となるまで溶け込む．一方，海洋内部では，生物起源の有機物などが分解する際に酸素が消費されるため，海水が海面から離れた後は，徐々に酸素濃度が低下する．硝酸塩は，海洋表層で植物プランクトンが光合成により生産される際に必要とされる栄養塩であり，植物の生産に伴い表層水から除かれるため，中低緯度の表層付近では極めて低い濃度となっている．表層で生産された生物の死骸や排泄物は，粒子となって中深層に沈降しながら分解し，栄養塩が再生される．このため，硝酸塩濃度は中深層で高濃度となる．栄養塩の一種であるケイ酸は，表層で植物プランクトンである珪藻類や動物プランクトンの放散虫などによって使われ，硝酸塩と同様に分解・再生するがその速度が硝酸塩よりも遅い．このため，太平洋では硝酸塩よりも高濃度部分が深いところに位置している．

このように，溶存酸素や栄養塩の分布は，生物やその沈降・分解過程を通じた物質循環（主に鉛直方向）と海水循環（主に水平方向）の組み合わせで決まっている．酸素濃度が高く栄養塩濃度が低い海水は比較的新しい海水，逆の海水は古い海水と大雑把には見なすことができる．酸素や栄養塩の太平洋と大西洋の濃度の違いは，北大西洋ではNADWが形成され，その海水が南極周辺から，北太平洋へとゆっくり上昇しながら北上する，という海洋深層循環に沿って酸素が低下し栄養塩が上昇する，ということで説明されうる．NADW形成域から北太平洋低酸素域までは約1,000年かかるといわれている．

2-3 流体力学の基礎

海流など水の運動や温度・塩分の変化は流体力学・熱力学の方程式で記述される．ここでは海や湖，川などの物理環境の変化を表す流体の法則をできるだけ噛み砕いて解説することを試みる．より詳細には，専門書を参考にして欲しい．

水の運動は，ニュートンの力学第2法則（質点の質量m・加速度$\vec{a}$＝質点に加わる力$\vec{F}$）が基本である．加わる力として圧力傾度力（圧力が高いところから低いところに向かって働く力）と回転する地球上での運動を記述するために出てくる転向力（コリオリ力：北（南）半球で，回転する地球に対

して速度をもって運動するとき直角右（左）向きに働く力）と重力を加えた方程式で記述される．

水は，質点ではなく形を変えうる上に，周囲とつながっているので，厳密には質点ではないが，ここでは単純化して，x, y, z, 軸方向にそれぞれδx, δy, δz, の長さをもつ直方体の微少流体素片を考え，そこに働く力を考えよう．この流体素片の密度をρとすると

$$\text{質量}\ m = \rho \cdot \delta x \cdot \delta y \cdot \delta z$$

となる．ここで圧力$p(x, y, z, t)$は面に働く力であり場所・時間に依存するが，それ自体に方向性はないスカラ量である．今考えている流体素片のx軸に垂直で距離δx離れた2つの面に働く力（圧力×面積）の差（x軸方向の圧力傾度力）は，

$$-[p(x+\delta x, y, z) - p(x, y, z)] \cdot \delta y \cdot \delta z$$

とかける．ここで負記号は，圧力傾度力が圧力の高いところから低いところに向かって働くためについている．これが質量×加速度と等しいことから，

$$\rho \cdot \delta x \cdot \delta y \cdot \delta z \cdot Du/Dt = -([p(x+\delta x, y, z) - p(x, y, z)]/\delta x) \cdot \delta x \cdot \delta y \cdot \delta z$$

となる．ここでDu/Dtは今注目している流体素片を追跡した時の軸方向の加速度であり，x軸方向の速度をuとした．y, z軸方向にも同様のことが成り立つので，圧力傾度力を加えたニュートンの第2法則は，

$$\rho \cdot D\vec{u}/Dt = -\nabla p, \quad [\vec{u} = (u, v, w),\ \nabla p = (\partial p/\partial x, \partial p/\partial y, \partial p/\partial z)]$$

と書ける．

地球表面にある人間や海水を含めたあらゆる物体は，回転する地球と一緒に，地軸を中心に1日に1回転している．地球上で生活するわれわれは普段このことに気がつかないが，宇宙から見ると，実はすごいスピードで運動しているのである．一方，われわれは万有引力によって地球の中心に向かう力を受けており，この力が遠心力と釣り合って，等速回転運動している．海流の運動を記述するには，回転する地球上で見た地球に相対的な運動として（地球の回転運動は差し引いて）記述する方が都合がよい．これは，これまで得られた運動方程式$\rho \cdot D\vec{u}/Dt = -\nabla p$を座標変換し，$\vec{u}$を地球に相対的な速度とすると，

$$\rho \cdot D\vec{u}/Dt = -\nabla p - 2\rho \cdot \vec{\Omega} \times \vec{u} - \rho \cdot \vec{\Omega} \times (\vec{\Omega} \times \vec{r})$$

となる（$\vec{\Omega}$は地軸の周りの自転角速度ベクトル：導出は力学の教科書を参照）．右辺第2項がコリオリ力，第2項が遠心力である．この方程式に地球の中心に向かう万有引力を加え，遠心力と併せて重力として表現したものが

$$\rho \cdot D\vec{u}/Dt = -\nabla p - 2\rho \cdot \vec{\Omega} \times \vec{u} - \rho \cdot \vec{g} \quad (\vec{g}\text{は重力加速度})$$

で，これが最終的な運動方程式である．

ここでその場の海流によって流されてゆく流体素片の加速度$D\vec{u}/Dt$は，流体素片の移動に伴い異なる時刻では流体素片が到達した場所（すなわち時刻によって違う場所）での加速度を表している．このように流体素片とともに移動してみたときの時間変化D/Dtをラグランジェ微分と呼び，場所を固定したときの時間変化$(\partial/\partial t)_{x, y, z}$（オイラー微分と呼ぶ）と区別する．熱や塩分は，ある流体素片を追跡した場合（ラグランジェ的に見た場合），周囲との熱や物質の交換を考えない場合保存量（すなわちポテンシャル水温や塩分は，外部との交換が基本的には存在しない海洋内部では，流れに沿って一定）なので，

$$D\theta/Dt = 0, \quad DS/Dt = 0 \quad (\theta, S はそれぞれポテンシャル水温と塩分)$$

と書ける（注：実際には，海面での大気との交換や分子拡散・分子粘性が存在するが，海面から離れた大きなスケールの現象では無視できる）．これが熱と塩分の流体素片に沿った時間変化を表す方程式である．一方，コンピュータ上で数値計算などを行う場合には，流体素片に沿って（違う場所での）加速度・水温・塩分が与えられるよりも，固定した場所で（オイラー的に）これらの諸量が与えられた方が好都合な場合が多い．次にラグランジェ微分をオイラー微分で表現してみよう．

ある時刻 t ある場所 (x, y, z) にあった流体素片が流されて，わずかな時間 δt 後に $(x+\delta x, y+\delta y, z+\delta z)$ に移動したとする．その時この流体素片がもつある量 A（例えば流速 $\vec{u}$，水温 θ，塩分 S など）の変化量は

$$\delta A = A(x+\delta x, y+\delta y, z+\delta z, t+\delta t) - A(x, y, z, t) = \nabla A \cdot \delta \vec{x} + \partial A/\partial t \cdot \delta t$$

ここで $\delta \vec{x} = \vec{u} \cdot \delta t$ なので，両辺を δt でわると，ラグランジェ微分は

$$DA/Dt = \partial A/\partial t + \vec{u} \cdot \nabla A$$

とオイラー微分で書ける．右辺第1項は，場所を固定した時の A の時間変化である．第2項は A が空間的に変化する場合に，上流からものが流されてきた時の変化を表し，移流項と呼ばれている．第2項は，流速とある量のかけ算の形になっており，単純な形で問題を解くことが困難である非線形問題となる．流体の運動や物質の変化を表す方程式は，これまで導出したように決して難しいものではないが，この方程式から海流や波動を始めとする多種多様な流体現象が生まれてくる．特に，方程式がもつ非線形性のために乱流現象を含め未だ多くの未知の問題が残されている．

流体は，連続してつながっているため，ある場所に出入りする水収支が0となること（体積保存）から，

$$\nabla \cdot \vec{u} = \partial u/\partial x + \partial v/\partial y + \partial w/\partial z = 0 \quad (流速の収束・発散はない)$$

という連続の式が得られる．もう1つ熱力学的関係として状態方程式と呼ばれる密度と水温・塩分・圧力の関係式

$$\rho = \rho(\theta, S, p) \quad (巻末付録1)$$

が与えられる．7つの未知数 $(u, v, w, \rho, \theta, S, p)$ に対して，7つの方程式が与えられているため，原理的には，少なくとも数値的には，これらの方程式は解くことが可能である．ある初期条件・境界条件の下で，コンピュータで少しずつ先の時間での流速・水温・塩分などを計算してゆくことは，流体の数値シミュレーション（実験的な場合は数値実験）と呼ばれる．気象や海洋の数値計算技術は現在かなり進んできており，気象変化や海流の予測も行われている．しかし，今ある計算機の能力をもってしても十分な時空間解像度でこれらの方程式を解くことは不可能である．このため，方程式を近似し，より単純な方程式にして数値シミュレーションが行われている．現在では，生物・化学過程を含んだ生態系数値シミュレーションも行われるようになってきた．

この小節の最後に，多少簡略化した7つの方程式をまとめておくことにする．

$$Du/Dt = fv - (\partial p/\partial x)/\rho_0 \tag{1}$$

$$Dv/Dt = fu - (\partial p/\partial y)/\rho_0 \tag{2}$$

$$Dw/Dt = -(\partial p/\partial z)/\rho_0 - \rho g/\rho_0 \tag{3}$$

$$D\theta/Dt = 0 \tag{4}$$

$$DS/Dt = 0 \tag{5}$$
$$\nabla \cdot \vec{u} = 0 \tag{6}$$
$$\rho = \rho(\theta, S, p) \tag{7}$$

ここで$f = 2\Omega \sin\theta_{LAT}$はコリオリパラメタと呼ばれ,地球の自転角速度$\Omega$と緯度$\theta_{LAT}$で決まる.$\rho_0$は一定の海水基準密度であり,(2-3-3)式の重力項を除き密度を一定とする近似をブシネスク近似と呼び,海洋の数値計算でよく用いられる近似である.

〈安田一郎〉

2-4　光環境

地表に到達する太陽光は紫外域の短波長からマイクロ波の長波長にわたる広いスペクトルを示す（図1-6）.太陽光で最もエネルギーが強いのは400～700 nmの可視域であり,次いで赤外域のエネルギーが高い.400～700 nmの波長域は光合成に使われることから光合成有効放射（PAR：photosynthetically available radiation）と呼ばれる.所々エネルギー強度の谷が存在するが,これは大気中の水蒸気や酸素,二酸化炭素による吸収のためである.生物にとって最も重要な波長帯は可視域である.光エネルギーの受容は生体内物質による光エネルギーの吸収からはじまるが,生物の吸光物質は共役二重結合をもっている.可視域の光エネルギーは共役二重結合のπ電子の励起エネルギーに相当するので,π電子が励起されることが,生体による光エネルギー光吸収の始まりとなる.このエネルギーが別の物質に励起転移される電子伝達を経て,神経を興奮させたりATPやNADPHが生産される.

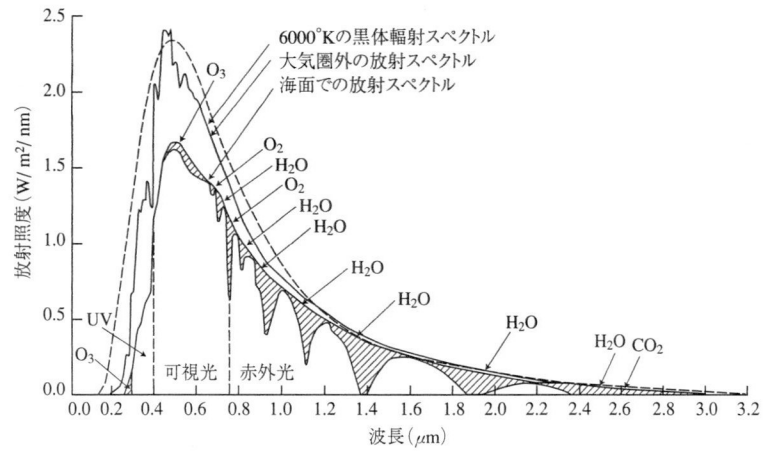

図1-6　6000°Kの黒体（太陽表面）,大気外および海面での太陽光スペクトル（Kirk, 1983）.

光量は,光量子数あるいはエネルギーとして表現する.光量子数の単位はμmol/m^2/s,エネルギーはmW/m^{2}が広く使われている.わが国周辺海域では南中時の海面光量は2,000～2,500 μmol/m^2/s程度である.海面に到達した光は,一部は海面で反射され残りは水中に進む.海面での反射は入射角度と波浪によって変わり,入射角が海面に直交する軸に対して50°以内では無視しうる.水面下では光量Eは水深zに対して指数関数的に減衰する.

$$E_z = E_0 e^{-kz} \tag{8}$$

ここでE_zは水深zでの光量，E_0は海面直下での光量である．k（/m）は光の減衰係数，あるいは消散係数と呼ばれ，この値が大きいと光は急激に減衰し，逆に小さいほど透明度が高いことを示す．透明度板（secci disk，海洋観測指針参照）で測定される透明度とkの積は1.7であることが経験的に知られている．水中での光の減衰の例を図1-7に示した．横軸が対数表示であることを確認してほしい．このプロットでkは直線の傾きを表す．この図には光の生物作用も示されている．有光層（euphotic zone，真光層とも呼ばれる）とは，この深度範囲内では光合成の総生産から呼吸を差し引いた正味の生産，すなわち純生産がプラスになるのに十分な光量が到達することを表している．有光層の下限を補償深度（compensation depth）と呼ぶ．この深さの光量が光合成の補償光量に相当するからである．ただし，補償深度は厳密には時々刻々で変化する．夜間は表層であり，南中時にもっとも深くなる．このため1日を通して総生産量（gross primary production）と呼吸量（respiration）が等しい深さ，すなわち日補償深度（daily compensation depth）を有光層の下限とする．この深さは透明度の約3倍であり，その光量は海面光量の1％程度である．有光層は沿岸域で浅く，赤潮が発生した海域では表層に植物プランクトンが濃密に分布するため有光層の厚さは数十cm以下となる．これとは対照的に透明度の高い外洋域では有光層は深く，最大150 m付近，あるいはそれ以深に及ぶ．弱光層（disphotic zone）では，光合成による有機物生産は起こらないが，視覚に十分な光が到達する．弱光層はトワイライトゾーン（薄光層：twilight zone）とも呼ばれており，最近の研究から，弱光層は生物発光が盛んで生物多様性も高い，生態学的に重要な深度域であることが明らかになってきた．光環境でみれば，表層，中層，深層の水深区分は，有光層，弱光層，無光層（aphotic zone）にほぼ対応しているといえる．

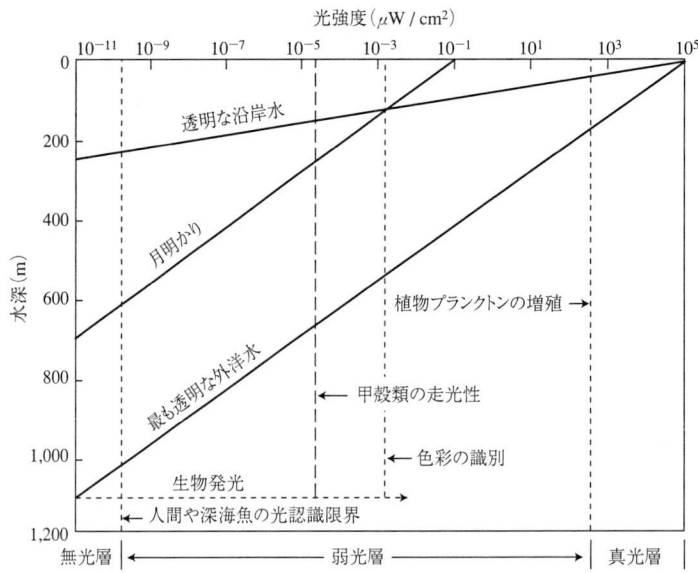

図1-7 透明度の最も高い外洋水と沿岸水での太陽光の透過と生物受光器の最低感応光量の模式図（高橋ほか訳，1996）．

深くなるにつれて暗くなるだけではなく，色も変わる．これは光の減衰が波長に依存するからである．赤色域が最も減衰しやすく，次いで紫色域が減衰しやすい．このため，水深が増すにつれ青緑色域の波長が卓越する（図1-8）．このような光の量や質の深度変化は，水中に存在する物質に依存する．水中には塩類や有機物，ガスなどの溶存物質に加えて，プランクトンやデトリタス，すなわち非生物粒状有機物などの懸濁粒子が存在する（図1-9）．水自身，植物プランクトン，デトリタス，溶存物質による吸光係数をそれぞれa_w，a_{ph}，a_d，a_sとすると，海水全体の吸光係数$a(\lambda)$は，

$$a(\lambda) = a_w(\lambda) + a_p(\lambda) + a_d(\lambda) + a_s(\lambda) \tag{9}$$

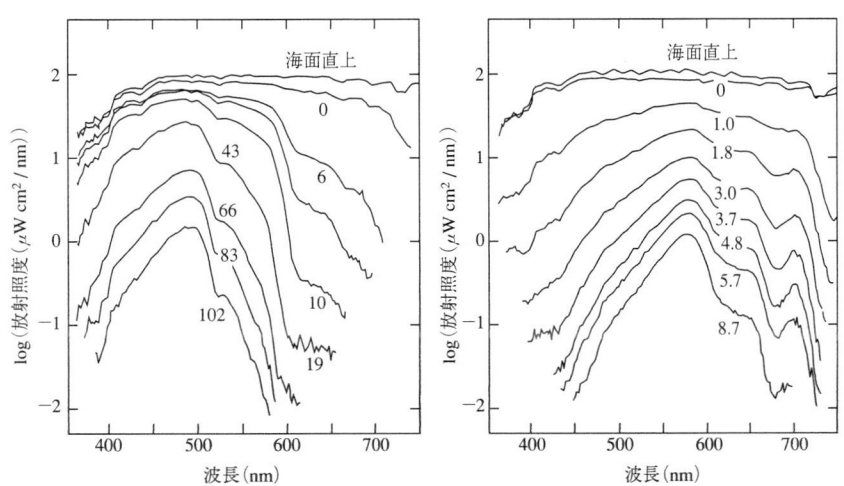

図1-8 黒潮域（左）・東京湾（右）における下向き可視光スペクトルの深度分布（Kishino, 1994）．

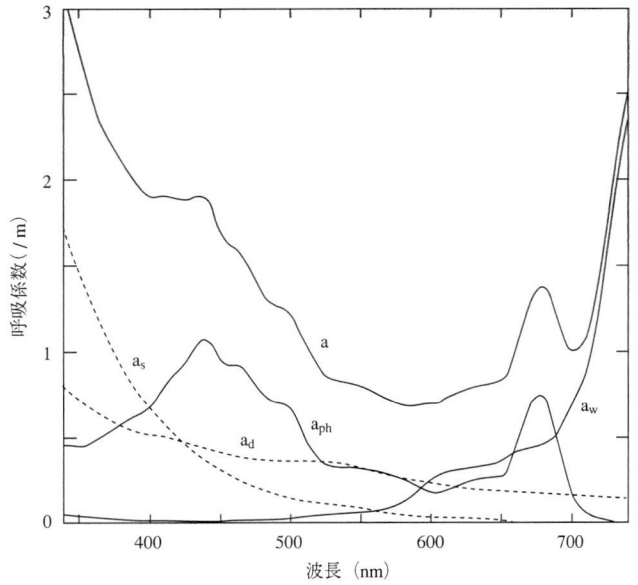

図1-9 海水全体（a）・植物プランクトン（a_{ph}）・デトリタス（a_d）・溶存物質（a_s）・海水（a_w）の吸光係数（Kishino, 1994）．

となる．ここでλは波長依存であることを示す．水は波長の長い光ほどよく吸収する．吸収された光エネルギーによって水は温められる．植物プランクトンの光吸収は430 nmと665 nm付近にピークを示す．a_pの波長依存性は植物プランクトンの吸光物質であるクロロフィル，カロチノイド，フィコビリンタンパクの量と組成によって変動するが，青色域と赤色域のクロロフィルaの吸収ピークは常に認められる．溶存有色物質にはフミン酸などが含まれ青色ほどよく吸収される．これらの物質の量と組成によって水中光は吸収散乱されてスペクトルの形が決まる．光の減衰係数kが吸収と散乱の両方の効果を表すのに対して吸光係数aには散乱が含まれていない点が異なるが，大雑把には，植物プランクトンやデトリタス，溶存物質の減衰も図1-8のスペクトルと傾向は似ている．外洋域ではデトリタスや溶存有色物質の濃度が低いので光吸収は植物プランクトン密度によってほぼ決まり，水深とともに480 nm付近の波長を中心とする青色の光が卓越する（図1-8左）．これに対して沿岸域ではデトリタスやの吸収や散乱により，水深とともに青色域が減衰するので結果的に緑色域が卓越する（図1-8右）．このように水中物質による光の減衰（図1-8）と水中の光環境（図1-9）とはちょうど鏡面裏表の関係にあるといえる．

〔古谷　研〕

§3．化学環境

3-1　親生物元素

生物は成長に多くの元素を要求する．C, H, O, N, S, Si, P, Mg, K, Caなどは比較的多量に必要とされ，その他の元素の要求量は小さい．要求量の小さい微量元素としてFe, Mn, Cu, Zn, B, Mo, V, Coなどがあげられる．これらの生物の生存にとって不可分な元素，すなわち親生物元素（生元素）の濃度を海水とプランクトン体内で比較すると，炭素やカリウムは海水中により多く存在するが，窒素やリン，ケイ素などは，プランクトン体内で多く，海水中で低い傾向がある．これを供給（海水）と需要（プランクトン）と読み替えると，濃度が海水中で低い元素は需要が供給よりも高い，すなわち生物活動にとって不足しがちな元素といえる．このような元素には窒素，リン，ケイ素に加えて鉄や亜鉛などの微量元素があり，海洋の生物活動を律速する要因として重要である．窒素，リン，ケイ素の無機塩，すなわちNO_3^-，NO_2^-，NH_4^+，PO_4^{3+}，$Si(OH)_4$を栄養塩と呼ぶ．窒素の無機塩のほとんどは硝酸塩として存在する．陸上植物の肥料では窒素，リン，カリウムが3大要素であるが海水中ではカリウムは豊富に存在する点が異なる．栄養塩は，微量元素と比べると濃度が高いのでこれらと区別するために多量栄養素と呼ぶこともある．以下に主な親生物元素について整理する．

1）炭　素

海水中では二酸化炭素は水と水和して炭酸となり，これがイオンに乖離して，炭酸，重炭酸イオン，炭酸イオンが平衡状態にある（図1-10）．二酸化炭素，炭酸，重炭酸イオン，炭酸イオンをあわせて全炭酸と呼ぶ．海水のpH8付近では全炭酸のほとんどは重炭酸イオンとして存在する．pHがアルカリ側に傾くと炭酸イオンの割合が増し，逆に酸性側に変わると平衡は左側にシフトする．この溶解平衡のため，海洋には，二酸化炭素の溶解度から期待される量に比べてはるかに多くの全炭酸が溶解しており，外洋表層での濃度は約2 mMである．現在の海水中の全炭酸濃度では，植物プランクトンの光合成にとって十分量の二酸化炭素が存在することになり，不足することは稀である．海洋には大気

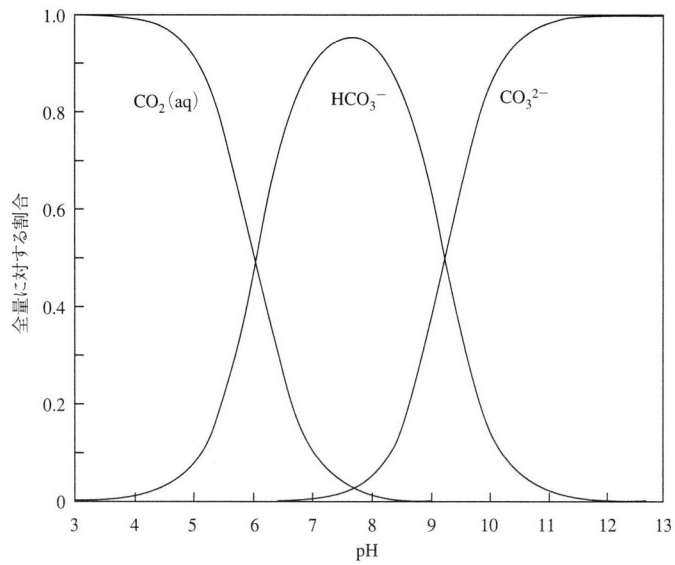

図1-10　海水中での全炭酸の存在状態．海水中では二酸化炭素（CO_2），炭酸（H_2CO_3），重炭酸イオン（HCO_3^-），炭酸イオン（CO_3^{2-}）が平衡状態となっている．

中に存在する二酸化炭素の50数倍に相当する全炭酸が溶解しており，その2％が大気中に出てくると大気中濃度は2倍になる．このように海洋は二酸化炭素の巨大貯留であり，海洋における炭素循環は大気中の二酸化炭素濃度に大きな関わりをもつ．

2）窒　素

窒素はリンとともに海洋生物の代謝に不可欠な元素である．海水中に存在する窒素の多くは分子状窒素で，窒素固定生物以外の生物にとっては直接利用することができない．そのほかは硝酸塩，亜硝酸塩，アンモニウム塩，およびアミノ酸や尿素などの有機態窒素化合物として存在する．海水中のこれら化合物の濃度は，硝酸塩で0～50 μM，亜硝酸塩で0～5 μM，アンモニウム塩では0～10 μM，アミノ酸は0～2 μM，尿素は0～5 μM程度である．ここで濃度0とは分析方法の検出限界以下であることを表しており，絶対値としての0 μMではない．海水に溶解した分子状窒素の飽和濃度は370～800 μMの範囲であり，海水の塩分に依存する．分子状窒素は，窒素固定能をもつ藍藻や細菌などによって利用される．窒素固定生物は硝酸塩やアンモニウム塩が枯渇した海域ではほかのプランクトンに比べ有利である．

3）リ　ン

リンは海水中では主に三態で存在する．すなわち，溶存態無機リン酸塩（PO_4^{-3}），溶存態有機リン，懸濁態有機リンである．植物プランクトンは，溶存態無機リン酸を利用するが，種によっては溶存態有機リンも利用できることが知られている．植物プランクトンは一般に，単純な構造の溶存態リン酸エステルでも直接取り込むことはできない．そのかわりに，細胞膜あるいは細胞外にアルカリフォスファターゼを生産して溶存態リン酸エステルを分解してリン酸を得る．

4）ケイ素

珪藻類および珪質鞭毛藻類，放散虫類は，溶存態ケイ素を取り込み，精巧な模様のついた二酸化

ケイ素（SiO_2）の殻を形成する．ケイ酸の濃度は，一般に沿岸水域や外洋深層水で高く，外洋表層水中で低い．珪藻類の大増殖（ブルーム：bloom）は表層水中のケイ酸を枯渇させるが，ブルームの後に，もし他の栄養塩が残存していると，ケイ素を要求しない渦鞭毛藻類などの植物プランクトンが増殖して種遷移（species succession）がおこる．

5）微量金属

鉄イオンは，ヘムタンパク質の構成要素として細胞のエネルギー代謝で重要な役割を担っている．鉄イオンにはⅡ価とⅢ価が存在するが，Ⅱ価の鉄イオンは，通常の水圏では酸化的な環境なのでほとんどがⅢ価として存在する．Ⅲ価の鉄イオンはアルカリ性の海水中では溶解度が極めて低く，溶解度以上の鉄は生物が直接利用しにくい粒子状で存在するため，しばしば海洋では鉄の欠乏現象が起こる．そのような海域として北太平洋亜寒帯域，太平洋赤道域，南極海などが知られている．海洋への鉄分の供給は河川からの流入，下層からの湧昇に加えて大気からの塵としての降下が重要である．春に起こる黄砂はわれわれにとっては健康被害を起こしたりする厄介ものであるが，海洋の植物プランクトンにとっては大事な鉄の供給源となっている．

鉄要求について多くの沿岸性・外洋性植物プランクトン各種を比較すると，外洋種が生育できるような低濃度の鉄分では沿岸種は成長できないことがあり，これとは逆に，沿岸水中では，外洋性植物プランクトンの成長が，比較的高濃度で存在する微量元素によって阻害されることが知られている．このように微量金属は不可欠であるが，ある濃度以上では有害となるものがある．

鉄に限らず微量金属は，その濃度よりもむしろキレート物質が生物作用として重要であることが近年明らかにされつつある．キレート物質として錯体を形成すると毒性が低下したり，植物プランクトンが取り込みにくくなったりする．生物活動によってどのようなキレート作用をもつ有機物が分泌されるのかが，生物の利用能を左右するのである．

3-2 外洋域の化学環境

外洋域の化学環境は表層付近での低い栄養塩濃度で特徴付けられる．1年間を通して成層が発達している海域における硝酸塩とリン酸塩の鉛直分布を見ると（図1-11），ともに表層付近では枯渇している．表面付近では植物プランクトンによる有機物生産のため，これらの栄養塩が活発に消費されるためである．栄養塩濃度は，表層混合層下の水温躍層付近から下層に向かって急激に増加している．光量不足により植物プランクトンによる消費が減るからである．栄養塩濃度が急激に増加する層を栄養塩躍層と呼び，大雑把には海面の光量の0.1～1％層付近に位置する．これ以深では栄養塩は深度とともに増加し，水深1km付近以深ではほぼ一定の濃度となる（図1-4）．中層以深では光合成に十

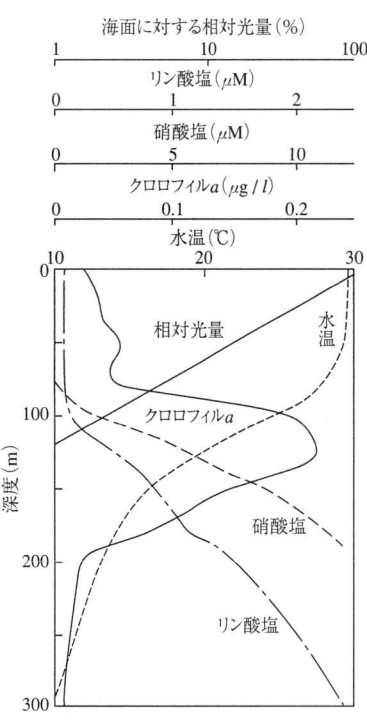

図1-11　北緯10°東経154°45′の表層における水温，栄養塩，光量，クロロフィルaの鉛直分布．

分な光が届かないので栄養塩の消費よりも，動物プランクトンやバクテリアなどの従属栄養者による有機物の無機化による栄養塩の再生が卓越している．有機物の無機化は表層でも起こるが植物プランクトンによる消費の方が卓越しているため栄養塩類はしばしば枯渇する．図1-4にはもう1つ重要な点が表されている．大西洋よりも太平洋のリン酸塩や硝酸塩濃度が高いことである．その理由は海洋全体の大きな海水流動から説明することができる（2-2）．

3-3　沿岸と内湾の化学環境

沿岸とは陸と外洋の間の海域を漠然と指す言葉だが，ここではE. ヘッケル（1834-1919）の定義に従い沿岸域を海岸から水深200mまでの海域としておこう．水深200mは大陸棚のほぼ外縁に相当する深さである．沿岸域のうち内湾は，岸によって囲まれた海域であり，その囲まれる程度，つまり閉鎖性の程度は様々である．閉鎖性が強い内湾ほど一般に湾内外の海水交換が悪い．東京湾，伊勢湾，大阪湾，瀬戸内海などは閉鎖性の強い内湾と考えてよい．

沿岸域や内湾域の特徴は陸域からの物質供給の影響を強く受けることと，海底の影響が水中内に及びやすいことである．河川から海洋に流入する物質が生物活動に及ぼす影響は，人口密集地や産業活動の活発な海域で特に顕著である．海洋に流入する物質として，無機物（栄養塩，重金属，土砂など），有機物（油や食べかすなどの生活廃棄物，屎尿，PCBやダイオキシン類などの人工有害有機物，ビニール・プラスチック廃棄物），放射性核種などがあげられる．極端な言い方をすれば，森林から耕地，町を経て海に注ぐ水循環に乗って，ありとあらゆる物質が海に流入すると考えてよい．また，魚類の給餌養殖が行われている海域では，食べ残した餌も陸からの流入と見なせる．海に流入した物質は生物に利用されて変質するもの，生物体に蓄積するもの，海水の流動に伴い移流・拡散するもの，海底に堆積するものなど，物質に応じて様々であるが，沿岸生態系にとってもっとも大きな問題は富栄養化と水産生物の汚染である．

富栄養化とは，窒素やリンなどの栄養塩濃度が低い貧栄養状態から栄養塩濃度の高い状態に変化することを指す．これは自然現象として深い湖では時間の経過とともに周囲からの土砂や動植物の遺骸が堆積して浅くなることによって長い年月をかけて起こる．沿岸域や内湾域では20世紀中頃から先進国を中心に富栄養化が人間活動によって加速されている．富栄養化により，貧栄養状態よりもプランクトン現存量が多くなり，その結果，生態系を構成する各種個体群の生物量も増加するが，それもある程度までで，過度に富栄養化が進行すると逆に生物量は減少する．富栄養化に伴う現象として，透明度の減少とCODの増加（化学的酸素要求量：Chemical Oxygen Demmand）の増加が典型的に見られる．したがって富栄養化のモニタリングとして栄養塩類とともにCODの測定は広く行われている．透明度はプランクトンやデトリタスによる水中光の減衰を表わし，CODは水中の有機物など酸化されやすい物質を酸化するために要した酸素量であり，水質の指標として広く使われている．

富栄養化は単に生物量を変化させるだけではなく，生物組成にも影響を及ぼす．水中の化学環境が生物に及ぼす影響は種によって異なるからである．一例をあげよう．生活排水によって海への流入量が多くなる栄養塩は窒素やリンであり，ケイ素の流入量は変化しない．そうなると，ケイ素を要求しない珪藻類以外の植物プランクトンが有利になり，優占するようになる．植物プランクトン種組成の変化は，これを食べる動物プランクトンの組成の変化を引き起こすので，種組成の変化が食物連鎖を

経由して生態系全体に及ぶことになる．富栄養化が進行した海域では赤潮が頻発するようになり，植物プランクトン種数が極端に減少する．

沿岸域のもう1つの特徴である海底の影響は，富栄養化と密接に関係している．富栄養化により生物量が増えると糞や死骸などの有機物が大量に海底に堆積する．この有機物を主成分とするヘドロと呼ばれる軟弱な堆積物中ではバクテリアや動物などの従属栄養生物がこの有機物を活発に利用して酸素が消費され，有機物の無機化が進む．海底には酸素の供給源がないので，やがて酸素は枯渇する．夏期に水温成層が発達すると海水は上下に混ざりにくくなるので，海底付近は貧酸素状態や無酸素状態が拡大することになる．この状態になると酸素呼吸を行う生物は生存できない．代わって還元的な環境でも生息できる生物，嫌気性バクテリアが主体の群集となる．特に海水中に豊富に存在する硫酸塩を電子受容体として利用し，硫化水素を副産物として放出する硫酸還元菌の活動が活発になる．東京湾や三河湾では，晩夏に沖に向かって風が吹くと，表層付近に沖出しの流れができ，これに引かれて貧酸素・無酸素水塊が海底に沿って表層付近に移動することがあり，この水塊にさらされたアサリなどの生物は死滅する．この無酸素水中には大量の硫化水素が存在し，これが表層付近の酸素に酸化されてコロイド状イオウが生成する．その結果，水は青緑色にかわるので青潮と呼ばれる現象が発生する．青潮はその色が不気味なだけではなく，大きな漁業被害を伴う．

3-4 陸水の化学環境

陸水でも沿岸水と同様に生活排水の流入や大気汚染物質の溶解などの有害物質汚染と富栄養化による水質悪化が問題になっている．河川における有機物などの汚濁物質のモニタリングはBOD（生物化学的酸素要求量：Biochemical Oxygen Demand）を指標として行われている．これは，水中有機物を分解するために微生物が使う酸素の量である．BOD値が大きいほど有機物による水質汚濁が著しいことを示す．BODは，河川の環境基準の項目となっており，河川の水質を保全するために用いられる重要な水質指標である．湖沼の場合は，BODではなくCODが水質指標として用いられる．

〔古谷 研〕

§4. 有光層のダイナミクス

4-1 海洋表層混合層

海上風が波浪を発達させることによる撹拌（wind stirring）や，冬季の冷却による対流（convection）により，海洋表層には鉛直一様性で特徴付けられる海洋表層混合層（ocean surface mixed layer）が存在する．海洋表層混合層深度 h（mixed layer depth）や水温 T（mixed layer temperature）は4-2で述べるように生物生産と深く関わっている．ここでは，混合層水温や混合層深度がどのように決まるかを解説する．

ある表層水塊を流れに沿って追跡した場合の混合層水温 T の時間変化 DT/Dt は，海面での熱交換 Q（W/m^2）と混合層直下の低温 T_d（水温差 $\Delta T = T - T_d$）海水の表層混合層への取り込み（entrainment 連行速度 w_e）による熱輸送によって次のように定式化される．混合層内の熱の総量の変化は

$$\rho \cdot c \left[(h+\delta h) \cdot (T+\delta T) - h \cdot T \right] = Q \cdot \delta t + \rho \cdot c \cdot \delta h \cdot T_d \qquad (10)$$

と書ける．左辺は，微少時間δtの間に混合層深度・水温がそれぞれ$h+\delta h$，$T+\delta T$に変化したときの熱量変化（ρは海水密度，cは比熱，ρcは熱容量）が，右辺の大気からの熱輸送と下層からの厚みδhの低温水取り込みによる熱輸送と等しいとしている．$\delta h = w_e \cdot \delta t$と書け，また，$\delta h \cdot \delta T$は2次の微少量なので小さいとして無視すると，

$$\rho \cdot c \cdot \delta T / \delta t = \rho c DT/Dt = Q - \rho \cdot c \cdot w_e \cdot (T - T_d) \tag{11}$$

と混合層水温の時間変化が定式化される．

混合層深度の時間変化は，混合層が深くなるとき（$w_e > 0$）は海上風が強いほど冷却が強いほど大きい．一方，加熱期（$Q > 0$）には海面からは成層化（季節水温躍層形成）が進み混合層深度は減少する場合が多いが，風との兼ね合いで風が強く撹拌が成層化を上回る場合（低気圧や台風時）には混合層は深くなる．

4-2　混合層深度と生物生産

中緯度海域の混合層は，秋から冬にかけての冷却・強風により混合層が低温・深化し，加熱期となる春季に混合層が浅化し，その後夏にかけて高温化する，という顕著な季節変動を示す（図1-12）．このような混合層の深度変化は台風などによる擾乱でも観察することができる．台風により上下が激しく撹拌された後，晴天が続くと混合層は浅化する．すでに2-4で見たように日補償深度よりも混合層深度が深いと，植物プランクトンは増殖に必要な光強度がない深い層にも撹拌によって分布することになる．では，海水の上下混合が活発で植物プランクトンが表層付近から補償深度以深にまで運ばれている場合，どのくらいの深さまで植物プランクトンが運ばれても増殖を維持することができるだろうか．この上下混合の下限を臨界深度（critical depth）と呼ぶ．臨界深度は，混合層全体で積分した時に，呼吸と光合成が釣り合う深度である（Sverdrupの臨界深度理論）．この理論は，臨界深度よりも混合層が深い冬季には植物プランクトンは少なく，混合層深度が臨界深度よりも浅くなる春季に植物プランクトンが急に増殖する春季ブルーム現象を説明する．

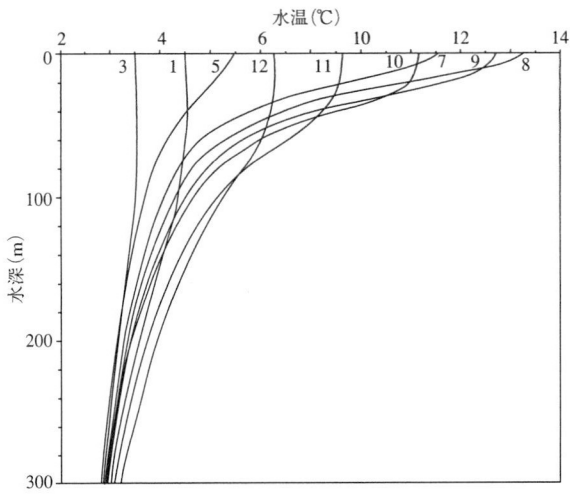

図1-12　北太平洋（40.5°N　145.5°E）における水温躍層の季節的消長．

(8) 式 (16頁) を用いて，光エネルギーに換算した深度 z (>0) での光合成による生産エネルギーを $E_z = E_0 e^{-kz}$ （k は消散係数），光エネルギーに換算した呼吸を I_c とすると，

$$\int_{0_r}^{D_{er}} E_0 e^{-kz} dz = E_0 [1 - e^{-k \cdot D_{er}}] / k = I_c \cdot D_{cr} \tag{12}$$

から臨界深度 D_{cr} を求めることができる．ここでは，呼吸は光量に依存せず，鉛直方向に一定と仮定している．

　冬から春にかけて加熱により混合層が浅化し，一方太陽高度の上昇と日照時間の増加によって日間光合成量が増加し臨界深度が深化すると，両者の深さが一致した付近から植物プランクトンの増殖は活発になり，春季ブルームと呼ばれる大増殖が始まる（図1-13）．混合層の深化と臨界深度の浅化は必ずしも単調ではなく，低気圧の通過や晴天の持続など気象要因によって変化に富む．図1-12においても，4月上旬から中旬にかけて混合層深度は大きく変化している．植物プランクトン現存量が高くなるのは混合層深度が臨界深度よりも浅くなった場合である．ちなみにこの図1-13は，臨界深度の概念を提案した歴史的な論文から採った．

　混合層深度の変化に対する生物生産の変化には光だけではなく栄養塩も重要な要素となる．冬季には上下がよく混合するので下層から栄養塩が供給されることと，表層では光合成が光律速を受けて植物プランクトンに利用されないので表層付近にも十分量存在する（図1-14a）．春になって混合層が浅くなると好適な光環境で植物プランクトンは豊富な栄養塩を使って増殖する（図1-14b）．その結果，春季ブルームが形成される（図1-14c）．多くの場合，春季ブルームを構成するのは珪藻類である．しかしながら加熱により表層に季節水温躍層が形成されると下層からの栄養塩供給が低下するた

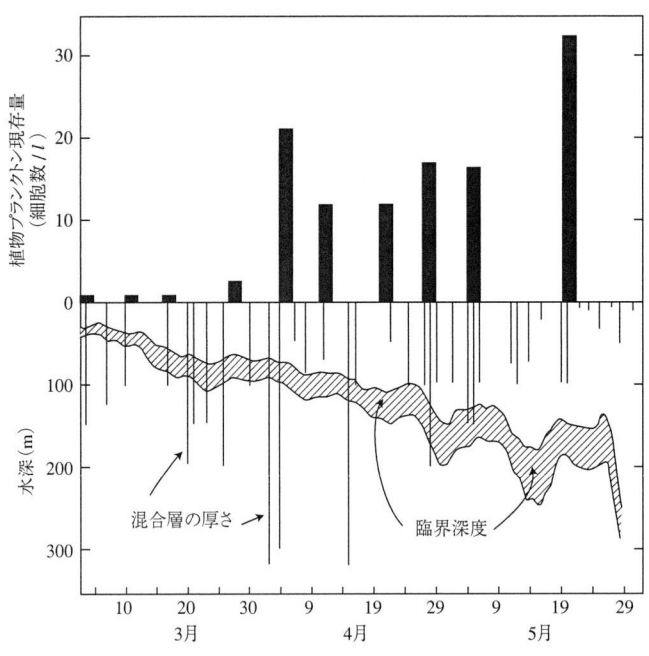

図1-13　春季のノルウェー海における混合層の形成に伴う植物プランクトン現存量の増加．
（Sverdrup, 1953）を改図．

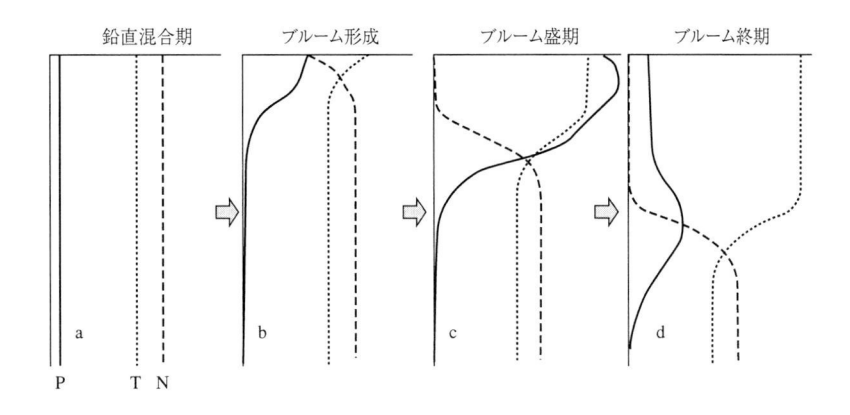

図1-14 水温（T）躍層の形成に伴う栄養塩（N）濃度と植物プランクトン現存量（P）の時系列変化の模式図.

め，混合層内の栄養塩は消費尽くされて枯渇する．やがて，植物プランクトンは，下層に向かって減少する光量と，増加する栄養塩濃度が適当に釣り合う深さに極大分布を示す（図1-14d）．中緯度から高緯度にかけては表層混合層の深さが1年間に大きく変化するが（図1-12），低緯度海域では年間を通じて成層が発達しているので下層まで上下混合が及ぶことはない．このような海域では年間を通じて表面付近では栄養塩が枯渇し，有光層の底部付近にクロロフィルの極大分布（亜表層極大層，Subsurface Chlorophyll Maxima あるいは Deep chlorophyll maxima）が存在する（図1-11）.

（古谷 研・安田一郎）

§5. 物質循環

5-1 一次生産の概念

植物が光合成により生産した有機物は食物連鎖を経由して様々な従属栄養者に分配されて生命活動に使われる．最終的には分解者によって無機化され，再び植物に使われるという物質の循環系が生物圏（生圏ともいう，biosphere）のいたるところに存在する．これを物質循環（material cycling）という．炭素，水素，酸素，窒素が生物態有機物を構成する主要元素として循環の骨格を形成し，それに付随してそのほかの親生物元素も循環する．この物質循環を駆動しているのは太陽からの光エネルギーであり，光合成による有機物生産，すなわち一次生産（あるいは基礎生産，primary production）である．一次生産は光合成そのものではなく，光合成によって作られた炭水化物から，窒素やリンなどの生元素が組み込まれてさまざまな有機物が生産される過程全体を表す．光合成では光エネルギーを使った水の分解で生じた還元力を使って二酸化炭素からブドウ糖が合成され，水の分解の副産物として酸素が発生する．光合成は太陽光に依存するので，一次生産は光の到達する水深に限られ，その下限の目安は海面光量の0.1〜1％である．外洋域では植物プランクトンが一次生産者であり，岸近くでは大型海藻や海草（アマモなどの単子葉植物）が加わる．バクテリアには水の代わりに硫化水素やチオ硫酸塩，有機物などの分解で生じた還元力を使うものが存在する．海洋では酸素発生型の光合成による生産量が圧倒的に大きいが，光が届くが酸素が欠乏した還元的な環境ではこの光合成バ

クテリアが一次生産者となる．

　海洋での一次生産を駆動するのは光合成ばかりでなく化学合成（chemosynthesis）によっても行われる．化学合成では光エネルギーの代わりに硫化水素やイオウ，アンモニアなどの無機物が酸化される際に得られるエネルギーを使って炭酸同化を行う．深海の熱水噴出域（hydrothermal vent）や酸素の欠乏した海底などの還元的な環境では化学合成を行うバクテリアが一次生産者となる．化学合成は還元物質の供給に依存しているため，ほとんどが酸化的な環境である海洋では光合成と比べて生産量は小さいと考えられている．以下では光合成に駆動される一次生産について述べる．

　一次生産と呼吸は海洋表層における二酸化炭素の消費と生成としてそれぞれ機能している．一次生産は，生産された有機物の総量である総生産（P_g）と植物自身の呼吸による消費（R_p）を差し引いた純生産（P_n：net primary production）に分けられる．

$$P_g = P_n + R_p \tag{13}$$

純生産は，海洋生態系の生物が利用できる正味の一次生産といえる．一次生産の測定では，植物プランクトンを含む海水を複数の瓶に封入して，ある瓶には光を照射し（明瓶という），別の瓶は暗中において（暗瓶という）培養する．前者では一次生産により有機物が生産される（P_g）一方で一部は呼吸（R_p）で消費される，すなわち純生産（P_n）が進み，後者では呼吸（R_p）のみが行われるので両者の比較から，総生産（P_g）が求められる．しかしながら，実際の海水では植物プランクトンの純生産を直接測定することはできない．それは，海水中では植物プランクトンとともにバクテリアや動物プランクトンなどの従属栄養者が混在しているため，植物プランクトンの呼吸だけを分別することができないからである．このため暗瓶を使った呼吸の測定では植物プランクトンの呼吸（R_p）と従属栄養者の呼吸（R_h）の和，すなわち群集呼吸（R_c：community respiration）としてしか求まらない．したがって，式13は次のようになる．

$$P_g = P_c + R_c \tag{14}$$

ここでP_cは純群集生産（net community production）を表し，一次生産者と従属栄養者を合わせた全群集の生物量の増加分となる．このように，プランクトン生態系では純生産を直接測定することができないので，何らかの仮定のもとに見積もられているのが現状である．

5-2　海洋の一次生産

　全球的な純一次生産力を，Fieldら（1998）をもとに概観しよう（表1-3）．海洋の純一次生産量は年間48.5 PgC（= 48.5 Gt，1 Pg = 10^{15}g）であり，陸上の生産量56.4 PgCの85％に相当し，大雑把に見て両者はほぼ等しいといえる．ちなみに現在，人間活動によって大気中に放出されている二酸化炭素は年間7 Pg程度である．季節変化について見ると，海洋では年間の変動が10.9〜13.0 PgCの範囲であるのに対して陸では11.2〜18.0 PgCと，海

表1-3　年間純一次生産量（Field *et al.*, 1998）

	純一次生産量（PgC）	
季節	海	陸
4月〜6月	10.9	15.7
7月〜9月	13.0	18.0
10月〜12月	12.3	11.5
1月〜3月	11.3	11.2
海域		
貧栄養海域	11.0	
中栄養海域	27.5	
富栄養海域	9.1	
海藻類	1.0	
合計	48.5	56.4

では季節の違いが陸よりも小さい．海藻による生産は1 PgCと海洋全体のわずか2％を占めるにすぎず，残りは植物プランクトンによる生産である．植物プランクトンによる生産は海域によって大きく異なる（図1-15a）．赤道域では周辺域よりもやや生産量は高いが，一般に熱帯・亜熱帯域の生産量は低い．とくに南北緯度30度間の生産力は著しく低い．これに対して亜寒帯や極域で高い生産があることは陸上とは対照的である．この分布は水温が植物プランクトンの代謝速度に及ぼす影響は生産を決める主要因になっていないことを示している．この分布型を一次生産に不可欠な太陽光量と栄養物質の分布と対比してみよう．年間に海面に到達する太陽光量は赤道から高緯度海域に向かって減少するが，この光量分布は図1-14aとは全く対応していない．一方，栄養物質として硝酸塩の真光層底部（80 m層）での分布を見ると（図1-15b），一次生産の分布とよく一致している．このことから，全球的なスケールで一次生産力を大きく規定しているのは，栄養物質の有光層への供給であることが直感的に見て取れる．

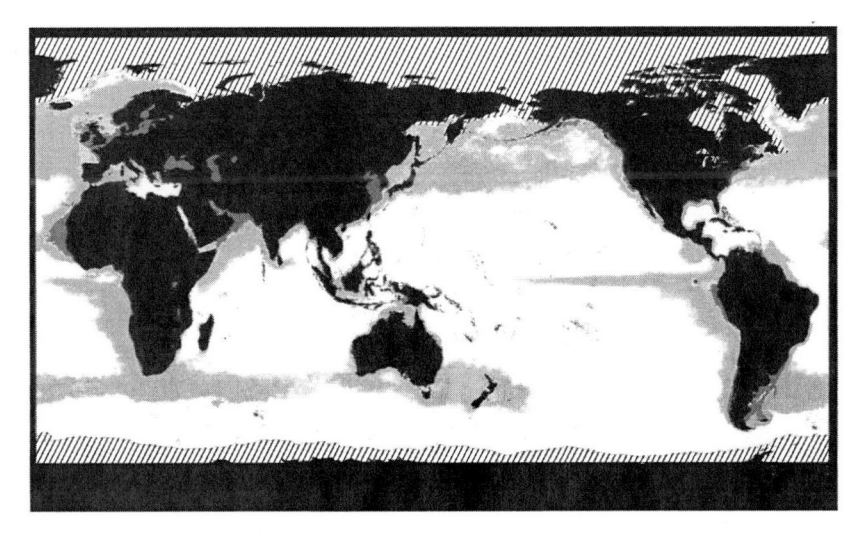

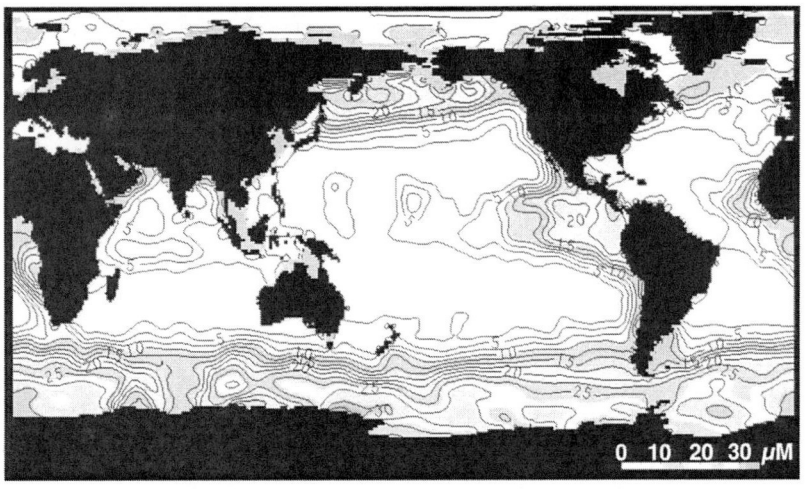

図1-15　年間一次生産量・水深80 mでの硝酸塩濃度の分布．
上図で灰色部分で生産が高い．斜線部分はデータなし．

表1-4 海洋における一次生産者の純生産量と生物量（Whittaker, 1975）．重量は乾燥重量を表す．

海域	面積 $10^6 km^2$	一次生産者		
		生産量（P）$g/m^2/$年	生物量（B）kg/m^2	P：B比（/年）
外洋	332.0	125	0.003	42
湧昇域	0.4	500	0.02	25
大陸棚	26.6	360	0.01	36
藻場と珊瑚礁	0.6	2,500	2	1.3
入江	1.4	1,500	1	1.5
海洋合計	361	152	0.01	15.2
陸域合計	149	773	12.3	0.063

　海洋の年間一次生産量が陸域とほぼ等しいことから，物質循環の速度もほぼ等しいと考えてよいだろうか．答えは否である．一次生産の大小が，ある生態系の物質循環をどのくらいで駆動するかを知るためには，その生態系の生物量がわからなければならない．表1-4に海洋の主な生態系として外洋，湧昇域，大陸棚，藻場と珊瑚礁，入り江における純一次生産量と生物量を示した．生産力（Production）を生物量（Biomass）で割った回転率（P:B比）は年間の生物量の入れ替わり回数，すなわち世代交代数の目安となる．海洋では平均は15.2で，陸上の241倍である．特に外洋域や湧昇域，大陸棚など植物プランクトンが一次生産者である海域ではP:B比が高い．この違いは陸と海洋の一次生産者の体制の違いに起因している．陸上植物では光合成が行われる葉に加えて，水を供給したり，重力に抗して葉を支持する枝や幹，根など光合成に直接関わらない器官の生物量が大きいのに対して，植物プランクトンは単細胞で水中に浮遊しており，細胞には色素体が含まれて活発に光合成が進む．いわば全身が光合成と一次生産のための装置になっていると見なせる．これがP:B比の違いの大きな原因である．ごく沿岸ではワカメやコンブなどの海藻やアマモなどの海草が繁茂するが，この観点からすると陸上植物に近いといえる．単細胞性の植物プランクトンのP:B比が大型海藻類や陸上植物などに比べるとはるかに大きいことは，個体サイズが小さい生物ほど世代時間が短いという生物学の一般原則にあっている．一次生産者のP:B比の違いを反映して動物のP:B比も陸上生態系よりも高い．プランクトン生態系の高いP:B比は少ない生物量で高い生産をあげていることを意味しており，言葉をかえれば，高い更新力が生物生産の特徴といえる．

5-3　低次生物生産

　光合成で生産される有機物は，粒状有機物あるいは溶存有機物として様々な生物に利用される．植物体自体（粒状有機物）が植食者に食べられ，「食う－食われる」の関係を経由して様々な生物に配分される一方で，生産された有機物の一部は植物体から水中に溶存有機物としてそのまま排出される．これが従属栄養性バクテリア（heterotrophic bacteria）に取り込まれ，ここからも「食う－食われる」の関係が始まる．生きている生物が食われる連鎖を生食連鎖（grazing food chain）と呼び，溶存有機物から始まる連鎖を微生物食物連鎖（あるいは微生物環，microbial food web, microbial loop）と呼ぶ．プランクトンの「食う－食われる」の関係では粒子の大きさが極めて重要な意味をもつ．プランクトンの世界には大が小を食うという原則があり，小さな生物は小さな生物に，大きな生物は大き

な生物に利用される．したがって，小さな植物プランクトンが主な一次生産者であると小さな動物プランクトンが植食者となり，大きな植物プランクトンならば，直ちに大きなプランクトンに利用される傾向がある．すなわち，一次生産者の大きさが動物プランクトン群集の組成を決める重要な要因になる．

　植物プランクトンに植食性の動物プランクトンおよびバクテリアを加えた栄養段階の生物群の生産を低次生物生産（lower trophic production）と呼ぶ．一次生産者は自前で有機物をまかなっているので独立栄養者とも呼ばれる．これ以外の生物はすべて従属栄養者に区分されるが，両者の境界は必ずしも明確ではない．植物プランクトンには光の存在下では光合成による独立栄養を行い，暗条件が続くと細胞外から取り込んだ有機物を使って生存する種が少なくない．独立栄養者であるにもかかわらず有機物を取り込み使うことのできる生活様式を混合栄養と呼ぶ．混合栄養は海洋に生息する植物プランクトンでは珍しくなく，光合成をしながら粒子食も行う種，アミノ酸やブドウ糖など溶存している有機物を利用できる種が多い．さらには従属栄養性の種が細胞内に植物プランクトンを共生させて，あたかも独立栄養者として振る舞うものなど，水中の低次生物生産を担う生物の栄養摂取は多様である．

〔古谷　研〕

おわりに

20世紀は，人類活動によって水圏環境が変わることを初めて認識した世紀だと言える．有害有毒物質による公害は言うにおよばず，無害無毒な物質による負の影響が顕在化してきた．窒素やリンの垂れ流しによる水域の富栄養化，温暖化，海水への二酸化炭素溶解に伴う海水の酸性化など，毎日のように何らかの記事が新聞紙面にあらわれている．特に深刻なのは，このような水圏環境の劣化が，これまで生物が経験したことがない速度で変化しているらしいことだ．果たして水圏生物が，水圏生態系がこれらの変化にどのように適応していけるだろうか．現在の主要な課題である．

〔古谷　研〕

文献

Field C. B., M. J. Behrenfeld, J. T. Randerson and P. Falkowski（1998）：Primary production of the biosphere：Integrating terrestrial and oceanic components, *Science*, 281, 237-240.

Gleick, P. H.（1996）：Water resources. In: Encyclopedia of Climate and Weather（ed. S. H. Schneider）Oxford Univ. Press, New York, vol. 2, 817-823.

Kishino, M.（1994）：Interrelationships between light and phytoplankton in the sea. In: Ocean Optics（eds. Spinard, R. W., Carder, K. L. and M. J. Perry）, Oxford University Press, New York, p. 73-92.

Sverdrup, H. U.（1953）：On conditions for the vernal blooming of phytoplankton, *J. Cons. Cons. Int. Explor. Mer*, 18, 287-295.

高橋正征・古谷　研・石丸　隆（訳）（1996）：生物海洋学2，東海大学出版会，90 pp.

Kirk, J. T. O.（1983）：Light and Photosynthesis in Aquatic Ecosystems（1st Edition）, Cambridge University Press, 528pp.

Whitakker, E.（1975）：Communities and Ecosystems 2nd ed, Macmillan, New York, 385pp.

参考図書

高橋正征・古谷　研・石丸　隆（監訳）（1996）：生物海洋学1〜5，東海大学出版会．

関　文威（監訳）（2006）：生物海洋学入門 第2版，講談社サイエンティフィク，242pp.

柳　哲雄（2001）：海の科学 第2版，恒星社厚生閣，137pp.

第2章　水圏の生物と生態系

　海洋，河川，湖沼はもちろんのこと，温泉や地下水にも生物は生息する．地球の様々な水圏に生息するこれらの生物を水圏生物と呼ぶ．原始生命は海で生まれ，進化の歴史の大部分が水圏で進んだ．このため，気圏や地圏に比べて水圏に暮らす生物の多様性は高く，固有種も多い．原核生物に始まり，原生生物，菌類，植物，動物と，地球上のあらゆる生物の分類群を水圏に見いだすことができる．水圏に深く関わって生活する海鳥やアザラシなども水圏生物の一員である．これらの生物は相互に関連して生態系を構成する．沿岸生態系，深海生態系，河川生態系など，様々な水圏環境にそれぞれ異なる生態系が成立している．しかし，淡水も海水も地球上の水の多くはなんらかの形で繋がっているので，生態系間の境界は曖昧で，生態系同士は生物の回遊や物質輸送によって結合しているといえる．一方，水という媒体の環境で生きるために，水圏生物は水圏に特化した機能や器官を発達させた．鰓，側線，鰾（うきぶくろ），塩類細胞など，水圏生物に特有で，共通の器官，組織，細胞を備えている．これらの機能は水圏生物の行動のみならず，生活史，集団構造，繁殖，摂餌，回遊などの生態にも影響を与え，これを特徴的なものにしている．例えば，空気に比べて密度の大きい水という媒体は生物に大きな浮力を与えるので，幼期の大規模な移動分散が容易に起こる．このことは多くの水圏生物に共通した大きな特徴となっている．本章では水圏生物の多様性と水圏の生態系，ならびに水圏生物の生理・生態の特殊性と共通性を学ぶ．

（塚本勝巳）

§1. 水圏の生物

1-1　水生生物の出現と進化

　最初の生命の芽胞は宇宙から飛来したとするパンスペルミア仮説があるものの，一般に生命は約40億年前の地球の原始海洋の中で誕生したと考えられている．生命の定義は，細胞膜，代謝系，自己複製能力を有することであるが，これら3つの生命の条件がどのような進化過程を経て満たされていったか，まだ多くの議論がある．しかし，原始海洋において無機物から有機物がつくられ，有機物の反応によって生命が誕生したという化学進化説は広く受け入れられている．

　最初の原始生命体は深海底の熱水噴出系のような環境で超好熱性の化学合成独立栄養生物として起源したらしい．その後の生物大進化の出発点となった共通祖先は，やがて真生細菌（evbacterium）と古細菌（archaebacterium）に分かれていった（原核生物：procaryote）．38億年前のグリーンランドの堆積岩から真正細菌らしきものの化石が発見されている．約27億年前には光合成をするシアノバクテリアが現れて盛んに酸素を発生した結果，地球は現在のような酸素に富んだ惑星に変わっていった．およそ20億年前，他細胞の取り込みとその後の共生の結果，真核生物が生まれた．細胞内共生はさらに進み，シアノバクテリアや好気性細菌が他の細胞に取り込まれ，それぞれ葉緑体とミト

コンドリアになった．これらの真核生物からやがて植物と動物が生まれてくることになる．

およそ10億年前になると単細胞の生物は相互に接合して1つの生命体を形成し，機能を分担するようになった．小形の菌類など，多細胞生物の出現である．先カンブリア紀の終わり頃（8〜6億年前）には，激しい寒冷化が起こり，地球全体が氷に覆われるスノーボールアースの時代となった．全球凍結という大規模な環境変動は原生生物の大量絶滅をもたらした．しかし6〜5億年前にスノーボールアースが終了すると，突然エディアカラ生物群と呼ばれる大形多細胞生物が出現し，その大部分はカンブリア紀（5.7〜5.1億年前）の始まる前に絶滅した．その後生物の進化はさらに加速し，カンブリア紀のはじめには現在の動物門のほとんど全てが海中に出現した．カンブリア爆発として知られ

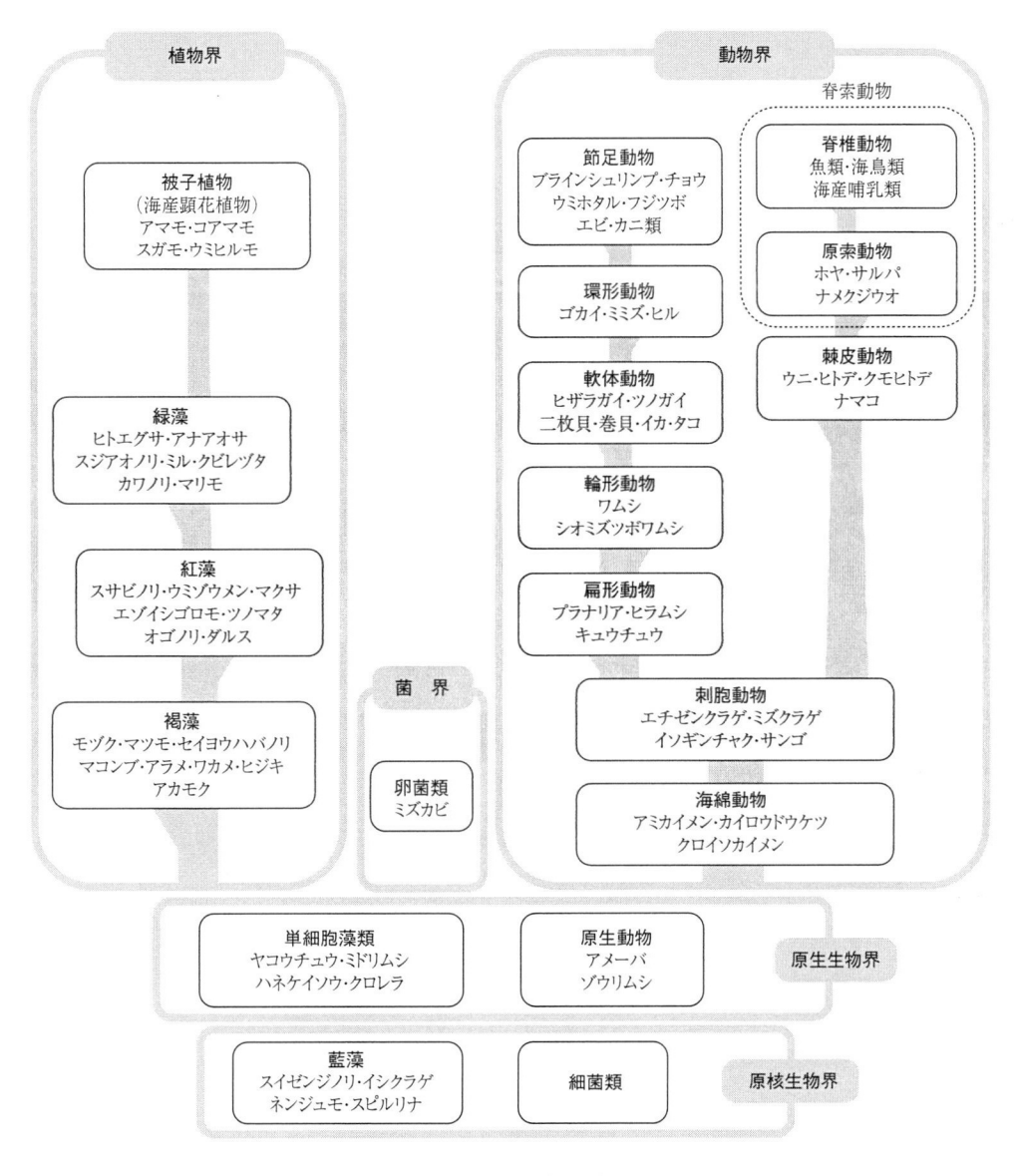

図2-1　五界説に基づく水圏生物の分類

るこの生物多様性の急増は，カナダ・ブリティッシュコロンビア州のバージェス頁岩(けつがん)の中から化石として発見されたバージェス動物群に代表される．オルドビス紀（5.1〜4.4億年前）には脊椎動物の魚類が出現し，デボン紀（4.1〜3.7億年前）になると大繁栄した．以来水圏における魚類の繁栄は現在まで続いている．一方，デボン紀後期（3.6億年前）になると，ハイギョやシーラカンスなどの肉鰭綱の魚類から進化した四肢動物の両生類が陸上に進出した．

オルドビス紀以降，生物は5度の大量絶滅を繰り返しながらも，絶滅の後にはそのつど空いたニッチェに生き延びた生物群が急速に適応放散した．大量絶滅の原因は，巨大隕石衝突，大規模火山活動，超新星爆発など種々あげられている．生物進化の原動力となったのはこうした地球規模の非生物的環境変化であることは間違いない．しかし一方で，光合成を行うシアノバクテリアの出現による地球大気組成の改変とそれに伴う細胞内共生の進行が真核生物を生んだことはよく知られている．生物が逆に環境を変え，それが生物の進化を駆動することも忘れてはならない．

古くから行われてきた生物の分類は，大きく植物界と動物界の2つに区分する二界説である．しかし，上述のように近年の分子遺伝学的手法によって生命の起源やその進化過程を示す生物の類縁系統関係が解き明かされてくるにつれて，生物の分類も大きく変化してきた．単細胞生物を原生生物界として加えた三界説，光合成能力の有無で植物界から菌界を分けて独立させた四界説，さらに核膜の有無で原生生物界から原核生物界を分離する五界説が出てきた．現在では原生生物界をさらに細分し，八界説も提唱されているがいまだ議論の余地がある．ここでは現在一応標準として扱われている五界説を基に作られた図2-1の系統樹に，主要な水圏生物の分類を示す．以下，各グループの代表的生物について，簡単に説明する．

1-2　原核生物・原生生物
1）細　菌

細菌（bacterium）は単細胞の藍藻とともに原核生物界に分類される．水圏に存在する細菌類は当初考えられていたよりもはるかに多く，海水中には10^6/ml程度の細菌が存在する．海洋中の細菌は海洋食物連鎖の中で重要な役割を果たしている．植物プランクトン由来の海水中の溶存有機物は細菌によって取り込まれ，分解を受けて無機化され，栄養塩となる．これがまた植物プランクトンに取り込まれて環状構造ができる．このような過程を「微生物ループ」という．

2）藍　藻

藍藻類（blue-green algae）は核膜を欠く原核生物で，分類的にはシアノバクテリアとして細菌類に扱われることもある．光合成により酸素を産生する．藍藻類は，微細な単細胞，細胞が集まった群体，細胞糸（鞘のない単列の細胞群），糸状体（鞘に1から数本の細胞糸が入る）などの多様な体制を示す．クロロフィルaをもち，生殖細胞には鞭毛がない．同化産物は藍藻デンプンと藍藻粒である．

3）単細胞藻類

核膜をもつ真核細胞からなる単細胞藻類（monocellular algae）には，渦鞭毛藻類，珪藻類，ミドリムシ類，単細胞緑藻類などが含まれる．いずれもクロロフィルaをもつが，その他に，ミドリムシ類と単細胞緑藻類はクロロフィルbを，また渦鞭毛藻類と珪藻類はクロロフィルcをもつ．

1-3 植物

水圏に見られる代表的な植物としては藻類があるが，その多くは海藻で，褐藻類，紅藻類，緑藻類に分けられる．この他に，海産顕花植物あるいは海草と呼ばれる単子葉植物などがある．

1）褐藻

褐藻類（brown algae）はほとんどが海産で，いずれの種も体は多細胞からなる．配偶子，遊走子などの遊走細胞には側面から出る不等長の2鞭毛がある．色素はクロロフィルaとc，βカロテンをもち，フコキサンチンが多いため褐色を呈する．

光合成による同化産物はラミナリン，マンニトールである．細胞間に粘質多糖類のアルギン酸やフコイダンを多く含むものがある．糸状，葉状あるいは樹枝状などさまざまな構造のものがある．海藻の中では最もよく発達した藻体を形成し，大きくなるものでは数十mにも達する．

2）紅藻

紅藻類（red algae）は世界で5,000種以上が知られており，そのほとんどが海産種である．生殖細胞には鞭毛がなく，運動性を欠く．色素はクロロフィルaとd，色素タンパク質として赤色のフィコエリトリンを多量にもち紅色に見える．その他に青色のフィコシアニンなどを含む．同化産物は紅藻デンプンである．セルロースと厚いゲル状多糖からなる細胞壁をもつ．

3）緑藻

緑藻類（green algae）は約10,000種が知られているが，その80％以上が淡水産である．遊走細胞の先端からは複数の鞭毛が出るが，それらは数に関係なく等長である．色素はクロロフィルaとb，カロテノイド，キサントフィルをもつ．体は緑色を呈する．光合成による同化産物はデンプンである．体制はアオサのように葉状のもの，アオミドロのような糸状のものなど様々である．シャジクモ類は構造が特殊なため別に扱われることが多いが，緑藻に含める場合もある．

4）海産顕花植物

海産顕花植物（flowering marine plant）は花をつけ種子をつくる海産植物の総称であるが，代表的な種はアマモなどである．アマモは砂泥中の茎に細い円柱状の節があり，この節から多数の毛状根を出す．茎の上部より細い葉が水中に伸びる．アマモ場は多様な生物が生存できる空間を海水中に形成する．

1-4 動物

1）海綿動物

海綿動物（marine sponge）は動物界で最も下等な固着性の動物で，発生の過程において外胚葉や内胚葉といった胚葉の形成は起こらない．また，多細胞でありながら明瞭な器官の分化が見られない．壺状，扇状，杯状など様々な形態をもつ種が存在する．表面に小孔と呼ばれる数多くの孔をもち，ここから水と食物を取り込む．また，大孔と呼ばれる開口部が上部にあり，ここから水を吐き出す．体内には小孔と大孔を結ぶ水溝系が発達する．胃腔と呼ばれる内側の空洞部には鞭毛をそなえた襟細胞が多数あり，鞭毛の運動により水溝系内に水流が起きる．石灰海綿，普通海綿，六放海綿，硬骨海綿からなる．細かい網目状の海綿質繊維からなる骨格は，スポンジとして用いられる．

2）刺胞動物

　刺胞動物（cnidarian）は二胚葉性の動物であり，体を形成している細胞はおもに外側の外胚葉と，内側の内胚葉の2層からなる．これらの間には中膠（間充織）と呼ばれる寒天状の組織がある．体制は基本的に放射相称で，胃腔から放射状に派生する水管が胃水管系を形成する．浮遊性のクラゲと付着性のポリプの2つの生活様式に分けられる．ヒドロ虫類，箱虫類，鉢虫類，花虫類からなる．花虫類はさらに八放サンゴ類と六放サンゴ類に分けられるが，後者に属するイシサンゴ類はサンゴ礁を形成する．

3）扁形動物

　扁形動物（flatworm）は一般に平らな形で，循環器官や特別な呼吸器官をもたない．渦虫類，吸虫類，条虫類に分けられる．渦虫類のほとんどが自由生活であり，大部分が水中で生活し小型底生生物を摂食する．それ以外は全てが寄生生活であり，体の構造の単純化が著しい．

4）輪形動物

　輪形動物（trochelminth）はワムシと呼ばれる水中の微小動物からなる動物群である．主として淡水に生息するが，海産種や陸生種もある．多くは1 mmに満たず，通常100〜500 μm程度の大きさである．浮遊生活あるいは藻類や沈殿物の表面に匍匐する．単為生殖をする種が多く，雄が常時出現する例は少ない．雄が全く見られない群もある．シオミズツボワムシは広塩性種で，単為生殖と両性生殖によって繁殖する．クロレラを餌とする単為生殖による大量培養技術が確立され，魚介類の初期餌料として広く用いられている．

5）軟体動物

　軟体動物（mollusc）は節足動物に次ぐ大きな動物門で，一般的に貝類・イカ・タコと呼ばれるものに加え，ウミウシ，クリオネ，オウムガイなどがここに分類される．多くは海産底生動物であり，淡水には腹足類（タニシ・カワニナなど）と二枚貝類（カラスガイ・シジミなど）のみが，また陸上には腹足類（カタツムリ・ナメクジなど）のみが生息する．一般に外套と呼ばれるひだをもち，そこから炭酸カルシウムを分泌して殻をつくるが，タコやナメクジ，ウミウシなど殻をもたないものもいる．

6）環形動物

　一般に環形動物（annelida）の体は環状の体節が直列に並んだ構造をしている．脳神経節と腹側神経索からなるはしご状神経系をもつ．骨格を欠き，鰓または皮膚で呼吸する．多毛類，貧毛類，ヒル類に分けられる．多毛類は多数の剛毛がいぼあしに生じるが，貧毛類は剛毛が少なく，またヒル類は剛毛を欠く．陸上，海水中，淡水中と広い範囲に生息する．多くの種は底生で，水底の物質循環に大きな役割をもつ．

7）節足動物

　節足動物（arthropod）の生息地・食性は海・陸・土中・空中・寄生など多様であり，動物界において最大の構成種数をもつ．体の表面はキチン質でできた外骨格でおおわれる．成長に伴い体のサイズが大きくなるときには，脱皮により古い外骨格は脱ぎ捨てられ，新しい外骨格が形成される．体は体節の繰り返し構造を示す．

　水圏に生息する種も多いが，中でも甲殻類はエビ・カニ類をはじめとする水産重要種を数多く含む．

また，魚類の餌料生物として重用されるブラインシュリンプやミジンコなどを含む．カシラエビ類，動物プランクトンの主要構成種である橈脚類，固着性種のフジツボ類やカメノテが属する蔓脚類なども節足動物に含まれる．

8）棘皮動物

ウニ，ヒトデ，クモヒトデ，ナマコなどが棘皮動物（echinoderm）に属する．幼生期は左右相称だが，変態を経て多くの棘皮動物が5放射相称の成体となる．体表に管足と呼ばれる細管をもつ．管足は水管系と呼ばれる棘皮動物特有の器官系で，管内は海水に近い成分の体液で満たされている．水管形から送られる海水によって管足は伸び縮みし，移動や摂食に用いられるほか，呼吸器や感覚器官の役割も果たしている．潮間帯から深海まで，熱帯から極地に至るあらゆる海域に生息する．淡水産，陸生の種はない．

9）原索動物

原索動物（protochordata）はホヤやナメクジウオに代表される動物群で，脊索と呼ばれる軸が見られることや神経が管状であることなどから，脊椎動物に最も近いと考えられる．尾索類と頭索類に分類される．脊椎動物と合わせて脊索動物と呼ばれる．

ホヤなどの尾索類は幼生の時期にオタマジャクシの形をしており，プランクトン生活をする．一方，頭索類のナメクジウオは脊椎動物の祖先にあたる生物の形態を保持していると考えられ，頭部から尾部にかけて軟骨でできた脊索をもつ．多くの脊椎動物では，発生過程において脊椎が形成されると脊索は消失するが，ナメクジウオは生涯にわたって脊索をもち続ける．また脊椎動物と異なり，頭骨や脊椎骨はもたない．脊椎動物の進化を考える上で貴重な種である．

10）脊椎動物

脊椎動物（vertebrate）は最も進化を遂げた動物群であり，多数の椎骨がつながった脊椎（背骨）をもつ．中枢神経を構成する脳と脊髄が発達し，それぞれは頭蓋骨と脊椎によって保護されている．一般に魚類，両生類，爬虫類，鳥類，哺乳類に大別されるが，水圏に生息する脊椎動物は主に魚類，海鳥類，海産哺乳類である．

魚　類　狭い意味では硬骨魚を魚類（fish）と呼ぶこともあるが，広義では無顎類，軟骨魚類および硬骨魚類が含まれる場合が多い．

無顎類は顎を欠く脊椎動物の1群で，地球上に初めて出現した脊椎動物も顎を欠くことから，最も起源の古い脊椎動物と考えられる．脊椎骨は未発達で，脊索は終生円筒状で退縮しない．顎がないため捕食能力は劣る．現存の無顎類はメクラウナギ類とヤツメウナギ類からなる．メクラウナギ類は眼が退化的で水晶体を欠く．体側には大型の粘液腺が並び，粘液糸を大量に分泌する．すべての種が海産で，体液のイオン組成と浸透圧は脊椎動物の中では例外的に海水とほぼ等しい．ヤツメウナギ類では口が円形で吸盤を形成し，吸盤を使って魚などに寄生する．アンモシーテス幼生を経て，成魚となる．カワヤツメは変態後に海に下って寄生生活し，成熟すると川に遡上して産卵する．一方，スナヤツメは淡水中で一生を過ごす．

軟骨魚類は内部骨格が軟骨によって構成される．繁殖は卵生あるいは胎生による．軟骨魚は体内に尿素を蓄積して浸透圧調節を行う．また直腸に開口する直腸腺（rectal gland）は体内に過剰となった塩類を排出し，血液の塩分濃度を海水の約半分に保っている．頭部皮膚には電気受容器であるロレ

ンチニ瓶器が多数分布する．軟骨魚類はギンザメに代表される全頭類とサメ・エイ類からなる板鰓類に大別される．全頭類の鰓腔は鰓蓋皮褶に覆われ，左右でそれぞれ共通の鰓孔によって体表に開くが，板鰓類では5～7対の鰓孔がある．板鰓類のうちサメ類では鰓孔が頭部側面に開くが，エイ類の鰓孔は扁平な頭部腹面に開く．

硬骨魚類の特徴は，内部骨格が硬骨で構成されていることである．鰓腔は鰓蓋によって保護され，1対の外鰓孔によって外部に通じる．硬骨魚類はさらに肺魚類，総鰭類，条鰭類に分類される．ハイギョに代表される肺魚類とシーラカンスが属する総鰭類は類似点が多く，肉鰭類としてまとめられることもある．

肺魚類では肺が発達し，空気呼吸が可能である．一方，総鰭類には直腸腺があり，体内に尿素を保持するなど，軟骨魚類と共通する形質を多く有する．条鰭類は軟質類，全骨類，真骨類に分類される．軟質類は内骨格の骨化が不完全で，チョウザメ類がこれに属する．全骨魚は体が硬鱗で覆われ，鰾は空気呼吸機能を有する．全骨類にはアミアやガーが含まれる．真骨魚は多数の種に分化を遂げ，現存魚類の90％以上を占める大きな分類群である．一般に内部骨格は完全に骨化しており，鱗が存在する場合には円鱗か櫛鱗である．鰾は空気呼吸の機能をもたない．多様な進化を遂げた真骨魚では，様々な形質が多方向に特殊化する傾向を示し，これらを系統的に整理するのは難しく，詳細な分類体系は流動的である．

海鳥類　海鳥（seabird）とは餌を主に海洋生物に頼っている鳥類の総称で，系統分類に根ざしたものではない．地球上には約9,000種の鳥類が生息するが，このうち海鳥に分類されるのは約300種である．鳥類は分類学的に26目に分類されるが，海鳥類はペンギン目，ミズナギドリ目，ペリカン目，チドリ目の4目だけに属している．海洋で生活する海鳥類は海水を摂取するため，過剰な塩分を排泄するための塩類腺が両眼の上部に発達する．海鳥でも繁殖は陸上で行われる．

海産哺乳類　海産哺乳類（marine mammal）は海に生息する哺乳類の総称であるが，淡水性の哺乳類を含めて水生哺乳類とも呼ばれる．主にクジラ類，鰭脚類，海牛類に大別される．

クジラ類は地球上の水域に広く適応放散してきたと考えられ，現生種はヒゲクジラ類とハクジラ類に分けられる．ヒゲクジラ類は口腔内にクジラヒゲと呼ばれる食物濾過板を有するクジラ類で，クジラヒゲを用いて小型甲殻類や群集性の小型魚を捕獲・摂餌する．一方，ハクジラ類は口腔内に歯牙を有する．歯牙はもっぱら食物を捕らえるのに機能し，咀嚼機能はない．イルカは小型ハクジラ類の総称である．

鰭脚類は，鰭状に変化した四肢をもつ水生哺乳類の総称で，全身が毛皮で覆われている．生活史のほとんどを水域に依存しているが，繁殖は岩礁，砂浜あるいは氷上で行われる．アシカ類，セイウチ類，アザラシ類がこれに含まれる．

海牛類はマナティー類とジュゴン類からなり，クジラ類と同じく高度に水域に適応し，陸上に依存しない生活を行う．マナティーがしゃもじ状の尾鰭をもつのに対し，ジュゴンの尾鰭は半月状であり，両者は明瞭に区別される．

（金子豊二・塚本勝巳）

§2. 水圏生態系

2-1 浮遊生物・底生生物

　生態系（ecosystem）とは，物質とエネルギーの循環を行う1つのシステムであり，物理過程，化学過程，生物過程の全てを含む．海洋の水圏生態系は大きく，漂泳生態系（pelagic ecosystem）と底生生態系（benthic ecosystem）に分けられる．漂泳生態系は海底と直接的な関係をもたずに成り立っている系であり，底生生態系は海底もしくは海岸線と直接的関係をもって存在する生態系である．これらを構成する生物は，浮遊生物（plankton），遊泳生物（nekton），底生生物（benthos）に大きく分けられる．浮遊生物は遊泳能力が低く海流などの水の流動に受動的に支配される生物群の総称で，基本的には小型であるが，大型のクラゲなども含まれる．遊泳生物は，遊泳能力が高くて水の流れに抗して能動的に移動することができる生物であり，多くの魚類，イカなどの軟体動物の一部，海産哺乳類などが含まれる．底生生物には，海底，岩礁，砂浜などの基質上やその内部空間に生息し，地球上に生息する全ての動物門を含む多様な生物が属する．これら生物群の区別には中間的なものも当然あり，オキアミや幼稚魚，ハダカイワシなどの遊泳能力の低い魚類などはマイクロネクトンと呼ばれ，浮遊生物と遊泳生物の中間的な性質をもつ．また，多くの底生生物は，夜間，水中に生活圏を広げて活動することが知られており，アミなどの近底層プランクトンと呼ばれる一群は海底とその近傍の水中空間を生活圏としている．さらに，多くの底生生物は，生活史初期に浮遊幼生期をもつ．このように生活史の一部でのみ浮遊生活を行う生物をメロプランクトンという．これに対して，生涯を通して浮遊生活を行うプランクトンをホロプランクトンという．底生生物とは逆に，本来浮遊生物であるが，環境悪化を乗り切るために耐性卵や胞子として着底し，底質中で一時的に過ごす生物も沿岸域では多い．

2-2 代表的な生態系

　漂泳生態系では，一次生産者として植物プランクトンが光合成を行い，有機物を生産する．また，カイアシ類などの動物プランクトンが，二次生産者や高次生産者となる．沿岸，沖合い，湧昇生態系を構成する生物群の違いは，栄養塩供給の相違に由来する一次生産者の細胞の大きさの違いや，後述する高次栄養段階にエネルギーが伝えられる効率の違いによって生じている．中深層生態系では，一次生産者がいないため，上層の有光層で生産され沈降する有機物の供給に依存している．光合成は行われないが若干の光が到達する中層（200～1,000 m）では，生物量が表層に比べ少ないにもかかわらず，生物多様性が高く多くの種が生息している．また，中層では生存や繁殖のために，発光，性転換など特異な形態・機能や生活史戦略が発達している．

　岩礁の潮間帯には各種の海藻類や貝類，フジツボなどの付着生物を中心とした岩礁生態系が構成される．この生態系の大きな特徴は各種生物にみられる鉛直的な帯状分布（zonation）である．ここでは潮汐や波浪などによる物理環境（温度，塩分，乾燥など）の変動が大きく，その変動に対する耐性，空間に対する生物間競争，捕食の3つが生態系の構造に影響する大きな要因と考えられている．

　同じ潮間帯であってもそこが砂浜域である場合は，一見，生物が見当たらず砂漠のように見える．一般に，岩礁生態系に比べると，砂浜域生態系の生物量や生息種数は少ない．さらに生物が少なく見

える要因は，生息する多くの生物が小型であり，波浪や強光の影響を避けるため，その多くが砂の中に潜って生活しているためである．一次生産者としては底生藻類があげられるが，生態系を駆動する有機物の多くは系外（漂泳生態系や陸上）から運ばれる．潮間帯の砂浜域生態系にも鉛直的な帯状分布は見られるが，岩礁生態系ほど顕著ではない．基質を構成する粒子が細かいシルト（粒径0.02〜0.002 mm）と呼ばれる粒子になると，泥干潟または干潟と呼ばれる．干潟は河口周辺に形成され，海流や波浪による物理的擾乱が小さく，陸上からの有機物または栄養塩供給の大きい場合が多く，生物の生産性の高い生態系である．一次生産は底生の微細藻類（珪藻，渦鞭毛藻，藍藻など）が主に行っており，これら藻類や系外から運ばれた有機物を消費する濾過捕食者や堆積物捕食者が優占している．その代表的な生物群である貝類，甲殻類，多毛類は，干潟に生息する魚類やシギ・チドリ類などの渡り鳥にとって貴重な食物源となっている．細菌による有機物分解も活発で，沿岸域への陸上由来有機物の負荷を低減する水質浄化機能も高い．

　大型藻類が繁茂する場所を藻場といい，日本沿岸では優占する藻類種によって，岩礁域ではコンブ場（コンブ目褐藻，冷水域），ガラモ場（ホンダワラ目褐藻），アラメ・カジメ場（コンブ目褐藻，暖水域）が，砂浜域にはアマモ場（被子植物）が発達する．多くの場合水深40 m以浅の潮下帯に形成される．これら大型藻類の成長は一般的に速く，好適な環境条件下で，コンブ目褐藻は1日に30 cm以上成長することが知られている．このため藻場は，海洋では最も高い一次生産力をもつ生態系の1つとなっている．これら大型藻類は葉上動物や付着藻類に生活場を提供するとともに，幼魚などにとっては高次捕食者からの避難場所を提供している．しかし，藻場で一次生産された有機物のうち直接藻内で消費される割合は少なく，その多くはデトライタスとして，海底や系外に供給されている．さらに，ホンダワラ目藻類などの気泡をもった藻類には，基質から離れた後，流れ藻となって海流により外海へと運ばれるものがあり，サンマやブリなど特定の生物の産卵場や初期生育場となっている．また，従来藻場であった場所から，高範囲にわたって海藻が消失し，藻場によって支えられていたウニやアワビなどの磯根資源が著しく減少する現象があるが，これを磯焼けと呼ぶ・その原因としてウニなどによる高い摂食圧や高水温などが考えられている．

　造礁サンゴによって構成されるサンゴ礁は，海洋面積の0.2 %を占める．造礁サンゴの生育水温はおよそ23〜29℃であり，サンゴ礁の分布域は熱帯から亜熱帯の一部に限られる．サンゴ礁生態系の最も大きな特徴は，豊富な生物量と熱帯雨林にも匹敵する生物多様性の高さである．インド洋・太平洋区のサンゴ礁には少なくとも500種を超える造礁サンゴが生息しており，魚類においても全種数の25 %はサンゴ礁域から報告されている．この多様性をもたらす大きな要因の1つに，サンゴが生み出す生息空間構造の複雑さが考えられている．サンゴは刺胞動物門に属する動物である．サンゴ礁は個虫が集まった群体であり，われわれが目にするサンゴ礁とは個虫が分泌した炭酸カルシウムの外骨格の集合体である．造礁サンゴは動物プランクトンなどを捕食する一方，褐虫藻（zooxanthella）と呼ばれる渦鞭毛藻類を共生させて，その光合成産物も利用する混合栄養者である．最近問題となっているサンゴの白化現象とは，高水温などの環境ストレスで共生褐虫藻がサンゴ虫から離脱した状態をいう．サンゴ礁生態系では，褐虫藻，付着藻類，および漂泳系の植物プランクトンが一次生産者となっている．栄養塩供給が少ない海域であるため，再生生産（後述）が卓越する生態系と考えられている．他の海洋生態系に比べ構成生物の種数が多いこととともに，共生，専食といった複雑な種間関係が顕

著に見られることも，サンゴ礁生態系の特色である．

　深海底では，表層で生産された有機物が沈降粒子として供給され，生態系が維持されている．沈降粒子は水柱において，細菌の分解を受けながら沈降し，深度の増加とともに有機物量が指数関数的に減少するため，深海底に到達する生物量は非常に小さい．しかし，1970年代後半の深海艇調査により全く新しい生態系が発見された．それは中央海嶺などで見られる熱水噴出域での生物群集である．その後，プレート沈み込み帯などで見られる冷湧水噴出域でも同様の生態系が発見された．これら熱水・冷水湧出生態系の最も大きな特徴は，硫化水素，メタンといった還元性物質を酸化することによって有機物合成のエネルギーを得ている細菌に一次生産を依存していることであり，化学合成生態系と呼ばれている．噴出域付近の生物量は非常に高く，周囲の深海底に比べると3～4桁高くなっており，生息する生物の成長速度も浅海に生息する生物に匹敵する．さらに生息する生物は，ハオリムシ（tube worm），シロウリガイなど熱水・冷水湧出生態系に固有の生物でほとんどが占められており，化学合成細菌を共生させている生物も多い．しかし，構成する生物の多様性は種数においても動物門数においても低く，ハオリムシを含む環形動物，軟体動物，甲殻類でほぼ構成されている．

2-3　食物連鎖・食物網・食段階

　本節では，比較的構造が単純な漂泳生態系を中心に，その機能と特徴を述べる．外洋に生息するマグロ類を考えた場合，マグロはトビウオやイカなどの中型遊泳動物を餌とし，中型魚はイワシ類などの小型魚を，イワシ類はオキアミやカイアシ類などの動物プランクトンを，カイアシ類などは繊毛虫などの微小動物プランクトンを，微小動物プランクトンは2～20μmの鞭毛虫を，鞭毛虫は20μm以下の植物プランクトンを主な餌としている．すなわち，一次生産者である植物プランクトンからみれば，6段階上の食段階（trophic level）にマグロ類が位置することがわかる．このように，植物プランクトンなどの一次生産者から高次栄養段階に物質とエネルギーが順次伝えられていく過程を食物連鎖（food chain）と呼ぶ．実際の海洋における被食・捕食関係はより複雑であるが，われわれが利用する海洋生物は主に魚類などの高次栄養段階者であるため，食物連鎖・食物段階といった考え方は，便利な考え方である．すなわち，ある食段階nの生産は

$$P_n = 一次生産量 \times E^n \tag{1}$$

で表すことができる．Eは生態効率（ecological efficiency）と呼ばれ，ある食段階nの生産（P_n）を餌生物生産（P_{n-1}：一段下の食段階の生産）で割ったものである．

$$E = P_n / P_{n-1} \tag{2}$$

　海洋の生態効率は10～20％であり，外洋では低く，生物量が大きく食物連鎖を構成する生物群が単純な系では高くなる．生態効率の理論的上限値は，目的とする生物群の総成長効率（生産量／摂餌量）である．

　漂泳生態系の魚類生産を式(1)を用いて代表的な食物連鎖で試算してみると，表1-4で示すように，湧昇生態系で世界の魚類生産の50％以上を占めることがわかる．湧昇生態系は，常に湧昇により底層からの栄養塩供給があること，珪藻など大型植物プランクトンを出発点とすること，さらに，植物プランクトンを直接摂餌するマイワシのような魚の存在のため，食物連鎖が短いことなどが高い魚類生産に結びついている．

マイワシやカタクチイワシなど高い生物生産に結びつく浮き魚類資源は，全球的に大規模湧昇生態系で支えられている．しかし，大規模資源としては唯一，わが国のマイワシ資源は，湧昇生態系に依存していない．なぜ，このマイワシ資源が，湧昇に依存せず，他の資源に引けをとらない資源量が維持され，かつ他の湧昇系の資源と同期的な変動を示すかは解明されておらず，魚種交代とともに，今後の重要な研究課題の1つである．

食段階を考える場合，生物を構成する有機物の窒素の安定同位体比を調べることは有効な方法である．安定同位体比は通常，標準物質からの偏差の千分率で表す．

$$\delta^{15}N\ (‰) = ((^{15}N/^{14}N)\ sample / (^{15}N/^{14}N)\ reference) - 1) \times 1000 \qquad (3)$$

窒素代謝においては，主にオルニチン回路で同位体分別が起こり，ある生物の窒素同位体比は餌生物の窒素同位体比より通常3～4‰高くなる．すなわち，食物連鎖の上位の生物ほど高い値を示す（図2-2）．窒素に比べ炭素は食段階による同位体分別が起きにくいので，一般的にある生物の体を構成する有機物の炭素の同位体比が，その食物連鎖が依存する一次生産者の起源を，窒素同位体比が食段階を表す指標として使われている．

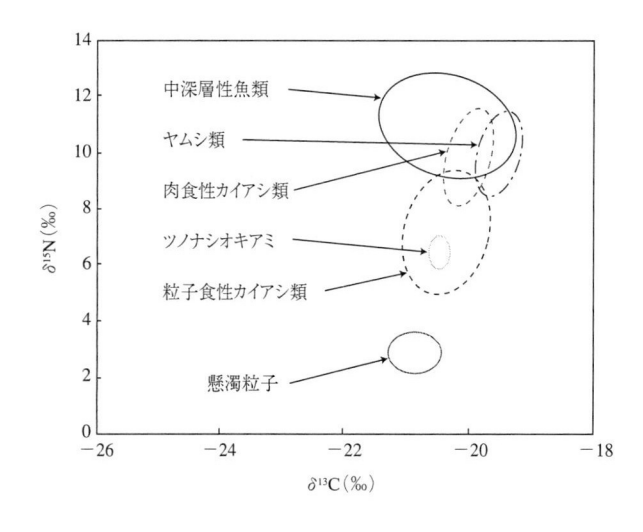

図2-2 西部亜寒帯太平洋における主要プランクトン、マイクロネクトンの炭素・窒素安定同位体比（Sugisaki and Tsuda, 1995 を改変）

例えばある生物の食性や食段階が不明な場合，一次生産者の窒素同位体比が2‰であり，対象生物の窒素同位体の測定値比が9‰であれば，その差は7‰なので，植物プランクトンより2段階程度上位の食段階に属することが推測できる．

これまでは，物質やエネルギーを一本の流れとして考えたが，実際の被食・捕食関係はより複雑である．ある生物は，複数の餌種を摂食し，植物と動物の区別さえなく摂食することも稀ではない．漂泳生態系の場合，植物プランクトンは陸上生物と異なり，セルロースのような構造性の有機物をそれほど必要としないため，植物と動物との間に化学的組成の差が少なく，植食者と肉食者の区別が曖昧である．胃内容物の調査などから，ある生態系の被食・捕食関係の相関図を描くと，網の目のように広がった食物網が描ける．図2-3aはスケトウダラを中心とした北海道沿岸の食物網である．胃内容

物調査により春季には，特に小型魚にとってカイアシ類が重要な餌であるが，その重要性は，成長や季節の推移に従って低下していく（図2-3b）．このように食物網は決して安定的なものではなく，時間的な変動もあり，さらには，同じ生物種であっても成長によって変化する．食物網を調査することは，生態系の構造を理解するうえで重要であるが，食物網の構造や複雑さがどのようなメカニズムで構成・維持されるかは，よくわかっていない．現在は，描かれた食物網図から算術的に物質やエネルギーの流れを計算したり，食物網の主要な構成要素を組み込んだ生態系数値モデルにより解析が行われている．

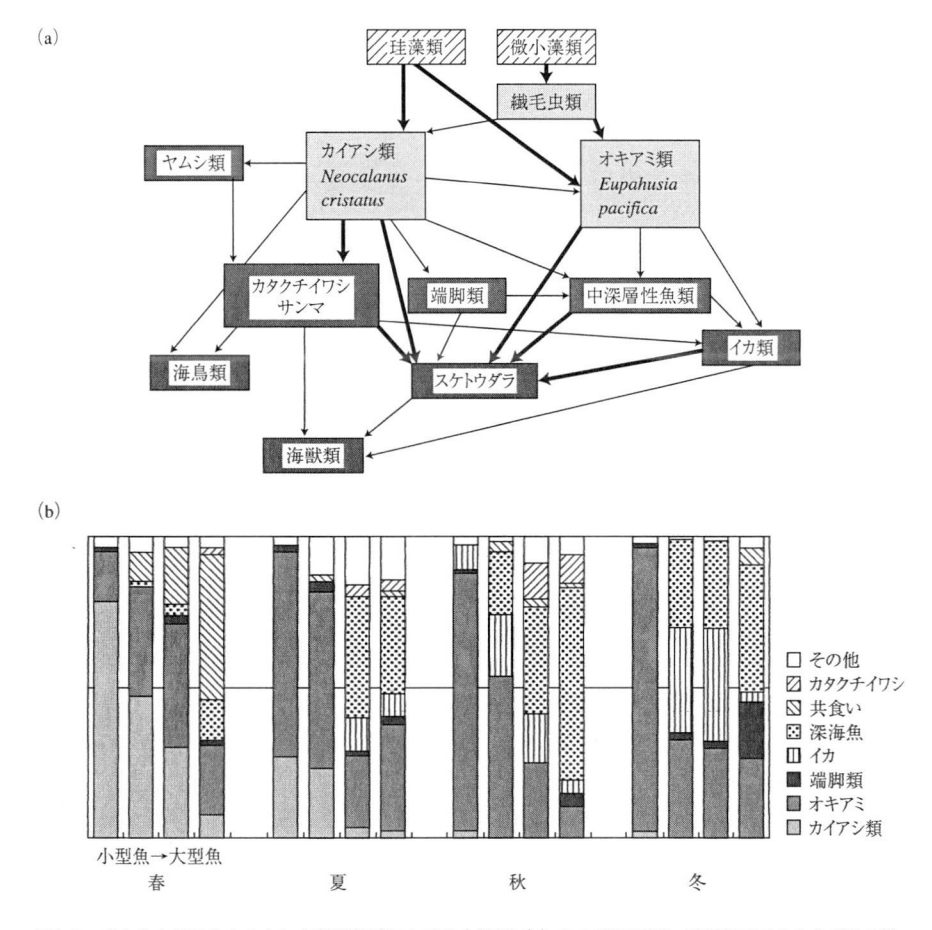

図2-3 スケトウダラを中心とした親潮海域における食物網（a）および体長別，季節別のスケトウダラの胃内容物重量組成（b）．太矢印はおもな経路を示す．（Yamamuraら，2002より改変）

2-4 微生物ループと食物連鎖

前節では，一次生産者に始まり上位に伝えられていく，物質とエネルギーの流れについて述べた．この物質とエネルギーが上位食段階に伝えられていく過程を生食食物連鎖（grazing food chain）という（図2-4）．しかし，植物プランクトン生産の全てが上位食段階に伝えられていくわけではない．漂泳生態系で細菌は最も生物量（biomass）の大きい生物群の1つであり，栄養源のほとんどを溶存

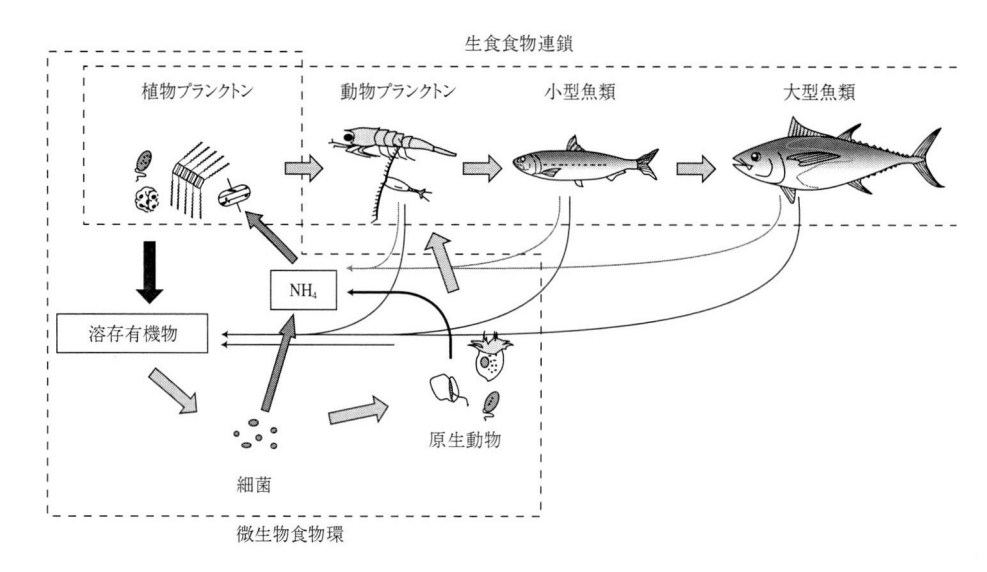

図2-4 生食食物連鎖と微生物食物間の概念図. ➡, → は溶存有機物の流れ, ➡, → はアンモニア態窒素の流れ, ➡ は被食・捕食関係を表す.

有機物に依存している. 溶存有機物は, 植物プランクトンからの直接溶出, 植物プランクトンが物理的破壊を伴って摂餌された場合の排泄 (sloppy feeding), さらには高次の栄養段階からの放出に由来し, これらを無機化することによって細菌はエネルギーを得る. 無機化されると, 栄養塩 (窒素ならばアンモニア) となって植物プランクトンの生産を支えることになる. すなわち細菌を中心として, 植物→溶存有機物→細菌→栄養塩という環状構造 (ループ) が形成される. 溶存有機物は全ての栄養段階から放出されるが, その大部分は, 植物プランクトン, 微小鞭毛虫, 繊毛虫など, $200\,\mu m$ 以下の微小生物から放出されるため, 大きな体サイズの生物の生産には結びつかない. 食物網におけるこの環状構造を微生物ループ (microbial loop) と呼び, 微生物ループによって生産されたアンモニアを使って行われる一次生産を再生生産 (regenerated production) と呼ぶ. これに対して, 漂泳生態系で下層からもたらされた窒素源 (硝酸) に依存する一次生産を新生産 (new production) と呼ぶ. 一次生産に占める新生産の割合をf比 (f-ratio) といい, 海洋では植物プランクトンによる硝酸とアンモニアの取り込み比から測定される.

一般にf比は外洋域では低く, 湧昇域では高い. また低緯度域では低く, 高緯度域の生産時期 (春季) には高い. すなわち下層からの硝酸供給があって光環境のよい時期には高く, 硝酸供給の小さな海域や時期には低くなる. 例えば, 黒潮域と親潮域を比べると, 年間の一次生産は黒潮域で $1\,m^2$ 当たり $100\,g$ 炭素, 親潮域では $160\,g$ 炭素である. 1.5倍程度しか差がないが, 新生産で比べれば黒潮域で $10\,g$ 前後, 親潮域では $100\,g$ 程度で10倍の差となる. 再生生産は, 高くとも上位の食段階の生産には結びつかない生産であるのに対して, 新生産は, 高次捕食者の生産や, 中深層生物や底生生物を支える沈降粒子の生産に結びつく一次生産である.

2-5 二次生産者と高次生産者

二次生産者 (一次消費者) として重要なのは, 湧昇生態系や沿岸域ではカイアシ類 (Copepoda) や

オキアミ（Euphausiacea）といった0.5 mmから5 cmの甲殻類であり，外洋域では，従属栄養鞭毛虫や繊毛虫などの微小動物プランクトンである．カイアシ類は通常の目合（0.1～0.5mm）のプランクトンネットで採集した場合，全生物量の70％程度を占める最も卓越した動物群であり，多くの高次捕食者の餌料として機能しており，さらに，その初期幼生（ノープリウス幼生）は魚類の初期餌料としても重要である．寿命は数週間から3年程度で，高温域に生息する小型種では短く，低温域の大型種で長い．日周鉛直移動および季節的鉛直移動を行う種も多く，物質の鉛直輸送に機能している．オキアミはより大型の甲殻類であり，多くの海域では全動物プランクトンの10％程度を占める．中大型魚類やクジラ類にとっては最も重要な餌生物であり，日本近海ではツノナシオキアミ，南大洋で

図2-5　代表的な動物プランクトン．カラヌス科カイアシ類（a），サフィリナ科カイアシ類（b），オキアミ類（c），サルパ類（d），クシクラゲ類（e），クラゲ類（f）（写真提供　西川　淳，町田龍二博士）

はナンキョクオキアミが漁獲対象となっている．数ヶ月から数年程度の寿命と考えられている．また，音波散乱層（DSL）を形成する主要な生物の1つでもある．オキアミ類と同程度の生物量を示すのがヤムシ類（Chaetognatha）であり，全海洋に120種程度が生息する．透明で矢に似た体型をもち，待ち伏せ型の肉食者と考えられている．漂泳生態系においては，甲殻類の主要な捕食者の1つと考えられている．

その他，重要な大型動物プランクトンとしては，サルパ類（Salpa），オタマボヤ類（Larvasea），クラゲ類（Cnidaria），クシクラゲ類（Ctenophora）があげられる．これらの生物は，甲殻類のような硬い外殻をもたず，脆弱な体組織で特徴付けられるためゼラチン質プランクトンと総称されている．サルパ類，オタマボヤ類は被嚢動物に属し，体腔内外に粘液糸で出来た濾過網を形成し，粒子を濾過摂食する．このため，甲殻類に比べるとより微小で豊富にある粒子を捕食できることが特徴で，甲殻類より速い成長速度を示す．また，オタマボヤ類はハウスと呼ばれる構造物を分泌し，捨てられたハウスは特定の生物の生活空間や餌となり，海洋，特に中深層においては重要な役割を果たすと考えられている．一方，肉食者であるクラゲ，クシクラゲ類は特に体が脆弱で採集や固定が難しいものが多く，分類，生態に不明な点が多いが，近年，生物量の増加が多くの海域で報告されてきており，その重要性が注目されている．

前述したカイアシ類などの動物プランクトンは，一般的には0.2 mm以上の体サイズをもち，メソ動物プランクトンと呼ばれるが，0.2 mm以下（プランクトンネットでは採集できない）の生物群は微小動物プランクトンと呼ばれている．広義の微小動物プランクトンには分解者である細菌も含めるが，二次生産者として考えれば，鞭毛虫，繊毛虫が主な構成生物である．鞭毛虫には従属栄養性のプラシノ藻や渦鞭毛藻など多くの分類群が含まれ，鞭毛をもつ微小な粒子食者を総称する．繊毛虫には殻をもつ有鐘繊毛虫や殻をもたない貧毛類などが含まれ，海洋では貧毛類が優占する．これら微小動物プランクトンは，外洋域，特に亜熱帯などの貧栄養海域では主要な植物プランクトン消費者（一次消費者）である．鞭毛虫は主に細菌やピコプランクトンの消費を，繊毛虫はナノサイズの粒子の消費を行い，マイクロバイアルループを構成している．

2-6　トップダウンコントロールとボトムアップコントロール

ある生物群の増減は，その生物が利用する資源量（餌や栄養塩）と捕食者量の関数として表すことができる．すなわち，餌が多くて捕食者が少なければ増加するし，その逆ならば減少する．この関係が鎖のように，または網の目のように連なっているのが生態系であり，したがって，ある生物群の生物量は，それよりも下位の存在量と上位の生物量の双方に支配されている．下位のものが支配的，すなわち最終的には栄養塩供給が支配的な場合をボトムアップコントロールといい，捕食者が支配的な場合をトップダウンコントロールという．湧昇域や貧栄養海域などの漂泳生態系の場合，栄養塩供給が生態系の大枠を決めており，ボトムアップコントロールとみなすことができる．しかし，一部の海域では，高次捕食者の存在が生態系を大きく変えるトップダウンコントロールとみなすことのできる例もある．例えば，ベーリング海に隣接する太平洋亜寒帯域では，高次捕食者であるカラフトマスの資源量が2年周期で増減し，それに伴い，カラフトマスが多い年はその餌となるカイアシ類などの動物プランクトンが少なく，植物プランクトンが多くなる現象が報告されている．このように上位捕食

者の影響が下位まで伝播する現象をtrophic cascadeともいう．トップダウンコントロールは漂泳生態系では稀にみる現象であるが，岩礁生態系や藻場生態系ではラッコやウニなどによるトップダウンコントロールが顕著に観察され，実験的にも確かめられている．

海洋漂泳生態系ではボトムアップコントロールが支配的であるが，沿岸域の赤潮現象などを考えれば，栄養塩供給の増加が魚類生産（高次生産）に結び付くといった単純な繋がりにはなっていないのは明らかである．低次生産と高次生産が直接結びつかない現象の説明としては，マッチ・ミスマッチ仮説，ボトルネック仮説，最適ウィンドー仮説などが提唱されており，どの仮説も，高次捕食者の生残には脆弱な時期があり，その時期に最適な餌などの環境要因が整うかどうかに注目したものである．

2-7 サイズ依存性食物連鎖とサイズ分布

一般に水中の物質の粒子態と溶存態とは$0.2〜0.6\mu m$の目合のフィルターで分ける場合が多い．漂泳生態系にはこれらのフィルターを通過する，コロイド粒子，ウィルス（10^{-8}m）からシロナガスクジラ（30m）まで9桁もの違いのある大きさの粒子が混在している．浮遊性の生物に関しては直径$0.2\mu m$以下をウルトラプランクトン，$0.2〜2\mu m$をピコプランクトン，$2〜20\mu m$をナノプランクトン，$20〜200\mu m$をマイクロプランクトン，$0.2〜20$mmをメソプランクトン，20mm以上をメガプランクトンと呼ぶ．

小さな粒子ほど数は多く，一般的な沿岸域を例にとれば，細菌（$0.5\mu m$）が$10^5〜10^6$細胞/ml，珪藻（$20\mu m$）が$10^2〜10^3$細胞/ml，繊毛虫（$50\mu m$）が$0.1〜1$細胞/mlと体サイズの増大とともに個体数密度は減少する．1980年代に海水中粒子サイズの電気的測定が盛んになり，これらの研究をまとめ，横軸に体サイズの対数，縦軸に存在量（容積）をとると，細菌からクジラまで，傾きゼロまたは若干負の傾きをもった関係を示すことを明らかにした（図2-6）．すなわち，コップやバケツにすく

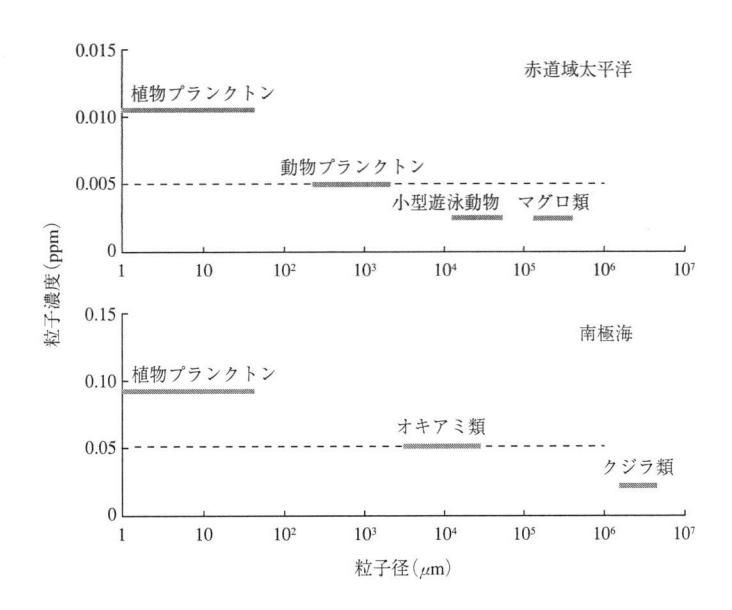

図2-6 赤道太平洋域と南極海における主な生物の体サイズと生物量．
（Sheldonら，1974を改変，点線は筆者らが想定する真の生物量）

った海水中に含まれる植物プランクトンの量と，期待値としての魚やクジラの量はさほど変わらないことを意味する．なぜ，このような関係が維持されるのかは，まだ解明されていないが，サイズ依存的被食・捕食関係は強く関係していると考えられる．すなわち海洋漂泳生態系の被食・捕食関係の多くは大きいものが小さいものを食う関係で成り立っており，一次生産者の植物プランクトンから始まり，高次栄養段階に行くに従って，体サイズも大きくなることを基本としている．海洋の生物は体の長さのおよそ1/3〜1/30の長さをもつ生物を捕食し，体の長さが1.5倍以上異なると，比較的似たような形態をもった生物でも食物要求が重ならないと考えられている．

このように，体サイズは海洋漂泳生態系においては非常に重要な役割を果たす．例えば，昼間深い場所に生息し，夜間には浅い層に移動を行う日周鉛直移動は，オキアミ類やカイアシ類など多くの生物に見られる現象であるが，この行動は，視覚捕食者による被食を避けるための行動である．1 mm以下の小型の生物は視覚捕食者にとって発見が難しいため，日周鉛直移動をする必要はないが，比較的大型の動物プランクトンでは顕著な日周鉛直移動が観察される場合が多い．同じ生物種でも小さい幼生期は表層で過ごし，成長に伴って日周鉛直移動を行うようになることも多い．このように，体サイズが大きいことは，視覚捕食者からの捕食を受けやすくなる反面，逃避能力の向上や，捕食者の数の減少など，有利な面も多い．例えば，粒子食性カイアシ類などの捕食圧が大きい海域では，餌生物群集において大型種や長い刺毛をもった種，さらには厚い殻をもった捕食に抵抗性のある珪藻や繊毛虫が卓越することが報告されている．

2-8 種多様性

海洋の植物プランクトンの種数は3,500〜4,500種であるが，これは陸上植物の2.5万種に比べてはるかに少ない．水圏に生息する甲殻類が約3,000種に対して，陸生昆虫では150万種が記載され，未記載種を含めれば3,000万種がいると推定されている．近年，潜水艇による観察や微細目合ネットによる採集で，深海からは多くの未記載種が発見されつつある．しかし全種数からみれば，この概観が変わることはなく，様々な見積があるが，海洋（底生生物を含む）に生息する生物の種数は全体の15％程度と考えられている．しかし，高次分類群を考えると，海洋には33の動物門の内28門が生息しており，13門が固有である．このうち種数においても高次分類群においても底生生物が大半を占め，漂泳生態系で生活史を全うする生物はわずかに11門であり固有な門はない．この数字は陸上に生息する動物門の数に等しく，外洋の漂泳環境に関する限り，ここに進出することが意外に困難であったことがわかる．以上のようにプランクトン群集は，地球規模で考える限り種数においても高次分類群のプランクトンに限ってもそれほど多様なわけではない．

漂泳生態系に特徴的な多様性はlocal diversityの高さである．例えば，プランクトンネット採集1回で100種以上の甲殻類が採集されたり，10 mlの採水で数十種の植物プランクトンが採集されることである．プランクトンパラドックス（plankton paradox）とは，まさにこのlocal diversityの高さに対する疑問である．すなわち，何故かくも均一な環境にこのように多くの種類のプランクトンが共存しているのか？　というのがパラドックスである．ガウゼの競争排他の原理，すなわち平衡状態において生き残れる食段階の種数は，その資源の種類より多くないことは，少なくとも実験室では証明できる大原則であり，これに当てはまる野外の観察例も報告されている．したがって，例えば窒素

やリンといった限られた栄養塩に依存する植物プランクトンでは，成長速度に勝る種が勝ち残るはずなのに，実際には数十種の植物プランクトンが共存していれば不思議（パラドックス）なのである．

一般的に，漂泳生態系は少数の優占種と多くの非優占種から構成されている．したがって，物質やエネルギーの流れなどを考える場合，優占種を考慮すればよい．しかし，数理モデルなどで再現される単純化された生態系は実際の姿とはかなり異なるし，非優占種の生存メカニズム，生態系における役割や機能などは解明されていない重要な問題である．

生息する種数は，生物現存量の大きい高緯度で少なく，生物現存量の小さい低緯度で高い．また，高緯度の南極側と北極側の比較では，若干南極側で多様性が高くなっている．南極側で多様性が高い原因としては，氷期における環境変化が北極側で大きいためと考えられている．プランクトンの多様性の鉛直的な変化をみてみると，やはり生物量の大きい表層で多様性は低く，生物量の小さい中深層で高くなっている（図2-7）．このように漂泳生態系では，深海や低緯度海域など，物理的な環境が安定して変化に乏しく，栄養供給が乏しく，生物量現存量の低い環境で生存する生物種が多いことが特徴である．なぜ，このような安定した栄養供給の小さな環境で多くの生物が共存できるかは，まだ，完全には解明されない問題として残っているが，ニッチの分割，非平衡（平衡に達する前に擾乱を受ける），パッチネス（空間的な分布の偏り），オタマボヤのハウスのような微小環境，捕食や密度依存的死亡（生物量に勝るものが選択的な捕食や感染を受ける）などが主要なメカニズムとして考えられている．

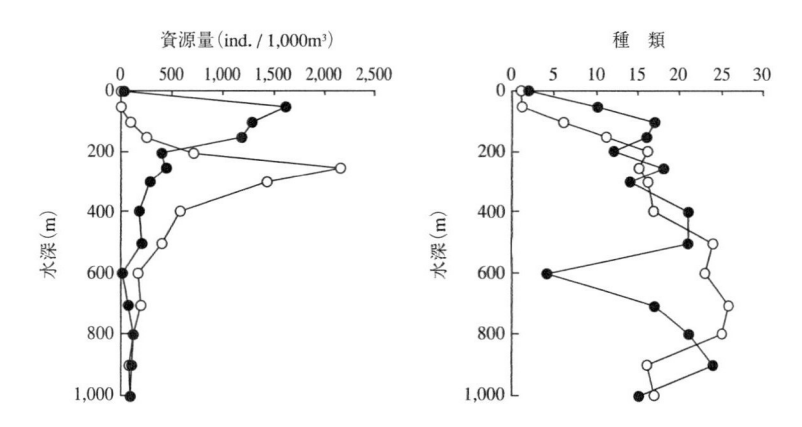

図2-7 相模湾中央部におけるScolecitrichella科カイアシ類の個体数現存量と出現種数の鉛直分布．─○─は昼間，─●─は夜間の採集．（Kuriyama and Nishida，2006より）

2-9 空間分布と不均一性

海洋生物分野では周囲より多く存在する場所をパッチと呼ぶが，必ずしもこれは一般的ではなく，潮間帯や森林では空きスペースをパッチと呼ぶことが多い．空間をめぐる競争が熾烈な陸上生態系と，生物の現存量が希薄で空間をめぐる競争がそれほど激しくない（または観察できない）漂泳生態系の質的な違いがよく象徴されている．パッチネスは多様性維持のメカニズムとなる一方，非平衡，微小環境，捕食の結果としても現れる．

漂泳生態系で最も生物量変化が激しいのは鉛直的な方向である．一般的に表層で生物量が最も高

く，深度の増加とともに生物量は減少する．深度別に，海表面に生息するニューストン（neuston），表層種（200 m以浅），中層種（200～1,000 m），深層種（1,000 m以深）と分けられるが，生息する生物は特有の鉛直分布をもつ．前述したように，漂泳生態系では1つの海域に多くの種が生息し，各種がそれぞれの鉛直分布をもつことにより水中全体を埋めている（図2-8参照）．さらには，多くの種が日周鉛直移動を行うことによって，表層と深層の物質循環を促進しており，これは生物学的梯子（biological ladder）と呼ばれる．

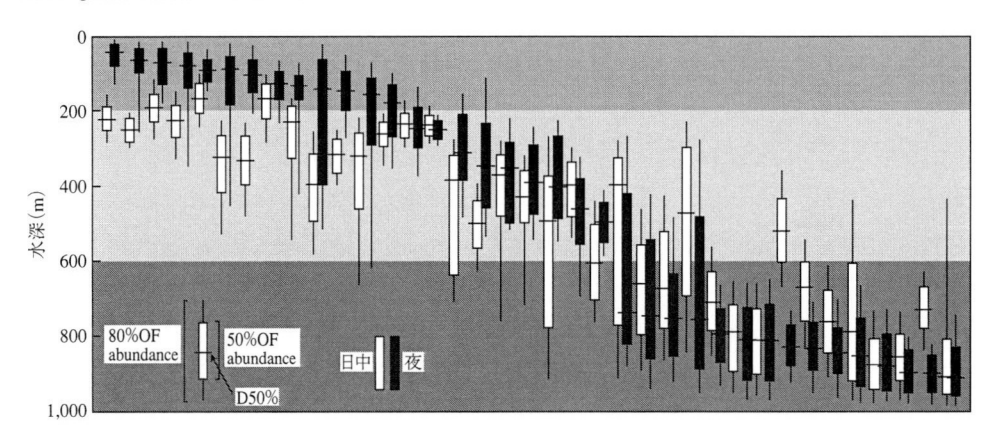

図2-8　相模湾中央部におけるScolecitrichella科カイアシ類38種の昼夜鉛直分布．
（Kuriyama and Nishida，2006 より改変）

　もう1つの成分である水平方向においては，スケールによって問題が異なる．全球スケールにおいては，プランクトン，マイクロネクトン群集の分布は水塊に呼応しており，生物地理学として研究されてきた．より小さなスケールにおける水平分布の知見の蓄積はそれほど充実していない．近年，潜水艇観察によってプランクトンの濃密な薄い層が発見されたり，SCUBA観察によって種特異的な集群現象が観察されたり，さらには曳航式ビデオシステムによって微小スケールのパッチが観察されたりしており，今後数十km以下のパッチネスの役割は見直されるだろう．さらに動物プランクトンは，自らの行動で魚の群れのような種特異的なパッチを形成することが可能である．海洋は餌料環境として薄められた環境であり，多くの生物の生存，特に上位捕食者の生存は餌生物のパッチに依存している．例えばヒゲクジラ類は，オキアミ類がパッチを作らず均一に分布していたならば生存できない．

　植物プランクトンのパッチが乱流中における拡散と増殖でコントロールされているのに対して，上位捕食者（カイアシ類以上）に見られるパッチはより細かい構造をもち，その世代時間から考えて明らかに生物自身の行動が影響している．動物が集群を形成する意義としては，捕食逃避，繁殖率の向上および餌探査能力の向上があげられるが，体サイズに比べて個体間距離の大きいプランクトンのパッチに関しては，捕食逃避，繁殖率の向上がおもなメリットである．　　　　　　　　　　　　　　　　（津田　敦）

§3．水生動物の生理

3-1　細胞組織器官

さまざまな生体機能を要素論的に解析し，生体としての制御機構を理解するのが生理学である．生

体はどのように構成されているのか，それぞれがどのような機能をもっているのか，それらはたがいにどのように連携して1個体としての機能を発揮しているのか．あるいは環境や他個体とどのような関係を保って機能しているのか．生理学の理解のためには，細胞，組織，器官の基礎が前提となるが，それらの詳細については多くの成書があるので参照してほしい．また，大まかな理解のためには「魚類生理学の基礎」第1章総論も有益である．

　細胞にしても組織にしても，その基本は魚類も哺乳類も，あるいは多くの無脊椎動物も共通である．そうした中で進化の過程での位置づけや，水中生活者ゆえに特徴的な点に着目することは重要である．例えば，魚類の体表上皮組織，すなわち表皮は陸上脊椎動物と同様，魚類でも多層上皮である．しかし，魚類の表皮細胞は最外層まで角質化しない脆弱な上皮細胞からなり，代わりに粘液細胞から分泌される粘液で覆われている．粘液は体表を保護するとともに，遊泳時の水の抵抗を減少するとされている．一方，無脊椎動物の体表は単層上皮のみからなる．魚類同様粘液で覆われていたり，節足動物のようにクチクラ層で覆われていたりすることで保護されている．

　水中生活者に特徴的な器官としては鰓がある．水に溶けたわずかな酸素を効率よく取り込む巧妙な仕組みをもつ．また，海水，淡水という異なる生息環境に適応するための浸透圧調節機構には特有の細胞が関わっている．感覚器には魚類特有のものとして側線がある．それぞれの項を参照されたい．

3-2　魚類の発生と成長

　魚類の発育段階は外部形態の特徴により，胚期，仔魚期，稚魚期，若魚期，未成魚期，成魚期および老魚期に区分される．受精から孵化までの段階が胚期で，孵化すると仔魚期になる．孵化直後にはまだ腹部に卵黄嚢が見られるが，卵黄が吸収されるまでを前期仔魚期という．卵黄吸収が完了し，各鰭の鰭条が定数になるまでが後期仔魚期である．稚魚期に達すると形態は不完全ながらほぼ成魚と同様になり，若魚期には体の形態的特徴が発達する．形態的特徴が十分に発達した未成魚期になっても性的に未熟で，生殖能力は十分に発達していない．生殖能力が完全に備わると成魚と呼ばれ，加齢とともに生殖機能が低下し老魚となる．

1）受精と発生

　魚類の受精は体外で行われることが多いが，軟骨魚類や硬骨魚のシーラカンス，一部の真骨魚には体内受精を行うものもある．体内受精する種では雄に交尾器が発達する．個体発生は卵と精子が受精することによって始まる．体外受精の場合，精子は放精によって体外に放出されると運動を開始する．真骨魚では卵の動物極に卵門（micropyle）が開き，精子はここから卵内に侵入する．卵が受精すると卵門が閉ざされ，それ以降，精子の侵入ができなくなる．また卵の表層に並ぶ表層胞（cortical alveoli）が崩壊してその内容物が放出され，その結果，卵膜が押し上げられて囲卵腔が形成される．

　軟骨魚や多くの硬骨魚の受精卵は卵黄量が多く，動物極付近だけで卵割が起こる盤割の様式を示す（図2-9）．卵が受精すると細胞質が動物極に集まり，胚盤（blastodisc）を形成する．第1卵割は縦割で，胚盤の中央付近に鉛直方向に卵割溝が生じて2個の割球に分かれる．第2卵割は第1卵割に対して直交して起こり，4個の割球が生じる．第3卵割は第1卵割と平行する向きで起こり，割球は8個になる．さらに卵割が進みと割球は数を増すと同時に小さくなり，動物極に胚盤葉（blastoderm）を形成する．胚盤葉は次第に卵黄に覆いかぶさるように広がり，その縁辺部は肥厚して胚環（germ ring）を形成する．続いて胚盾（embryonic shield）が出現し，胚葉の分化が進んで胚体が形成される．胚体には体節，眼胞，耳胞が相次いで現れる．体節数の増加に伴い胚体の成長が進み，やがて心臓が拍動を開始し，血液の循環が活発になる．

孵　化　胚の発生がある段階まで進むと，胚は卵膜を破って外に出る．これが孵化である．孵化は，孵化腺細胞から分泌される孵化酵素（hatching enzyme）と胚自身の運動によって引き起こされる．孵化腺細胞は胚の体表や卵黄囊上皮に分布するが，その分布状態は魚種により異なる．孵化直前になると細胞質に孵化酵素の分泌顆粒を蓄えた孵化腺細胞が発達し，孵化に先立ち孵化酵素が体外に分泌される．孵化酵素はタンパク質分解酵素の1種で，卵膜を軟化・分解する作用がある．孵化後の仔魚では孵化腺細胞は消失する．

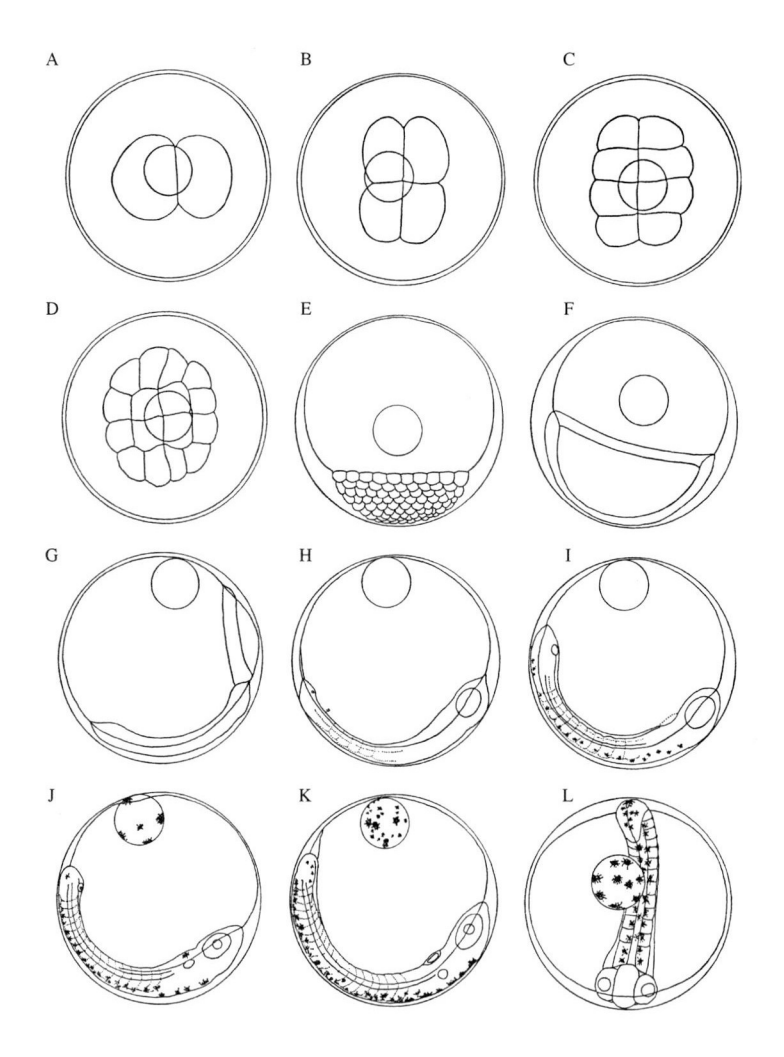

図2-9　クロダイの発生
A：2細胞期，B：4細胞期，C：8細胞期，D：16細胞期，E：桑実期，F：胞胚，G：胚体形成，H：4体節期（眼胞，クッパー胞出現），I：10体節期（色素胞出現），J：16体節期（油球上に色素胞出現），K・L：20体節期（岩井，1991）

変　態　魚類は仔魚期から稚魚期に移行する際に形態変化を伴うが，形態が劇的に変化する場合を変態（metamorphosis）と呼ぶ．ヒラメやカレイなどの異体類の仔魚は体が左右相称であるが，稚魚になって着底生活に移るときには片側の眼が移動し両眼が片側に並ぶ．このような変態過程は甲状腺ホルモンによって誘起される．ウナギ目魚類やカライワシ目魚類は，レプトケファルス幼生（葉形幼生）になった後に変態する．レプトケファルス幼生の体は透明で，ヤナギの葉のような形は浮遊生活に適応している．変態時には体が収縮し体長は短くなるが，変態が完了して成魚と同様な形態になると再び成長が始まる．変態は単に形態的な変化だけではなく，生理・生態的変化を伴う現象である．

成　長　硬骨魚類の体成長は他の多くの脊椎動物と同様，下垂体から分泌される成長ホルモン（growth hormone）により促進される．成長ホルモンは主に肝臓に働きインスリン様成長因子-1（insulin-like growth factor-1：IGF-1）の産生・分泌を促進する．IGF-1は血流によって軟骨，骨，筋肉などの標的組織に運ばれ，IGF-1受容体と結合し，タンパク合成や細胞分裂などを促すことで成長を促進する．IGF-1は微量ながら肝臓以外の様々な組織でも産生され，傍分泌や自己分泌によって局所的に作用することが知られている．血中に存在するIGF-1の大部分は様々なIGF-1結合タンパクと結合しており，これらの結合タンパクがIGF-1受容体に結合できる遊離型IGF-1の量を調節している．一方で，成長ホルモンの分泌は視床下部ホルモンによって調節されている．成長ホルモン放出ホルモンなどの視床下部ホルモンが成長ホルモン分泌を促進し，逆にソマトスタチン（somatostatin）は成長ホルモンの分泌を抑制する．

3-3　成熟と繁殖

魚類の生殖様式は他の多くの脊椎動物と同様に，異型配偶子（大型の卵と小型の精子）の受精による有性生殖に分類される．多くの魚類では雌雄異体であるが，同一個体に卵巣と精巣をもつ雌雄同体もしばしば見受けられる．クロダイはすべての個体がまず雄に分化し，その後，雌になる個体が出現する（雄性先熟：protandry）．逆にキュウセンでは，卵巣が先に成熟し，後から精巣が発達する（雌性先熟：protogyny）．一方，ホンソメワケベラやクマノミでは，社会的要因により性転換が引き起こされる．また多くの魚種で仔魚期の環境水温が性決定に影響を与えることが知られている．

1）生殖腺の分化

生殖腺の発生は，背側腸管膜基部の両側に体軸に沿って走る1対の生殖隆起の形成に始まる．生殖隆起は体腔上皮に由来し，体腔背側に堤のようにと突出した構造を示す．将来，配偶子になる始原生殖細胞（primordial germ cell）は，初めは体腔上皮に散在するが，徐々に生殖隆起まで移動し，最終的には生殖隆起に取り込まれる．やがて生殖隆起は間膜により体腔背壁から懸垂され，生殖腺を形成する．未分化生殖腺が卵巣または精巣へと分化するのに伴い，始原生殖細胞は卵巣で卵原細胞（oogonium），精巣で精原細胞（spermatogonium）と呼ばれるようになる．

2）卵形成

卵形成過程は大きく増殖期，成長期および成熟期に分けられる．増殖期は卵原細胞が分裂を繰り返し増殖する時期である．卵原細胞は減数分裂を開始すると卵母細胞（oocyte）となる．卵母細胞は第一減数分裂前期で停滞したまま成長期へと移る．成長期は卵黄物質の蓄積開始以前の第一次成

長期と卵黄蓄積に伴い卵母細胞が大型化する第二次成長期に分けられる．第一次成長期は，相同染色体が対合する染色仁期と，それに続く周辺仁期からなる．周辺仁期に達した卵母細胞はやや大きさを増し，大型の核（卵母細胞の核は卵核胞と呼ばれる）では核膜に沿って仁が並ぶ．第二次成長期に入ると卵黄胞，油球および卵黄球の蓄積が進む．細胞質の周辺部に現れる卵黄胞は後に表層胞となり，受精するとその内容物を細胞外に放出して囲卵腔を形成する．卵黄胞および油球の蓄積に引き続いて卵黄球が蓄積され，卵母細胞は急速に大型化する．卵母細胞の発達と並行して卵母細胞の周りに性ステロイドホルモンを産生する濾胞組織が発達し，卵黄球期には内側に顆粒膜細胞層と基底膜を挟んで外側に夾膜細胞層が明確に認められる．また卵黄蓄積の完了間近になると卵母細胞の細胞膜と顆粒膜細胞層の間に放射帯が明瞭になるが，これは卵膜に相当する部位である．

　卵黄蓄積が完了した卵母細胞は成熟期に移り，成長期まで卵母細胞の中心に位置していた卵核胞は卵門直下の動物極に移動する．次いで核膜が消失すると，卵母細胞は減数分裂を再開し第一極体を放出するが，第二減数分裂の中期で再び停止した状態で完熟卵となる．受精後に減数分裂が再開し，第二極体が放出される．完熟卵はそれを覆う濾胞組織から離脱し，卵巣腔あるいは体腔に排卵される．この間に卵黄球は融合して透明感が増すとともに，吸水により卵母細胞はさらに大きくなる．排卵された卵は生殖孔から体外に放卵（産卵）される．

　卵形成過程は視床下部－下垂体－生殖腺系と呼ばれる内分泌系による調節を受けている（図2-10）．性成熟に適した環境や魚自身の生理状態が整うと，視床下部の神経分泌細胞から生殖腺刺激ホルモン分泌ホルモン（gonadotropin-releasing hormone：GnRH）が下垂体に分泌される．GnRHは下垂体前葉主部の生殖腺刺激ホルモン（gonadotropin：GTH）分泌細胞に作用し，成長期には主に濾胞刺激ホルモン（follicle-stimulating hormone：FSH）の分泌を，また成熟期には黄体形成ホルモン（luteinizing hormone：LH）の分泌を促進する．

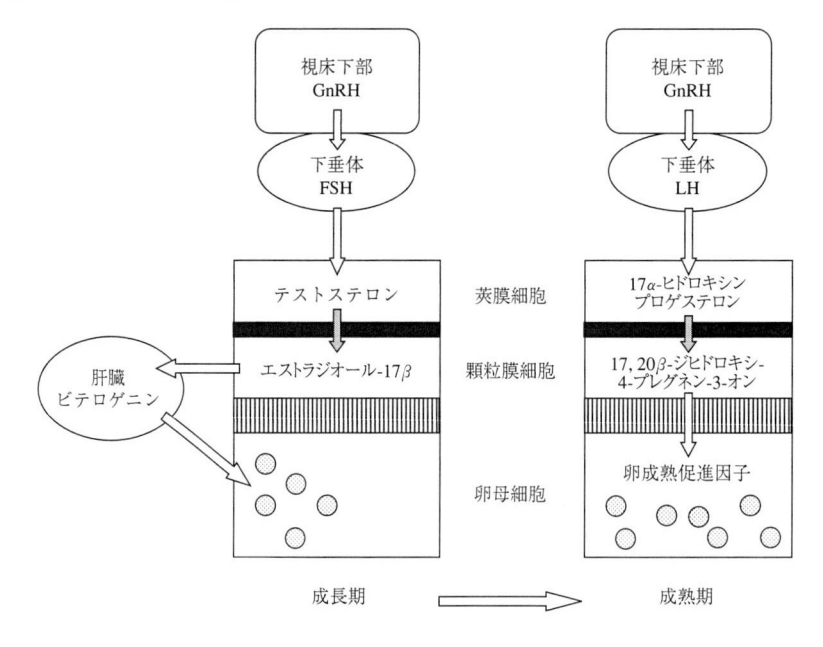

図2-10　魚類の卵形成における内分泌調節

成長期に血液中に分泌されたFSHは卵巣に達し，卵濾胞組織に作用して雌性ステロイドホルモンであるエストラジオール-17β（estradiol-17β：E_2）の産生を促す．卵濾胞組織の夾膜細胞で一連の酵素の作用によりコレステロールからテストステロン（testosterone：T）が合成され，さらに顆粒膜細胞の芳香化酵素によってTがE_2に変換される．血中に放出されたE_2は肝臓に作用して卵黄タンパク質前駆物質であるビテロゲニン（vitellogenin：VTG）の合成を促進し，血流により卵巣まで運ばれたVTGは卵母細胞に取り込まれる．卵黄蓄積が完了し成熟期に達すると，下垂体からLHが短期間に大量分泌され（LHサージ），卵濾胞組織ではE_2に替わり卵成熟誘起ステロイド（MIS）が産生されるようになる．魚類における代表的なMISである17, 20β-ジヒドロキシ-4-プレグネン-3-オン（17, 20β-P）は，夾膜細胞で産生された17β-ヒドロキシプロゲステロンから顆粒膜細胞で変換される．MISは卵黄蓄積を完了した卵母細胞に作用し，卵成熟を誘起する．

3）精子形成

精巣は多数の小葉（精小葉あるいは精小嚢ともいう）からなるが，その構造が管状を呈するものは精細管と呼ばれる．小葉内では，セルトリ細胞（Sertoli cell）によって取り囲まれた包嚢が内壁に沿って一層に並び，生殖細胞はセルトリ細胞に抱かれるように存在する．小葉の間にはステロイドホルモン産生細胞であるライディッヒ細胞（Leydig cell）が散在する．

精子形成過程は増殖期，減数分裂期，変態期および成熟期に分けられる．増殖期には，A型精原細胞が体細胞分裂によって緩やかに増殖する．精子形成が開始すると活発に分裂・増殖し，やや小型のB型精原細胞となる．B型精原細胞は，減数分裂を開始すると第一次精母細胞に移行する．第一次精母細胞は，第一減数分裂の結果やや小型の第二次精母細胞に，さらに第二減数分裂により小型の精細胞になる．変態期になると，精細胞は染色質の凝縮，核の形状変化，鞭毛の分化，細胞質の脱落などの精子変態を経て精子となる．変態期までの精子形成過程は包嚢内で進行するが，変態を完了した精子は包嚢から小葉腔に放出され輸精管に運ばれる．この過程を排精という．しかし排精された精子はまだ運動能をもたない未熟精子である．未熟精子が運動能を獲得し成熟精子になるのが成熟期である．未熟精子が排精されて輸精管内に入ると高pH環境にさらされ，運動能を有する成熟精子になるが，この過程を精子成熟という．成熟精子は雌との性行動によって生殖孔から体外に放出（放精）される．

精子形成過程も視床下部－下垂体－生殖腺系による調節を受けている．雄魚の下垂体にもFSHおよびLHの2種のGTHが存在する．ウナギを用いた実験によると，精子形成のすべての過程をLHのみで誘導することが可能であり，雄におけるFSHの作用は明らかではない．GTHはライディッヒ細胞に作用して，魚の主要な雄性ホルモンである11-ケトテストステロン（11-KT）の産生を促し，11-KTはさらにセルトリ細胞でのアクチビンBの産生を誘導する．アクチビンBはB型精原細胞の増殖を促進する．また，排精された精子が運動能を獲得する一連の過程は，17, 20β-Pによって誘起される．

4）生殖周期

四季の変化が明瞭な温帯に生息する魚類は，1年のうちである特定の時期にだけ成熟・産卵し，1年を周期とした生殖年周期を示す．これは主に水温と日照時間（日長）が季節的に変化することで成立するが，その応答は魚種により様々である．例えば，春から夏にかけて産卵するタイリクバラタ

ナゴは，春先の水温上昇が引き金となり卵黄蓄積が進み産卵を開始する．産卵期は夏まで続くが，秋になると水温はまだ十分に高いにも関わらず，日長の短縮を感知して生殖腺が退縮する．一方，秋に産卵するサケ科魚類の陸封型やアユでは，秋の日長短縮が成熟を誘発する．季節性の乏しい熱帯に生息する魚でも，月周期や乾季と雨季などの周期的に変動する環境要因に同調して成熟・産卵する例が知られている．

3-4 呼吸・循環

呼吸（respiration）は，外界から酸素を取り込み，二酸化炭素を排出する外呼吸と，細胞内で酸素を利用して二酸化炭素を放出する細胞呼吸（内呼吸）とに分けられる．

細胞はミトコンドリアにより，外界から取り込まれた分子状酸素（O_2）を利用して炭水化物を酸化し，最終産物として二酸化炭素（CO_2）と水に分解する過程でATPを合成し，エネルギー源として利用している．その反応は次式で表せる．

$$C_6H_{12}O_6 + 6H_2O + 6O_2 + 38ADP + 38Pi \rightarrow 6CO_2 + 12H_2O + 38ATP$$

進化とともに，外界から酸素を取り込む呼吸器や，この酸素を体内に運搬する循環系（circulatory system）が分化してきた．四肢動物は酸素が豊富にある陸上にその生息域を広げたが，魚類は空気に比べてはるかに重い水の中にわずかに溶け込んだ酸素を効率よく取り込む仕組みを備えるようになった．

1）魚類の循環系

爬虫類以降の脊椎動物が，心臓からの血液が肺に送られて十分に酸素を含んだ後に心臓にもどってから全身に送られる複式循環であるのに対し，魚類の循環系は，心臓を出た血液が呼吸器である鰓（gill）で酸素を含む動脈血となり，そのまま動脈（artery）を通じて全身に送られ，毛細血管（capillary），静脈（vein）を介して心臓に戻る単式循環である．そのため，心臓も哺乳類において2心房2心室を備えるのに対し，1心房1心室の単純な構造である．

心臓　魚の心臓は静脈洞（sinus），心房（atrium），心室（ventricle），それに硬骨魚では動脈球，軟骨魚では心臓球の各部からなり，囲心腔内に納まっている．静脈洞は，主に結合組織からなる薄い膜状のスペースで，全身からの静脈血が集まる．この静脈洞と心房との間には逆流を防ぐ弁があり，その付近が心拍リズムを支配するペースメーカーとなっている．心房には心筋が発達しており，血液を心室に送り込むのが役割である．心房を出た血液は弁を通って心室へと送り込まれる．心室は厚い筋肉層からなり，心房から送り込まれた血液を一瞬の間をおいて強力な収縮力で全身へと送り出す．動脈球および心臓球の壁には弾力性があり，心室から血液が送られてくると膨張して一部を溜め，多量の血液を一度に鰓に送り込むことのないよう，血液の流れを整流する役割をもつ．

心臓の収縮力を生みだす心筋は骨格筋と同様，横紋筋である．骨格筋の場合は平行に並んで束になった筋繊維の両端は腱となったり，結合組織に連結したりしているのに対し，心筋は屈曲し，末端が他の筋繊維に連絡して複雑な編み目状を呈しているのが特徴である．神経終板からの信号により各筋繊維が一斉に収縮する骨格筋と異なり，心筋の場合は一部の繊維の興奮が繊維同士の連絡を通して次々に収縮して行く．心筋繊維はそれぞれ固有のリズムで収縮する性質をもつが，心臓全体としての収縮は，最も速いリズムで収縮するペースメーカーに依存する．魚類のペースメーカーは迷走神経

のコリン作動性神経により抑制的支配を受けている．

血液循環　魚の心臓を出た血液は呼吸器である鰓を通り，体循環に入る．心臓からまず腹大動脈，次いで入鰓動脈を通り鰓に至る．鰓では二次鰓弁の毛細血管網に入ってガス交換を終え，左右の出鰓動脈が背大動脈へと合流する．合流部から頭部には左右の頸動脈を経て血液が送り込まれるが，背大動脈は脊椎の直下を後方に走り，内臓動脈など内臓諸器官へ多数の動脈を分枝した後，尾動脈となる．動脈は分枝を繰り返して毛細血管となり，次いで静脈につながる．静脈も合流を繰り返し，大きな静脈となって心臓へと戻っていくが，尾静脈は腎臓で，内臓からの静脈は肝臓でそれぞれ再び毛細血管に分枝し，腎門脈，肝門脈を形成する．

2）魚類の呼吸機構

空気呼吸もするわずかな例も含め，魚類は呼吸器として鰓を備え，水中から酸素を取り込んでいる．呼吸媒質としての水は，酸素容量が空気の1/30と小さく，酸素の拡散速度も約1/8000と極めて遅い上に，約800倍の密度，約60倍の粘性をもつことから換水に大きなエネルギーが必要となる．このため，空気に比べて圧倒的に不利であるが，呼吸器表面からの水分蒸発の危険がないことから繊細な鰓の構造が発達し，魚類は極めて効率よく酸素を取り込んでいる．

鰓によるガス交換　硬骨魚は通常4対の鰓をもつ．各鰓には鰓弁（gill filament）が並び，その鰓弁上にはひだ状の二次鰓弁が並ぶ（図2-11）．入鰓動脈から入ってきた静脈血は入鰓弁動脈で各鰓

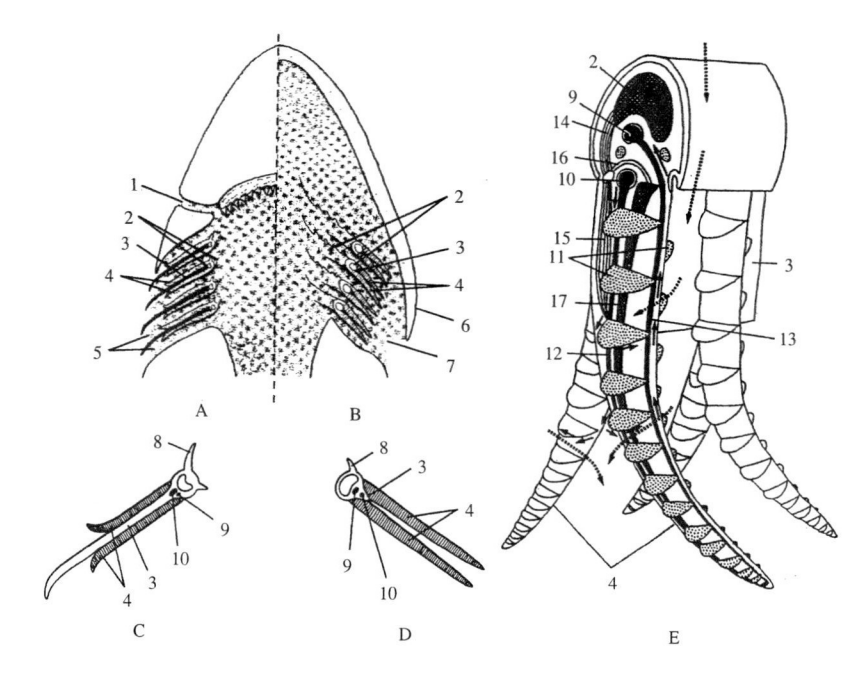

図2-11　魚類の鰓の断面模式図
A：板鰓類，B：硬骨魚，C：板鰓類の鰓，D：硬骨魚の鰓（Bond, 1996を改変），E：硬骨魚の鰓の構造と水および血液の流れ（岩井，1985）
1. 呼吸孔，2. 鰓弓，3. 鰓隔膜，4. 鰓弁，5. 鰓裂，6. 鰓蓋，7. 鰓孔，8. 鰓把，9. 出鰓動脈，10. 入鰓動脈，11. 二次鰓弁，12. 入鰓弁動脈，13. 出鰓弁動脈，14. 外転筋，15. 内転筋，16. 靭帯，17. 中肋
実線矢印は血流を，破線矢印は水流を示す．

弁に入り，さらに二次鰓弁の中の毛細血管を通り，出鰓弁動脈，出鰓動脈を経て背大動脈に至る．二次鰓弁は，網目状に広がった毛細血管網をごく薄い呼吸上皮細胞層が覆う形となっており，ここを血液が流れる間にガス交換が行われる．鰓弁は1枚ずつ交互に左右に分かれているが，二次鰓弁における血液の流れは左右に開く内側から外側へと向かう．一方，陸上生物が往復運動で空気を肺に取り入れているのとは異なり，魚は水を口から取り入れ鰓孔から排出しているため，鰓に対する水の流れは一方通行となり，二次鰓弁間では血液と逆に外側から内側へと向かう．これを対向流という．この対向流のためにガス交換の効率が極めて高く，これは魚の呼吸の大きな特徴である．

血液によるガス運搬　鰓で取り込まれたO_2は赤血球中のヘモグロビン（hemoglobin）に結合する．ヘモグロビンとO_2の結合は可逆反応で，O_2濃度が高いほど結合しているO_2が多く，逆に濃度が下がると少なくなる．また酸素親和性はCO_2とも関係し，同じO_2濃度でもCO_2濃度が高いほど結合するO_2は少なくなる．これらの性質により，鰓のO_2濃度が高い環境ではヘモグロビンはO_2とよく結合し，逆に末梢組織中でO_2濃度が低くCO_2濃度が高い環境ではO_2を放出することにより，O_2を供給する．

一方，水に溶解しやすいCO_2は，赤血球中で炭酸脱水酵素の作用により，水素イオン（H^+）と炭酸水素イオン（HCO_3^-）となる．H^+はヘモグロビンのタンパク部分に結合し，HCO_3^-は，血漿中の塩素イオン（Cl^-）と交換される形で血漿中を移動する．鰓ではHCO_3^-はCl^-と入れ替わって赤血球に入り，再び炭酸脱水酵素の作用でCO_2に変えられて排出される．

酸素消費量　魚が呼吸によって水から摂取するO_2量を酸素消費量という．酸素消費は安静時に比べ激しい運動時には大きく上回るが，その中間の通常の状態における酸素消費量という意味で平常代謝といわれる．酸素消費量は魚種ごとに大きく変わり，一般に活発に運動する魚では大きく，不活発な魚ほど小さい．また，運動時に消費が増大するが，激しい運動が続くと好気的代謝から嫌気的代謝に変わり，乳酸の蓄積が起こる．環境水中の酸素濃度は，時に大きく変化するが，低酸素に対する耐性も魚種により大きく異なる．これはヘモグロビンの酸素親和性の違いに関係しており，ウナギなど低酸素に強い魚では酸素濃度が低くても十分飽和できるのに対し，活発に泳ぎ回る魚では酸素濃度が十分高くないと飽和しない．魚種ごとの酸素消費量を把握することは養殖場での飼育密度や投餌量を算定する上で極めて重要である．

3-5　神経と感覚

生体がもつ様々な機能は，お互いに調和を保ちながら働くことが必要であり，それらを制御するシステムを備えている．これには神経系（nervous system）と内分泌系があり，それに免疫系を加えることもできる．神経系は，個体の内外の環境変化に対して素早く応答するのに有効であるのに対し，内分泌系は比較的ゆっくりとして，より長時間にわたる応答を支配している．光，音，匂いなど，特定の感覚器で受容された情報は神経系を介して中枢に送られて処理され，再び神経系を介して筋肉などの効果器に伝えられることによりすばやい応答，例えば摂餌や逃避といった行動が引き起こされる．

神経系を構成する神経細胞（ニューロン）にはいくつかのタイプがあるが，基本的には細胞体に付随する樹状突起で信号を受け，軸索を通して別の細胞や筋肉などの効果器に信号を伝える働きをもつ．この信号は細胞内外のイオンの出入りに基づく電気的な変化，すなわちインパルスにより伝導され，

シナプスを介して次の細胞へと伝達される．その機構についてはここでは触れないので，「魚類生理学の基礎」や他の成書を参照されたい．

1） 魚類の神経系

中枢神経系　脊椎動物の中枢神経系（central nervous system）は，発生の初期に外胚葉からくびれた中空の管（神経管）に由来する．発生とともに神経管の前方が膨らんで将来の脳となり，後方は脊髄となる．最終的に，脳は嗅球，終脳，間脳，中脳，小脳，延髄に分化する．脳は部位ごとに役割が異なり，さまざまの感覚の一次中枢となる脳の部位が特定されている．神経系全体を統御している主要な中枢は，哺乳類が大脳であるのに対し，下等な脊椎動物では中脳の背側にある視蓋である．脳の後部にはニューロンが円柱状に集合した神経核，すなわち背側の感覚柱と，腹側の運動柱があり，視蓋で整理された情報に基づき，運動柱を経て筋肉へと信号が伝達され，魚の行動となる．

末梢神経系　脳や脊髄と，感覚器や効果器といった末梢組織とをつなぐのが末梢神経系（peripheral nervous system）である．これには脳から出る脳神経と脊髄から出る脊髄神経があり，どちらにも感覚や骨格筋の運動を司る体性神経とともに，不随意運動を司る自律神経が通る．脳神経は12対あり，それぞれ特有の機能をもつ．脊髄神経は，背側が感覚系，腹側が運動系の領域として区分され，末梢からの感覚信号は背側の後根から脊髄に入り，中枢へと伝達されるのに対し，脳に発した運動系の情報は脊髄腹側の腹根から末梢の筋肉へと伝えられる．

2） 魚類の感覚

生体の内外で起こった変化が，目，耳，皮膚，鼻などの感覚器で検出され，神経信号に変換されて中枢へと送られることにより意識にのぼる経験をしたときに，この現象を感覚（sense）という．感覚器は感覚受容細胞と付属器官により構成される．刺激のエネルギーは感覚受容細胞の膜タンパクの変化を引き起こし，イオンチャンネルの開閉によるイオンの出入りにより膜電位を変化させる．この電位変化が最終的にインパルス（impulse）の発生をもたらし，信号が中枢へと送られる．受容細胞は①光受容細胞，②機械受容細胞（内耳，側線など），③温度受容細胞，④化学受容細胞（嗅受容細胞，味覚受容細胞など）の4グループ分類される．ここでは魚類の生理，生態と密接な関係をもつ視覚（sense of vision），聴覚（sense of hearing），側線感覚（sense of lateral line），嗅覚（sense of smell），味覚（sence of taste）を取り上げる．

視　覚　魚類の主要な光受容器官は眼であるが，脳の背面にある松果体も光を感ずることが知られている．眼の構造は図2-12に示す．虹彩（iris）

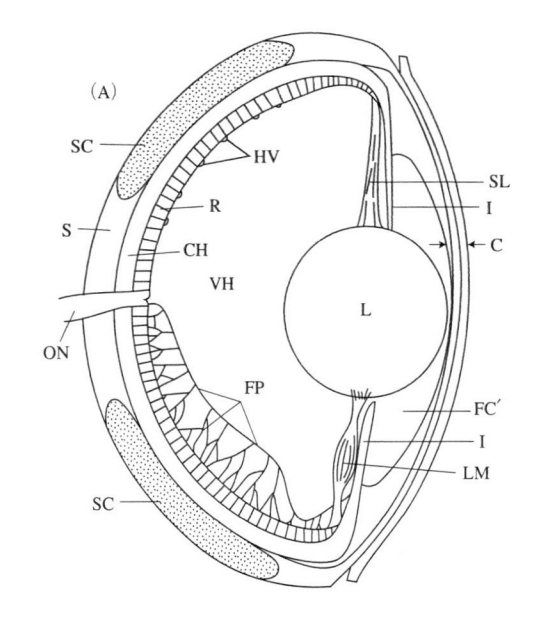

図2-12　硬骨魚の眼の断面模式図
C：角膜，CH：脈絡膜，FC：前房，FP：鎌状突起，HV：ガラス体血管，I：虹彩，L：水晶体，LM：水晶体筋，ON：視神経，R：網膜，S：強膜，SC：軟骨
SL：懸垂靱帯，VH：ガラス体　　　　　　（田村，1991）

を通った光は水晶体（lens）により屈折し，網膜（retina）上に像を結ぶ．網膜には光受容細胞（視細胞）の他，中間神経細胞である水平細胞，双極細胞，アマクリン細胞，神経節細胞，神経膠細胞であるミューラー細胞が存在し，これらが統制のとれた配列をなしている．光子のエネルギーは視細胞の外節にある視物質の構造的な変化を引き起こし，様々な過程を経て細胞に電気的な変化を起こす．生じた信号は双極細胞，神経節細胞へと伝達されてインパルスの発生となり視神経（optic nerve）を通して，中枢へと伝達される．水平細胞，アマクリン細胞は水平的な伝達により，精度の向上に関わっている．

視細胞には桿体（rod）と錐体（cone）がある．桿体は視物質としてロドプシンとポルフィロプシンをもち，感度がよい．一方錐体の視物質には，赤色光感受性，青色光感受性，緑色光感受性，それに紫外光感受性の4種類のオプシンがあり，感度は悪いものの色覚に関与している．桿体と錐体は明暗に応じて移動し，明るい状態では桿体が下方に伸張することで色素上皮に覆われて光が届かなくなるのに対し，暗い状態では逆に桿体が上方でわずかな光を受容する．錐体の感受性は環境の光環境に関係し，青い海にすむ魚は青に，緑色がかった湖沼にすむ魚は緑に，濁った泥水にすむ魚は赤に感受性をもつ錐体を多くもつ傾向がある．

聴 覚　魚類には一般にいう耳，すなわち外耳はないが，内耳があり，音を受容している．内耳は3本の半規管と3つの耳石器官とからなる．耳石器官は卵形嚢（または通嚢），球形嚢（または小嚢），壺嚢であり，それぞれ中に礫石，扁平石，星状石と呼ばれる耳石を備える．耳石は有毛感覚細胞の集合である平衡斑に接している．圧力波である音が魚に達すると魚が振動するが，密度の高い耳石はその動きに取り残されるため，有毛細胞の繊毛を傾けることとなる．これにより電気的な変化が生じて中枢に伝達されて音として認識される．

コイ目，ナマズ目などの骨鰾類では，鰾と内耳を連絡するウェーバー氏器官と呼ばれる左右4対の骨がある．水中を伝わってきた音は鰾を振動させ，それがこれらの骨を介して効率よく内耳に伝えられるため，可聴音域，感度ともに優れている．一般的に，軟らかい底質の池などにすむ雑食性の魚類に聴覚の優れたものが多く，肉食魚の聴覚が比較的劣るという．

内耳は聴覚器であると同時に平衡感覚も司っている．各半規管は一端に膨大部があり有毛細胞からなる平衡斑を備える．有毛細胞が半規管内腔のリンパ液の動きに応答し，角加速度の感知につながる．耳石器官は姿勢変化の感知にも関わっている．

側線感覚　魚類の体表には側線器（lateral line organ）が分布し，側線系を形成している．側線器には，側線鱗中や顔面の皮下に埋まった管器の他に，表在性の遊離感丘がある．遊離感丘と管器の中間的な構造をもつ孔器も知られているが，本質的な差はない．

遊離感丘や管器中の感丘は，繊毛（感覚毛）をもつ感覚細胞とそれを支持する支持細胞とからなり，全体は寒天様の突起であるクプラで覆われる．側線は聴覚器の場合と同様，この感覚毛の動きが電気信号に変換されて中枢に伝えられる機械受容器である．聴覚が音を圧力波として受容するのに対し，側線では水の運動を水粒子の動きとしてとらえる．圧力波は遠距離効果と呼ばれ，減衰は距離に反比例するため，音源が遠方でも受容できるが，水粒子の動きは近距離効果と呼ばれ，音源から遠ざかるほど，距離の2乗に反比例して減衰する．そのため，全身の側線器が受ける刺激には強い勾配があり，この勾配を感知して餌生物などの音源定位や，静止した物体の存在を知ることができるのではないか

と考えられる．遊離感丘が20 Hz以下の振動に，管器感丘は20～40 Hzの振動に高い感受性を示す．管器は走流性の発現，成群行動，水中の物体の感知に主要な役割を果たしていると考えられる．

嗅覚 水に溶解する化学物質を感知する化学感覚には嗅覚と味覚がある．このうち，眼の前方にある左右1対の鼻が嗅覚を担う．左右の鼻には前後1対の開口部があり，鼻腔内には多数の嗅板がひだ状に並んだ嗅房が形成されている．嗅板には多数の嗅細胞が分布し，においを受容すると，一端から伸びた軸索にインパルスが発生する．この軸索の束が嗅神経で，第一次中枢である嗅球の僧帽細胞へと伝達される．僧帽細胞からは嗅索を経て終脳に達し，知覚される．嗅球の位置は魚種により異なり，嗅房に接する場合には嗅索が長く，終脳に接する場合は嗅神経が長い．

魚類はさまざまなアミノ酸に対する感受性が高く，索餌・摂餌行動との関係が知られている．面白いことに各種アミノ酸に対する感受性は，淡水魚と海水魚，遊泳性と底生動物，肉食性と草食性といった生態や食性の違いに関わらず魚種間で高い類似性が認められている．一方味覚器のアミノ酸感受性は，食性と関連して魚種ごとに大きく異なる．

嗅覚はフェロモンの受容にも関与する．排卵した雌のキンギョが出すプロスタグランディンが雄の追尾行動を促し，性ステロイドが雄における生殖腺刺激ホルモンの分泌を誘起する．成群行動をとるゴンズイでは，群れごとのにおいが集合フェロモンとして作用しているものと考えられている．

嗅覚がかかわる行動としてサケの遡河回遊時の母川回帰がよく知られている．孵化後，降海するまでの間に川のにおいが刷り込まれ，その水のにおいを感知して母川に遡上する．におい物質は特定されていないが，河川やその周囲の動植物由来のアミノ酸や胆汁酸が関与しているものと考えられている．

味覚 味覚も嗅覚とともに水に溶けた化学物質を受容する感覚である．しかし，味蕾（taste bud）という特有の味受容器をもち，中枢への投射部位は延髄であり，嗅覚とは独立した感覚である．嗅覚器が遠隔受容器であるのに対し，味蕾の多くは口腔内にあり接触受容器であるという一面をもつが，頭部を中心に体表にも多く分布しており，機能は様々である．

哺乳類では基本味覚として甘味，塩味，酸味，苦味が知られているが，魚類では糖に応答する種類があるものの，キニーネの苦味を除けば感受性は高くない．一方，餌生物のエキス成分中の，アミノ酸や，低分子ペプチド，核酸などにはよく反応し，これらが摂餌刺激効果をもつものと考えられる．先に記したように様々なアミノ酸に対する味覚応答の比較により，魚種間で効果のあるアミノ酸の種類と数，そして各アミノ酸の相対的刺激効果に違いがあることが知られている．

3-6 内分泌系

内分泌腺から分泌される物質（ホルモン）は血液によって運ばれ，標的器官（細胞）の受容体に結合することで生理学的変化を引き起こす．分泌された物質が近傍の細胞に作用する傍分泌や分泌した細胞自身に作用する自己分泌による分泌物質も，ホルモンとして扱われる．また神経細胞の中にはペプチドや生体アミンを分泌するものがあり，このような現象は神経分泌と呼ばれ，その分泌物質もホルモンに含まれる．魚類の主要なホルモンとその生理作用を表2-1に示す．

1）下垂体

間脳底の下に位置する下垂体（pituitary gland）からは様々なペプチド・タンパク質ホルモンが分

泌される．下垂体は発生学的に間脳に由来する神経下垂体と口蓋上皮に由来する腺下垂体に大別される．腺下垂体はさらに前葉端部，前葉主部，中葉に分けられる．前葉端部の大部分はプロラクチン（prolactin：PRL）産生細胞で占められ，神経下垂体に接する部位に副腎皮質刺激ホルモン（adreno-corticotropic hormone：ACTH）産生細胞が柵状に並ぶ．生殖腺刺激ホルモン（GTH），甲状腺刺激ホルモン（thyroid-stimulating hormone：TSH）および成長ホルモン（GH）細胞は主に前葉主部に位置する．中葉の分泌細胞は黒色素胞刺激ホルモン（melanophore-stimulating hormone：MSH）細胞とソマトラクチン（somatolactin：SL）細胞からなる．神経下垂体は神経分泌細胞の軸索と終末が集合したものであるが，その細胞体は視床下部に位置する．神経下垂体の前部は哺乳類の正中隆起に相当し，各種の視床下部ホルモンを分泌することで腺下垂体細胞の分泌調節を司る．一方，神経下垂体後部（神経葉）は腺下垂体中葉に深く入り込み，神経中葉を形成する．ここからはアルギニンバソトシン（arginine vasotosin：AVT），イソトシン（isotocin：IT），メラニン凝集ホルモン（melanin-concentrating hormone：MCH）などの神経葉ホルモンが分泌される．

　腺下垂体のホルモンはその分子構造から①GH・PRL群，②GTH・TSH群，および③POMC群に分けられる．GH，PRL，SLは互いに構造上の類似性がみられることから，共通の祖先遺伝子から生じたホルモン群と考えられる．PRLは淡水適応に重要なホルモンで，鰓においてはNa^+の保持や透過性の低下に関わる．GHは成長促進に加え，海水適応ホルモンとしての作用も有する．SLは酸塩基調節，体色変化，ストレス応答に関与する．GTH（LHとFSH）およびTSHはいずれもα鎖とβ鎖

表2-1　魚類の主要なホルモンと生理作用

産生器官	ホルモン	生理作用
腺下垂体	プロラクチン	淡水適応
	副腎皮質刺激ホルモン	コルチゾルの分泌促進
	甲状腺刺激ホルモン	甲状腺ホルモンの分泌促進
	生殖腺刺激ホルモン	性ステロイドホルモンの産生，生殖腺の発達
	成長ホルモン	成長促進，海水適応
	黒色素胞刺激ホルモン	黒色素胞のメラニン顆粒の拡散
	ソマトラクチン	酸塩基調節，体色変化，ストレス応答
神経下垂体（神経葉）	アルギニンバソトシン	血圧上昇，生殖輸管の収縮，糸球体濾過量の増加
	イソトシン	鰓血管の収縮
	メラニン凝集ホルモン	黒色素胞のメラニン顆粒の凝集
松果体	メラトニン	明暗リズム
甲状腺	チロキシン トリヨードチロニン	組織分化，成長促進，変態促進，銀化
スタニウス小体	スタニオカルシン	カルシウム取り込みの抑制
鰓後腺	カルシトニン	カルシウム調節
間腎腺	コルチゾル	糖新生，ストレス応答，海水適応
クロム親和細胞	アドレナリン ノルアドレナリン	心拍数の増大，血圧の上昇，血糖値の上昇，血管の収縮，黒色素胞のメラニン顆粒の凝集
腎臓	アンギオテンシン	血圧上昇，飲水誘起，抗利尿作用
ランゲルハンス島	インスリン	血糖値低下，糖・脂質の蓄積促進
	グルカゴン	血糖値上昇，グリコーゲン・中性脂肪の分解促進
尾部下垂体	ウロテンシン	水・電解質代謝

からなる糖タンパク質であるが，α鎖の構造は共通なのでその作用の違いはβ鎖に起因する．TSHは甲状腺ホルモンの産生・分泌を促進する．GTHは性ステロイドホルモンの産生を促し，生殖腺を発達させる．ACTHやMSHは，共通の前駆体であるプロオピオメラノコルチン（POMC）が切断されること（プロセッシング）により産生されるホルモン群である．ACTHは間腎腺細胞に作用してコルチゾルの産生・分泌を促す．一方，MSHは黒色素胞のメラニン顆粒を拡散させ体色を黒化させる．神経葉ホルモンのうち，AVTは血管の平滑筋を収縮されることで血圧上昇を引き起こす．また生殖輸管の収縮や糸球体濾過量の増加にも関わる．ITは鰓の血管を収縮させることが知られている．MCHは黒色素胞のメラニン顆粒を凝集させ，体色を明化させる．

2）松果体

松果体（pineal gland）は間脳の背側から突出した小嚢状の光受容器官である．松果体の光受容細胞は，明暗の情報を求心性神経線維に伝えるとともに，メラトニン（melatonin）の分泌を介して液性情報に変換する．メラトニンの分泌は暗期に高く，逆に明期には低く抑えられ，その血中濃度は明確な日周変動を示す．魚類におけるメラトニンの生理作用は明らかではないが，明暗リズムを体内の各器官に伝達すると考えられ，特に生殖への関与が示唆される．

3）甲状腺

魚類の甲状腺は，腹大動脈および入鰓動脈に沿った結合組織内に散在する．甲状腺ではチロキシン（thyroxine：T_4）とトリヨードチロニン（triiodothyronin：T_3）が産生・分泌されるが，いずれもヨードを含んだチロシン誘導体である．甲状腺ホルモンの分泌は，下垂体から分泌されるTSHによって促進される．甲状腺ホルモンは一般に組織分化や成長促進に関与し，ヒラメ仔魚では変態を誘起する．またサケ科魚が降海回遊に先立ち銀化する際に，甲状腺ホルモンの作用によって皮膚にグアニンが沈着し体色が銀色化する．

4）スタニウス小体と鰓後腺

スタニウス小体（Stannius corpuscle）は真骨魚と全骨魚に特有な内分泌器官で，腎臓あるいはその周辺に点在する．スタニウス小体は糖タンパク質ホルモンであるスタニオカルシン（stanniocalcin）を分泌する．スタニオカルシンは鰓の塩類細胞におけるカルシウムの取り込みを抑えることで，血中カルシウムイオン濃度の上昇を抑制する．

哺乳類でカルシトニン（calcitonin）は甲状腺の傍濾胞細胞から分泌されるが，魚類では独立した内分泌器官である鰓後腺（ultimobranchial gland）で作られる．カルシトニンはアミノ酸32個からなるペプチドホルモンで，哺乳類ではカルシウムの骨への取り込みを促進することで，血中カルシウムイオン濃度を低下させる方向に働く．魚類においてもカルシトニンがカルシウム調節に関与することが示唆されているが，その生理作用に関しては不明な点が多い．

5）間腎腺とクロム親和細胞

魚類の間腎腺（interrenal gland）とクロム親和細胞（chromaffin cell）は，哺乳類の副腎皮質と副腎髄質にそれぞれ相同な組織である．硬骨魚の場合，両者は頭腎中に細胞塊として散在する．間腎腺で産生されるコルチゾル（cortisol）は糖新生を促進し，血糖値を上昇させる．産卵のため河川を遡上するサケは絶食状態にあるが，コルチゾルの作用でタンパク質が分解され，アミノ酸から糖が生成される．一方，コルチゾルは海水適応能の発達にも関与し，鰓で海水型塩類細胞の分化を促し，塩

類細胞からのイオンの排出を促進する．

クロム親和細胞から分泌されるアドレナリン（adrenalin）とノルアドレナリン（noradrenalin）は，心拍数の増大，血圧の上昇，血糖値の上昇，血管の収縮，黒色素胞におけるメラニン顆粒の凝集など，交感神経と同様な作用を示す．

6）ランゲルハンス島

ランゲルハンス島（islet of Langerhans）は膵臓の外分泌腺内に細胞塊として点在する内分泌腺であるが，胆嚢付近では独立したブロックマン小体として存在する．ランゲルハンス島からは主にインスリン（insulin）とグルカゴン（glucagon）が分泌される．この両者は拮抗的に働き，血糖値を調節する．インスリンは糖や脂質の蓄積を促進し血糖値を低下させるのに対し，グルカゴンはグリコーゲンや中性脂肪の分解を促進して血糖値を上昇させる．

3-7 浸透圧調節

多細胞動物を構成する細胞の多くは外部環境と直接接することなく，その周囲を内部環境である体液（血液と細胞間液）によって満たされている．一部の例外を除き脊椎動物の体液はほぼ同様なイオン組成と濃度を示し，その浸透圧（osmolality）は概ね 300 mOsm/kg H_2O である．魚類もその例外ではなく，特に大多数を占める真骨魚類では，淡水あるいは海水のいずれかにだけ生息できる狭塩性魚や双方の環境に適応できる広塩性魚を問わず，体液浸透圧は海水の約 1/3 の値に保たれている．一方，円口類のうち海産のメクラウナギ類の体液浸透圧は，例外的に海水とほぼ等しい．また，海産板

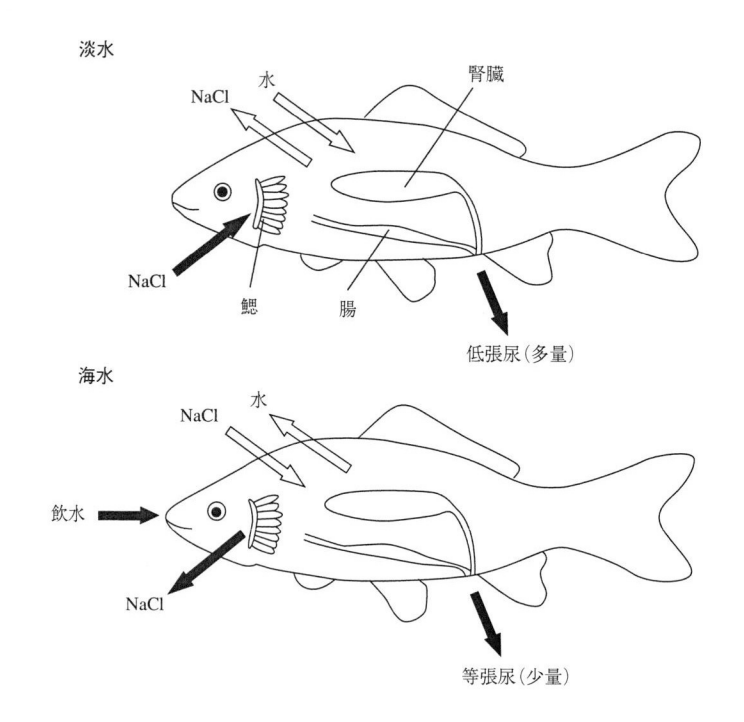

図 2-13 魚類の浸透圧調節機構
黒い矢印は水と塩類の能動的な動きを，白い矢印は受動的な移動を示す．（金子，2002）

鰓類の体液は海水の約半分の無機イオンを含んでいるが，それ以外に多量の尿素が体液中に存在することで，その浸透圧は海水よりもやや高張である．

一般に真骨魚類では，鰓，腎臓（kidney），腸（intestine）が浸透圧調節で重要な役割を果たしている（図2-13）．海水中ではイオンが鰓などの体表から体内に流入し，逆に体内の水は流失し脱水される傾向にある．過剰となる1価のイオンは鰓の塩類細胞（chloride cell）から能動的に排出し，海水を飲み腸から水を吸収することで不足する水を補っている．また腎臓が体液とほぼ等張な尿を作り，主に2価のイオンを排出する．一方，淡水の真骨魚では，水が体内に浸入しイオンが流出する．これに対処するため，淡水魚は腎臓で多量の薄い尿を作り，イオンを体内に保持しつつ過剰な水分だけを排出する．また環境水に溶けている微量のイオンを鰓から吸収し，体内に不足しがちなイオンを補っている．

1）塩類細胞

塩類細胞は鰓上皮に分布するイオン輸送細胞で，細胞質には数多くのミトコンドリアが存在し，体内側の細胞膜（側底膜）が細胞質に複雑に入り込み管状構造を形成する．その結果，側底膜の占める表面積は著しく増大している．ここには各種のイオン輸送タンパク質が存在し，細胞内と体内側との間でイオンの輸送や交換が行われる．一方，細胞の頂端部に位置する頂端膜は外界に接し，環境水と細胞内の間でのイオン輸送の場となっている．塩類細胞は海水に適応した魚で体内に過剰となる塩類を排出し，高塩分環境での血液浸透圧の過度の上昇を防いでいる．一方，淡水魚では体内のイオンが拡散によって失われるが，塩類細胞は能動的にNa^+，Cl^-，Ca^{2+}などのイオンを取り込み，体内のイオンのバランスを保っている．塩類細胞のイオン輸送はATPを消費する能動輸送で，その駆動力は主に側底膜上のNa^+，K^+-ATPase（ナトリウムポンプ）によって供給される．

2）腎臓

硬骨魚の腎臓は造血器官である頭腎と尿を生成する体腎に区別される．体腎は多数のネフロン（腎単位：nephron）からなるが，ネフロンは腎小体とこれに連なる細尿管で構成される．腎小体は，腎動脈からの毛細血管が集合して形成される糸球体とこれを覆い包むボーマン嚢からなり，腎動脈から糸球体に運ばれた血液が濾過され原尿が作られる．細尿管は，腎小体と連絡する頸節から，近位細尿管，遠位細尿管へと続き，集合管，輸尿管を経て排泄孔に通じる．

淡水魚はほとんど水を飲まず，腎臓で低張の尿を多量に産生することで，体内に過剰となる水分を排出する．一方，糸球体から水分とともに濾過されたグルコースやNa^+やCl^-などのイオンは細尿管を通る間に再吸収される．海産魚の腎臓の主な機能は，水分を体内に保持しつつ2価イオンを排泄することにあり，1価のイオンの排出に関しては腎臓よりも鰓の方が重要である．Mg^{2+}，SO_4^{2-}，Ca^{2+}などのイオンは，近位細尿管から排出される．腎臓では体液とほぼ等張な尿を作るが，水分の損失を最小限に抑えるため，排泄される尿は少量である．一般に海産魚の糸球体は淡水魚よりも小さく数も少ない．極端な場合には糸球体を完全に消失していることもあり，このような魚種は無糸球体腎魚と呼ばれ，アンコウやヨウジウオなどがこれに属する．

3）腸

淡水魚はほとんど水を飲まないが，海産魚は環境水を飲むことで水分の不足を補っている．腸での水の吸収は体液との浸透圧差による．消化管を通る間に脱塩された海水は直腸に達するまでに体液と

ほぼ等張になり，水は主に直腸で吸収される．腸管で吸収された塩類は，鰓の塩類細胞から排出される．

3-8 生体防御

バクテリア，ウイルス，寄生虫などの病原生物による攻撃，細胞のガン化やアポトーシスなど，生体内に生じたさまざまな異常状態を正常に復するための機構が生体防御機構（self defense mechanism）である．神経系，内分泌系とともに，相互の複雑な連動により生体制御を担っている．生体防御は大まかに自然免疫（inate immunity）と獲得免疫（acquired immunity）に分けて考えることができる．自然免疫系では，病原の種類によらず非特異的かつ迅速に応答し，食細胞による細菌の貪食，補体系による溶菌作用，レクチン（糖と結合するタンパク質の総称）による細菌の凝集作用などが含まれる．一方，獲得免疫系の本質はリンパ球（B細胞とT細胞）による抗体の産生である．最初の攻撃に際しては迅速性がないが，特異性と記憶に特徴づけられ，2度目には素早い抗体産生により，強力に防御する．この獲得免疫系は脊椎動物のみに見られる系であり，魚類では低水温環境で完全には機能しないなど未発達な点も多く，自然免疫系を理解することも極めて重要である．

生体防御は外壁の防御と体内の防御に分けることもできる．消化管も含め，魚類の外壁は粘液でおおわれているが，粘液分泌そのものが細菌の排除に働くほか，粘液に含まれるレクチン，抗体などの液性の防御因子により外敵の侵入を防いでいる．これを突破して侵入した病原生物に対して，白血球による貪食，B細胞による抗体産生など，体内の防御機構が働くこととなる．

1）白血球

血球とは血管あるいはリンパ管内に浮遊する細胞のことで，赤血球と白血球（leukocyte）に分けられるが，ここでは組織中に存在する遊離細胞も一連のものとして扱う．主要な白血球に顆粒球（granulocyte），リンパ球（lymphocyte），単球（monocyte）があり，それぞれ特有の機構により，異物の排除に当たる．このうちリンパ球は獲得免疫系において中心的な働きを担う血球であり，残りが自然免疫系の血球といえる．

顆粒球は，細胞内に多数の顆粒をもつ血球であり，その染色性から好酸球（eosinophil），好塩基球（basophil），好中球（neutrophil）に分けられる．魚類の好酸球はブリなどで少数見られるだけで，その機能はわかっていない．好塩基球はフグやコイに多数見られ，炎症巣への速やかな浸潤が知られているが，それ以上の機能は明らかでない．一方，好中球はどの魚種でも多数見られ，細菌などの異物の侵入に対して速やかに応答し，異物に対する貪食能，殺菌能を有することが知られている．

単球は塩基好性の細胞質をもつ大型の血球で，血管から組織中へと遊走してマクロファージ（macrophage）へと分化するが，魚類の場合，形態的にはマクロファージと区別が困難である．異物の侵入に対し，好中球に遅れて遊走するが，極めて活発な貪食作用を示す．この血球は，自己と非自己を厳格に区別する能力が高く，アポトーシスを起こした細胞も非自己と認識して貪食する．さらに，細胞内で異物を断片化して細胞膜上に表出することにより，リンパ球の1つであるT細胞に抗原情報を提示する抗原提示細胞としての機能ももつ．

リンパ球にはB細胞（B cell）とT細胞（T cell）がある．B細胞は抗原刺激を受けてプラズマ細胞（plasma cell）へと再分化し，抗体（antibody，魚類の場合IgM）を産生，分泌する．T細胞に

はB細胞などを刺激して免疫応答を誘導するヘルパーT細胞（Th細胞）と，ウイルス感染細胞などを破壊する細胞傷害性T細胞（Tc細胞）などがある．

2）獲得免疫系

外敵の侵入を受けると，まず好中球が遊走し，異物を貪食・殺菌する．続いて現れるマクロファージは貪食した異物を細胞内消化した後，主要組織適合遺伝子複合体（MHC）クラスⅡ分子の上にその断片を結合させ，続いて細胞膜上に表出することで抗原を提示する．この抗原はTh細胞の抗原受容体，すなわちT細胞受容体（TCR）により認識される．TCRがうまく結合すると，T細胞はサイトカイン（cytokine，細胞間の情報伝達に関わるタンパク質の総称）を分泌し，B細胞を活性化させる．サイトカインの刺激によりB細胞は増殖してプラズマ細胞に分化し，抗原に特異的な抗体を分泌し，外敵を攻撃する．抗体の作用としては，毒素に結合して中和する作用，異物表面に結合した抗体をマクロファージなどに認識させて貪食されやすくするオプソニン作用，そして補体の結合により菌を溶解する補体活性化がある．B細胞やT細胞の一部は記憶細胞となり，再度同じ抗原の侵入を受けた時には速やかに，かつ強力に応答することで，同じ病気にかかることを防ぐ．

IgMやTCRが様々な抗原に対応できるのは，それらの分子のN末端側抗原結合部位においてアミノ酸配列が多様性に富むことによるものである．この多様性はB細胞，T細胞が成熟する過程で，遺伝子が再編成を起こすことによるもので，それぞれの細胞がもつIgMやTCRの配列は1種類である．抗原の侵入に対してはその抗原に結合できるIgMやTCRをもつB細胞，T細胞のクローンが選択され，応答することとなる．

外敵がウイルスの場合，細胞内に侵入すれば抗体には結合されない．この場合，細胞はウイルスにより作られるタンパク質の断片をMHCクラスⅠ分子に提示することにより感染細胞であることを示すことができる．クラスⅠ上の抗原は細胞傷害性T細胞により認識され，その傷害活性により細胞ごと破壊される．これにより，ウイルスの増殖を抑えることができる．

哺乳類での膨大な量の免疫学の治験に比べ，魚類の免疫研究は長年極めて未熟な段階にとどまっていたが，ゲノム解読など，近年の分子生物学的解析の進歩により，飛躍的に情報が増加した．例えばT細胞についてはTh細胞，Tc細胞のマーカーが明らかとなり，それらの機能解析も進んでいる．細胞間の情報伝達にかかわるサイトカインも多数見出され，魚類の知識だけで免疫系の全体像が描ける日が来るのも近いであろう．

3）自然免疫系

特異性と記憶に特徴づけられる獲得免疫系に対して，自然免疫系は外敵の種類にかかわらず非特異的に働き，記憶を伴わない．細胞性の因子としては前述のように外敵を貪食，殺菌する好中球やマクロファージをあげることができる．自然免疫系には液性の因子もあり，補体系や体表粘液のレクチンなどがあげられ，その他さまざまな抗菌ペプチド，菌の細胞壁を溶解するリゾチーム，菌の増殖に必要な鉄をキレートするトランスフェリンが知られる．

補体　補体（complement）は約30のタンパク質からなり，それらが順次反応する補体結合反応によりさまざまな防御作用を示す系である．補体の活性化には3つあり，それぞれ古典経路，第2経路，そしてレクチン経路と呼ばれる．古典経路では抗体が結合した菌が起点となることで，第2経路では抗体とは無関係に補体成分が作用することで，レクチン経路では血漿マンノース結合レクチン

が微生物表面の糖鎖と結合することで，それぞれ補体結合反応が起こり，最終的には膜侵襲複合体が形成されて溶菌反応を起こす．魚類の血漿は第2経路の活性が強く，進化的にはより古い経路と考えられている．補体には膜侵襲複合体の形成による溶菌活性のほか，中間生成物による異物侵入部位への白血球の遊走を促す作用や，微生物表面に結合した補体成分を白血球が補体リセプターにより認識して貪食を促すオプソニン作用が知られている．

　レクチン　　多くの魚類の粘液はウサギ赤血球凝集活性を示すが，その本体はレクチン（lectin）である．動物，植物から多くのタイプのレクチンが知られているが，魚類の体表粘液レクチンも極めて多様性に富んでいる．アナゴやウナギにはガラクトースと結合するガレクチンが知られているが，ウナギにはCタイプレクチンも存在する．Cタイプは活性発現にCaイオンを必要とするのが特徴だが，ウナギのレクチンはCa非要求性であり，Caに乏しい淡水中にも生息していることと関係しているものと推測されている．ヒイラギからはこれまで魚やウニの卵でのみ知られていたラムノース結合レクチンが見出された．さらにトラフグからは，動物レクチンとは全く相同性がなく，ユリ目植物レクチンとのみ相同性を示すリリータイプが見出された．多くのレクチンにはバクテリアを凝集し，体表への付着を防ぐ作用が推察されているが，進化の過程でこのような多様性がどのようにして生じたのか興味深い．

（金子豊二・鈴木　讓）

§4. 水圏動物の生態

4-1　生活史

1）生活史とは

　生物の一生における成長と繁殖の様式を生活史（life history）という．生物がどのように生まれ育ち，そしてどのように繁殖して死ぬか，誕生から死に至る全過程の生き様を指す．ここでは，体サイズ，成長率，繁殖，寿命などが重要なパラメータとなる．生活史は種によって変異が大きく，種や個体群ごとに特有のパラメータをもつ．これを生活史特性という．例えば，メダカは直径約1.5 mmの卵から生まれ，翌年体長3, 4 cmに成長すると，初夏から夏の終わりにかけて産卵を繰り返し，寿命は1～2年である．これに対し，ジンベイザメは胎生で，母親の胎内で孵化したあと50 cm前後にまで成長した段階で出産される．約30年で成熟し，数年に1回出産して数十年の寿命をもつ．一般的傾向として，小型種は短寿命で早熟のものが多く，逆に大型種は長寿命で晩熟，多数回繁殖を行う．

　生活史に似た言葉に生活環（life cycle）があるが，これは生物の成長と繁殖に伴う一連の変化が一巡する周期を指す．特に核相の変化や世代交代など生殖にかかわる部分に着目した言葉である．生活史もほぼ同様な意味で用いられることもあるが，より生態学的な意味合いをもった広義の術語として用いられる．生活史の研究では人口統計学の分野でよく使われる生命表が重要である．年齢別，性別に次の誕生日までの死亡率や平均余命などをまとめた表で，生活史をそれぞれの局面において量的に捉えるための手法である．

2）水圏生物の生活史

　水圏にすむ生物の生活史はまだよく知られていない．海の生物は成体として底生生活や遊泳生活に入る前に，海洋表層で幼生として浮遊生活を送るものが多い．この時期には浮きやすく，沈みにくく

するために，成体とは大きく異なった特別な形態をとる．したがって幼生が成体になる際には，変態して形態が大きく変化する．海でプランクトンネットを曳くと多種多様な幼生が採集できる．その中で成体の種がはっきりわかるものはほんの一握りである．幼生と成体が結びつかず，親子関係すらわからなかった生物も多い．例えばウナギ目の魚は幼期にレプトセファルスという共通の呼び名をもつ，透明で扁平な幼生を通る．レプトセファルス幼生はヘビのように細長い親の形態とあまりにもかけ離れているために，昔は全く別の動物群の生き物と考えられていた．事実，これらにはレプトセファルス属という独自の属名が与えられていた．沿岸でとれたレプトセファルスを水槽で飼っていたところ，知らないうちに変態してアナゴやウナギになっているのが発見され，レプトセファルスはウナギの仲間の幼生であることがわかったのである．

時折大量発生して問題になるクラゲの生活史には，浮遊生活して有性生殖をするクラゲ世代と固着生活で無性生殖を行うポリプ世代があり，複雑である（図2-14）．水中に放たれた雄クラゲの精子を雌クラゲが体内に取り込み，受精卵をもつ．孵化したプラヌラ幼生は水中に泳ぎ出て，数日間すると基盤に付着してポリプになる．成長したポリプは無性生殖で旺盛に増殖してコロニーを作る．やがてポリプに横方向のくびれが生じ，ストロビラとなる．ストロビラの各分節は水中に泳ぎ出てエフィラと呼ばれるミズクラゲの幼生となり，メテフィラ，稚クラゲを経て成体となる．一部，プラヌラ幼生が直接エフィラ幼生に変態してそのままクラゲになるものもある．こうした生活史の柔軟な可塑性とポリプ世代の大きな繁殖力・再生能力が，クラゲを地球上で10億年も存続させ続けた鍵となっている．

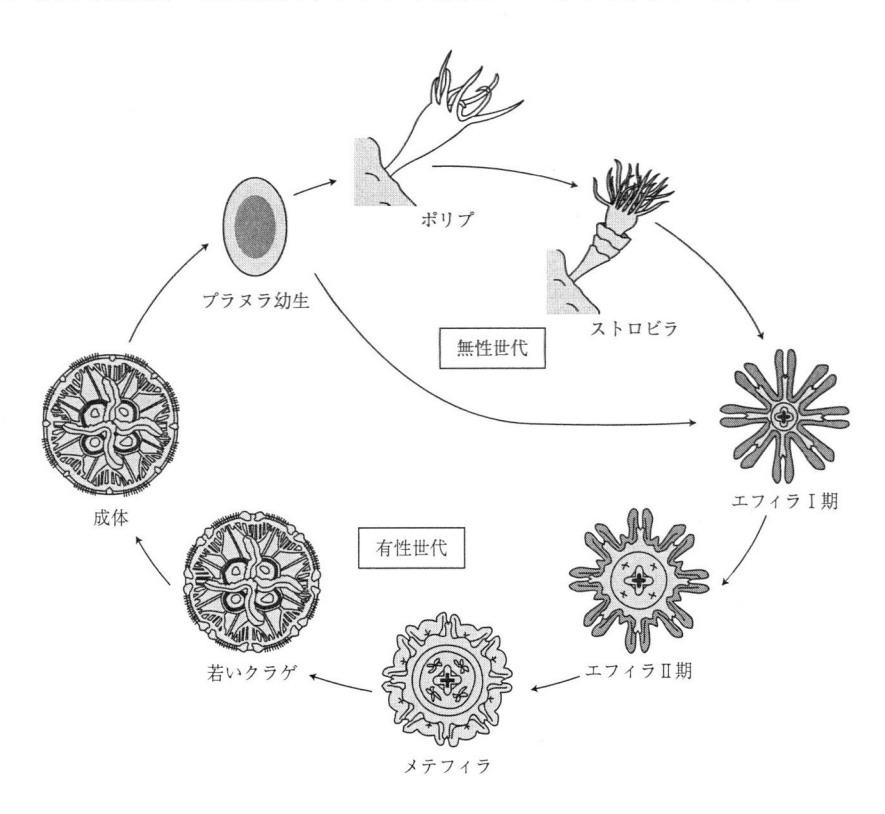

図2-14 ミズクラゲの生活史．有性生殖を行うクラゲ世代と無性生殖で増えるポリプ世代がある．

3）生活史戦略

　親子関係や生活史の各段階すら明らかでない生物群の多い水圏では，博物学的な意味での基礎的生活史研究が重要であることはいうまでもないが，近年では進化や適応の観点から生活史を理解しようとする理論的なアプローチも行われている．多様な生活史がなぜ，どのようにして進化して来たのか，これを説明するために様々な概念が提出されている．

　MacArthurとWilsonが提案したr選択，K選択という概念はこの分野の草分け的研究である．これは島嶼の生物をモデルに，島に新しくやってきた種の入植成功と絶滅をr選択，K選択という自然選択の2つの方向で説明したものである．その後この2つの方向は相反する性質をもつものと理解されるようになり，生活史戦略と結びついていった．すなわち生物の進化においては，生物種や環境条件の違いによって，個体数の増加率を大きくする方向に適応していくr戦略か，個体の競争力を高める方向に適応するK戦略か，2つの相反する生活史戦略のうちどちらか1つが選ばれるというものである．ここでrとは，ある個体群の内的自然増加率（intrinsic rate of natural increase）で，これが大きい種ほど一定時間により急激に個体数を増やすことができる．またKは環境収容力（carrying capacity）で，餌や場所などの資源が限られている有限な環境で，ある個体群がもうこれ以上その個体数を増やすことができなくなったときの上限の個体密度を指す．例えば，餌が豊富にある広い空間に小数の個体しか生息していない場合，個体にとって最良の繁殖戦略とは，繁殖に最大量のエネルギーをつぎ込み，できるだけ多くの子を産出することである（r戦略）．しかし，個体密度が飽和に近づいた状況下では，個体間の競争が厳しいので多くのエネルギーを競争につぎ込む必要があり，高い競争能力をもつ子をつくるのが最良の繁殖戦略である（K戦略）．したがってr戦略をとる種は，発育が早く，小さな成体サイズで，小さい子をたくさん産み，短い世代時間をもつ．逆にK戦略の種は，発育が遅く，大きな成体サイズで，大きい子を少数産み，長い世代時間をもつ．一般に水圏の動物は陸上動物に比べて小サイズの卵を多く産む傾向があるので，r戦略に近い生活史をもつものが多い．また海と川で比べると，海の広い空間，豊富な餌資源，幼生期の大規模分散などの特徴から，海ではr戦略をとる種が多く，逆に川ではK戦略をとる種が多い．しかし実際の水圏生物においては，相対するr戦略とK戦略の考え方だけでは説明できない事例も多数存在する．

　自然選択の働く中で生物の生活史は可能な限り適応度を最大化するべく進化してきた．こうした適応度の最適化原理に基づいて生物のある形質が進化するとき，無限にある方向に進んでいくわけではなく，何らかの制約条件がある．そのなかでトレードオフという概念は重要である．例えば大きな卵をもとうとすると，親は多くのエネルギーをつぎ込まねばならず，結果的に少産にならざるをえない．逆に小さな卵なら1つ当たりのエネルギーが少なくてすむので，多くの卵を産むことができる．大きな卵からは大きな子が生まれ，その後の生き残りはよくなるので適応度は高くなるが，一方で子の数が少ない点では不利になる．大卵少産か小卵多産かどちらか一方の戦略を選ばざるを得ないのである．このように卵の数とサイズという両立し得ない2つの拮抗的形質の関係をトレードオフという．

　シオミズツボワムシは魚類の種苗生産の初期餌料として広く用いられている0.2 mm程の微小な動物プランクトンであるが，その繁殖戦略にもトレードオフを見ることができる（Yoshinagaら，2000）．シオミズツボワムシに餌を十分に与えて飽食状態で飼育すると，若齢で繁殖を始め，多く仔虫を産んで，短命で一生を終える（r戦略）．一方，制限給餌して飢餓状態で飼育すると，飽食状態の1/3の仔

虫を細々と産みながら，約2倍の寿命をもつようになる（K戦略）．これは飢餓が繁殖量の減少と引き替えに長寿命をもたらしたわけで，母虫の体細胞と将来仔虫になる生殖細胞の間のエネルギー配分におけるトレードオフと考えられる．つまり貧栄養下では多くの子を産んでもそれらは生き残りが悪いので，繁殖を抑えて長生きしつつ，タイミングを見計らって絶対適応度を高めようという戦略であると解釈できる．環境の条件に応じて繁殖の量やタイミングを変える戦略は，動的繁殖戦略（temporally dynamic reproductive strategy）と呼ばれる．

4-2 集団構造
1) 集団と集団遺伝学

近代遺伝学の進歩によって，これまで生物分類の基本単位と考えられてきた種は必ずしも遺伝的には均質でないことが認識されるようになった．1つの種の中にそれぞれ異なる遺伝子プールをもつ複数のグループが存在するのである．同じ遺伝子プールを共有する同種個体の集合を集団（population）という．集団は，種全体の分布域がなんらかの障壁によっていくつかの地域に分断されたり，同じ地域であっても繁殖の時期に違いが生じたりして，遺伝的交流が絶たれたときにできる．生態学では集団とほぼ同じ意味で個体群（population）という言葉を使う．集団内部では交配，競争や共同などの相互作用を通じて密接な個体間の関係が保たれる．これによって遺伝的組成のみならず，出生率・死亡率・個体群密度・分布様式・齢構成・性比など集団独自の属性をもつようになり，他の集団との区別が明瞭になっていく．ただし種の分布域全域に障壁がなく，自由に交配が行われるときには，種の遺伝的均質性は保たれ，種は巨大な単一集団となる．

生物集団の遺伝的構成を調べ，その変化の歴史的過程を研究するのが集団遺伝学である．遺伝的構成の変化が生物の進化をもたらすので，集団遺伝学は進化の素過程を研究する学問といえる．生態学では，得られた生態情報が遺伝子を共有する同一繁殖集団のものか，あるいは異なる複数の集団のものかによって，その解釈が大きく異なる．このため，種内の集団構造を知ることは，生態学の基礎といえる．また，種が絶滅したり，資源が崩壊したりするときはまず個々の地域集団の消滅から始まるので，種の保全と資源管理を考える場合には，種全体ではなく個々の地域集団を対象に方策を立てる必要がある．

2) 水圏生物の集団

海洋と淡水域に生息する水圏生物では，それぞれが特異な集団遺伝学的特性をもつ（Palumbi, 1994；Waples, 1998）．一般に，明確な障壁のない海洋においては，生物は広い分布域をもち，多産で個体数が多く，浮遊に適した卵や幼生の形態をもつ．これに対し，陸地によって生息場所が分断されている淡水生物は，限られた場所で生涯を送るため，少ない子どもを確実に育てる戦略をもつことが多い．さらに淡水生物では，上流から下流へ向かう川の流れなど，分散の方向性についても海洋ほど自由度があるわけではない．このような生息環境の違いや生態的特徴によって，水圏生物はそれぞれの環境によく対応した遺伝的集団構造を形成している．すなわち，広範囲かつ大規模に遺伝子の混ざり合う海洋生物では，種内の遺伝的変異が小さく，集団構造は認めにくい．これに対して，生息場所の限られた淡水生物は，複数の小集団に分かれやすい．

世界中の海に広く分布するマイワシ *Sardinops melanostictus* は，地球規模でもわずか5つの異な

る繁殖集団（南アフリカ，オセアニア，チリ，カリフォルニア，日本）に分かれているに過ぎない（Okazakiら，1996）．一方，わが国の伊勢湾周辺にのみ生息する国指定天然記念物の淡水魚ネコギギ*Pseudobagrus ichikawai*は，流れの緩やかな平瀬から淵にかけてパッチ状に生息するため，わずか数十mしか離れていない生息場所の間にも遺伝的変異のあることが明らかになっている（渡辺・西田，2003）．

インド洋西部から太平洋東部にかけて分布するオオウナギ*Anguilla marmorata*は，2つの大洋にまたがる広大な分布域をもつため，種全体で1つの大きな繁殖集団をつくっているとは考えにくく，いくつかの集団に分かれているのではないかと予想されていた（図2-15）．実際にオオウナギの全分布域からサンプルを集めミトコンドリアDNAとマイクロサテライト遺伝子を解析してみたところ，本種は4つの遺伝的に異なる集団（北太平洋集団，南太平洋集団，インド洋集団，マリアナ集団）に分かれていることがわかった（Minegishiら，2008）．生息環境の違いや生態的な特性は，外見の形態的特徴のみならず，われわれの目には見えない遺伝的な組成にも大きな影響を与えている．

3）種分化

1つの種の集団間で互いに交雑がほとんど起こらない状況になると，生殖的隔離が成立し，新しい種が生まれる．これを種分化（speciation）という．ここでいう種とは，現在広く認められている生物学的種概念に基づくもので，互いに交配しうる自然集団で，他の集団からは生殖の面で隔離されている集団を意味する．種分化の代表的プロセスとして，異所的種分化（allopatric speciation）と同所的種分化（sympatric speciation）がある．前者は地理的分断によって生殖的隔離が生じ，それぞれ別の地域で種分化が起こるというものであり，後者は同一の地域において性選択や餌選好性など，何らかの生殖的隔離機構ができたために種分化が起こるというものである．種分化の多くは異所的種分化によるものと考えられている．隔離された湖や島嶼に固有種が多いのはそのせいである．同所的種分化の例としては，アフリカの湖に生息するシクリッド科の魚がよく知られており，湖が形成された後その中で爆発的に種分化が進んだ．

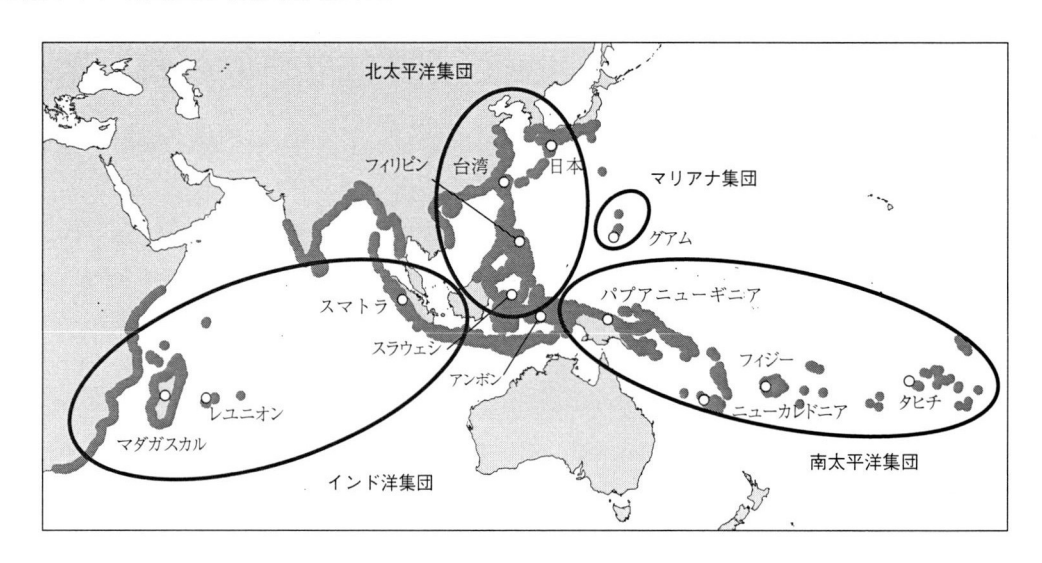

図2-15　オオウナギの地理分布（沿岸の陰影部）と集団構造（太線の輪）．本種にはインド洋と太平洋に計4つの集団がある．

種分化にはその前段として，上述のオオウナギの例でみたような種内の集団構造の成立がある．1つの種の中に遺伝的組成の異なる集団ができ，やがて完全な生殖的隔離が成立すると，種分化が起こる．現在のオオウナギは，将来において複数の新しい種に分化する過渡期にあるものと考えられる．近年ではこうした種分化のプロセスに関わる遺伝子の探索が行われ，種分化の分子機構も徐々に明らかになりつつある．生殖的隔離を保つ具体的な分子機構が明らかになれば，種分化プロセスに関する理論モデルもより現実に即したものとなり，環境変動に対する生物応答の予測精度も飛躍的に向上するものと期待される．

4-3 繁　殖

1) 多様な繁殖様式

繁殖を成功させてより多くの子孫を次世代に伝えることは，動物にとって最重要の関心事である．すべての生物は自分自身の生涯における繁殖成功度（lifetime reproductive success）を最大化するように淘汰されてきたが，種ごとの繁殖様式は大きく異なっている．多くの子や卵を産む種もいれば，少産の種もいる．産み落とした後，子や卵に時間とエネルギーを注いで育てるものもいれば，産みっぱなしのものもいる．生涯の繁殖回数をみても，シロザケのように1回繁殖（semelparity）の種から，多くの脊椎動物のように多数回繁殖（iteroparity）するものまでおり，大型の哺乳類や海鳥類には数十年間にわたって繁殖に参加する種がある．

2) 魚類の繁殖様式

代表的な水圏動物である魚類が行う典型的な繁殖方法というのは次のようなものであろう．雌が直径1 mm程の小さな卵を数多く水中に放出し，同時に雄が放精することで受精が行われる．浮遊卵として海中を漂う間に仔魚が孵化し，卵嚢を吸収しつつ稚魚へと成長し，その後は自力でプランクトンなどの餌を食べて成長していく．しかし，実際には体内で受精し，孵化してある程度育ってから稚魚として産み落とされる胎生など，魚種ごとに様々なやり方が採用されている．産卵の方法を見ても，卵を水中にまき散らさずに，粘着性の卵を水草などに産み付けるものから，サケ類のように巣穴を作るもの，イトヨのように水生植物を使って巣を作るものがいる．産み落とされた卵を孵化するまで守ったり，酸素に富んだ水流を送り続けるといった世話をする魚もいれば，孵化期間中から孵化後しばらくの間，子を口の中に入れて保育するマウスブリーダーもいる．

卵サイズと一腹卵数に話を限定しても，魚類の繁殖は変異に富んでいる．日本人にとって重要な食料であるイクラと明太子は，それぞれシロザケとスケトウダラの卵である．親の体サイズはいずれも体長1 m弱で大差はない．しかし，シロザケが直径7 mm前後の卵を3,000粒程度産むのに対し，スケトウダラは直径1.2 mm前後の卵を200万粒も産卵する．卵サイズや卵数に見られる変異がどのような要因によって決定されるのかを理論的に考察したものとしては，SmithとFretwellの理論がある（Smith and Fretwell, 1974）．一腹の卵を作るのに必要な資源を，卵1つにどれだけ配分するかによって，いくつの卵が作られるのかが決まる．産み落とされる卵の側からすれば，大きいほど生き残り率は高まるが，親からすると自らが有する資源を1つの卵に集中するよりは，十分な生き残り率が期待できる範囲内でできるだけ数多くの卵に資源を分配したい．結局，親から見て一腹で産んだ子の適応度の総和を最大にするように産み落とされることで，卵のサイズや数が決まるという考え方である．

この理論から導かれる予測を実際に個々の魚種から得た結果と比較していくやり方は有用である．

繁殖生態に関する理論研究やその実証研究が盛んに行われている一方で，外洋性の魚類においては，基本的な産卵生態が不明なものが多い．日本の河川に生息するニホンウナギの産卵場は長い間謎に包まれていた．70年以上に及ぶ地道な野外調査を経て，ようやく孵化後間もない仔魚が捕獲され，ニホンウナギの産卵場はマリアナ諸島西方のスルガ海山周辺海域と特定された（Tsukamoto, 2006）．しかし，ニホンウナギが産卵する光景はまだ目撃されておらず，彼らの繁殖生態は依然として不明である．

3）鳥類の繁殖様式

水生爬虫類（ウミガメ・ウミヘビ・ワニ）・海鳥の一部（ペンギン）・海生哺乳類は，ほとんどの時間を水中で過ごす水圏動物であるが，海生哺乳類の中のクジラ類（クジラ，イルカ）や海牛類（ジュゴン，マナティ）を除くと，繁殖の際は陸上に上がる必要がある．爬虫類の場合，卵は殻や膜で保護されることで，孵化期間中の乾燥を防いでいる．親による子の世話はワニ類では発達しているが，大多数の爬虫類は孵化期間中や孵化後に子の世話を行わない．

鳥類では片親ないし両親による子の世話は普遍的に見られる．鳥類の中で最も水圏に適応しているペンギン科（Spheniscidae）の鳥類は，ほとんどの時間を海上で過ごしているが，繁殖期は陸上ないし氷上に上がり，交尾・産卵の後，雌雄が交互に海に餌を採りに行きつつ抱卵や育雛を行う．子育てに費やす負担は相当大きく，例えば南極海で冬に定着氷上で子育てを行うエンペラーペンギンの場合，餌がとれる水開き（氷が途切れ海水面が現れている所）から繁殖場までの距離が遠いため，雌雄のシフト間隔が長い．特に雄のエンペラーペンギンは，繁殖期の早い段階から繁殖場にやってきて，産卵を終えた雌が海で餌を採って戻ってくるまでの計15週間にわたって絶食しながら抱卵および孵化直後の世話を行うため，当初40kg程あった体重が2/3ほどにまで減少する．ペンギンを含む海鳥類は寿命が長い．そのため，餌や気象などの条件が悪い年には子育てを途中で放棄して自らの体調維持に努め，翌年以降に再び繁殖を試みるというのが一般的である．

4）哺乳類の繁殖様式

哺乳類では雌が出産後に子の世話を行う．これは，哺乳類の雌が乳腺をもっていることに起因する特徴であり，卵を産むカモノハシであっても，雌が授乳することに変わりはない．授乳があるために，一般的に雌の投資量が雄にまさる．アザラシ科（Phocidae）やアシカ科（Otariidae）の海生哺乳類は陸上（ないし氷上）で出産と授乳を行う．アシカ科の授乳期間は数ヶ月から1年以上におよび，この間雌は時折海に出て採餌しては繁殖場に戻ってきて授乳することを繰り返す（foraging cycle strategy）．アザラシ科の授乳期間は最短の4日間（ズキンアザラシ）から最長8週間（ウェッデルアザラシ）まで様々である．アザラシ科は一般的に授乳期間中に摂餌することなく絶食しながら過ごすことが多い（fasting strategy）．この間，皮下脂肪をエネルギー源として代謝をまかなうため，授乳期間中に体重が半分近くまで下がる．体サイズの小さなアザラシや授乳期間が最長のウェッデルアザラシは，蓄積脂肪量が低下する授乳期間後半には餌を採りに海に出かけるようになる．繁殖の際に陸上に上がることなく水中で出産から授乳を行うクジラ類や海牛類では，2年間にも及ぶ授乳期間をもつ種がいるが，魚類の繁殖生態を調べるのが難しいのと同じ理由から，その詳細はよくわかっていないのが現状である．

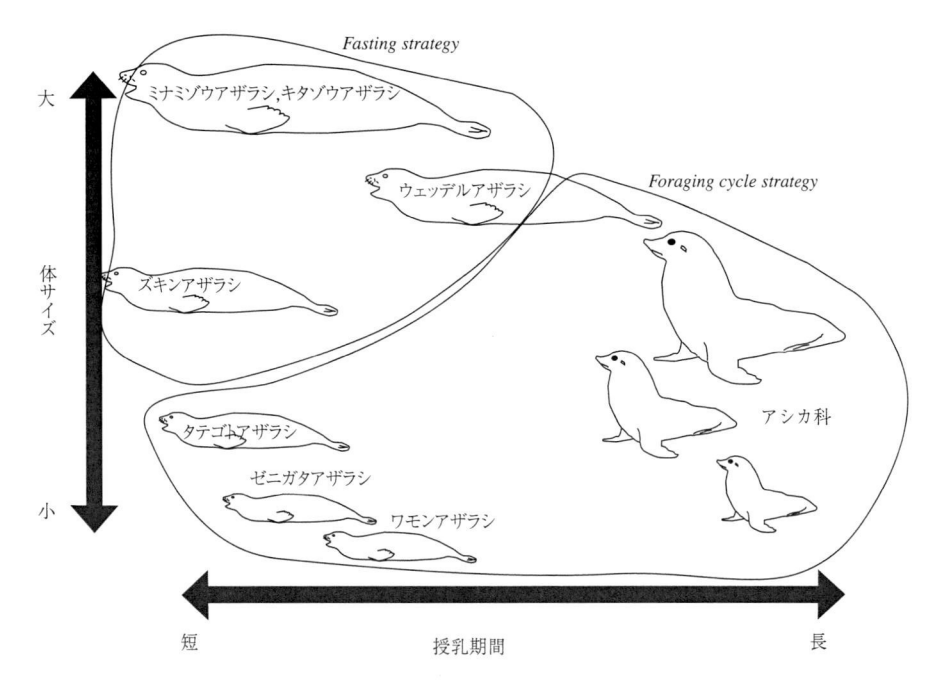

図2-16 鰭脚類にみられる繁殖戦略

4-4 摂餌
1）最適採餌戦略

　光合成を行う植物と異なり，動物は自らの生命維持や成長，あるいは繁殖に必要なエネルギーを外部から餌として摂取する必要がある．摂餌（feeding，ないし摂食）行動には，餌を獲得し，処理し，消化することに関係するあらゆる活動が含まれる．もう少し広く，食物や獲物の探索・狩猟・捕獲・摂食に関係した行動を表すものとして採餌（foraging，ないし索餌）という言葉もある．自然環境下で生活している動物にとって，時間やエネルギーの損失を最小にしつつ，良質の餌をより多く獲得することは，自らの生存と子孫繁殖のために重要である．最適採餌戦略（optimal foraging theory）とは，本来適応度，すなわち生き残り率や繁殖成功を最大にするものである．しかし，実証的な研究を進めていく上では，採餌に費やした時間やエネルギー，それによって獲得された餌量，あるいは脂肪蓄積量など，より直接的な指標で評価されることが多い．動物の最適採餌戦略研究では，"ある制約の中で動物がどんな意思決定を行うと評価関数が最大になるか"という基本的考え方を適用して数々の数理モデルが作られ，モデルによる傾向予測と動物行動の観察結果を比較することで理論が検証される．

　直接観察できない水圏動物では，最適採餌理論に基づく予測を実証することは難しい．淡水魚や水生昆虫，あるいは浅海域に生息する魚類においては，詳細な観察に基づく実証研究例もあるが，海洋を水平方向にも鉛直方向にも広範囲に移動しながら暮らしている大型水圏動物では，そもそも何を餌としているのかという基本的なことすら明らかにされていない場合が多い．水圏動物の摂餌生態を明らかにする直接的な手法としては，動物を捕獲して胃内容物を調べるやり方がある．網や釣りなどで

捕獲した魚体を解剖して胃内容物を詳細に調べれば，生息場所や季節，あるいは成長段階に応じて，餌生物が転換していく様子が把握できる．しかしこのやり方で明らかになるのは，ある時間断面における利用餌生物の情報であり，たいていの場合，個体ではなく個体群レベルの摂餌生態である．

2）安定同位対比分析

動物個体がどのような餌生物を食べてきたか，過去にさかのぼってその履歴を調べるやり方として，安定同位体比分析がある．安定同位体（stable isotope）とは，同じ原子番号をもつ原子または原子核で，陽子の数が等しく中性子の数が異なっているために質量数が異なるもので，炭素には^{12}Cと^{13}C，窒素には^{14}Nと^{15}Nがある．自然界における重い同位体元素の存在比は著しく小さいため，通常は下式のように国際標準物質からの相対千分偏差で表される．

$$\delta^{13}C, \delta^{15}N = [(R_{試料}/R_{標準})-1]\times 1000 （‰）$$

分析した試料における安定同位体元素の存在比率$R_{試料}$が，国際標準物質の存在比率$R_{標準}$より大きいとδは正となる．

水圏動物を対象とした摂餌生態研究に安定同位体比分析を用いる場合，対象動物や餌生物として可能性のある生物資料に含まれる有機物を分析し，δの値を比較する．これまでの知見から，$\delta^{13}C$は栄養段階が上昇しても値があまり変わらないため，対象動物に近い値をもつ一次生産者を探すことで，炭素供給源を推定することができる．また，$\delta^{15}N$値は栄養段階当たり平均3.4‰増大するため，対象動物と一次生産者の$\delta^{15}N$値の差を3.4‰で除することにより，対象動物が食物連鎖のどの栄養段階に位置するのかを推測することができる．

安定同位体比分析を用いた水圏動物の摂餌生態研究では，無脊椎動物や魚類だけでなく，爬虫類・海鳥類・海生哺乳類といった高次捕食動物にまで対象動物が及んでいる．例えば，日本産アカウミガメは，外洋を成長回遊している間はクラゲやサルパなどの浮遊生物を食べ，成体は日本近海の浅海でエビ・カニ・貝などの底生生物を食べていると考えられていた．しかし，産み落とされた卵黄を用いて安定同位体比分析を行った結果，同じ砂浜に産卵上陸する雌成体の中に，浅海で底生生物を食べていたと考えられる値を示す個体以外に，外洋で浮遊生物を食べていたと考えられる値を示す個体が一定の割合で存在していた．初めて産卵上陸した新規加入個体だけでなく，既に産卵経験のある回帰個体においても2つの様式が存在したことから，性成熟に達した後も餌を底生動物に移行させることなく外洋の浮遊生物をとり続ける個体のいることが判明した（Hataseら，2002）．

3）動物搭載型記録計

動物搭載型記録計を用いることにより，動物の採餌を時系列行動記録として把握することが可能になりつつある．記録計は小型化しているが，水圏動物の中では比較的大型の海鳥類や海生哺乳類を対象とした研究が先行している．例えば，マッコウクジラが深度1,000mを超える潜水を繰り返して餌を捕獲する際の3次元移動軌跡は，深度・速度・方位といった秒単位の時系列情報を元に計算できる．マッコウクジラやイルカといったハクジラ類は，だいたい15kHzから160kHzの可聴～超音波領域の音（クリックス）を発し，餌生物や障害物からの反射波を受信することで，その方向や距離，大きさや形を見分けるエコーロケーション（echolocation）という能力を有することが知られている．前述の動物搭載型装置の中には音情報も同時に記録できるものがある．潜水底部付近で，突進したり，急旋回するといった行動に対応して，マッコウクジラがクリックスの発信間隔を狭めていく様子が記

録されている（Millerら，2004）．光の届かぬ深度1,000 m における現象であるため，そのとき彼らが捕獲した餌生物が何であるのかはわからない．しかし，捕食者の行動については陸上動物よりも詳細に記録されているともいえる．

深度40 m ほどの浅海で採餌活動を行っている動物では，小型カメラを用いた研究も進められている．体重2 kg 弱のヨーロッパヒメウ（海鳥）に70 g の静止画像記録計を取り付けた野外調査によって，砂底では嘴を砂につっこんで探索しながらイカナゴ類を捕獲し，岩場ではいくらか大型のギンポ類を捕獲して水面にまで運び上げるといった採餌行動が記録されている（Watanukiら，2008）．繁殖期のヨーロッパヒメウは，餌場まで飛んでいき，捕獲した餌を巣に持ち帰って雛に与える（このような採餌様式を Central Place Foraging という）．飛行時間が短い採餌旅行で持ち帰る餌量よりも，飛行時間が長い採餌旅行で持ち帰る餌量の方が多くなるといった結果が得られており（Sato, 2008），これは，移動時間が短いときは短時間の餌パッチ滞在時間で切り上げ，移動時間が長い場合は長時間餌パッチに滞在するという行動様式を示唆している．

直接観察できない水圏動物においても，採餌に費やすエネルギーや時間，得られる餌量や餌の種類などを把握する装置の完成度が上がれば，近い将来，個体レベルの採餌行動に関して，理論的予測を野外環境下で検証するといった研究が可能となるであろう．

4-5 回　遊
1）回遊環

水圏にすむ多くの動物は発育段階や環境変化に応じて生息域（habitat）を移す．これを回遊（migration）という．簡単にいえば，回遊とは複数の生息域間の移動（habitat transition）である．多くの場合，季節や生活史のある特定の時期にある場所から別の場所に移動し，また別の時期に再び元の場所に戻る移動を指す（図 2-17）．生命の本質は繁殖と成長と考えられ，この2つが行われる場所はその生活史において重要な意味をもつ．繁殖と成長がそれぞれ別の場所で行われるようになったとき，生物はその2つの生息域の間で回遊を始めた．すなわち回遊の多くは繁殖場と成育場の間の移動と定義できる．回遊は目的によって，索餌回遊，適温回遊，産卵回遊などと呼ばれることもあるが，回遊の往路か復路によっても目的は違うので，これらの呼称は回遊の一側面を指すにすぎない．

回遊生物の繁殖場と成育場を結ぶ輪を回遊環（migration loop）と呼ぶ（図 2-17）．回遊環は種や集団・個体群の代表的な回遊経路を示す．一般に繁殖場（産卵場）は繁殖相手との遭遇率を高めるために狭く，成育場は餌に対する競争を緩和するために広い．回遊環はそれぞれの種や集団に特異的なものであり，1種（1集団），1回遊環といえる．回遊環がずれると生殖隔離が起こり，種分化や集団分化が生じる．回遊する生物にとって回遊環はその生活史を代表し，重

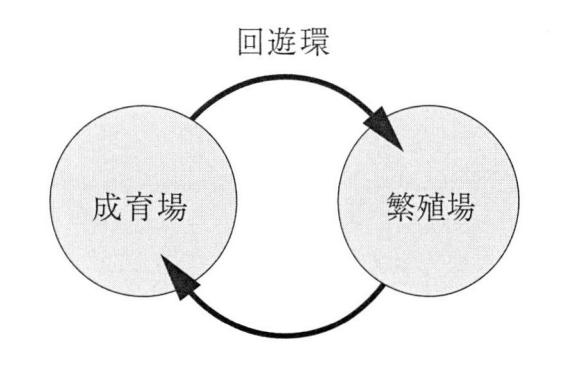

図 2-17　回遊環モデル．回遊動物の繁殖場と成育場をその種の代表的回遊経路が結ぶ．

ね合わせて考えることができる．繁殖場から成育場に至る往路は，運動能力の低い幼生や稚仔として行われる回遊の場合が多いので，海流や風によって輸送される受動的な分散になる．したがって，行き着く先はわからず，稚仔が漂着した結果として形成される成育場は広範囲にわたる．逆に，成育場から繁殖場に向かう復路は運動能力や方位決定能力が備わった成体として回遊するので，狭い範囲の繁殖場にも正確に到着することができる．図2-18に太平洋における様々な水圏動物の代表的な回遊環を示した．

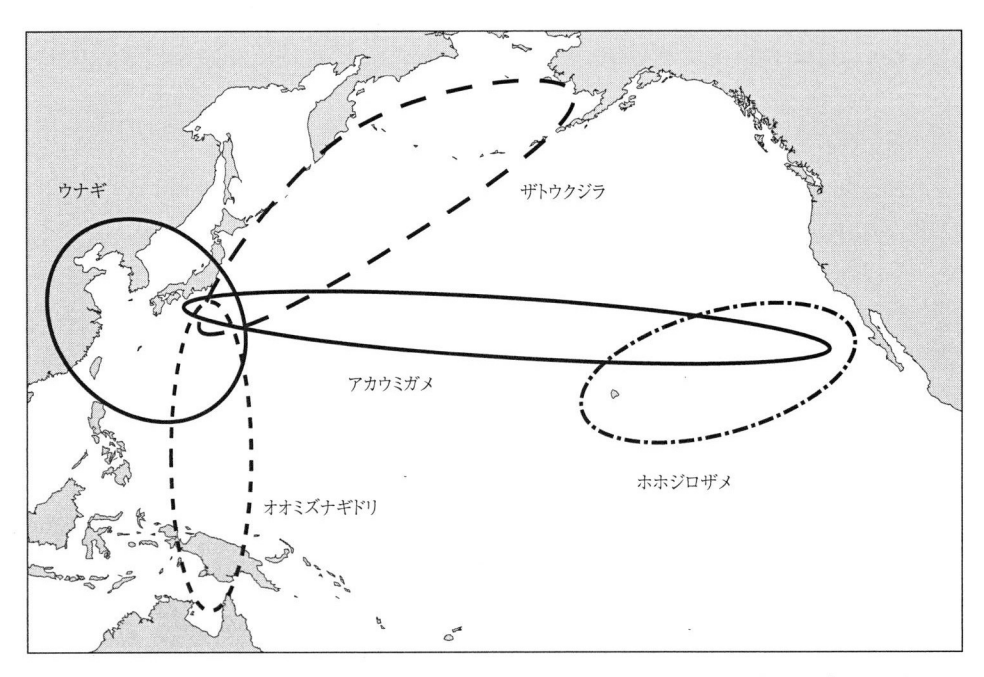

図2-18　北太平洋における様々な水圏動物の回遊環．哺乳類（ザトウクジラ），鳥類（オオミズナギドリ），爬虫類（アカウミガメ），魚類（ウナギ，ホオジロザメ）の例を示した．

2）回遊の必要条件

　生物が回遊を開始し，無事目的地についてその旅を全うするには3つの条件が必要である．まず目的地までの距離を移動するのに十分な運動能力（locomotion）が必要である．魚類やクジラ類なら遊泳能力，海鳥なら飛翔能力である．次に，目的地がどの方角にあるか（方位決定能力），あるいはさらに詳しくどこが目的の場所か（目的地認知能力）を知るための航海能力（navigation）が必要である．しかしこれら2つの能力が備わっていても回遊は始まらない．動物に回遊行動を起こさせる内部の動因（drive）が必要である．動因とは，動物をある行動に駆り立てる内部要因と行動学的に定義されているが，脳内の事象なのでまだ生理学的に十分解明されていない．運動能力，航海能力，動因の3条件が満たされた時，初めて回遊が始まり，完結する．

　回遊動物の運動能力は，蓄積された体脂肪の測定や，回流水槽中で運動させて遊泳持続時間や酸素消費量を測定することで評価できる．航海能力については，太陽コンパス，磁気コンパス，嗅覚の感覚生理学的・行動学的な研究が行われている．シロザケが北太平洋から日本の母川に回帰するとき，まず太陽コンパスによって目的地のおおよその方角を知る．磁気コンパスによってさらに正確な回遊

経路を辿り，沿岸に到着する．その後自分の母川や生まれた支流を認知するには嗅覚が用いられると考えられている．渡り鳥では回遊の動因の本体はプロラクチンではないかといわれているが，魚類では甲状腺ホルモンの関与が示唆されている．河川を遡上した稚アユは降下したものに比べチロキシンの血中濃度が高かったためであるが，これが稚アユの遡河回遊の動因本体であるかどうかは疑わしい．今後，動因について行動学的・内分泌学的な研究が望まれる．

3）回遊型

魚類の回遊はいくつかの型（回遊型 migratory type）に分類される（表2-2）．海の中だけで行われる回遊を海洋回遊（oceanodromy），河川や湖沼など，淡水の中だけで完結するものを淡水回遊（potamodromy）と呼ぶ．これらに対し，海と川の間を行き来する回遊は通し回遊（diadromy）と呼ばれ，サケ，ウナギ，アユなど水産重要種が含まれる．通し回遊はさらに3つに細分され，産卵のため川を上る遡河回遊（anadromy），逆に産卵のため川を下る降河回遊（catadromy），そして産卵とは無関係に海と川を行き来する両側回遊（amphidromy）に分類される．両側回遊は産卵場のある場所が淡水か海かによって，それぞれ淡水型両側回遊と海水型両側回遊に分かれる．遡河回遊魚にはサクラマス，シロウオ，チョウザメが，降河回遊魚にはウナギ，アユカケ，ヤマノカミなどが含まれる．両側回遊魚にはアユ，ヨシノボリ，ボウズハゼなどが入る．遡河回遊魚は高緯度域にその種数が多く，降河回遊魚は赤道を中心とした低緯度域に多い．両側回遊魚は両者の中間型で，熱帯域から南北両半球の中緯度域に分布する．通し回遊魚は250種ほど知られているが，魚類全2万数千種の中ではわずか1％を占めるに過ぎない．

表2-2　魚類の回遊型

回遊型	産卵場	魚種
海洋回遊 oceanodromy	海	マグロ，サンマ，ブリ
淡水回遊 potamodromy	淡水	オイカワ，イサザ
通し回遊 diadromy		
遡河回遊 anadromy	淡水	シロサケ，ワカサギ，シロウオ
降河回遊 catadromy	海	ウナギ，アユカケ，ヤマノカミ
両側回遊 amphidromy		
淡水型両側回遊	淡水	アユ，ヨシノボリ，小卵型カジカ
海水型両側回遊	海	ボラ，スズキ

遡河回遊や淡水型両側回遊を行う種の中では，海への連絡を遮断されて陸封型が生じることもある．この場合，琵琶湖のコアユや然別湖のミヤベイワナのように海に見立てた湖沼とその流入河川の間で淡水から淡水への回遊を行うものがある．しかしこれは淡水回遊ではなく，通し回遊の変形と解釈される．また通し回遊魚の中には回遊する個体としない個体が生ずる場合が多く，回遊型は可塑的であるといえる．このような1つの種の中の回遊型変異は生活史の多型を生む．例えば遡河回遊魚のサクラマスの稚魚は孵化した翌年の春，雪解けの時期に一斉に降海するが，成長がよい雄の個体は時期が来ても川を下らず，ヤマメとして河川に残留して成長を続け，秋の産卵期に早熟雄となって産卵に参加する．また降河回遊魚のウナギは，稚魚期に河口から川に遡上して淡水で成長するが，一生河川に遡上することなく，沿岸や河口域にとどまって成長する海域残留型の「海ウナギ」が生じることが知られている（Tsukamotoら，1998）．これらは同じ種の中に複数の回遊型が派生し，それによって生

活史にも多型が生じた例である．なぜ生物は回遊するかという問いを解くためには，残留型の生じるメカニズムを知ることが重要である．

4）回遊行動の進化

サケやウナギの数千kmにおよぶ大規模な回遊はどのようにして成立したのだろうか．おそらくこれらの回遊も最初はごく小規模なものとして起源し，長い進化の時間を経て大規模なものに変化してきたものと考えられる（図2-19）．サケはもともと高緯度域の淡水起源で，当初淡水域で小規模な回遊を始めたが，餌の少ない高緯度域の河川（繁殖場）から遠出して索餌するようになり，やがて海に成育場を求めた．回遊環を淡水から河口，外洋に拡大することによって，現在のような数千kmの遡河回遊を行うようになった．逆に低緯度域の海水魚として起源したウナギは，熱帯の豊かな河川に偶発的に侵入することで成長がよくなり，結果的に繁殖成功度が上がり，やがて淡水域の成育場へ回遊する行動が定型化していき，外洋と河川の間の降河回遊が成立した．それぞれ起源した緯度の河川と海洋の生産性の違いが通し回遊成立の駆動力になった．今でもサケの河川残留型や海ウナギという回遊しない残留型がそれぞれ河川と海に生じるのは，サケとウナギの回遊の起源を示す先祖返りのようなものと考えられる．

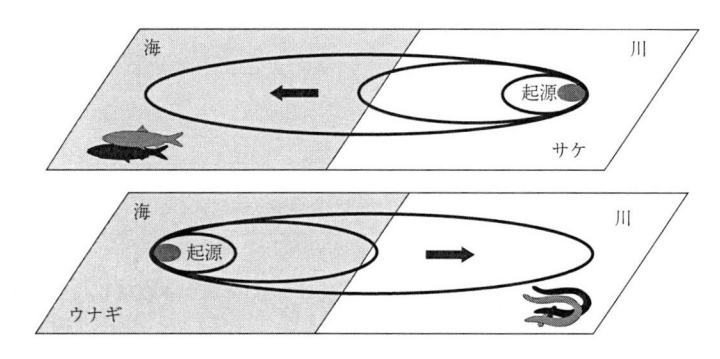

図2-19　サケとウナギの回遊進化．淡水に起源したサケは海に向かって回遊環を拡大し，逆に海起源のウナギは淡水に向かって回遊環を広げていった．

4-6　浮力と行動

1）浮　力

水圏動物の行動を特徴づけるものとして，体重に"ほぼ"釣り合う浮力を有することがあげられる．地球上に生息する動物には鉛直下向きに重力がかかっている．その大きさは重量（weight, kg m/s^2）といい，物体の質量（mass, kg）と重力加速度（gravity, m/s^2）の積に等しい．動物が水平方向に移動する場合，飛翔性動物ならば羽による揚力によって，地上性動物ならば両足や四肢で自らの重量を支える必要がある．しかし，水中を主たる生活の場としている水圏動物の場合，体が押しのける体積に等しい液体の重量分だけ鉛直上向きに浮力が働く（図2-20）．

$$浮力 = \left(\frac{m}{\rho_t} + V_{air}\right)\rho_w g$$

ここで，mは動物の質量（kg），ρ_tは動物の体組織密度（kg/m^3），V_{air}は体内に保有する空気体積（m^3），ρ_wは動物を取り巻く液体の密度（kg/m^3），gは地球の重力加速度（m/s^2）である．地球上で

の重力加速度の標準値は9.806（m/s²）で，極ではこれより大きく，赤道では小さい．液体密度は塩分濃度・温度・圧力などにより変化するが，海洋に生息する動物の場合 ρ_w = 1,026（kg/m³），淡水に生息する動物であれば ρ_w = 1,000（kg/m³）といった値が代表値となる．動物の体組織密度 ρ_t が生息している現場の水の密度 ρ_w に等しければ，体内に空気を保有しなくても（V_{air} = 0），鉛直下向きの重力 mg と上向きの浮力が釣り合い，中性浮力（neutral buoyancy）という状態となる．中性浮力をもつ動物はその深度を維持するための筋肉運動が不要なので，自らが生み出すエネルギーを効率よく水平移動に振り分けることができる．実際に，単位質量（1 kg）の物を単位水平距離（1 m）運ぶのに要するエネルギーコスト（J/kg/m）を比較すると，遊泳が最も経済的で，ついで飛翔，そして歩行の順となる．

図2-20 水平移動中の動物に働く力．飛翔中のワタリアホウドリ，歩行中のジェンツーペンギン，および遊泳中のミナミハンドウイルカ（映像提供：酒井麻衣）

2）魚類のやり方

一般に動物の骨（約2,000 kg/m³）や筋肉（約1,060 kg/m³）といった体組織密度は淡水や海水の密度よりも大きいので水に沈む（表2-3）．したがって，動物が海水や淡水中で中性浮力を達成するためには，何らかの工夫が必要となる．代表的な水圏動物である真骨魚類において一般的に見られるやり方は，鰾に空気を蓄えるやり方である．鰾の形は魚種によって大きく異なるが，体に占める体積の比率は海水魚で約5％，淡水魚で約7％である．この理由は，鰾（swim bladder）のある魚の体密度は淡水魚でも海水魚でも1,070（kg/m³）前後であるためである（表密度）．海水に比べて4％，淡水に比べると7％重い体を中性浮力とするのに必要な空気体積は，それぞれ体の体積の約4％および約7％となる．

鰾を用いて中性浮力を獲得するやり方には欠点もある．1つは浅深移動に向かないことである．気体の体積は圧力と反比例して増減する．深度10 mの変化により圧力は1気圧ずつ変化するため，鰾をもつ魚は深度変化に応じて速やかに密度調節を行うことができない．固い壁をもつ容器の中に気体を入れることでこの問題に対応している水圏動物がいる．コウイカは，イカの甲という石灰化した内部構造をもち，その中に空気を蓄えている．オウムガイの殻は隔壁で仕切られており，その内部は気体で満たされている．コウイカやオウムガイの浮力器官は深度変化に伴う圧力変化によって浮力が影響されないので，容易に浅深移動を繰り返すことができる．

体内に空気をもつ水生動物には，別の不利益もある．気体の密度が水や体組織と大きく異なるために，鰾は音波を非常によく反射する．そのためエコーロケーションを行うハクジラ類の"目"から逃れることができないのである．

気体以外の手段を用いて浮力を獲得している魚類がいる．板鰓類は鰾をもたない．代わりに大きな

表2-3 様々な水圏動物の体密度と体組織密度の代表値

種別	動物	密度 (kg/m^3)	備考
海水魚	ヒラメ	1,073	鰾無し
	カツオ	1,090～1,097	鰾無し
	マンボウ	1,027	鰾無し
	エゾイソアイナメ	1,070	鰾をつぶして測定
淡水魚	ウグイ	1,075	鰾をつぶして測定
	ヤマメ	1,063	鰾をつぶして測定
	カラチョウザメ	1,060	鰾をつぶして測定
頭足類	イカ類	1,055～1,075	鰾無し，コウイカを除く
鳥類	ペンギン科	1,020	
	ウ科	1,030	
海水		1,026	
淡水		1,000	
骨		約2,000	
筋肉		約1,060	
脂肪		約930	
スクアレン		860	

肝臓をもつものがいる．普通真骨魚類では肝臓は体重の1～2％であるが，外洋性のサメなどには体重の1/5を占めるほど大型の肝臓をもつものがいる．さらに，肝臓には密度が860 (kg/m^3) 程度の非常に軽いスクアレンが多く含まれることが多く，大きな肝臓は体全体の密度を中性に近づけることに貢献している．

海水よりもずっと大きな密度をもつ魚類もいる．カツオは鰾をもたず，体密度は1,090～1,097 (kg/m^3) と海水に比べて大きい．そのために胸鰭を横に張り出しながら常時遊泳し，揚力を得ることで一定深度を維持している．ヒラメやカレイなどの底生魚は体の密度は1,060～1,070 (kg/m^3) 前後と海水より大きい．これは，彼らがほとんどの時間を海底に接して過ごしているという生活スタイルと深く関連している．

3）ウミガメのやり方

肺呼吸を行う水圏動物の場合も，淡水や海水に近い密度をもつことは遊泳の効率を上げることに貢献する．しかし，体内に空気をもつ肺呼吸動物が中性浮力を維持するためには様々な工夫が必要となる．肺呼吸動物であるウミガメは肺に空気を入れた状態で潜水する．産卵期のアカウミガメ雌成体の場合，産卵場周辺海域に滞在し，2週間から3週間の間隔で特定の砂浜に上陸し数回の産卵を行う．海で過ごす間のアカウミガメは，海面に浮かんで漂流するのではなく，数十mの深度まで潜り，そこで20～40分間程滞在し，水面まで浮上して呼吸した後に再び元の深度に戻るという行動を繰り返している．海底ではない中層に，遊泳することなく滞在している間，1 (cm/s) 以下のゆっくりとした速度で浮上していることから，ウミガメはほぼ中性浮力を実現しているといえる．ある時刻で重りを切り離し，その前後のウミガメの挙動を見るという操作実験を行ったところ，重りを切り離した後のウミガメは，その後の潜水で明らかに滞在深度を深い方向にシフトさせた．このことから，ウミガメは好みの深度で中性浮力になるよう吸い込む空気量を調節しているのではなく，潜降に伴い水圧で肺の中の空気が圧縮され体全体の密度が海水に釣り合うようになる深度を選んでいたと考えられる（Minamikawaら，2000）．

4）ペンギンのやり方

ペンギンや鵜などの鳥類は，海水に近い体密度をもつ（表2-3）．しかし，体内や羽毛内に一定量の空気をもつため，水面付近では浮力が重力を上回る．さらに，ペンギン類は空気を吸い込んだ状態で潜水を開始しているということがわかっている．潜降開始直後は，大きな浮力に逆らうために高頻度でフリッパーを動かす．しかし，潜降とともにフリッパーを動かす頻度は低下していき，深度数十mより深い所では中性浮力に近い状態で遊泳し，数百mもの深さまで潜って餌を捕らえている．浮上の際は，深度数十m付近でフリッパーの動きが停止する．その後は，飛翔性鳥類が重力と羽によって生み出される揚力を用いて滑空するように，ペンギンたちも浮力とフリッパーによる斜め下向きの揚力を用いてグライディングしながら水面まで到達している（Satoら，2002）．

5）アザラシのやり方

アザラシ類は潜水の際空気を吐き出してから潜降を開始することが知られている．したがって，彼らの体密度を左右するのは，密度の小さい脂肪（約930 kg/m³）がどれだけ体内に蓄えられているかである．授乳期間中のアザラシ雌成体は子供への授乳により蓄積脂肪量が激減する．そのため，授乳期の前半と後半で体密度が異なってくる．アザラシの遊泳方法はおのおのの体密度に応じて異なっている．すなわち，脂肪をたくさん蓄え太った個体は体密度が海水より小さく浮力が重力を上回るため，浮上時よりも潜降時に足鰭を高頻度に動かす．逆に脂肪を失って密度が大きい痩せた個体は，足鰭を動かすことなく数百mの深度まで"落ちて"いき，浮上時には足を動かして"登って"くる（Satoら，2003）．

水圏動物の重量は浮力によってほぼ相殺されているために，彼らは楽に水平移動できる．しかし，体全体の密度がそれを取り巻く水の密度と異なると，その差が些細なものであっても動物達はそれに対応して泳ぎ方を変えざるをえない．

（塚本勝巳・佐藤克文）

おわりに

初めに述べたように原始生命は海で誕生し，その後も水圏環境の中で大きく進化を遂げた．水生・陸生を問わず，現在見られるような生物の多様性の多くは海の中で育まれたと言っても過言ではない．太古の生物にとって海は母なる環境であり，海水は生命体を抱擁する羊水に例えられる．生命の誕生以来，海に留まり進化の道を辿った現存の海産無脊椎動物の体液が海水と酷似しているのは決して偶然ではない．脊椎動物を例にとると，進化の過程で生息環境を水圏から陸へと広げ，それに伴って異なった環境へ適応するための新たな生理機構を発達させてきたことが伺える．海に暮らしていた古代魚は汽水・淡水域に進出したことで魚類への道を辿ったが，さらに魚類の一部（肉鰭類）が淡水域から陸上へと進出することに成功した．しかし脊椎動物の進化は単に，海から川，川から陸という道筋だけではなく，川から再び海に戻った多くの海産魚や陸からあえて海に戻った海産哺乳類など，生物の多様性は進化の枝分かれを繰り返して現在に至っている．海に戻ったこれらの脊椎動物は海水が母なる羊水にはすでになり得ない体に進化を遂げていて，そのため新たに海水に適応する術を身に付け水圏へと戻ったのである．このように生息環境の変化と生理機構の発達が相まって，多様性に富む生物が出現してきたと考えられる．多様化した生物は互いに複雑に関わり合いながら水圏生態系を形成している．一見すると生理と生態は乖離した生物学的現象のように捉えられがちだが，実は進化の歴

史を紐解くと，あらゆる生物の生理と生態は進化という時間軸の中で密接に関連し合い，生物の多様性とその共存を可能にしているのである．

（金子豊二）

文献

Bond, C. E. (1966): Circulation,Respiration, and the Gas bladder, Biology of Fishes 2nd edition, Saunders College Publishing, fort Worth, pp.369-394.

Hatase, H., N. Takai, Y. Matsuzawa, W. Sakamoto, K. Omuta, K. Goto, N. Arai and T. Fujiwara (2002): Size-related differences in feeding habitat use of adult female loggerhead turtles *Caretta caretta* around Japan determined by stable isotope analyses and satellite telemetry, *Mar. Ecol. Prog. Ser.*, 233, 273-281.

岩井　保 (1985)：鰓呼吸，水産無脊椎動物Ⅱ　魚類，恒星社厚生閣, p122.

岩井　保 (1991)：血液循環，魚学概論，恒星社厚生閣, p148.

金子豊二 (2002)：浸透圧調節・回遊，魚類生理学の基礎（会田勝美編），恒星社厚生閣, p217.

Kuriyama, M. and S. Nishida (2006): Species diversity and niche-partitioning in the pelagic copepods of the family Scolecitrichidae (Calanoida), *Crustaceana*, 79, 293-317.

Miller, P. J. O., M. P. Johnson and P. L. Tyack (2004): Sperm whale behaviour indicates the use of echolo.cation click buzzes 'creaks' in prey capture, *Proc. R. Soc. Lond. B.*, 271, 2239-2247.

Minamikawa, S., Y. Naito, K. Sato, Y. Matsuzawa, T. Bando and W. Sakamoto (2000): Maintenance of neutral buoyancy by depth selection in the loggerhead turtle *Caretta caretta*, *J. Exp. Biol.*, 203, 2967-2975.

Minegishi, Y., J. Aoyama, and K. Tsukamoto (2008): Multiple population structure of the giant mottled eel *Anguilla marmorata.*, *Mol. Ecol.*, 17, 3109-3122.

Okazaki, T, T. Kobayashi, and Y. Uozumi (1996): Genetic relationships of pilchards (genus: *Sardinops*) with anti-tropical distributions, *Mar. Biol.*, 126, 585-590.

Palumbi, S. R. (1994): Genetic divergence, reproductive isolation, and marine speciation, *Annu. Rev. Ecol. Syst.*, 25, 547-572.

Sato, K., Y. Naito, A. Kato, Y. Niizuma, Y. Watanuki, J. B. Charrassin, C.-A. Bost, Y. Handrich and Y. Le Maho (2002): Buoyancy and maximal diving depth in penguins: do they control inhaling air volume?, *J. Exp. Biol.*, 205, 1189-1197.

Sato, K., Y. Mitani, M. F. Cameron, D. B. Siniff and Y. Naito (2003): Factors affecting stroking patterns and body angle in diving Weddell seals under natural conditions, *J. Exp. Biol.*, 206, 1461-1470.

Sato, K., F. Daunt, Y. Watanuki, A. Takahashi and S. Wanless (2008): A new method to quantify prey acquisition in diving seabirds using wing stroke frequency, *J. Exp. Biol.*, 211, 58-65.

Sheldon, R.W., A. Prakash, and W.H. Stcliffe, Jr (1972): The size distribution of particles in the Ocean, *Limnol. Oceanogr.*, 17, 327-340.

Smith, C. C. and Fretwell, S. D. (1974): The optimal balance between size and number of offspring, *Am. Nat.*, 108, 499-506.

Sugisaki H. and A. Tsuda (1995): Nitrogen and carbon stable isotope ecology in the ocean: the transportation of organic materials through the food web, *Biogeochemical Processes and Ocean Flux in the Western Pacific.* (H. Sakai and Y. Nozaki, ed.), Terra Pub, p. 307-317.

田村　保 (1991)：感覚，魚類生理学概論，恒星社厚生閣, p233.

Tsukamoto, K. (2006): Spawning of eels near a sea-mount, *Nature*, 439, 929.

Tsukamoto, K., I. Nakai, and F.V. Tesch (1998): Do all freshwater eels migrate?, *Nature*, 396, 635-636.

Waples R.S. (1998): Separating the wheat from the chaff: patterns of genetic differentiation in high gene flow species, *J. Hered.*, 89, 439-450.

渡辺勝敏・西田　睦 (2003)：淡水魚類，保全遺伝学（小池祐子・松井正文編），東京大学出版会, p. 227-240.

Watanuki, Y., F. Daunt, A. Takahashi, M. Newell, S. Wanless, K. Sato and N. Miyazaki (2008): Microhabitat use and prey capture of a bottom-feeding top predator, the European shag, shown by camera loggers, *Mar. Ecol. Prog. Ser.*, 356, 283-293.

Yamamura, O., and S. Honda, Shida O, Hamatsu T. (2002): Diets of walleye pollock Theragra chalcogramma in the Doto area, northern Japan: ontogenetic and seasonal variations, *Mar. Ecol. Prog. Ser.*, 238, 187-198.

Yoshinaga, T, A. Hagiwara, and K. Tsukamoto (2000): Effect of periodical starvation on the life history of *Brachionus plicatilis* O. F. Muller (Rotifera): a possible strategy for population stability, *J. Exp. Mar. Biol. Ecol.*, 253, 253-60.

参考図書

会田勝美編（2002）：魚類生理学の基礎，恒星社厚生閣，258 pp．

赤松友成（1996）：イルカはなぜ鳴くのか，文一総合出版，207 pp．

アレクサンダーR. マクニール（1992）：生物と運動 バイオメカニックスの探求，日経サイエンス社，237 pp．

後藤 晃・井口恵一朗編（2001）：水生動物の卵サイズ，海游舎，257 pp．

Gross, M. G.（1993）：Oceanography, Six Edition, Prentice-Hall, 446 pp.

板沢靖男・羽生 功編（1991）：魚類生理学，恒星社厚生閣，621 pp．

岩井 保（1991）：魚学概論，恒星社厚生閣，183 pp．

粕谷英一（1990）：行動生態学入門，東海大学出版会，316 pp．

小林憲正（2008）：アストロバイオロジー 宇宙が語る〈生命の起源〉，岩波科学ライブラリー，122 pp．

クレブス，J. R.・デイビス，N. B. 編（1994）：進化からみた行動生態学，蒼樹書房，578p．

Lalli, C.M. and T.R. Parsons（1997）：Biological Oceanography An Introduction, Second Edition, Open University Oceanography Series, Elsevier, Oxford, 314 pp.

MacArthur, R. H. and Wilson, E. O.（1967）：The theory of island biogeography. Princeton Univ. Press, 203 pp.

Magnuson, J. J.（1973）：Comparative study of adaptations for continuous swimming and hydrostatic equilibrium of scombroid and xiphoid fishes. *Fish. Bull.*, 71, 337-356.

マクファーランド，デイヴィド編（1993）：オックスフォード動物行動学事典，どうぶつ社，834 pp．

嶺重 慎・小久保英一郎（2004）：宇宙と生命の起源－ビッグバンから人類誕生まで，岩波ジュニア新書，239 pp．

中沢弘基（2006）：生命の起源・地球が書いたシナリオ，新日本出版社，221 pp．

大谷栄治・掛川 武（2005）：地球・生命－その起源と進化，共立出版，208 pp．

ピアンカ，E. R.（1980）：進化生態学（原書第2版），蒼樹書房，420 pp．

Prasons, T.R., M. Takahashi, and B. Hargrave（1977）：Biological Oceanographic Processes, Second edition, Pergamon Press, Oxford, 332 pp.

Ryther, J.H.（1969）：Photosynthesis and fish production in the sea, *Science*, 166, 72-76.

嶋田正和・粕谷英一・山村則男・伊藤嘉昭（2005）：動物生態学 新版，海游舎，614 pp．

シュミットニールセン，クヌート（2007）：動物生理学 環境への適応，原著第5版，東京大学出版会，578 pp．

田村 保編（1991）：魚類生理学概論，恒星社厚生閣，288 pp．

田中 克・田川正朋・中山耕至編（2008）：稚魚学，生物研究社，365 pp．

富永 修・高井則之（2008）：安定同位体スコープで覗く海洋生物の生態，恒星社厚生閣，165 pp．

Watanabe, Y. and K. Sato（2008）：Functional dorsoventral symmetry in relation to lift-based swimming in the ocean sunfish *Mola mola*, *PLoS ONE*, 3, e3446.

Watanabe, Y., Q. Wei, D. Yang, X. Chen, H. Du, J. Yang, K. Sato, Y. Naito and N. Miyazaki（2008）：Swimming behavior in relation to buoyancy in an open swimbladder fish, the Chinese sturgeon, *J. Zool.*, 275, 381-390.

Wilson, R. P., K. Hustler, P. G. Ryan, A. E. Burger and E. C. Noldeke（1992）：Diving birds in cold water: do Archimedes and Boyle determine energetic costs？, *Am. Nat.*, 140, 179-200.

第3章　水圏生物の資源と生産

　地球表面の約70％は水で覆われ，そこに自然に生息する魚介類を漁獲・利用することは，先史以来現在までも続く極めて長い歴史をもっている．私たちの食生活において，世界平均でみると，動物性タンパク質の15％を魚介類から得ている．特にわが国ではその割合は1990年以降一貫して約40％を占めており，動物性食料の中で最も高い．今日，世界の人口が増加する中で，魚介類供給は動物性タンパク質供給という面だけでなく，健康機能性成分を多く含むことから，生命と健康維持のためにもますます重要になっている．

　漁業は大きく漁獲漁業と養殖に分けられる．世界的にみれば2005年現在，漁獲は漁業生産の約60％を占めているが，養殖生産の伸びは著しく，近い将来，漁獲量を上回ると予想されている．こうした状況の中で，漁獲漁業においては，未利用資源の開発とともに，資源の管理・保護や増殖を通して資源を持続的に利用することが最大の課題となっている．養殖においても，さらなる増産のためには，環境への負荷の軽減，ウナギやマグロなどの種苗生産技術の確立，魚粉に過度に依存しない餌の開発，無給餌養殖の普及，耐病性品種の作出など，多くの技術的な課題がある．　　　　（青木一郎・小川和夫）

§1．漁業生産

1-1　日本の漁業生産

　漁業・養殖業生産統計では，大きく海面と内水面（湖沼・河川）に分けられ，前者は，遠洋漁業，沖合漁業，沿岸漁業，海面養殖業の4部門に分類され，後者は内水面漁業と内水面養殖業の2部門に分類される．一般に，「漁業」は「捕獲漁業（Capture fisheries）」を意味し，「養殖業（Aquaculture）」と区別される．遠洋漁業とは，主に公海上あるいは外国の200海里内で行われる漁業で，遠洋底びき網，以西底びき網，遠洋カツオ・マグロまき網，遠洋マグロはえ縄，遠洋カツオ一本釣，遠洋イカ釣などがある．外国の200海里内における操業は極めて厳しい状況にあり，2006年の漁獲量は50万トンと全生産量の9％で，生産金額も11％にすぎない．沖合漁業とは，10トン以上の動力船を使用する漁業で，主として日本の200海里内の沖合域で行われる漁業である．沖合底びき網，大中型まき網，近海マグロはえ縄，近海カツオ一本釣，サンマ棒受網などがある．全部門の中で最も漁獲量が多いが（42％），いわゆる大衆魚を主に対象とするため生産金額は沿岸漁業よりも少ない（25％）．沿岸漁業とは，漁船非使用，無動力船および10トン未満の動力船を使用する漁船漁業ならびに定置網漁業および地びき網漁業をいう．日帰りの範囲を漁場とし，自営業が主で，経営体数と就業者数で漁業全体の大部分を占める．漁獲量は近年減少してきたものの，ほかの漁業に比べて安定しており，高級魚を含む多様な水産生物を対象とし，漁獲量の割に（25％）生産金額は最も多い部門になっている（31％）．

1956年から2006年までの漁業部門別漁獲量の推移を図3-1に示す．日本の漁獲量は，1960年代，1970年代前半まで増加の一途にあり，1960年から1973年までの間に，およそ600万トンから1,000万トンへと増加した．沿岸から沖合へ，さらに遠洋へと漁場が拡大するに伴い，遠洋漁業は1973年には400万トンの生産があり，全漁獲量の40％を占めていた．そしてその大部分は外国200海里内のものであった．しかしその後オイルショックと外国の200海里規制によって遠洋漁業の漁獲量は減少を始めた．一方，1970年代のマサバ資源と1980年代のマイワシ資源の増加に支えられて大中型まき網などの沖合漁業の漁獲量は急増し，1980年代は日本漁業の最盛期となった．マイワシ漁獲量は1988年のピーク時には449万トンで，全漁獲量の40％を占めるほどであった．

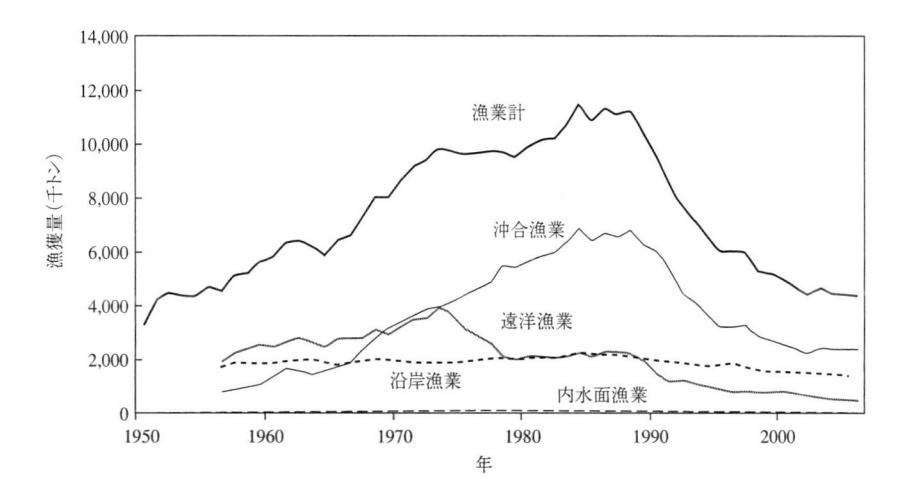

図3-1　漁業部門別漁獲量の推移（農林水産省 漁業・養殖業生産統計年報より作成）

　しかし，1980年代末からは総漁獲量は減少に転じた．沖合漁業では，その主要対象種であるマイワシ資源が1980年代末から急減し始めたこと，そして遠洋漁業では，アメリカ200海里からの完全な締め出しのほか，諸外国の200海里内における操業条件が年々厳しくなってきたことによる．

　これに対して，沿岸漁業は一貫して200万トン前後の漁獲量をあげ，比較的安定していたが，1990年代半ばから緩やかに減少し，近年では150万トンのレベルで推移している．

　内水面漁業の生産量は10万トン前後で推移してきたが，近年では減少しつつある．全漁獲量に占める割合は1～2％とわずかであり，わが国漁業生産のほとんどは海面漁業による．

　日本の周辺に生息する水生生物の様々な種が利用されており，漁業の対象となるのは魚類だけで約400種といわれている．しかし漁獲量の多い魚種は限られ，多少魚種の変化はあるが10種類程度で全漁獲量の半分を占める．わが国の沖合・沿岸の漁獲量の推移（図3-2）を見ると，1970～1995年の間，サバ類，スケトウダラ，マイワシが卓越して大量に漁獲され，この図からこの3種の漁獲量変動が全漁獲量の大きな変動を引き起こしていることがわかる．この3魚種は自然要因により数十年の周期で大きく資源量が変化する．この3種を除くと過去45年間では350万トンの水準であまり変化がない．しかし，その内訳は，カタクチイワシ，サンマなど多獲性種4種が1980年代後半から増加しているのに対して，その他の魚介類の漁獲量は1980年頃から減少傾向にあり，2006年と1980年を

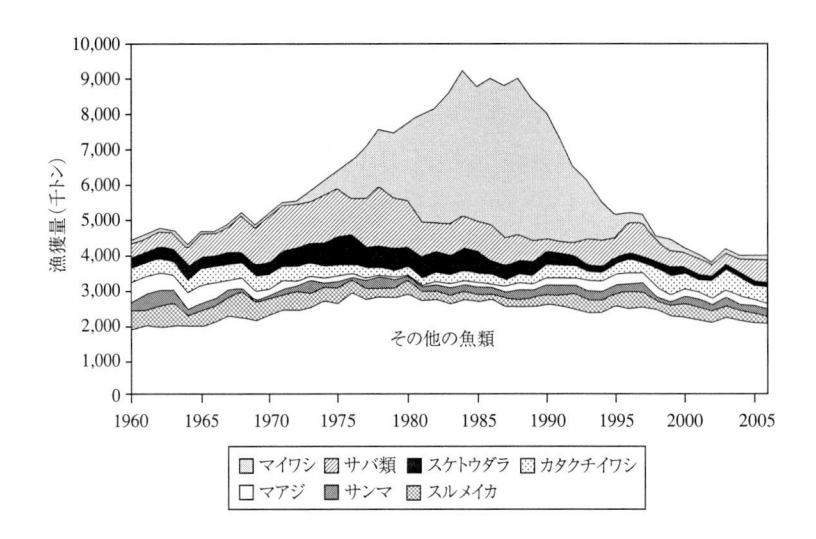

図3-2 沖合・沿岸漁業における漁獲量の主要魚種別内訳の推移（農林水産省 漁業・養殖業生産統計年報より作成）

比べると約30％も減少している．

なお，図3-2ではその他の魚介類に含まれるが，サケは人工孵化放流によって，ホタテガイは種苗放流による効果として漁獲量が増加している．資源増大方策が成功した例である．

2006年の海面漁業主要魚種別漁獲量では，サバ類が最も多く63万トン，以下カタクチイワシ，カツオ，ホタテガイと続き，上位には図3-2のマイワシをのぞいた魚種が入る．マイワシは約5万トンであり，ピーク時の2％にも満たない．ホタテガイとスケトウダラを除けば，漁獲量の多い魚種は海洋の表層回遊魚である．

海面養殖業の生産量は1960年の28万トンから1983年には100万トンを超えて増加してきたが，1988年からは120～130万トン台で一定である．内水面養殖業生産は1980年代に9万トンあったが，1990年代に減少し始め現在ではかつての半分ほどである．

漁業・養殖業の就業者数は1953年の約80万人をピークとして減少を続け，1996年に30万人を割り込み，2006年では約21万人である．男性就業者の36％が65歳以上であり，年々高齢化が進んでいる．

漁業・養殖業の全生産金額は1976～1998年の間，2兆円を超えており，1982～1985年には2兆9,000億円に上った．1999年から減少して，2005年では1兆6,000億円になった．

漁業生産の変化に伴って，食用魚介類の需給にも大きな変化があった（図3-3）．1977年までは国内需要の伸びに対して国内生産も同じように増加していったので自給率は100％超であった．その後も需要は伸び続けたが，国内生産の停滞のため自給率は徐々に低下した．1990年からは需要は800～900万トンにあり，国内生産の低下に対して輸入はさらに増加を続けた．2005年の自給率は57％である．数字の上では国内生産の減少分を輸入が補っているように見えるが，実際には，輸入品はエビ・マグロのように元々国内生産が限られていたためかつては消費量が少なかった高級魚介類が大部分を占めている．日本の水産物輸入は世界一の規模で，世界の水産物貿易において金額で19％，数

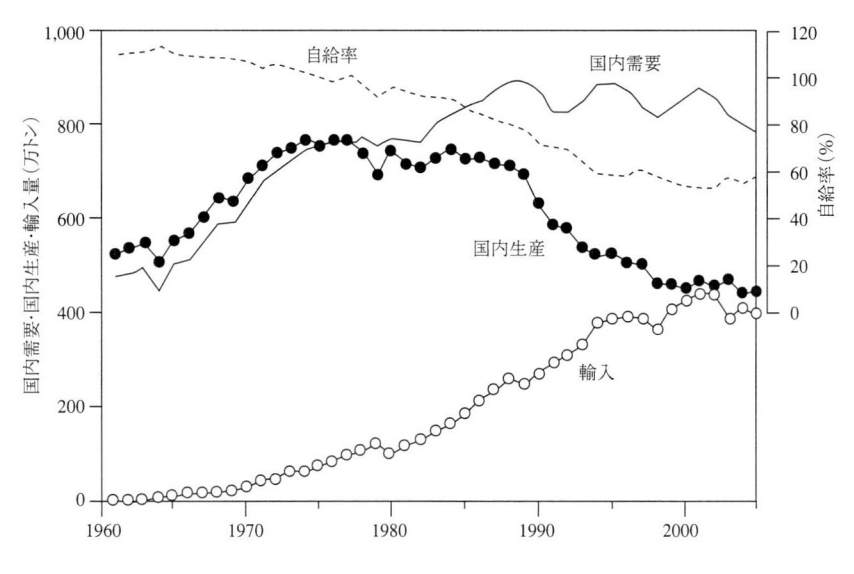

図3-3 食用魚介類の需給の推移（漁業白書・水産白書より作成）

量で12％を占めている．主要輸入品目はエビ，マグロ・カジキ類，サケ・マス類，カニが常に上位品目になっている．

1960年代前半はまだ水産物の輸出金額は1,000億円程度であったが，それでも日本の総輸出金額の5％を占めていた．その後水産物輸出は緩やかに増加し，1976年に輸出金額で世界第1位になった（2,208億円）．そして金額では1984年に（3,033億円），数量では1988年に（98万トン）ピークとなった．いずれもマイワシとカツオが支えた．その後は国内生産の低下とともに急激な減少を続けてきたが最近では底から上向きの傾向にある．サケ・マス類，ホタテガイ，カツオの輸出が増加している．2005年の輸出数量は47万トン，輸出金額1,700億円である．

1-2 世界の漁業生産

世界の漁業・養殖業生産量は1950年の約2,000万トンから2005年の1億5,700万トンまで一貫して増加を続けている．しかし，1990年以降の世界の総生産量の増加は中国の飛躍的な生産増によっている．世界の生産量は，中国の生産量を除くと1990年以降漁業では少し減少傾向にあり，養殖業とあわせるとほぼ一定の水準になる（図3-4）．中国の漁獲量については過大報告の可能性がいわれているので，世界の生産の現状認識としては中国を除いて見る方が妥当であろう．最近の漁業生産の停滞は投棄魚や未報告漁獲を考慮すると世界の漁獲可能量限界を示しているという見方もされている．世界の200の漁業資源のうち，50％が満限利用，25％が過剰漁獲，25％が低利用とされており，養殖業の発展に比べて世界の漁業生産は不安定な均衡状態にあるといえる．

生産量を国別に見ると中国の生産量が突出していることがわかる（表3-1）．世界の生産量のうち，中国の生産量は漁業では18％，養殖業に至っては70％までを占めるほどで，総生産量では約4割に当たる．かつて世界一の生産量を誇った日本は2005年には第5位になった．上位10ヶ国のうち7ヶ国がアジア諸国である．この10ヶ国のほかロシアとノルウェーで年間300万トン以上の生産がある．

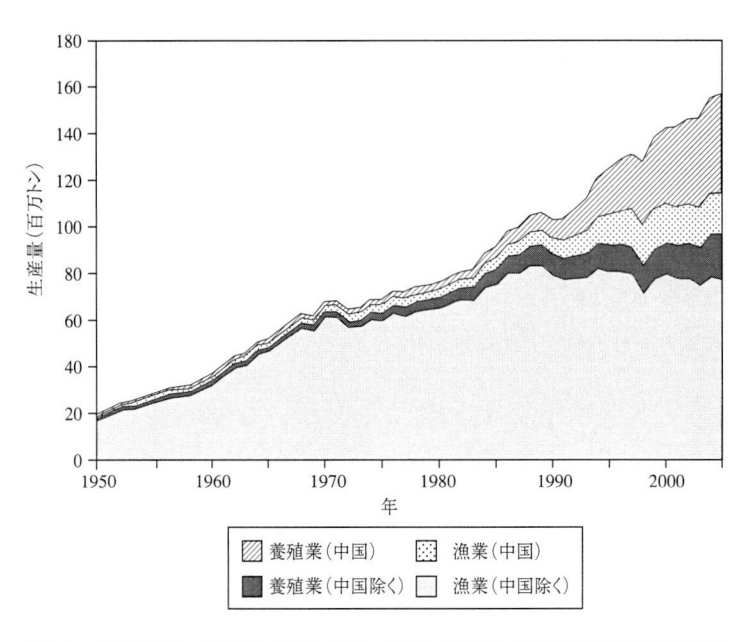

図3-4 世界の漁業・養殖業生産量の推移．中国の生産量と中国をのぞく世界の生産量を分けて示してある（FAO FishStatより作成）．

表3-1 主要国（上位10ヶ国）の漁業・養殖業生産量（単位：千トン）

	2003			2004			2005		
	漁業	養殖業	合計	漁業	養殖業	合計	漁業	養殖業	合計
世界合計	91,804	55,183	146,987	96,440	59,395	155,835	94,559	62,940	157,499
中国	17,052	38,688	55,740	17,272	41,330	58,602	17,361	43,269	60,630
ペルー	6,094	14	6,108	9,620	22	9,642	9,394	27	9,421
インドネシア	4,692	1,229	5,920	4,881	1,456	6,337	4,389	2,108	6,497
インド	3,712	2,313	6,025	3,616	2,472	6,088	3,481	2,843	6,324
日本	4,782	1,302	6,083	4,515	1,260	5,775	4,511	1,254	5,765
チリ	3,922	603	4,525	5,326	695	6,021	4,740	713	5,453
アメリカ	4,988	544	5,533	4,995	607	5,602	4,925	472	5,397
フィリピン	2,167	1,449	3,615	2,212	1,717	3,929	2,246	1,896	4,142
タイ	2,850	1,064	3,914	2,845	1,173	4,018	2,599	1,150	3,749
ベトナム	1,451	514	1,965	1,879	1,229	3,108	1,930	1,440	3,370

　漁獲量を種類別に見ると（2005年），魚類が約8,000万トンで全体の85％と大部分を占める．次いで，イカ・タコ・貝類などの軟体類が720万トンで8％，エビ・カニなどの甲殻類が600万トンで6％，ウニなどその他の水産動物が50万トンほどである．このほかに藻類が130万トンある．魚類の中ではニシン・イワシ類が2,200万トン（全体の24％）で最も多い．次いでアジ・サバ類，シシャモ，サンマなどの小型浮魚が1,100万トン（12％），タラ類が900万トン（9％）である．大型浮魚のカツオ・マグロ類は620万トン（7％）である．以上の主要種類で全体の50％以上を占め，日本だけでなく世界の海洋において漁業上最も重要な魚種である．魚種別漁獲量（2005年）では，ペルーカタクチイワシが1,000万トンを超えて飛び抜けて多い．本種はエルニーニョの影響を受けて1998年には200万トンを割るほどに一時漁獲量を大きく減少させたが，その後すぐに復調して2004年に

1,000万トンを超えた．次いでスケトウダラ，タイセイヨウニシン，カツオなどが漁獲量の多い魚種である．

1-3 漁業技術

実際に魚介類を捕らえる漁労行為は，対象種を探索する（探魚）→ 操業位置を決める（位置選定）→ 漁具を展開して魚介類を捕獲する（漁獲）という過程を経る．漁法によっては漁獲の前に光や餌で対象種を集める（集魚）ことや探魚を省いて操業位置決定後に集魚して漁獲することもある．この過程で漁獲を効果的に行うために様々な漁獲技術が使われている．

1）漁具の分類

魚介類に直接作用して捕獲する道具が漁具でありその運用法を漁法という．漁具とその漁法は本来一体のもので相互に密接に結びついているので漁具漁法ともいわれる．ここでは漁具に漁法の意味を含んで扱うことにする．漁獲対象となる魚介類の多様な種類の生態や行動にあわせて用いられる漁具も多岐にわたる．漁具は網漁具（a〜e），釣漁具（f〜g），雑漁具（h）に大別される．

a）**ひき網（towed net）** 円筒形あるいは円錐形の袋状になった袋網と左右の袖網からなる網にひき綱をつけて水平方向にひいて魚群を袋網の中に追い込むようにして漁獲する．

底びき網では網を海底に接地してひき回し，カレイ・ヒラメ類，エビ・カニ・貝類などの海底にいる生物を捕獲する．トロールとも呼ばれる．1そうびきと2そうびきがあるが，前者の方が主流である．1そうびきでは魚が入りやすくなるよう網口を大きく広げるためにオッターボードと呼ばれる開口板あるいはビームと呼ばれる棒を網口の前に取り付けてひき回す．2そうびきでは2つのひき綱をそれぞれの船がひくことによって網口を広げる．漁業としては沿岸の小型機船底びき網漁業から遠洋底びき網漁業のように大型船で操業するものまである．

船びき網は中層ひき網とも呼ばれ，イカナゴ，イワシ類などの表中層にいる魚群をねらって網具を中層あるいは表層にいれてひき回す．船を一定のところに止めて網具を船まで引き寄せることもある．これに対して地びき網では陸上を拠点として網具を沖から陸にひき寄せて漁獲する．近代漁業の起こる前には千葉県九十九里のイワシ漁で見られたように重要な漁法であった．

b）**まき網（purse seine）** 表中層を遊泳する魚群を長方形の長い網で取り囲み，網裾を締めて魚が下から逃げるのを防ぎつつ包囲した網を縮めて捕獲する．イワシ・アジ・サバ類を主対象とするが，海外まき網漁業ではカツオ・マグロを対象とする．網裾を締めるために網裾に締環とその中を通る環綱をもつ漁具を巾着網といい，現在ではまき網のほとんどはこの方式である．1そうまきと2そうまきがある．1そうまきの方が規模が大きく，まき網による漁獲量でも多くを占める．

c）**刺網（gill net）** 帯状に仕立てた網を水産動物の遊泳を遮るように細長く垂直に張り，網目に刺させたり絡ませたりして漁獲する漁具である．網漁具の中では構造が最も簡単で広く用いられている．対象はタラ類，サケ・マス類，エビ・カニ類など多様である．錨で網具を固定して使用する固定式刺網と固定せずに潮や風によって流して使用する流し網に分けられる．設置深度によって浮き刺網，中層刺網，底刺網に分類することもできる．一般には，底刺網は固定式であり，浮き刺網，中層刺網は流し網である．

d）**敷網（lift net）** 方形，円形，あるいは袋状の網を水中に沈めておき光や餌でその上に魚を

集めておいた後に網をすくい上げて漁獲する．かつてはイワシ・サバ類などの表層魚を対象として日本の沿岸で八手網や張り網など各種の敷網が使われていたが，近年ではサンマ棒受網をのぞいて少なくなっている．棒受網では網の上辺に浮子または竹竿をつけて舷から張り出し下辺に沈子をつけて沈める．魚を網の上に集めた上で沈子側を素早く引き上げて漁獲する．

　e）定置網（set net）　　岸から沖方向に垣網と呼ばれる1枚の長い網を張り立て，魚群を垣網に沿って誘導し袋網あるいは箱網と呼ばれる魚捕部に入り込むような構造になっている．漁獲は魚捕部を引き上げて行う．沿岸の一定の場所に長期に固定設置される．魚を登網といわれる漏斗上の通路を登らせて箱網に落し入れて漁獲する定置網を落網といい現在の主流となっている．表層性回遊魚から底生性の魚まで沿岸に分布・回遊する様々な魚種を漁獲している．

　f）はえ縄（longline）　　長い幹縄に多数の枝縄をつけてその先端に釣針をつけた釣漁具の1つである．マグロはえ縄では幹縄が100 kmにも及ぶ．マグロはえ縄のような海の表層を流す浮きはえ縄とスケトウダラはえ縄のように海底に固定する底はえ縄がある．

　g）一本釣，機械釣，ひき縄釣　　一本釣では竿あるいは直接手で釣り糸を操作して餌あるいは擬餌で魚を寄せ釣針にかからせる．竿釣ではカツオ一本釣が代表例である．機械釣は漁獲動作を機械で行うものでイカ釣漁業で使われている．ひき縄釣では船から竿を張り出し，複数の釣糸・釣針を船でひき回してつり上げる．ひき縄漁業はマグロ，カツオ，カジキなど表層を遊泳する大型魚類を対象として行われる．

　h）雑漁具　　小規模のものが多く，種類は多種多様である．大きく分類すると，穴に入る性質を利用したり餌でおびき寄せるタコ壺・カニ籠・アナゴ筒，もりややすで突き刺してとるもの（ナマコ，タコ，カジキ），挟んだりねじってとるもの（貝類，藻類），掻き起こしたりはがしてとるもの（貝類）がある．

　2）漁業機械・機器

　漁労の過程において，海洋や魚の情報を得たり，作業の機械化など操業効率を高めるために様々な機械・機器が用いられている．これらは前項の主漁具に対して副漁具と呼ばれる．今日の高い生産性をもつ漁獲技術は漁船の大型化・高速化とともに副漁具の発達によるところが大きい．

　a）漁業機械　　漁具の投入・揚収を機械化するもので，揚網機，揚縄機，ウィンチ，自動釣機に分けられる．代表的な揚網機として刺網やまき網で使われるネットホーラー，まき網用のパワーブロックがある．はえ縄では幹縄の揚収のためにラインホーラーが使われる．底びき網では投網から揚網まですべての作業がトロールウィンチによって行われる．ウィンチとしてほかにまき網の環綱を巻き取るパースウィンチ，棒受網の前綱を巻き取る多段ウィンチがある．イカ釣漁業ではすべて自動イカ釣機によっている．カツオ一本釣漁業でも一部に自動カツオ釣機が使われている．

　b）漁業計器　　海中の魚群や漁具を監視するために各種超音波機器が用いられている．超音波の反射によって魚群を探知する魚群探知機（echo sounder）はよく知られている．魚群探知機が一方向に超音波を発射するのに対して一度に多方向（半周あるいは全周）に超音波を発射して船の周囲を監視するスキャニングソナー（scanning sonar）がある．まき網漁業ではスキャニングソナーによって魚群の発見，追尾を行いつつ魚群の形状，遊泳方向・速度・深度，魚群量などの情報を得て投網し，その後も網と魚群をソナーによって監視する．現代の漁業ではこのような機器によって海中の様子は

手に取るようにわかり，文字通り一網打尽といえる．

c）**集魚灯**　光に集まってくる性質をもつイワシ，アジ，サバ，サンマ，イカナゴ，イカなどを夜間に光で集めて漁獲の効率を高めるための装置である．船上灯と水中灯がある．まき網，棒受網，すくい網，イカ釣漁業で使われる．最近では消費電力が少ない発光ダイオードの利用も試行されている．

d）**その他の補助装置**　カツオ一本釣では漁船に散水（シャワー）装置が装備されており，カツオ魚群を船に寄せるために撒き餌と同時に船側から海面に散水して釣りを行う．散水はカツオの視覚と聴覚を刺激して集魚効果をもつ．

3）漁業情報

漁獲対象とする魚は広い海のどこにでもいるわけではなく，ある場所に集中しそこが漁場となる．漁場の形成と魚群の集中度は水温，潮の流れ，海底地形など海洋条件と密接に結びついている．漁場の探索と選定に当たって事前の情報は効率的な漁業生産のために必須のものである．古くは漁業者の経験と勘がすべてであったが，今日では，コンピュータ技術と情報通信技術の進歩に支えられて，漁業者はいつでもどこでも漁獲の状況（漁況）や海洋の状況（海況）の情報を得ることができるようになった．

漁海況情報には広域を対象とするものから各県地先を対象とするものまで様々な規模がある．いずれも主な内容は漁船や定期船の観測水温，沿岸定地水温，人工衛星リモートセンシングなどに基づいて描かれた等温線図，海流図，漁船の漁場位置と漁獲状況などである．早いものでは毎日更新されて，インターネット，携帯電話，ファックスで水産関連機関から配信されている．

1-4　漁業制度

1）日本の漁業制度

水産資源の保護と漁業者間の漁業調整の点から各種の規制措置のもとに漁業が営まれている．漁業を制度から分類すると，漁業権漁業，許可漁業，自由漁業の3つに大きく分けられる．

漁業権漁業は沿岸地先の海域において漁業権に基づいて行われる漁業である．漁業権には大型定置網やサケ定置網を営む定置漁業権，養殖業を営む区画漁業権，漁業協同組合が漁場を共同で利用して小規模漁業を営む共同漁業権の3種類がある．いずれも漁業法によって漁業種類が規定され，知事の免許によって一定の水域に限って特定の漁業を排他的に営むことができる権利である．漁業権で免許される内容は漁場の位置，区域，漁業の時期，水産生物の対象範囲，採捕または養殖の手段や方法について限定されたものである．

許可漁業は農林水産大臣（国）あるいは知事（都道府県）の許可を受けることにより営まれる漁業である．漁業権漁業よりも規模は大きくなり，主な漁業のほとんどは許可漁業である．大臣許可漁業は主に遠洋・沖合漁業で国が一元的に規制・管理を行うものである．指定漁業と特定大臣許可漁業に区分される．指定漁業は最も規模が大きい漁業種で，沖合底びき網漁業，大中型まき網漁業，遠洋カツオ・マグロ漁業など13業種が定められており，船舶総トン数，操業区域，操業期間，隻数が規制されている．特定大臣許可漁業にはズワイガニ漁業など5業種がある．このほかに制度的には大臣許可ではないが，国が管理の対象とし，操業には大臣へ届出が必要な届出漁業があり，小型スルメイ

カ釣漁業など4業種がある．

知事許可漁業は知事の許可を受けて主に沿岸・沖合で操業する漁業で，法定知事許可漁業とその他の知事許可漁業の2種に区分される．法定知事許可漁業は都道府県間の漁業調整上から特に大臣が隻数の上限を規制するもので，中型まき網漁業，小型機船底びき網漁業など5業種が定められている．その他の知事許可漁業は主に沿岸で行われる小規模な漁業で，各地の状況に応じて都道府県規則により定められている．一般には小型まき網漁業，機船船びき網漁業，刺網漁業などがあるが，都道府県によって漁業種類は異なり多種多様である（5章1-2，2-4，3-3参照）．

上記に該当せず操業する上で免許や許可を必要としない漁業を自由漁業という．資源保護や漁業調整上比較的問題が少ない場合には規制外とされ，小規模な一本釣，はえ縄，ひき縄の釣漁業がある．

このような免許・許可制度に加えて漁獲可能量（Total Allowable Catch：TAC）あるいは漁獲努力可能量（Total Allowable Effort：TAE）によって漁業規制を行う制度がある．実際には両制度が組み合わされて漁業が規制されることになる．1994年に国連海洋法条約が発効した．この条約では，沿岸国に対し，距岸200海里内の生物資源についての排他的経済水域（EEZ：exclusive economic zone）を設定する権利を与える一方，その水域における漁獲可能量を定めて適切な保存管理措置を取ることを義務づけている．わが国も1996年，同条約を批准，発効となった．1996年にEEZとTACに関する法律が制定され，1997年からTAC制の運用が開始された．その後，TAE制度も導入された．国が定めたTAC対象種は第1種特定海洋生物資源と呼ばれ，わが国漁業の最も重要な魚種で，サンマ，スケトウダラ，マアジ，マイワシ，マサバとゴマサバ，スルメイカ，ズワイガニの7種類があり，毎年のTACが決められている．TACは，資源調査による生物学的観点から算定された生物学的許容漁獲量（Allowable Biological Catch：ABC）に基づいて決定される（§3．参照）．TAE対象種は第2種特定海洋生物資源と呼ばれ，資源回復計画の対象種ともなっており，アカガレイ，イカナゴ，サワラ，トラフグなど9種類があり，操業隻日数の上限が設定されている．TACとTAEは大臣管理漁業分と知事管理漁業分に割り当てられ，さらに漁業種別あるいは操業区域別に配分される．

2）国際的な漁業管理

日本のEEZ外における漁業は国内法とともに2国間あるいは多国間で取り決めた漁業協定のもとに行われる．このような水産資源には，2ヶ国以上のEEZ内に分布するシェアードストック（shared stock），EEZと公海に分布するストラドリングストック（straddling stock），カツオ・マグロなどの外洋に分布する高度回遊性魚類資源（highly migratory fish stock）と呼ばれるものがある．

カツオ・マグロ類については太平洋，大西洋，インド洋をそれぞれ対象水域として5つの国際的な地域漁業管理機関において各国の漁獲枠などの規制が行われている．カツオ・マグロ類のほかにもベーリング公海，北西大西洋，地中海，南極海を対象水域とした地域漁業管理機関がある．クジラ類は国際捕鯨委員会（IWC）の管理下にある．日本はこれらすべての管理機関に加盟している．

一方，このような国際的な管理の枠組みを逃れて無秩序な操業を行う違法・無報告・無規制（Illegal, Unreported, Unregulated：IUU）漁船や非加盟国に船籍を移す便宜置籍船による漁業が資源管理上問題となっている．これに対しては，国際取引から排除するなどの措置がとられている．また，公海資源に対して地域漁業管理機関の役割を強化するとともに沿岸国と公海漁業国の協力を規定したより包括的な国連公海漁業協定が2001年に発効しており，一層の国際協力が求められている．

日本の周辺ではロシア，韓国，中国とそれぞれ2国間の漁業協定が結ばれており，相互にEEZ内での漁獲割当量その他の操業条件を課している．日韓，日中の間では領土問題から一部の海域ではEEZの境界を画定できないために暫定水域あるいは中間水域が定められた．この水域では共同で管理すると謳われているが実際には操業は相手国からの規制は受けず各国の自由となっている．

1-5 責任ある漁業

漁獲のために漁具を運用することは対象種を漁獲するだけでなく生態系に何らかの影響を及ぼす．20世紀後半の漁業生産の増大は漁具の大規模化，漁船数の増加など，それだけ漁獲活動の増大も意味している．陸上の人間の生産活動と同様にもはや漁業活動の環境への影響が無視できない段階に来ている．1995年FAO（国連食糧農業機関）総会は「責任ある漁業のための行動規範（Code of Conduct for Responsible Fisheries）」を採択した．これは，生態系や生物多様性を考慮した生物資源の持続可能な利用に基づく効果的な漁業の管理と持続可能な発展を目指すためのものである．持続可能な漁業は対象とする資源を維持するだけでなく，地球環境や生態系への影響を考慮しなければ成立しない．

1）混獲投棄とゴーストフィッシング

対象とする水産動物の生態・行動にあわせて漁具漁法が使われるが，対象種以外の生物種まで捕獲することは避けられない．これを混獲（bycatch）といい，水揚げの価値がある生物をのぞいてほかは投棄される．それには元々利用しない生物種だけでなく有用種でも商品価値のない小型のものが含まれる．FAOの推定では世界の漁業における投棄量は2,700万トンにのぼる．底びき網の混獲率は最も高く，なかでもエビトロールではエビ1kgの漁獲に対して混獲物5kgが投棄されているという．混獲投棄は資源の無駄であると同時に生態系保全や生物多様性の点からも漁業の持続可能性に関わってくる．底びき網では網目を大きくしたり，網に入った生物を分離して逃がす装置をつけるなどが行われている．マグロはえ縄では釣針や操業方法の改善による海鳥やウミガメ混獲回避が行われている．

混獲が直接の漁獲行為に付随するのに対して，海にそのまま放置された流失漁具が漁具としての機能はまだ生きていて生物を捕獲してしまうことをゴーストフィッシング（ghost fishing）と呼ぶ．これも混獲投棄と同じ問題を引き起こす．かご網や刺網でこのようなことが起こりやすい．生分解プラスチックや天然素材を用いて使用には強く廃棄には分解しやすい漁具が使われつつある．

2）エコラベル

持続可能な漁業を消費者が支援できるようにするためにエコラベル認証制度がある．消費者はエコラベルによって水産資源や海洋環境に配慮してとられた水産物であることがわかり，それを選択することによってそのような取り組みをしている漁業者を支えることになる．それは漁業を持続可能なものとし，結局消費者は安心して水産物をいつまでも食べることができるのである．

エコラベルとしては1997年に始まったイギリスに本部がある海洋管理協議会（Marine Stewardship Council：MSC）による認証が世界に知られている．2007年現在，世界の34ヶ国でMSCエコラベルが付いた約860品目が流通している．日本では2006年に初めてMSCエコラベルの付いた製品が販売され，国内漁業では2008年に京都のズワイガニ・アカガレイ漁がアジアで第1号のMSC認証を取

得した．一方，エコラベルの日本版として2007年にマリン・エコラベル・ジャパン（MEL）が発足した．2008年にその第1号として日本海ベニズワイガニ漁業が生産段階認証と流通加工段階認証を取得した．エコラベル認証制度を通して，持続可能な漁業のために実質的に世界第1の水産物消費国である日本が貢献することが期待される．

（青木一郎）

§2. 資源の変動性

　海洋や淡水域に生息する水圏生物のうち，食料にするなど人が何らかの形で利用している生物を水産資源と呼ぶ．それは商業的捕獲である漁業を通して私たちに供給，利用される．水産資源は次の3つの特徴を有している．①水産資源は生物であるので，死亡して減少する一方で繁殖して増えるという再生可能（renewable）資源である．②資源量は常に変化し，予測は容易ではない．③漁獲以前には所有者がいない無主物である．この3つの特徴は持続可能な資源の利用と漁業の発展を図る上で基本となる重要な視点を与えてくれる．①は同時に②の変動性・不確実性の側面を与える．本節ではこの点について述べる．そして②と③に基因するリスクや競争を回避して①を最大限に生かす方策を考えなければならない．この点は次節で解説される．

2-1　資源の動態

　資源生物（以下，主に魚類を具体例とするが，無脊椎動物でも共通することが多い）の生活史サイクルと資源量を規定する要素を図3-5に示す．卵は孵化し仔稚魚へと発育・成長し，ある大きさになると資源へ加入し漁獲対象となる．加入した魚はさらに成長を続け成魚となり産卵する．加入と成長により資源重量は増えるが，自然死亡と漁獲死亡により減少する．資源はこの加入によって再生力が支えられている．

　古典的理論では，漁獲がない場合にはこのプラスとマイナスがバランスして資源量は平衡状態になると想定されてきた．また，加入量を一定としたり，加入量は産卵量（親の量）のみによって決定されると考えられた．こうした仮定の下で最適な漁獲方策が理論化され実践もされてきた．しかしこれらの理論は仮定の非現実性による限界を徐々に示すようになった．

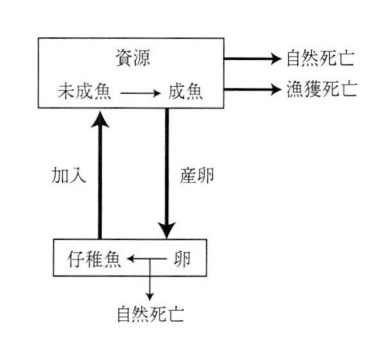

図3-5　資源生物の生活史サイクルと資源動態を規定する要素．資源量は加入と成長により増加し，自然死亡と漁獲死亡により減少する．加入量は産卵量と卵・仔稚魚期の生残により決定される．

　カリフォルニア沖の海底から採取した堆積物中のイワシ類の鱗の量から復元された過去1700年にわたる資源量は近代的漁業が起こるはるか以前から常に大きく変動していることを明らかにした（Baumgartnerら，1992）．また，一定の産卵親魚量でも加入量には大きな変動があり，加入量は産卵親魚量によって一義的に決まるものではないことが知られるようになった（図3-6）．

　産卵量と加入量の関係は再生産関係（stock-recruitment relationship）と呼ばれ，資源の変動予測や管理のために最も基礎となる情報を与えてくれる．最も単純には，

　　　加入量＝産卵量×卵から加入するまでの生残率

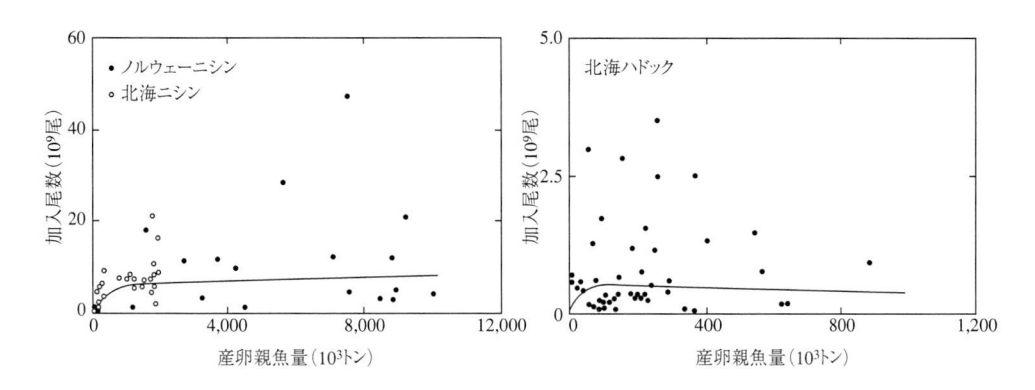

図3-6 産卵親魚量と加入量の関係．プロットは観測値で実線は再生産モデルによる計算値（Rothschild, 1986を改変）．

と表せる．産卵量は産卵親魚量（重量）に比例すると考えられる．ただし，雌1尾の体重当たり産卵量は，環境によって変化したり小型の若齢魚では大型の高齢魚よりも小さくなることもあるので注意が必要である．また親魚量は漁獲によって操作可能であるという点で重要である．過剰な漁獲のために産卵親魚が少なくなりすぎれば加入は明らかに減少する．一方，上の式は産卵量が多くても必ずしも加入が多いとは限らないことも意味している．そこで問題となるのが生残率である．先に述べた古典的再生産関係の理論では生残率自体が産卵量によって決まるというもので，産卵量あるいは産卵親魚量が多くなると生残率が小さくなると考える．これを密度依存性という．図3-6中の実線はこの理論による計算値である．実線と実際の加入量との乖離は産卵親魚量とは別に密度独立な要因で加入量が決まる部分を意味している．つまり生残率は産卵親魚量だけでなく，むしろ加入前の仔稚魚期を取り巻く環境条件によって大きく支配されていることを示している．このようにして加入量が変動し，それが結果として資源量の変動に結びつくのである．

2-2 加入量変動

魚類では一般に雌1個体が直径1 mmほどの小型の卵を数万から数百万と大量に産む．この魚類のもつ多産性が強い再生力と同時に大きな変動性の源になっている．図3-7 (a) の生残曲線で示すように，卵・仔稚魚期の死亡率は極めて大きく，発育初期段階でほとんどが死亡してしまうといってもよい．この時期の大量死亡を初期減耗（mortality at the early life stage）と呼ぶ．例えば，ある年のマイワシでは生み出された卵が体長10 mmの仔魚（孵化してから10〜15日）になるまでに99％が死亡し，生残率は1％であり，体長20 mm（孵化後20〜30日）までに生き残るのはわずか0.1％にすぎない．生活史初期の生残率は極めて小さいが，環境要因によって年々変動する．生まれ年が同じ魚をまとめて年級群といい，その大きさを年級強度という．年々の加入の大きさは年級強度とみることもできる．図3-7 (b) は初期生残率の変動が加入量変動の原因となることを模式的に表したものである．特別に強い漁獲がない限り加入後の生残率にはそれほど年変動はないと考えられる．生残率が高く加入がよかった年級群を卓越年級群（dominant year class）と呼ぶ．マイワシでは1972年級群，1980年級群が特にそれに相当し，以後の資源高水準のもととなった．

年級強度を決める初期生残率の違いは何によっているのだろうか．ここでまず海洋環境と資源変動

の間にある生物過程を整理しておこう（図3-8）．この中でポイントとなるのは仔稚魚の発育・成長である．その良し悪しが仔稚魚の生残に影響し，ひいては加入量の変動を引き起こす．仔稚魚の生残に関わる直接的死亡原因は餓死と捕食者によって食われること（被食という）である．発育不良であれば餓死に至ることは容易に理解できる．飢餓状態にあれば餓死に至らなくてもおそらく被食にあいやすいだろう．では飢餓というほどではなく発育・成長がおくれている個体は食われやすいだろうか．それを野外で実証した研究がある．海中にいるカタクチイワシ仔魚と捕食者の胃内にあるカタクチイ

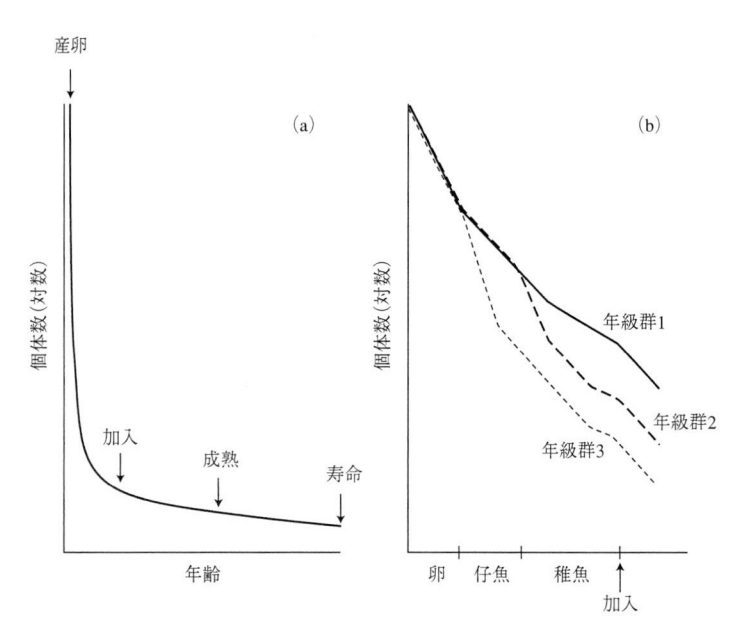

図3-7　魚類の生残曲線の模式図．縦軸は対数スケール．(a) 生活史全体の生残過程．(b) 生活史初期の生残率の年変動．

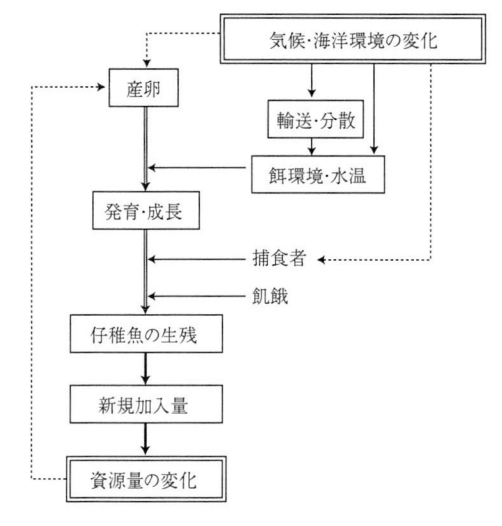

図3-8　資源変動に関わる生物過程と環境

ワシ仔魚の成長を比較すると胃内の仔魚の方が成長が劣っていることがわかった．成長の劣る個体は順次捕食者によって間引かれて成長のよい個体が選択的に生き残っていく．仔稚魚期の成長が全体によければそれだけ資源へ多くの新規加入が期待されることになる．

　そこで次の問題となるのが仔稚魚の成長の良否をもたらす要因である．この直接的要因として作用するのが水温と餌環境である．魚類では一般に水温と成長速度の関係はドーム型になる．水温が高くなると成長はよくなり，そしてある水温を超えると逆に低下するという傾向をもつ．成長に好適な水温範囲は魚種によって様々に異なる．イワシ類のなかでは，成長に最適な水温はマイワシでは16℃にあり，カタクチイワシでは22℃にある（図3-9）．それぞれその水温より高くなっても低くなっても成長速度は低下する．前述のこととつなげると，水温変化は成長率の変化を通して生残率に影響することになる．

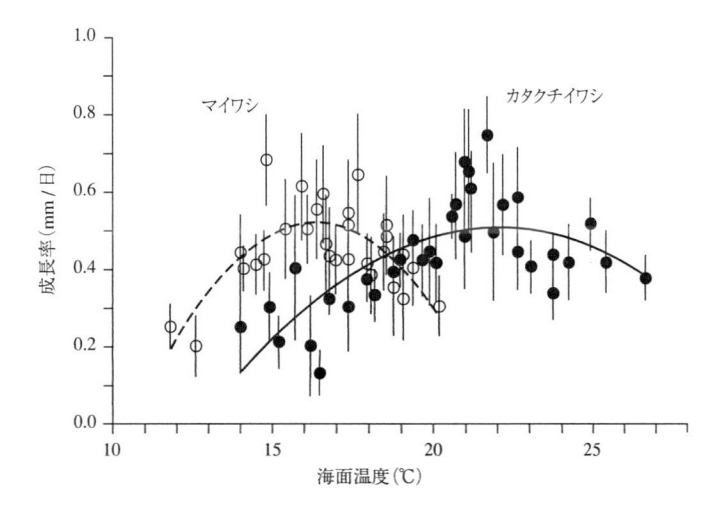

図3-9　野外で採集したマイワシ仔魚とカタクチイワシ仔魚の成長速度と水温の関係（Takasukaら，2007を改変）

　餌が多ければ成長がよくなるというのは自明であり，一見餌と成長の関係はわかりやすいように思える．仔稚魚の餌となるのは小さな動物プランクトンである．実際に仔稚魚が食えるプランクトンが周囲に多いか少ないかということを海で正しく観測することは容易ではない．プランクトンネットで採集した動物プランクトン量と仔稚魚の成長の間に相関が見られないことが多い．両者の「食う－食われる」という相互作用は広い海の中でミリメーターかセンチメーターの微細なスケールの出来事である．そして動物プランクトンは時間的にも空間的にも不均一に分布する．したがって仔稚魚の餌環境とは広い範囲の平均的なプランクトン量よりも，狭い範囲にあるプランクトン密度が高い場所や時期との遭遇の問題になる．生物過程としてはこれが加入量変動メカニズムの根本にある問題となる．これに関しては次に示すようにいくつかの仮説がある．

　①**摂餌開始期（Critical period）説**　　卵から孵化した仔魚はしばらくの間卵黄を栄養とする．それを消費し尽くすと自ら餌を捕ることを始める．この摂餌開始期という生活史初期のごく短い期間に適当な餌に出会えるかどうかがその後の仔魚の運命を決め，うまく出会えた生き残りによって年級群の大きさが決まるという説である．カタクチイワシでそれを支持する飼育実験例がある．カタクチイ

ワシは孵化後3日目には卵黄を使い果たす．摂餌を開始すべきはじめの2日間に餌をやらないとその後に餌をやっても効果はなく，しばらくするとすべて死亡してしまった．摂餌開始時からある期間に餌がないと元に戻れないという意味でその時点はポイント・オブ・ノーリターンといわれ，カタクチイワシではわずかに1～2日である．

②適・不適合（Match-mismatch）説　　温帯域では春の植物プランクトン増殖に続いて動物プランクトンの増殖が起こる．仔魚はこの動物プランクトンやその幼生を餌として利用する．プランクトン増殖のタイミングと産卵時期のタイミングがうまくあっているかあっていないかが仔魚の餌環境に影響する．動物プランクトンが豊富な時期と仔魚の発生する時期の重なりが大きければ生残率は高くなる．両者のタイミングは光や水温の環境条件で支配されているが，植物プランクトン増殖の方がより物理的条件によって左右され，年によって時期が変化する．この結果年々の生残率が変化することになる．

③海洋安定（Ocean stability）説　　海が穏やかで安定しているときには餌となる動物プランクトンは高い密度で集中分布する（パッチという）．仔魚はパッチのなかで効率よく摂餌できる．しかし海が荒れるとパッチは分散し，餌密度は低下してもはや仔魚は摂餌できなくなる．運動能力が未発達の仔魚では食おうとしても餌に逃げられてしまうことが多いので，それだけ餌の高密度が要求され，それを海の安定性が保証するという考えである．この説のポイントは餌の利用可能度に関わる空間分布としてのパッチの重要性を指摘した点にある．遊泳力が小さなプランクトンはフロント（水温や塩分など性質が異なる水塊あるいは海流の境界を意味し，潮境あるいは前線ともいう）や水温躍層（暖かい表層と冷たい下層の間で水温が急変する深さの層のこと）の海洋の不連続性と対応して現れることが多い．パッチの形成と維持が餌環境を良好なものにする．パッチの重要性は広く認められている．

④乱流（Turbulence）説　　遊泳力の小さい仔魚の移動は海水の流れに大きく影響される．仔魚と餌を粒子と仮定すると海水の流れが一様で乱れがなければ両者の相対位置は変わらず出会うことはない．乱れがあると両者の相対位置は変わり遭遇することが起こりうる．これが仔魚と餌の遭遇率を高めるのである．これに関して興味深い実験がある．マダイ稚魚は止水中では動物プランクトンを補食しようとしても逃げられることが多いが，流水条件下では流れてくるプランクトンをうまく補食するという．海洋の乱流の程度は風速に影響される．タラの仔魚では風速が大きくなると摂餌量が増えたという研究例がある．

⑤輸送・滞留（Transport-retention）説　　卵仔魚は海流に乗って流されるが，行き先は海流次第である．卵仔魚が餌の豊富な場所にうまく到達できるか，あるいは逆にそのような場所から流されずに滞留できるかが生残に影響する．

以上の説における生残要因は実際には複合して働くと考えられ，支配的な要因は魚種や海域によって変わるだろう．いずれにしても好適な餌環境に恵まれ十分な発育と成長を遂げた仔稚魚が被食を免れて生き残っていくと考えられる．生き残りに重要な時期は必ずしも摂餌開始期に限ることはなく，仔魚から稚魚へ発育するにつれて摂餌能力と運動能力は高まり被食の確率は相対的に低下していくが，生残は仔稚魚期を通して全体的なものとして決まると考えられている．

2-3 レジームシフト
1）気候変動と魚種交替

ここ10年程の間に，世界の海における様々な水産資源が気候・海洋の長期変動に基因して大きく変動することがわかってきた．10年～数十年のスケールで生じる地球規模での気候－海洋－海洋生態系を含めた全体的な構造変化はレジームシフト（regime shift）と呼ばれ，その概念は資源変動様式の共通認識として新たな一面を加えることになった．それは，第1に，水産資源は環境レジームに対応して数十年の周期で高水準期と低水準期を繰り返すこと，第2に，環境レジームに対応して卓越魚種が交替すること，である．ここでレジームとは「基本構造」といった意味である．図3-10に冬季のアリューシャン低気圧の強さとマイワシ・カタクチイワシの漁獲量の変化を示す．両者が強く関係していることがわかる．アリューシャン低気圧とは北太平洋のアリューシャン列島周辺で冬季に発達する低気圧である．この低気圧が強いときには日本の気候は北からの風により寒冷傾向になり，弱いときには温暖傾向になる．1926～1946年と1977～1988年の年代にはアリューシャン低気圧が強くマイワシ資源が高水準にあった．逆にカタクチイワシではアリューシャン低気圧が弱い時代が資源高水準期となる．両魚種の増減は交替して起こっている．寒冷レジームではマイワシが増え，温暖レジームではカタクチイワシが増える．これは魚種交替と呼ばれている．

日本のマイワシと同属（*Sardinops*属）の仲間が太平洋の北米沖と南米沖にも分布する．遠く離れて分布するこれらのマイワシ属魚類の漁獲量は同位相で図3-10と同様な長周期の変動を繰り返す．マイワシとカタクチイワシの交替もまたそれぞれ同属の仲間が分布する世界の海で起きている．もう1つ注目すべきはマイワシとの交替はカタクチイワシだけでなくマアジ，スルメイカ，サンマでも同じように起こっていることである．この3魚種も産卵水温からすればカタクチイワシと同じに暖水性の魚である．

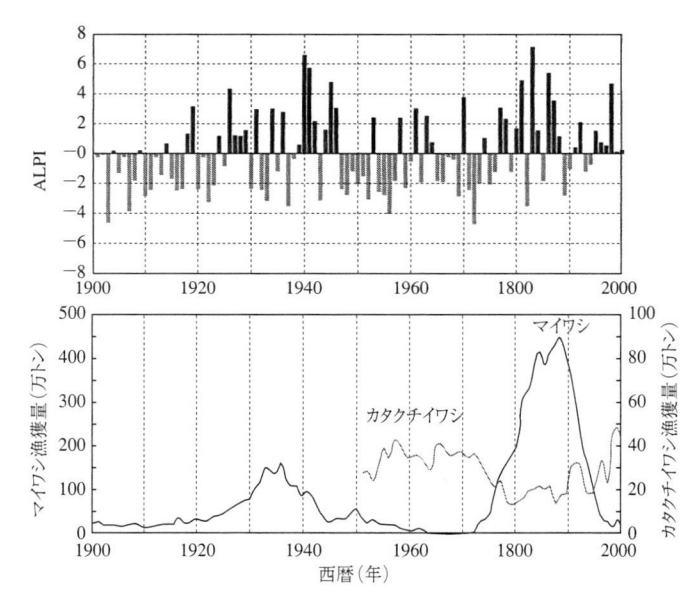

図3-10 アリューシャン低気圧指数（ALPI）とマイワシ・カタクチイワシ漁獲量の長期変動．ALPIはカナダ水産海洋局ウェブサイト http://www.pac.dfo-mpo.gc.ca/から作図．ALPIが正値のときには平年よりもアリューシャン低気圧が強い（Beamishら，1997）[4]．

気候変動から資源変動あるいは魚種交替に至るメカニズムについてはいくつかの仮説が提案されてはいるものの残された解明すべき課題となっている．図3-8に示したように，気候・海洋の変化が卵仔稚魚の輸送・分散を介して間接的に，あるいは直接的に餌環境や水温を変化させ，仔稚魚の発育と生残に影響する．

もう一度マイワシとカタクチイワシの水温と成長速度の関係（図3-9）を見てみよう．両種とも放物線状の曲線を示すが，最大成長になる水温がマイワシで約16℃，カタクチイワシでは約22℃であった．この間の水温では，両曲線は交差し，水温と成長速度の関係は両種で反対になる．例えば，水温が上がればマイワシには悪く，カタクチイワシにはよくなる．この成長適水温の違いは，マイワシ資源が高水準であった1970年代後半から1980年代末では北西太平洋の水温が低水温傾向にあったことと符合する．また，同時期には親潮も南下傾向にあったことが知られている．寒冷－温暖の気候レジームの変化が両種の成長の差を通して魚種交替の一因となったと推測することができる．

黒潮域や親潮域の動物プランクトン量にも長期的な変動がある．マイワシとカタクチイワシ仔稚魚の餌は主にカイアシ類の卵・幼生・成体であるが，カタクチイワシの方が少し大きめの餌を捕る傾向にある．例えばカイアシ類のサイズ組成がわずかに変化すれば一方の魚種に有利になる可能性もある．冬季の黒潮域におけるカイアシ類密度の長期変動では，マイワシが多かった1976～1989年は相対的に大型カイアシ類が少なく小型カイアシ類が多い時期になっていることはそれを示しているのかもしれない．一般に，動物プランクトン量や組成と仔稚魚の成長を直接的に関連づけるデータを得ることは難しい．しかし前項にいくつかの仮説を述べたように，プランクトンと仔稚魚の「食う－食われる」の関係の解明がレジームシフトのメカニズムでも重要である．

2）レジームシフトと漁獲

このような気候変動と関係すると考えられる長期変動はニシン類，サケ・マス類，タラ類，カレイ類，貝類など多くの水産生物で知られるようになった．対応する気候レジームの違いと変動の同調性からマイワシに代表されるグループとカタクチイワシに代表されるグループに大きく2つに分類できる．

現状では魚種によって利用の方法や市場価値が異なることも事実であるが，このような魚類資源を群集としてみると，減る資源があれば必ず一方で増える資源があるということは重要な点である．これが海の資源生物生産の自然の摂理であり，変動性の本質であるとすれば，単一種のみに目を向けるのではなく複数種を統合した資源利用を図ることが理にかなっている．長期的な増減を直接人間が操作することはできないが，その変化への対処は可能であり，それが重要である．資源量が大きいときには十分に漁獲が可能であるが，資源量が小さいときには，その魚種にとって環境が悪くなっているのであるから，漁獲がそれに追い打ちをかけないように注意すべきだろう．そして一方で交替して増えた魚を獲ればいいことになる．これが長い将来にわたって持続的な資源の利用と漁業の発展を可能にするはずである．

(青木一郎)

§3. 資源の持続的利用

§2. にあげた水産資源の3つの特徴のうちの「再生可能」という性質をうまく利用すれば，将来に

わたる持続的利用が可能となるはずである．しかし，漁業を自由競争に委ねると，「無主物性」のために，早いもの勝ちの漁獲競争によって必然的に乱獲が生じる．また，「不確実性」による管理失敗のリスクが常に存在する．—— そのような特徴をもつ水産資源を持続的に有効利用していくためには，どのようにすればよいのだろうか？

3-1　資源の変動単位と系群

水産資源の管理にあたっては，まずは管理対象資源の範囲を特定しておく必要がある．資源変動が，どのような空間範囲に分布する群を単位に生じているのか，また，資源動態モデルを適用する際に，どのような群を等質とみなして扱うことができるのか，という問題に由来する．

生物の量的変動を考える場合，一般に，他とは独立した内部的に均一な集団が考察の単位となる．生態学でいう個体群（population）がこれに相当し，再生産過程を通じて遺伝子を交換しあっている1つの繁殖集団として定義される．そのような個体群構造に関する知見をベースに，資源管理上の便宜などを勘案し，独立した評価や管理の単位として扱われる個体群の一部や全体を系群（stock）と呼ぶ．

系群の識別手法には，①遺伝学的方法（アイソザイムやDNA分析など），②形態学的方法（鱗相，鰭条数，脊椎骨数など），③生態学的・海況学的方法（産卵期，産卵場，分布・回遊経路の違いによる成長，成熟，体形の相違，寄生虫の組成や寄生率など），などがある．

3-2　Russellの方程式

Russellは，水産資源の再生産機能を利用して持続的な漁業を行える可能性を，以下の簡単な数式モデルで表現した．

$$\Delta B = R + G - V - Y \tag{1}$$

ΔB は，ある漁期から次の漁期までの資源量（stock size, biomass）の変化量，R は期間中における若齢魚の加入量（recruitment），G は資源全体での成長量（growth），V は自然死亡量（natural mortality），Y は漁獲量（yield）である．右辺の前3項をまとめて

$$P = R + G - V \tag{2}$$

とし，自然増加量または余剰生産量（surplus production）と呼ぶ．$Y = P$ のとき，すなわち，漁獲量が自然増加量に等しいときに $\Delta B = 0$ となり，資源量は変化せずに平衡状態になると期待される．この時の漁獲量を持続生産量（sustainable yield），持続生産量のうちで最大のものを最大持続生産量（maximum sustainable yield：MSY）という．

Russellの式は，資源の増減に関するごく単純で基本的な収支バランスを表現した式である．それぞれの要素を何らかのモデルで表し，各モデルに含まれる諸パラメータを推定することができれば，具体的な漁獲戦略の検討に利用することができる．

3-3　余剰生産量モデル（surplus production model）

水産資源の動態を表すモデルには大別して，①年齢構成を考えず，個体群の増殖に関するマクロな視点からの考察にもとづくモデル（余剰生産量モデル），②年齢構成を考えて，魚の成長−生残過程

を追いながら構成するモデル（成長－生残モデル），③両者の中間モデルがある．

①の余剰生産量モデルは，Russell式のなかの自然増加量 P（$=R+G-V$）を個別の要素 R, G, V に分解せずに，一体的に扱うモデルである．資源全体を1つの塊（mass, biomass）としてとらえ，その中身には言及しない．

1）個体群の増殖過程

ある時点 t における生物資源（個体群）の増殖速度を以下のように表す．

$$dB/dt = f(B) \cdot B \tag{3}$$

B は生物資源量（biomass），$f(B)$ は資源量が B の時の資源の増加率を表す関数である．$f(B)=r$（一定）として（3）式を解くと，$B=B_0 e^{rt}$ となり，ネズミ算のように際限なく増殖する曲線が得られる．r を内的自然増加率（intrinsic rate of natural increase）といい，密度効果（density effect）がないときの増加率を表す．

実際の生物では，個体密度の増加に伴って餌不足や生活空間の不足，代謝産物の蓄積による環境悪化，疾病の発生，捕食者や共食いの増加などに起因する密度効果が生じるため，際限なく資源が増加することは考えられない．一般には，あるところで頭打ちのS字状の曲線（シグモイド曲線）となる（図3-11）．一例として，資源量 B の増加に伴って資源の増加率 $f(B)$ が直線的に減少する，次式のような密度効果を示すケースを考える．

$$f(B) = r(1-B/K) \tag{4}$$

$f(B)$ は，資源量 B がゼロのときには内的自然増加率 r に等しく，B が増加するに伴って直線的に低下し，$B=K$ でゼロとなる．（3）式に代入すると，増加速度は B に関する放物線で表される（図3-11）．微分方程式を解くと，

$$B = K/\{1+e^{-r(t-t_0)}\} \tag{5}$$

という logistic 式が得られる．この曲線は $t=t_0$，$B=K/2$ に変曲点があり，この時に資源の増加速度が最大となる．そして $t \to \infty$ で B は K に収束し，増殖が停止する．K を環境収容力（carrying capacity）と呼ぶ．

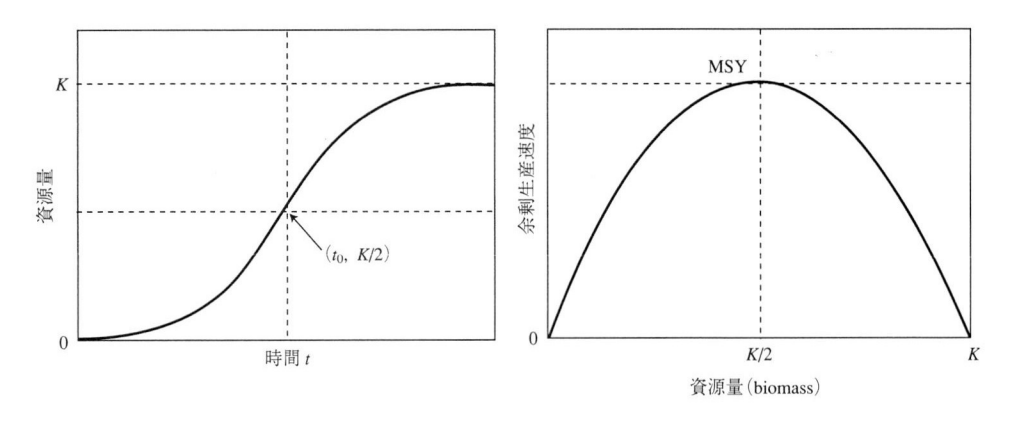

図3-11　logisticモデルによる生物個体群の増殖過程（左）と，資源量と増殖速度の関係および Schaefer の余剰生産量モデル（右）．

2）余剰生産量モデル（surplus production model）

以上の資源の自然増加に関するモデルに，漁獲による項（漁獲量 Y）を追加する．

$$dB/dt = rB(1-B/K) - Y \qquad (6)$$

これは，Schaefer のプロダクションモデル（余剰生産量モデル）と呼ばれ，Russell の式における $P(=R+G-V)$ を，資源量 B の放物線で表したモデルに相当する（図3-11）．$Y=rB(1-B/K)$ となるように Y を調節するとき，すなわち，自然増加量 P に等しい量を漁獲し続けるときに $dB/dt=0$ となり，平衡が達成される．このときの Y を持続生産量 Y_e と呼ぶ．そして，$B=K/2$ のときに Y_e は最大となる．すなわち，資源量が環境収容力 K の半分になるような漁獲を継続するときに，最大持続生産量 MSY が達成される．後述の漁獲係数 F，漁獲努力量 X を導入して，MSY を与える $F(F_{MSY})$ と $X(X_{MSY})$ を計算することもできる．

Schaefer モデルでは，資源の自然増加は logistic 式に従うとしたが，Gompertz 式に従うとするモデルなども使用される．MSY を与える資源量 B_{MSY} の値はモデルによって異なるが，いずれにせよ，環境収容力や密度効果の存在を前提とすれば，資源を獲りすぎず残しすぎず，両者の間のどこか中庸に，適切な漁獲のあり方が存在するはずだ，という考察が成り立つ．仮に親魚の量がゼロであれば子供の量もゼロになり，また，地球は有限であるから資源が際限なく増え続けることもない，という点を考えれば理解できよう．

3）MEY（最大経済生産量），OY（最適生産量）

社会経済的な視点からの管理概念に MEY（maximum economic yield：最大経済生産量）がある．MEY は，資源から持続的に得られる最大の経済利益（利潤）をいう．その考え方をさらに拡張し，様々な価値尺度（効用）の最大化・最適化を目的として持続生産を達成しようとする管理概念に，OY（optimum yield：最適生産量）がある．

いま，漁獲金額は漁獲量に比例し，生産コストは漁獲努力量に比例する変動費であると仮定してプロダクションモデルに導入すれば，漁獲金額と生産コストの関係は図3-12のようになる．利潤は両者の差となり，図中のP点，すなわち，生産コストと平行な直線が漁獲金額曲線に接する点で最大（MEY）となる．一方，MSY に対応する点は図のQであり，MEY を与える漁獲努力量は MSY を与える努力量よりも常に小さくなる．

Gordon は，自由な漁獲競争下での経済均衡について考察し，以下の論議を展開した．

水産資源は無主物であるため，漁業を参入自由（open access）の状態におくと，少しでも利潤があるかぎりは新規参入や新たな努力量の投下が起こり，ついには生産金額と生産コストが等しくなって利益がゼロとなる水準（図3-12の点 c_1，c_2，c_3）まで漁獲努力量が増加する．決して MEY は

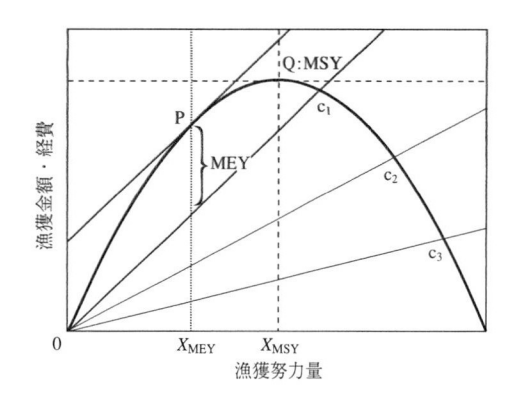

図3-12 漁獲努力量と漁獲金額（太曲線）および生産コスト（細直線）の関係を表す経済モデル．点QでMSYが，点PでMEY（コスト線が原点→c_1の場合）が，それぞれ達成される．漁業への参入が自由な場合は，各コスト水準に応じて点 c_1，c_2，c_3 で平衡状態となる．

達成されない．コストが高くない場合は，MSYレベルを超えて乱獲に陥ってしまう．したがって，それを回避するための何らかの措置が必要であり，①資源を私有財産化し，分割所有させる，②資源を漁業者グループの私有財産にして協調的利用に供する，③資源を公有財産化し，細かい点まで公共機関が管理する，④漁獲努力を適正点にもっていくような課税制度を工夫する，のいずれかの採用が有効である，とした．

Gordonの提案の①は今日のIQ（individual catch quota）制やITQ（individual transferable catch）制に，②は日本の漁業権制度に，③はTAC（total allowable catch）制や許可制などの諸措置を組み合わせた管理に，それぞれ対応するといえる．

4）プロダクションモデル利用上の留意点

余剰生産量モデルは，モデルがシンプルで，漁獲量，努力量などの簡単な漁獲統計データだけで解析できる，概念が明確で管理目標として採用しやすく，関係者の理解が得られやすい，といった利点がある．しかし，パラメータ r, K が一定で資源は平衡状態にあるという仮定が妥当であるかどうかが問題となる．例えば，気候－海洋システムの長期変動に対応して海洋生態系の構造の転換（レジームシフト，§2.参照）が起これば，定常的な関係は成立しなくなる．これに対して近年では，平衡状態を仮定しないモデル（非平衡プロダクションモデル）や，パラメータ r, K がレジームシフトなどに伴って長期的に変化するモデルなども使用される．このようなモデルでは，MSYは単なる固定的な平衡漁獲量を意味するのではなく，資源の持続性を損なわない範囲内での最適漁獲，すなわち，資源の動的有効利用に関する最適化の追求といった意味になるといえよう．

3-4　成長－生残モデル，再生産モデル

余剰生産量モデルとは異なり，魚の年齢構成を考慮した資源動態モデルとして広く用いられるのが，成長－生残モデル（dynamic pool model）である．成長－生残モデルは，魚の生活史（§2，図3-7a）に沿って，個体の成長と資源の生残過程を追いながら資源量の変化を記述し，適切な漁獲のあり方を探ろうとするモデルである．Russell式の自然増加量 P を個別の要素（加入 R，成長 G，自然死亡 V）に分解し，それぞれを具体的に記述することで全体の収支計算を行おうとする考え方に立つ．

1）成長（growth）

水圏生物の成長を表す代表的な式に，以下のものがある（図3-13）．

von Bertalanffy式： $L_t = L_\infty \{1 - e^{-k(t-t_0)}\}$ 　　(7)

von Bertalanffyの3乗式： $W_t = W_\infty \{1 - e^{-k(t-t_0)}\}^3$ 　　(8)

Gompertz式： $L_t = L_\infty \exp\{-e^{-k(t-t_0)}\}$ 　　(9)

logistic式： $L_t = L_\infty / \{1 + e^{-k(t-t_0)}\}$ 　　(10)

Richards式： $L_t = L_\infty / \{1 + re^{-k(t-t_0)}\}^{1/r}$ 　　(11)

L_t, W_t は t 歳の体長，体重，L_∞, W_∞ は極限体長，体重，k は成長係数，t_0 は原点（(7)式）および変曲点（(8)〜(11)式）の位置を表すパラメータである．(7)以外は $t = t_0$ で変曲点をもつS字状の曲線で，そのときの体長は(9)では $L_\infty/2$，(10)では L_∞/e となる．(11)は成長の包括的な式で，$r = -1, -1/3, 0, 1$ のときにそれぞれ，von Bertalanffy式，その3乗式，Gompertz式，logistic式と一致し，また，それらの間の変化をも連続的に表す統一的扱いを可能とする（図3-13）．

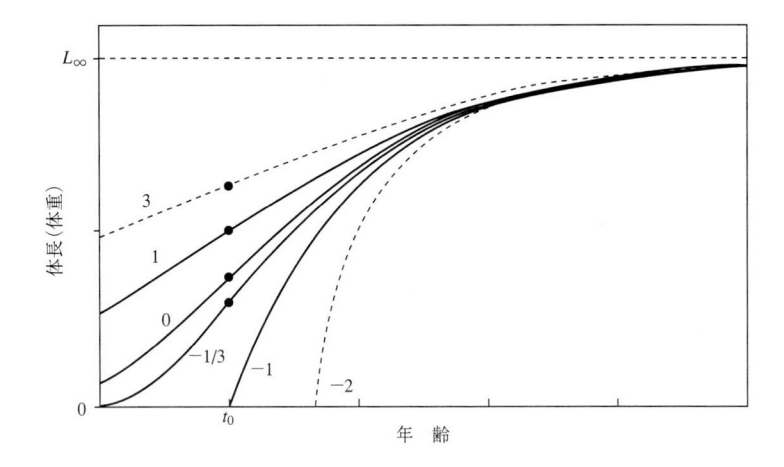

図3-13 Richardsの成長式．図中の数字はrの大きさを，黒丸は各成長曲線の変曲点を示す．$r=-1$，$-1/3$，0，1のときにそれぞれ，von Bertalanffy式，その3乗式，Gompertz式，logistic式と一致する．

これらの成長式を推定する方法には，①飼育法，②標識放流再捕法，③体長組成の時間的変化を利用する方法（体長組成法），④齢形質による方法（齢形質法）がある．

2）生残（survival）

外部との出入りのない，いわゆる「閉じた」資源を考える．一般に，変動の激しい初期減耗を経た後の加入後の生残過程は，比較的安定していると考えることができるので，その過程をモデル化する．加入後の個体数の瞬間的な減少率をZ（全減少係数：total mortality coefficient，瞬間死亡係数ともいう）とし，tにおける資源の減耗速度を次のモデルで表す．

$$dN/dt = -ZN \tag{12}$$

Zの内容を，漁獲による減少分と，食害や病気などの自然的要因による死亡・減耗分に分解して，$Z=F+M$とする．Fを漁獲係数（fishing coefficient），Mを自然死亡係数（natural mortality coefficient）と称する．このモデルによると，漁獲尾数Cは

$$dC/dt = FN \tag{13}$$

で表され，(12)，(13) 式を連立させて解くと，

$$\text{生残モデル}: N_t = N_0 S = N_0 e^{-Zt} = N_0 e^{-(M+F)t} \tag{14}$$

$$\text{漁獲方程式}: C = EN_0 = \frac{F}{M+F}\{1-e^{-(M+F)t}\}N_0 \tag{15}$$

が得られる．Sは生残率（survival rate），Eは漁獲率（exploitation rate）である．ここでは，Z, F, Mはtによらず一定であると仮定している．(15) 式は，0からtまでの資源の減少尾数$N_0\{1-e^{-(M+F)t}\}$をFとMの比にもとづいて按分した漁獲分に相当する．

現実の資源管理では，漁獲を行おうとする人為活動量の大きさとしての漁獲努力量（fishing effort）Xを考え，FをXの関数で表すと都合がよい．通常，FはXに比例すると仮定する．

$$F = qX \tag{16}$$

係数qは，漁具能率（catchability coefficient）と呼ばれ，漁具の性能の大小を表す．漁獲努力量

X は，漁獲を行う際の資本・労働などの投入量であり，実測可能な漁撈行為の量として表される．具体的には，操業した延べ漁船隻数，船の延ベトン数，操業日数，投縄・投網回数などがあげられる．底びき網では曳網回数や曳網時間，まき網では魚群の探索時間，刺網では使用網数や浸漬時間などが用いられることもある．

3）加入当り漁獲量（yield per recruit：YPR，Y/R）

以上の生残・漁獲過程に，成長式から計算される体重を導入し，漁獲量 Y を計算する．

$$Y = \int_{t_c}^{t_d} N_t F W_t dt \qquad (17)$$

ここで，t_c は漁獲開始年齢，t_d は寿命である．両辺を加入尾数 R で割ると，加入当り漁獲量 YPR が得られ，それを指標に加入後の適切な漁獲方針を探ることができる．

　本来ならもっと高い YPR が期待できるのに，漁獲開始年齢が低すぎたり漁獲係数が大きすぎたりするために，低い YPR しか得られない状態にあることを成長乱獲（growth overfishing）という．これに対して，高い漁獲圧で産卵親魚量が低下し，次世代の加入量が低下してしまう状態を加入乱獲（recruitment overfishing）という．YPR を指標にした管理は，減耗が激しく不安定な初期減耗期を考慮の対象外に置き，いわば天から与えられた所与の加入資源を元手にして如何に最大限の漁獲量を引き出すかという管理，すなわち，成長乱獲の回避によって加入資源を有効利用しようとする管理である．これに対して，産卵親魚量を確保して加入乱獲を防ごうとする管理を再生産管理という．

　人為的に制御可能な，漁獲のあり方を決定する要因のうち，漁獲開始年齢 t_c（サイズ選択性の度合）を縦軸に，漁獲係数 F（間引きの強さ）を横軸にとって，YPR の等しい点を結んだ等量線図を Beverton and Holt の等漁獲量線図または資源の管理図という（図3-14）．ある漁業の状態はこの等高線平面上の1点として表示できるので，成長乱獲の状態にあるかどうかに関する現状評価（資源診

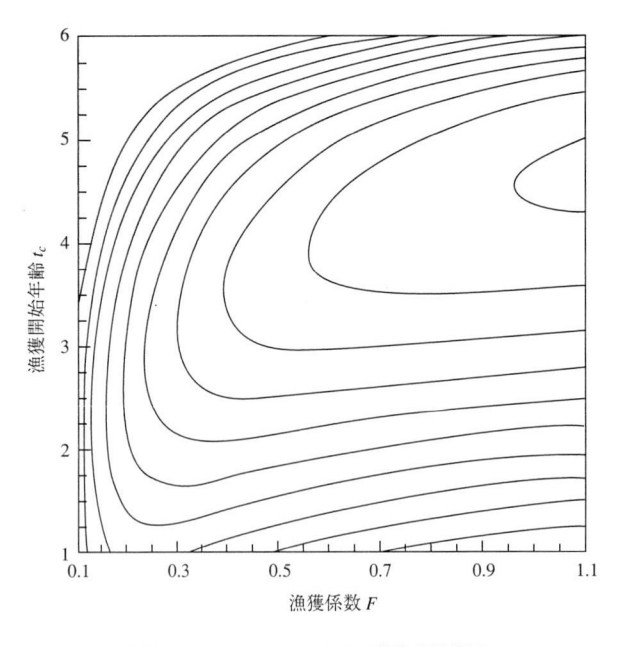

図3-14　Beverton and Holt の等漁獲量線図．

断)や漁獲方式の改善の方向性（Fの引き下げ，t_cの引き上げなど）を一目で検討できる．価格関数や経費率を導入して，等漁獲金額線図，等利益線図を描いて漁獲方針の検討に役立てることなども可能である．

4）再生産（reproduction）

親世代と子世代の量的な関係を再生産関係（stock-recruitment relationship），その関係を表した曲線を再生産曲線という．親魚量－加入量，産卵数－加入尾数などの関係として表される．一般には密度依存効果のために，再生産曲線は頭打ち（飽和型）か，ピークのある形（単峰型）となる．親と子の量を生活史の同一段階（親世代の加入量に対する子世代の加入量の関係など）で与えると，原点を通る45°の直線（置き換え線）との交点で平衡状態が達成される．置き換え線よりも上の部分で漁獲を行えば，加入乱獲を回避できる．

代表的な再生産曲線に，以下のものがある（図3-15）．

Beverton-Holt型再生産曲線： $R = \alpha S/(1+\beta S)$ (18)

Ricker型再生産曲線： $R = \alpha S \exp(-\beta S)$ (19)

一般式： $R = \alpha S/(1+r\beta S)^{1/r}$ (20)

Rは子世代の量，Sは親世代の量である．いずれも右辺は，親世代の量に比例する項（αS）と，密度依存効果を表す項（$1/(1+\beta S)$，$\exp(-\beta S)$など）の積となっている．Beverton-Holt型は$S \to \infty$のとき，$R = \alpha/\beta$（環境収容力）に漸近して頭打ちとなる．Ricker型は$S = 1/\beta$にピークをもつ．(20)式は再生産関係の包括的な式で，$r = 1$のときBeverton-Holt型，$r = 0$のときRicker型と一致する．いずれも原点での傾きはαで，密度がゼロの時の増加率を表し，内的自然増加率rに関与する．

実際の資源では，環境要因などの影響で，再生産関係のデータは大きくばらつく（§2，図3-6）．このため，シミュレーションにおいては，これらのモデルにランダムな変動を導入した再生産式が使

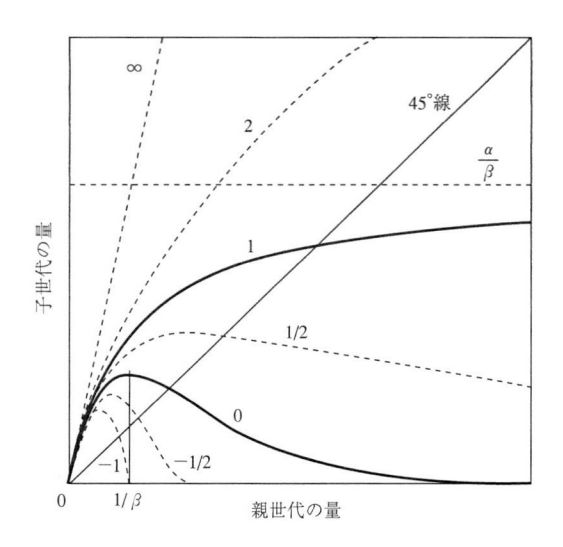

図3-15 再生産曲線（一般式）．図中の数字はrの大きさを示す．$r = 1$のときBeverton-Holt型再生産曲線と，$r = 0$のときRicker型再生産曲線と，それぞれ一致する．

用される．また，水温を変数として導入したモデルや，レジームシフトなどの影響によってαやβの値が長期的に変化するモデルなども用いられる．

再生産関係を導入すれば，加入→成長・生残→産卵→出生→加入の生活史サイクルが完結する．これによって，MSYの計算や，資源の最適利用に向けたさまざまな数値シミュレーションを行うことができる．

3-5　資源管理

1）資源管理の手順

水産資源の管理はヒトの健康管理に相当し，何らかの診断を行ったうえで治療（管理）が行われる点で共通する．まず，年齢，成長などの生物特性や，資源量，漁獲率などの資源特性値の推定（資源評価）が行われる．資源評価結果と管理目標を比較して，資源や漁業がどのような状態にあるか，そして，望ましくない状態にあるとすれば何が問題なのか，という資源診断が行われる．この資源診断の結果に基づいて，資源の合理的利用や目標とする資源状態への回復を目指して，漁業規制をはじめとする資源管理措置が実行される．

資源管理の目的を達成するためには，社会経済的な活動である漁業に何らかの制限を加え，調整・管理する必要がある．資源管理と漁業管理は表裏一体の関係にあり，一貫して扱われる．資源管理とは，関係する漁業の規制を通じて対象資源を望ましい状態に維持または回復させるための，資源評価，目標設定，戦略・手段の選択と適用，効果評価を含む一連の手続きである．

2）漁業資源管理手法の分類と特徴

漁業資源の管理手法を類型化し，表3-2に示した．規制の内容によって，漁業の入口での規制（input control）か出口での規制（output control）かという軸と，量的な規制か質的な規制かという軸の，2軸で分類される．入口での規制はさらに，漁船や漁具などの固定資本設備に関連するものと，操業内容に関連するものに分けられる．

表3-2　代表的な漁業資源管理手法とその類型化

		量的規制	質的規制
入口規制	固定装備（固定費）	漁獲能力（漁具能率）規制 a）漁船規模 b）エンジン馬力 c）漁具規模	漁具・漁法の性状に関する制限 k）漁具の選択性（網目制限など） l）禁止漁具漁法（爆薬など）
	操業内容（変動費）	漁獲努力量の制限 d）参入隻数 e）操業日数・回数・時間 f）使用漁具数 g）漁獲努力可能量（TAE）	操業の時空間的配置 （産卵期や小型魚加入時期の禁漁など） m）禁漁区 n）禁漁期
出口規制		漁獲量の制限 h）漁獲可能量（TAC） i）個別漁獲割当（IQ） j）譲渡可能個別漁獲割当（ITQ）	漁獲物の質的規制 （小型魚や産卵雌の水揚禁止など） o）体長別漁獲制限 p）性別漁獲制限

a）入口における量的規制（投入量規制）（表3-2のa〜g）　投入量規制は，漁業の入口における人為活動の投入量，すなわち，漁獲の際の固定資本設備の大きさや，操業の反復回数（漁獲努力量）に制限を加える管理手法である．

投入量規制は，資源の不確実性に対して管理効果の低下が比較的少ない管理が可能である．しかし，ある項目を規制しても別の項目での「抜け道」が生じる可能性があるため，全体の漁獲圧を適正な範囲内に調節するためには，複数の項目を複雑に組み合わせた管理が必要となる．不十分な場合には漁獲競争のために，装備の過剰化などの経済的不合理をまねくことがある．

b）出口における量的規制（産出量規制）（表3-2のh〜j）　産出量規制は，魚種別漁獲量に直接の上限を設定する．投入量規制が漁業の入口での機会付与に関わる管理であるのに対し，産出量規制は出口での結果に規制を設ける管理である．漁獲可能量（TAC：total allowable catch）や個別漁獲割当（IQ：individual catch quota），譲渡可能個別漁獲割当（ITQ：individual transferable catch quota）などがある．

TAC制では，漁獲可能量に達した時点で漁業を終了する．このため，単独の導入ではオリンピック方式という先獲り競争に陥りやすい．これに対して，TACの一定割合を個別経営体に割り当てるIQ制やITQ制では漁獲競争の必要がないため，各経営体が収益性を考慮した計画的操業を実施でき，過剰装備の回避と経費節減，経営安定化が図られる．

ITQ制はIQ制に加えて権利の譲渡・売買を可能とした制度であり，経営体間の取引を通じた経済合理性の追求によって，一層効率的で合理的な漁業が社会的に達成される．ただし，資本の一極集中による寡占化の問題を招きやすい．また，IQ制やITQ制では，市場価格の低い小型魚を洋上で選別・投棄し，価格の高い大型魚だけを漁港に持ち帰って水揚げするハイグレイディングの問題を引き起こしやすい．

産出量規制によって効果的な管理を行うためには，資源量推定精度を高める必要がある．推定誤差が大きな場合は，投入量規制よりも管理効果が低下しやすい．

c）質的・技術的規制（technical measures）（表3-2のk〜p）　質的・技術的規制は，漁業の入出力に関する量的な規制ではなく，質的な規制である．

入口側での質的・技術的規制は，漁業の操業のあり方に関する規制で，漁具漁法への質的制約の付与（網目制限など）や，禁漁区や禁漁期の設定などがある．

出口側での質的・技術的規制は，結果として得られた漁獲物の性状に関する規制で，体長別・性別の漁獲制限などがある．小型個体，成熟雌などの水揚げや販売が禁止される．

質的・技術的規制は，管理の実施内容を決めて一旦導入すれば，以後はルーチンの固定的管理として実施できる．このため，管理コストが安く，資源変動に対しても管理効果の低下の少ない管理が実施できる．

3）漁獲制御ルール（harvest control rule）

「資源がどのくらい減ったら，どの程度獲るのを控え，どのくらい資源が増えたら，どの程度たくさん獲るか？」── この問いに定量的に答えようとするのが漁獲制御ルールである．対象資源の資源量やその増減に応じて漁獲係数や漁獲量を変化させる．

図3-16に漁獲制御ルールの例を示す．このルールは，日本のABC（Allowable Biological Catch，

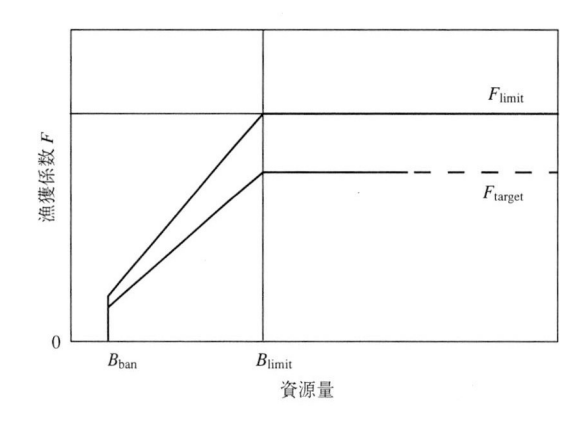

図3-16 漁獲制御ルールの例(日本の平成19年度ABC算定ルール).

生物学的漁獲許容量)算定ルールである.ABCはTAC設定の際の基礎(科学的根拠)として用いられる.資源量が十分大きな場合は,生物学的管理基準(BRP:biological reference point, MSYを与える漁獲係数Fなど)にもとづく一定の漁獲係数(F_{limit}, F_{target})に従った漁獲が提言されるが,資源量がある閾値(B_{limit})以下に減少した場合には,Fを引き下げる資源回復措置が発動される.資源量が非常に低い水準(B_{ban})に低下すると,禁漁あるいはそれに準じた措置が提言される.欧米諸国や各種の国際委員会で用いられている諸ルールもおおむね同様の形である.不確実性に伴うリスクに対処するため,予防的措置(precautionary approach)の考え方を導入して,適当な安全率を見込んだ控えめなルールが設定される場合も多い.

望ましい漁獲制御ルールを検討することは,①事前に合意された管理目的を最もうまく達成するために,②具体的な指標に基づく目的関数(効用関数)を設定し,③それを所与の制約条件下で最大化(最適化)するのにどのようなルールが適切であるか,という問題を考えることに帰着する.すなわち,制約条件付最適化問題を解くことに相当する.検討にあたっては,後述のオペレーティングモデル(OM)が利用される.

漁獲制御ルールは元来,生物学的な管理基準にもとづいて構成されたものである.しかし最近では,漁業が経済活動であることを考慮し,単なるMSYの達成のみならず,漁獲量や漁獲金額の安定性確保の視点なども管理目的に加えて検討すべきであるという議論が展開されている.また,資源評価誤差などの不確実性の大きさによって望ましいルールは変化するため,この点も明示的に組み入れた検討が必要である.

4)不確実性への対応とフィードバック管理,順応的管理

コンピュータ関連技術の発達に伴って,海洋に関するさまざまなシミュレーションモデルが開発され,将来予測の試みがなされるようになった.レジームシフト概念の導入などによって,海洋生態系の動態に対する理解も深まりつつある.しかし,どのように精緻なモデルが開発されても,それによって計算した将来予測値には大なり小なりの誤差(不確実性)を伴うことが考えられる.安全な資源管理を実施するためには,このような将来予測に関する不確実性の存在をあらかじめ織り込んだ管理戦略を構築していく必要がある.

そのような管理方式の1つに、フィードバック管理（feedback conrol）がある．フィードバック管理は、対象とする系（資源，生態系など）の状態が、管理行動の投入によってどのように変化するか、逐次的にモニタリングしながら管理の内容や程度を適応的に調節していく方法である．われわれの将来予測が多かれ少なかれ外れることを前提に、系への入力に対する出力の変化（応答）をモニターし、その変化に事後的に対応する．これに対して、系の将来の状態（動態）をあらかじめ予測し、それに沿って管理する方法を、フィードフォワード管理という．フィードフォワード管理は、将来予測が正確であればその効果が高いが、予測がはずれるとかえって逆効果になる恐れがある．

フィードバック管理の簡単な例として、現状の資源量が目標資源量よりも多ければ漁獲量を増やし、少なければ漁獲量を減らす、というTanakaの方法がある．フィードバック管理を含む一般的な管理概念に順応的管理（adaptive management）があり、近年では広く生態系の保全・管理のための標準的な考え方として定着しつつある．フィードバック管理は、資源の短期的な変動は重視せずに中長期的な変化に対応した管理を目指すものであり、レジームシフトへの対応策としても注目される．

5) Operating Model (OM) と Management Procedure (MP)

水産資源の管理に困難を伴う理由として、資源の状態や動態に関する知見が乏しいという不確実性の問題と、他の科学のように実験によってモデルや仮定の妥当性を検討できないという検証不能性の問題があげられる．近年、コンピュータ上で仮想現実モデル（オペレーティングモデル：operating model, OM）を作り、それを用いて資源評価や資源管理の「実験」を行い、適切な方策を探る試みが行われるようになってきた．コンピュータ上のシミュレーションでは、仮想した真の資源状態がわかっているため、資源評価や管理の失敗・成功を判断し、管理システム全体の性能を評価することができる．さらに、想定されるさまざまな不確実性に対応する幅広い状況を仮想現実として与えることにより、不確実性に対して頑健な管理の方法を開発することができる．このようなシミュレーションによって開発された一連の管理の方法はmanagement procedure（MP）と呼ばれる．漁獲制御ルールやフィードバック管理方式もOMによってその性能を評価し、よりよいルールへと改良していくことができる．

（山川 卓）

§4. 資源の増殖

4-1 水産資源の増殖とは

水産資源の増殖（propagation）とは、より高い漁獲量を持続的に得るために、天然水域における水産生物の生産構造を人為的に管理あるいは改善する行為である．その手段は、おおまかに3つに分けることができる．すなわち、乱獲や環境破壊など人間の活動に起因する悪影響から漁業資源を保護する繁殖保護、資源増加の律速段階になっている環境要因を水産生物の生息に適したものにする環境改善、産卵量や卵仔稚の発生や卵仔稚の成長・生残などが律速になっている場合に行われる放流や対象となる水産生物が生息していない場合に行われる移植などの直接的な資源補給である．また、人工種苗の大量放流に繁殖保護と環境改善の手法を組み合わせて水産生物の増殖をはかる事業は、栽培漁業と呼ばれる．さらに、環境改善、移植・放流、栽培漁業は、繁殖保護に対する用語として繁殖助長と呼ばれる（表3-3）．

表3-3 水産資源の増殖で用いられる主要な手法

繁殖保護 　漁業の制限 　　漁期，漁場，漁具，漁法，漁獲 　　サイズ，漁獲量 　移植の制限 　水産生物の増殖に必要なものの除去の制限 　水産生物に有害なものの遺棄・漏出の制限 　保護水面の設置 　遡河性魚類の保護 　　移動通路（魚道）の設置 　　サケの内水面での捕獲禁止 　繁殖助長－環境改善 　　産卵・着底環境の改善 　　　産卵場造成 　　　穏流域の作出 　　幼期生育環境の改善 　　　藻場造成・修復 　　　干潟造成・改良 　　　人工海浜	漁場造成 　人工魚礁・築磯・投石 　岩礁爆破・コンクリート面造成 　海水交流促進 　　開水路・作澪・導流工 　底質改善 　　客土・覆砂・耕耘・ヘドロ除去 　消波工 　　防波堤・潜堤 　栄養補給 　　施肥・藻場造成 　生物相制御 　　害敵駆除・雑藻除去 繁殖助長－直接的資源補給 　移植 　天然種苗放流 　栽培漁業（人工種苗の大量放流）

大島（1992）を大幅に改変，抜粋して作成

4-2 繁殖保護

　漁業そのものが漁業資源に与える悪影響を軽減し，産卵個体や幼期の個体を保護するため，漁期・漁場や漁獲サイズの制限，乱獲につながりやすい漁具・漁法の制限，乱獲を防ぐための漁船数の制限などが行われる．また，水産生物に悪影響を与える生物の移植，水産動植物の保護培養に必要なもの（藻類や無脊椎動物の付着基盤となる岩など）の採取や除去，化学物質など水産動植物に有害なものの遺棄・漏出などが制限されている．さらに，保護対象生物の採捕制限，漁具・漁法の制限，浚渫や砂利の採取などの制限などを行う保護水面も設けられる．

　サケ・マス類やアユなどの遡河魚類の保護のため，河川にダムや堰など遡河魚類の移動を阻害する工作物を設置する際には，魚道などの移動通路を設けることが義務づけられている．また，内水面におけるサケ親魚の採捕が全面的に禁止されている．

4-3 環境改善

　制限を主体とする繁殖保護からより進んで，水産生物の生息環境を積極的に改善するために様々な手段が講じられている．環境改善を水産生物の発育段階にみると，卵や仔稚の発生量の増加のための改善，発生した卵や仔稚の幼期の生育環境の改善，また，水産生物の生息場所や付着面を広げるための漁場造成も行われている．その他様々な手法が開発されており，それぞれの手法を組み合わせることで，水産生物の生育環境の改善が行われている．

1）産卵・着底環境の改善

　発生量の増加を目的として，魚類の産卵場の造成や無脊椎動物の浮遊幼生が着生しやすい環境の整備が行われる．例えば，アユが粘着性の卵を産み付けやすい小砂利を川底に敷き詰めた産卵床の造

成，エビやカニ類の幼生が着生しやすい穏流域を作るための堤防の造成などが行われる．

2）幼期の生育環境（藻場・干潟）の改善

　水産生物は一般に幼期の生残率が著しく低く，藻場（seaweed bed）や干潟（tideland）などの幼期生育場の整備が重要となる．藻場には，内湾の浅い砂泥質の海域にアマモ類が繁茂するアマモ場，岩礁域にホンダワラ類が繁茂するホンダワラ場（ガラモ場）およびアラメ・カジメ類が繁茂するアラメ・カジメ場（海中林）がある．藻場は，天敵からのがれ易い，小型甲殻類などの餌生物が多いなどの理由で仔稚の良好な生育場となる．また，ちぎれたホンダワラ類は回遊性魚の仔稚魚類の生息場である流れ藻を形成し，アラメ・カジメ類は，そのものがアワビなどの水産生物の餌となる．干潟は，主として河口域近辺の潮間帯に形成される遠浅の砂泥質の海岸である．大型の捕食者が侵入しにくく，多毛類などの餌生物が豊富であることから，仔稚の良好な生育場となる．また，ノリの養殖場やアサリなどの漁場として，野鳥の生息場所，潮干狩りなどのレクリエーションの場としても重要である．さらに，藻場・干潟ともに水質浄化機能が高く，沿岸域の環境保全という意味でも重要な役割を果たしている．

　ガラ藻場や海中林では，近年，季節にかかわらず一年中海藻類が消失してしまう現象，すなわち「磯やけ（isoyake）」が頻発している．その原因については不明な点が多く，様々な要因が複合的に関与していると思われる．藻場の新たな造成，あるいは消失した藻場の回復・修復のため，藻類の種苗や成熟藻体の投入，着生基質となる石やコンクリートブロックの投入，藻類が着生した基質の投入，新たな着生面を作るための雑藻除去，藻食動物の除去などが行われる（谷口（編），1999）．

　干潟の生産力を高める手段として，表面が長時間海面上に曝露されるようになった干潟では，表土を削りとる整地が行われ，表土が乾燥して硬くなり土中における海水交換が滞った場合や還元層が形成された場合は表土の耕耘が行われる．さらに，海水交換を促進するため干潟内に導水路（澪）を掘削する作澪も行われる．また，アサリの増殖やレクレーションの場として，堤防の設置や砂の補充により，人工干潟・人工海浜と呼ばれる新たな砂浜海岸の造成も行われる．

3）漁場造成

　海底にコンクリート製の構造物や廃船などを沈め，水産生物の生息に好適な環境を造成することが行われる．多くの種の魚類や甲殻類は，岩などの構造物に接触することやそれらの近傍に位置することを好む性質，構造物によって生じる流れの陰影を好む性質などをもつが，これらの性質を利用したものである．また，これらの構造物には海藻類や無脊椎動物が付着して生息するので，餌場としての機能ももつ．行政用語としては，主として魚類を対象にしたものを人工魚礁（artificial fish bank）と呼び，魚類以外の無脊椎動物や藻類を対象にした場合は，築磯あるいは投石と呼ぶ．

　海藻類の増殖を対象とした漁場造成法として，海藻の付着する面をあらたに作り出す岩礁爆破，アマノリ類が生育する潮間帯の面積を増やす岩礁コンクリート面造成などが行われる．

4）海水交流の促進

　有機物の多い水域では，有機物の分解に伴い水中の酸素が消費され生物の生息できない貧酸素域が形成されやすい．さらに，夏期には水温が高く比重の低い水層が水面近くに形成され（成層），水の上下の混合がなくなり，水底近くの水が貧酸素状態となる．また，貧酸素状態の水中には有毒な硫化水素やアンモニアが発生しやすくなる．そこで，溶存酸素が豊富な水を閉鎖的な水域に流入させる

ために水路を開く開水路，水が流れやすくするため水底を掘り下げて水の通路（澪）をつくる作澪，堤防などにより水の流れを変えて水を導きいれる導流工などが行われる．さらに，上下の水の混合の促進のため，水底に空気を送り込む曝気やポンプで水を動かすことによる成層破壊も行われる．

5）底質の改善

海底の底質を水産生物の生息にとって良好なものに改善するため，二枚貝やエビ類の生息に適した砂の客土，固くなった海底を耕す耕耘，ヘドロなど有害な物質が堆積した海底を砂で覆ってしまう覆砂，ヘドロの除去などが行われている．

6）消波工

強い波が直接あたる海岸は，エビ・カニなどの水産無脊椎動物や藻類などの生息には適していない．そこで波を防ぐための堤（防波堤）が作られる．しかし，防波堤では内側の水の交換が阻害され水質が悪化しやすいため，海面下に設けた堤（潜堤）も用いられる．海水は潜堤上を通過するため潜堤と海岸の間には良好な水質を保った穏やかな海面が形成される．

7）栄養補給

コンブなどの海藻の発育を目的として施肥が行われており，最近では，水深200～300 mからくみ上げた，栄養塩に富んだ，いわゆる'海洋深層水'を施肥に用いる試みもなされている．また，アワビ，ウニ，サザエなどの成長を促進するため，これらの生物の餌となる海藻類の増殖（食餌藻類の増殖）を目的とした藻場造成が行われている．

8）生物相の制御

水産生物の成長・生残に不適な生物や天敵の除去・排除が行われている．コンブやヒジキなどの有用藻類の増殖においては，これらの藻類の胞子が着生し成長しやすいように，競合する雑藻の除去が行われる．また，ホタテガイ，アサリ，アワビの増殖ではヒトデなどの害敵駆除が行われる．近年ではアサリを食害するトビエイ類の駆除や，磯やけの原因の1つとなっているアイゴなど食藻魚類の駆除が行われている．

4-4 移植・放流

移植（transplantation）とは，ある種の水産生物を，その種が生息していない水域に新たに導入することをいい，内水面の湖沼で多く行われてきた．現在ダム湖や標高の高い湖に生息するワカサギのほとんどは移植によって広がったものである．また，支笏湖，十和田湖，中禅寺湖，富士五湖の一部などに生息するヒメマスも移植によって増殖された種類である．しかし，近年では，ラージマウスバスやブルーギルなどの海外からの移植魚が在来魚の害敵となることが大きな問題となっている．また，移植には病原体の拡散という点からも大きな問題が伴う．今日では，生態系の保全の観点から移植による増殖は控えられている．

一方，放流（release）では，移植と異なり，既存種の資源量の増加を目的に主として幼若個体が大量に放流される．天然採捕した種苗を用いる場合と人工種苗を用いる場合があるが，人工種苗の大量生産技術の発達により，現在は，栽培漁業と呼ばれる人工種苗の放流がほとんどである．

4-5 栽培漁業

天然に生息する水産生物の多くは卵あるいは仔稚の段階での生残率が非常に低い．栽培漁業とは，生残率の低い期間を人為的に管理して人工種苗を作出し，ある程度の大きさにまで中間育成した後，大量に放流するという手法である．日本全国で，年間，サケ18億尾，マダイやヒラメ2～3千万尾，クルマエビ1億尾，ホタテガイ30億個程度が放流されるなど，様々な種類で栽培漁業が実施されている．また，単に放流するだけでなく，繁殖保護や環境改善の手法によって放流後の種苗の成長・生残の促進がはかられ，さらに放流効果の判定が実施されている．

種苗生産の根幹となるのは，親個体の催熟，産卵誘導，仔稚魚（幼生）の飼育技術，餌料生物の生産技術である．それぞれの対象生物によって様々な手法が用いられる．

1）海産魚の種苗生産（seed production）

催熟は日長処理や水温処理で行うことが多いが，魚種によってはホルモン投与も用いられる．ヒラメやマダイなど，分離浮遊卵を多回産卵する種類では，複数の成熟させた親魚を水槽内で自然に産卵・放精させ，受精卵を含む水槽表面の水から受精卵を集める．サケやトラフグなどの一回産卵する種類では，卵と精液を搾り出し，人工授精させる．

海産魚の卵は小型で，孵化仔魚はわずかしか卵黄をもたず，消化系が未発達な孵化直後から摂餌をする必要がある．一方，水槽からの仔魚の散逸を防ぐため，飼育初期には水の交換率を低くせざるを得ない．そのため，初期餌料には，①仔魚が摂取可能な形状，大きさ，分布特性をもつこと，②仔魚が消化・吸収できること，③水質を悪化させないこと，④大量に入手できること，⑤十分な栄養価があることが求められている．これらの条件を満たすものとして，ほとんどの場合シオミズツボワムシ（*Brachionus plicatilis*）（図3-17-A）が用いられている．

シオミズツボワムシは，輪形動物に属する動物プランクトンである．成虫は体長約 $300\,\mu\mathrm{m}$ で，球状に近く，海産魚の仔魚の多くが摂取でき，水中を漂う仔魚の行動にも適合している．ハタ類のように孵化仔魚の口径が小さい場合は，より小型のワムシ *B. rotundiformis* が用いられる．海産魚の仔魚の多くは摂餌開始時期に胃腺が発達しておらず，ペプシンを分泌しない．そのため，摂取したタンパク質を腸管内でコロイド状にまでしか消化できず，これを腸管上皮で取り込み，細胞内で消化してア

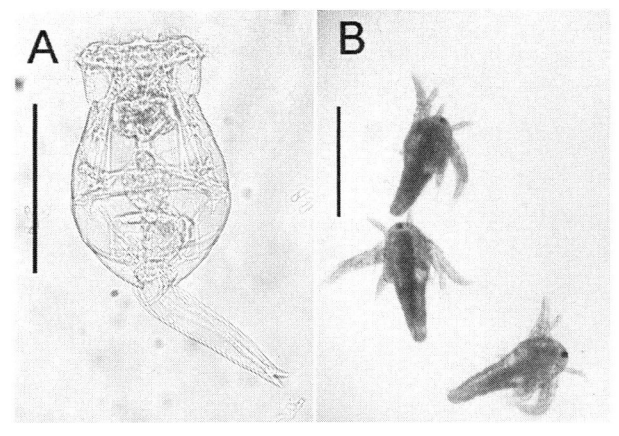

図3-17 シオミズツボワムシ（A）とアルテミア・ノープリウス幼生（B）
スケール：200 μm（A），500 μm（B）

ミノ酸にする．乾燥や熱による変性を経た配合飼料などは消化できない．一方，ワムシ類は仔魚が吸収できるタンパク質を大量に含んでいる．また，ワムシ類は活きたまま投与されるため，摂取されなかった個体も生存し続け，水質を悪化させない．

ワムシ類は，従来，大量培養した微細藻類 *Nannochloropsis* を餌として培養していたが，その後，大量入手が可能なパン酵母での培養法が開発され，現在では有機培地を用いて工業的に生産されている淡水クロレラを用いた培養法が一般的に用いられている．また，連続培養装置も開発され，今日では安定的な大量培養法がほぼ確立されている（日本栽培漁業協会，2000）．

かつて，パン酵母のみで培養したワムシを与えたマダイ稚魚に大量死が生じた．このことを契機に海産仔稚魚の栄養要求が調べられ，エイコサペンタエン酸（EPA：eicosapentaenoic acid），ドコサヘキサエン酸（DHA：docosahexaenoic acid）などの高度不飽和脂肪酸が必須であることが明らかにされた．パン酵母や淡水クロレラはこれらの高度不飽和脂肪酸をほとんど含んでいないため，高度不飽和脂肪酸を含む油脂を添加したパン酵母でのワムシ培養が普及し，今日では，淡水クロレラで培養したワムシを *Nannochloropsis* で短期間培養することによるワムシへの栄養添加を行っている．

海産魚の種苗生産における一般的な餌料系列では，ワムシ類を餌として成長させた後，甲殻類アルテミア（*Artemia* spp.，ブラインシュリンプ：brine shrimp）の孵化ノープリウス幼生（図3-17-B）を給餌した後，配合飼料や魚介類のミンチ肉を給餌する．アルテミアは，乾燥に強い耐久卵が天然から採集され市販されており，これを海水中に収容して孵化させノープリウス幼生を得る．

2）甲殻類の種苗生産

クルマエビが代表的な種である．甲殻類のほとんどの雌は，雄から得た精子を体内に蓄え，産卵時に卵と受精させる．クルマエビでは，発達した卵巣をもった雌を天然から採集し，これらの個体が放卵した卵を用いることが一般的である．しかし，最近，眼柄切除による催熟技術が開発され，種苗生産場内で成熟させた親エビの使用も可能になった．

水中に放出されたクルマエビ卵から，ノープリウス幼生が孵化し，これが脱皮を繰り返し，ゾエア，ミシスの幼生期を経て稚エビとなる．初期餌料としては培養した浮遊珪藻を与え，その後成長に合わせて，ワムシ，アルテミア，配合飼料という餌料系列で飼育し，稚エビとする（矢野，2005）．

3）貝類の種苗生産

二枚貝はホタテガイ，巻貝はアワビ類が主要な栽培漁業対象種となっている．二枚貝は，トロコフォア幼生として孵化し，その後ベリジャー幼生，D型幼生という浮遊幼生の時期を経て，稚貝が付着基盤や海底に付着する．摂餌はD型幼生から開始される．ホタテガイの種苗は，浮遊幼生が多い時期の天然海域に，使い古しの漁網などをタマネギ袋（タマネギを市販する際に用いられるネット）に入れて水中に垂下し，天然発生した稚貝をこれに付着させる（天然採苗）．成長して付着性を失った稚貝はタマネギ袋内に落ちるので，これを集めて種苗とする（丸・小坂，2005）．

巻貝類は受精卵のはいった卵嚢を海底に産みつける種類が多いが，アワビ類では放出された卵が水中で受精する．1970年代に紫外線を照射した海水を飼育水に添加して産卵を誘発する技術が開発され，種苗生産が可能となった．孵化したトロコフォア幼生がベリジャー幼生を経て付着・着生し摂餌を開始する．アワビの種苗生産では，あらかじめ付着性の珪藻を繁殖させたプラスチック板に浮遊幼生を着生させて稚貝とする．珪藻のついたプラスチック板を時々取り替え，珪藻を餌として育て，最

終的には配合飼料や天然海域から採集した海藻類を給餌する（佐々木，2005）．

4）棘皮動物の種苗生産

ウニ類も栽培漁業対象種の1つとなっている．精巣・卵巣を成熟個体から切り出して，あるいは塩化カリウム溶液の接種によって，精子と卵を得，水中で受精させる．棘皮動物は浮遊幼生期から摂餌を開始するので，これを浮遊性珪藻で飼育する．その後，緑藻のアワビモあるいは付着珪藻を繁殖させたプラスチック板に着生させ，これらを餌に成長させた後，海藻類を給餌する（吾妻，2005）．

5）中間育成（interevening culture）

種苗生産場の水槽内で配合飼料など人工の餌で飼育された種苗をそのまま放流しても自然界で生残，成長する可能性は低い．そこで，放流後の生残の確率を上げることを目的に中間育成が行われる．具体的には，より天敵からの被食を受けにくい大型の種苗とすること，天然海域での生存に適した形態的特性や飢餓耐性が高いなどの生理学的特性，さらには餌生物の捕獲や捕食から逃避に適した行動特性の付与などを目的としている．

種苗の大型化のみを目的とした中間育成では陸上の大型水槽や海面の網生簀内で配合飼料を餌として飼育される．しかし，ヒラメやマダイ，クルマエビなどでは，海面を網や堤防で囲った飼育場で飼育密度を低くし，配合飼料に加えて天然の生物も摂餌できる環境で飼育することにより，より放流用として適した特性を付与することがしばしば行われる．

6）放流後の管理

放流個体の管理手法としては，放流個体の採捕を制限する育成水面の設置，漁獲サイズの制限などが一般的に行われている．また，ホタテガイの栽培漁業では，4から5つの漁区を設定し，放流前にそれぞれの漁区から放流種苗の天敵となるヒトデなどを駆除した後放流し，3〜4年の禁漁期間をへて漁獲するという手法がとられ，成功している．この手法は，それぞれの漁区を順番に利用することから，輪採制と呼ばれている（丸・小坂，2005）．

7）放流効果（stocking efficiency）の判定

放流効果の判定法としては，放流個体に標識をする方法，漁獲量の変化で推測するなどの手法がと

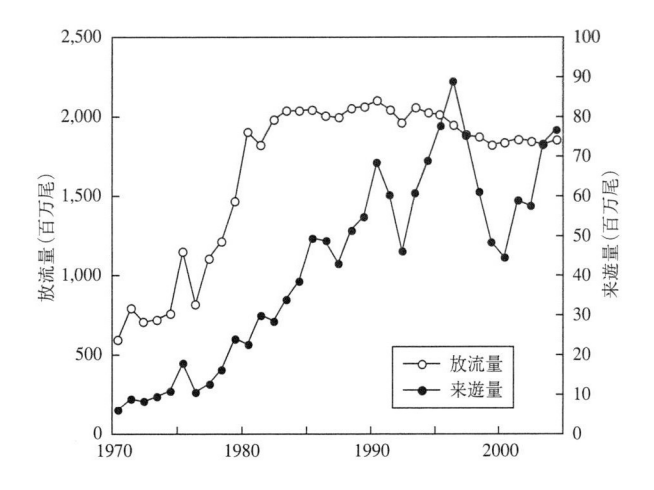

図3-18 サケの放流量と来遊量の推移（全国）（水産総合研究センター調べ）

られる．標識法には，鰭棘の一部除去，人工標識の装着などの方法がある．しかし，大量の放流個体に標識をする労力とコストが必要となると同時に，標識の脱落や種苗の生残への影響，漁獲された標識個体の報告率が低いなどの問題がある．一方，人工種苗に高率に発生する形態異常を利用した標識もある．ヒラメでは無眼側体表の一部黒化，マダイでは鼻孔隔皮の欠損，巻貝類では種苗生産場で飼育されていた期間に形成された殻の色調の違いなどが自然標識となり，これにより，天然発生個体と放流個体を容易に識別できる．

放流開始前と放流開始後での漁獲量の変化や放流個体数と漁獲量の関係をもって放流効果を判定する手法は，漁獲量が自然な状態でも変化することから，正確なあるいは定量的な判定は難しい．しかし，ホタテガイやシロザケでは，放流の開始後にあるいは放流量の増加とともに漁獲量が著しく増加し，十分な放流効果があることが明らかになっている（図3-18）．

4-6　水産増殖関連法規

水産資源の増殖はほとんどの場合，公共水面を利用して行われ，そこに生息する生物は個人に属しない無主物である．したがって，水産増殖は，様々な法律に基づいて，国や地方自治体あるいは漁業共同組合の事業として行われる．水産行政の最も基本となる水産基本法は，国は水産動植物の増殖の推進や生育環境の保全および改善に必要な施策を講じることしている．繁殖保護のほとんどは水産資源保護法に基づいて行われており，環境改善のための事業は漁港漁場整備法，栽培漁業に関する事業は沿岸漁場整備開発法に基づいて実施される．また，これらの事業のために必要な指針や計画の策定，制限・禁止事項の決定に当たっては，水産基本法に基づく水産政策審議会および漁業法に基づく漁業調整委員会の意見を聞くこととされている．

4-7　水産増殖の課題

天然水域では，非常に多数の生物種が複雑に絡み合って安定した生態系が構成されている．一方，増殖事業は人に有用な特定の種類を増やす行為であり，他種との関連についてはあまり注意が払われていない．そのため，ある種類の生物の増殖が生態系全体を攪乱してしまう可能性がある．ラージマウスバスやブルーギルの移植による在来魚類の減少が最も顕著な例である．また，人工種苗は，限られた個体数の親から大量に生産できることから，遺伝的に偏った集団となる可能性が高い．さらに，種苗生産場の飼育環境下での生育に適した遺伝子をもつ親および種苗を選抜している可能性もある．このような人工種苗を大量に放流することは，天然水域における遺伝子の攪乱につながる懸念がある．現在，放流海域で採捕した親をできるだけ多数用いて種苗生産を行うなどの努力が行われているが，これらの懸念を払拭するには至っていない．天然生態系と調和した水産増殖および栽培漁業の方策の開発が望まれている．

増殖事業の多くは，主として，国や地方自治体が税金を投入して実施しているが，受益者負担を求める声も高くなってきている．2005年度に国により策定された栽培漁業の基本指針においても，栽培漁業を持続的に行うためには放流効果を実証し，それに基づいてできるだけ受益者負担を求めることが盛り込まれている．しかし，放流効果の実証は容易ではなく，栽培漁業の成功例であるサケやホタテガイ，あるいは一部の地域のマダイやクルマエビなどを除いて放流効果が明確に実証された例は

少ない．また，それぞれの海域における放流の適地，適期，最適な放流サイズ，放流量などについても不明な点が多い．今後は，放流手法の改善を測るとともに放流効果の実証のための研究を推進していく必要がある．

(良永知義)

§5. 養　殖

5-1　養殖とは

販売を目的として一定の施設内で水産動植物を私有物として育てることを養殖（aquaculture）という．日本では魚類，甲殻類，軟体動物（貝類），棘皮動物，原索動物（ホヤ），爬虫類（スッポン）および藻類と，幅広い水産動植物が養殖されている．養殖の方法には，その動植物の一生にわたるすべての生活ステージを飼育する完全養殖とそうでないものがある．例えば，コイやニジマスでは飼育した親魚から採卵して授精させ，孵化仔魚から出荷サイズまで飼育する完全養殖が行われる．一方，天然域で稚魚を採捕して，これを養殖種苗として用いる場合もある．ブリでは流れ藻についた稚魚（モジャコ）が大量に採捕されること，また，ウナギでは人工種苗を大量に供給する技術が確立していないことがその理由である．育てて出荷する養殖に対し，天然で採捕した水産動物を短期間飼育し，価格の上昇を待って出荷するのを蓄養といって養殖と区別する．蓄養でも給餌することはあるが，必ずしも成長させることを意図しない．

魚類，甲殻類，爬虫類（スッポン）では特殊な場合を除き，餌を与えて飼育する（給餌養殖）のに対し，貝類のうちマガキやホタテガイでは海水中の微小生物や有機懸濁物を摂取し，藻類では海水中の栄養塩を吸収して成長するため，餌を与える必要がない（無給餌養殖）．養殖は限られた水域内で高密度飼育するため，残餌や養殖動物の排泄物によって養殖場やその周辺環境が汚染される．かつて海面での魚類養殖にもっぱら生魚や冷凍魚が用いられていた頃，内湾の汚染が進行し，深刻な問題となった．その後，餌のペレット化が進み，汚染が目に見えて改善されたが，現在でも，環境に与える負荷は無視できるようになったわけではない．当然のこととして，無給餌養殖のほうが環境に与える影響は小さく，しかも飼育にかかる手間もずっと少ない．

養殖動植物は主として食用に供されるが，一部の魚類は観賞用として飼育される．ここでは紙面の制約から，観賞魚の養殖については扱わないこととする．

5-2　養殖の過去から現在

日本においては，古くは17世紀始め（元和年間）にコイを養殖したという記録がある．その後，19世紀始め（文化年間）には佐久地方で蚕蛹を使ったコイ養殖が始まり，明治時代には稲田養殖が興った．また，マガキも17世紀後半（延宝年間）に安芸国（現在の広島県）で地蒔き式養殖が始まった．明治時代に入って，ウナギ，アユ，ニジマスが，昭和に入ってから，ブリ，マダイの養殖が始まる．その後，栽培漁業が推進されるに伴い，1960年代後半から多くの魚介類について人工種苗生産技術が確立されていった．こうした放流用種苗は養殖にも使われるようになり，1980年代以降，ヒラメ，トラフグなども本格的に養殖されるようになって，養殖種の多様化が進んだ．

日本の養殖生産量は近年，120万トン台から140万トン台で推移しているが，漁獲漁業の低迷によ

って，養殖が水産業の中に占める位置が相対的に大きくなっている．そのなかでは淡水魚の生産量が減少傾向であることが懸念される．一方，世界においては漁獲量は頭打ち状態になっているのに対し，養殖生産は1960年代以来，毎年着実に生産量を増やし続け，近い将来，漁獲量を上回る勢いを示している．これは1980年代以降，中国が養殖，特に淡水魚の養殖を増産させたことが大きい（1-2）．

5-3　養殖対象種

現在，日本では淡水魚はウナギ，ニジマス，アユ，コイを中心として約20種，海水魚はブリ，マダイ，カンパチ，ギンザケ，ヒラメ，トラフグ，マアジ，シマアジなど約30種，甲殻類としてクルマエビ，貝類ではマガキ，ホタテガイなど，棘皮動物のウニやナマコ類，藻類はスサビノリ，ワカメ，コンブなど，その他にマボヤやスッポンも養殖されている（表3-4）．近年は養殖される魚類，とりわけ海水魚の種数が増加傾向にある．主な養殖対象種の生産量を表3-5に示した．以後，紙面の関係で，ウニ，ナマコ，ホヤ，スッポンの養殖はここでは取り扱わない．

表3-4　日本の養殖対象種（観賞魚を除く）

淡水魚	ウナギ，ニジマス，アユ，コイ，ヤマメ，アマゴ，イワナ，イトウ，コレゴヌス，ヒメマス，カワチブナ，ナマズ，アメリカナマズ，ドジョウ，ペヘレイ，ティラピア，カジカ
海水魚	ブリ，マダイ，カンパチ，ギンザケ，ヒラメ，トラフグ，マアジ，シマアジ，クロマグロ，ヒラマサ，ヒレナガカンパチ，スギ，イシダイ，イシガキダイ，ホシガレイ，マガレイ，マツカワ，カワハギ，メバル，カサゴ，オニオコゼ，クロソイ，マハタ，ヤイトハタ，チャイロマルハタ，クエ，キジハタ，クロダイ，ヘダイ，マサバ，イサキ，スズキ，マアナゴ
甲殻類	クルマエビ
貝　類	ホタテガイ，マガキ，イワガキ，エゾアワビ
棘皮動物	バフンウニ，エゾバフンウニ，マナマコ
藻　類	スサビノリ，ワカメ，マコンブ，アマノリ，オキナワモズク
その他	マボヤ（原索動物），スッポン（爬虫類）

表3-5　日本における主な養殖魚介類とその生産量（トン）（FAO統計2006年）

淡水魚		海水魚		甲殻類		軟体動物		藻　類	
ウナギ	20,733	ブリ類[*1]	155,004	クルマエビ	1,745	マガキ	208,182	ノリ[*2]	367,678
ニジマス[*3]	7,583	マダイ	71,141			ホタテガイ	212,094	ワカメ	59,092
アユ	6,270	ギンザケ[*3]	12,046					コンブ	41,339
コイ	3,306	ヒラメ	4,613						
		トラフグ	4,371						
		マアジ	3,300						

[*1]　ブリ，カンパチ，ヒラマサが含まれるが，個々の魚種の生産量は不明　　[*2]　学名はスサビノリ
[*3]　サケ科魚は製品が生産される水域で，淡水魚と海水魚に分けた

5-4　養殖技術

古くから水，種（たね），餌料を養魚の三要素と呼び，魚類飼育の最も重要な事柄とされてきた．ここでは「水」については，養殖形態の違いによる様々な水の利用法として説明する．「種」とは養殖用種苗を意味する．

1）養殖形態

淡水魚の養殖を水の利用法で区分すると，止水式，流水式，生け簀網式，循環式（表3-6）に分けられる．止水式は池に魚を放養するもので，コイの溜池養殖やウナギの露地池養殖が代表的なものである．流水式は河川水を引き込んで，または河川の伏流水をポンプで汲み上げて，掛け流しの水槽で魚を飼育する方法で，ニジマスなどのサケ科魚やアユがこの方式で養殖される．霞ヶ浦のコイ養殖においては，湖に設置した生け簀網で養殖する．水の利用に関しては止水式と流水式の中間型といえる．止水式では残餌や排泄物が池内に蓄積する．有機物の蓄積と水中のバクテリアや植物プランクトンによる分解とのバランスをとる必要があるため，収容密度は低く抑えられる．ウナギの露地池ではアオコ（藍藻類，緑藻類）を定常的に繁殖させる．これを水作りという．アオコは溶存態有機物を利用し，昼間はアオコの光合成によって酸素が供給される．夜間は水車を回して酸素を補給する．この方式によって密度を高くすることが可能になった．これは日本独自の養殖技術である．流水式では酸素が用水から常に供給され，残餌や排泄物も飼育水とともに養殖場の外へ排出するか，沈殿させて除去することができるので，止水式よりはるかに収容密度を高くすることができる．用水の入手が困難な場合は，用水を循環させて繰り返し利用する．現在のウナギ養殖ではほとんどがハウス式と呼ばれる循環式養殖が採用されている．冬場は飼育水を加温するため，保温のために野菜栽培のハウスと同様に周囲をビニールシートで覆う．飼育水は飼育水槽と沈殿槽の間を循環させ，用水の添加と排出は最小限に抑える．残餌は沈殿槽で除去され，魚から排泄されたアンモニア態窒素は硝化細菌によって硝酸態窒素に酸化される．これによって露地池養殖の10倍程度の高密度養殖が可能になった．水温は周年30℃以上に保たれるので，飼育期間は6ヶ月〜1年で済むようになった．

海水魚の養殖では，波浪の影響が少ない沿岸域に生け簀網を設置する方法と海水をくみ上げて陸上に設置した水槽に導入する方法が主流である．初期の時代には，入り江や湾を網で仕切って養殖されていたが（網仕切り式），現在ではほとんど行われていない．ブリ類，マダイ，ギンザケ，トラフグなど主要な海水魚の多くは一辺が10 m程度の角型の網生け簀で養殖される．網の素材はふつう化学繊維製で，これに発泡スチロールなどの浮子を付け，アンカーで固定する．網生け簀の単位が小さいので，小割式と称する．これを多数連結して使用する．小割式では飼育者の目が行き届き，魚の管理がしやすい．一方，クロマグロの養殖では一辺が30 m以上の大型生け簀網が用いられる．網地にはさまざまな動植物が繁殖し（付着汚損生物という），水通しが悪くなるので，定期的に網を交換する．円形の網生け簀も用いられる．この場合，網は金属性で交換することはない．陸上水槽では海水をくみ上げるための電気代がかかるが，ヒラメのような底生性の魚類の養殖には適している．その他，海岸から離れた場所で循環式水槽を用いて養殖する方法もある．ヒラメやトラフグは循環式養殖が可能であるが，設備や運転に経費がかかり，本格的には普及していない．

クルマエビの養殖方法には築堤式と陸上水槽式がある（表3-6）．築堤式では沿岸水域を堤防で仕切って隔離し，その中にエビを放養するもので，用水はポンプで海水を汲み上げる．潮の干満の差によって海水の導入，排水を行う半築堤式もある．陸上水槽式は沿岸に円形水槽を設置し，ポンプで汲み上げた海水を導入し，水流の遠心力によって残渣や排泄物を中央に集め，底面から排出する．クルマエビは潜砂性があるので，いずれの方式においても底に10〜20 cmになるように砂を敷く．生産性は陸上水槽のほうが高いが，コストが高いため，養殖は築堤式が主流となっている．夏に養殖を始め，

表3-6 養殖形態

養殖方式		代表的な養殖種と養殖法
給餌養殖	止水式	コイ（溜池），ウナギ（露地池），クルマエビ（築堤式）
	流水式	ニジマス，アユ，ヒラメ（陸上タンク），クルマエビ（陸上タンク）
	生け簀網式	ブリ，マダイ，コイ（霞ヶ浦）
	循環式	ウナギ（ハウス式）
無給餌養殖	垂下式	マガキ，ホタテガイ，コンブ
	支柱式，浮流し式	スサビノリ
	延縄式	ワカメ

冬までに20 g程度の出荷サイズに育てる．

　マガキやホタテガイは垂下式養殖が行われる（表3-6）．マガキでは夏に採苗後，翌春まで潮間帯に置いて成長を抑制させることによって環境変化に対し耐性をつける．その後，筏に垂下して成長させ，秋から冬にかけて出荷する．ホタテガイでは採苗した翌年の2〜4月の時点から垂下養殖する．貝は篭に収容して養殖する方法と貝の外耳部に穴を開けて糸やピンでロープにつなぐ方法（耳吊り式）がある．1〜2年垂下した後に収穫する．

　藻類の養殖については，スサビノリは秋以降に種苗の付着した網を張り込む．浅海で行う支柱式と水深のある海域で行う浮流し式養殖がある（表3-6）．1ヶ月程度で葉状体は10 cm以上に成長するので，以降約1週間間隔で4〜5回収穫する．ワカメでは種苗の付着した種糸をロープに結びつけ，それを10月頃から筏式や延縄式で養成する．1 m以上に成長したものを2〜5月に収穫する．コンブの生産量の大部分を占めるマコンブでは，10月から種苗糸を挟み込んだロープを垂下して養成を始める（表3-6）．間引きや深度調節などの管理をしつつ，翌年の7〜8月に収穫する．

　2）**種苗**（seed）

　養殖は種苗を養殖場に導入することから始まる．養殖用種苗には，特定の病原体に感染，またはそれらを保有しておらず，健康であること，大量に入手できること，および安価なことが求められる．したがって，質，量，価格を満足する種苗の確保は養殖の成否を大きく左右する．ここでいう種苗は稚仔に限らず，北米から輸入されるギンザケなどのサケ科魚の魚卵も含む．

　養殖用種苗はその由来によって，天然種苗・人工種苗（表3-7），あるいは国産種苗・輸入種苗というように区分される．また，種苗をあらかじめかなり大きく成長させてから養殖場に導入する場合がある．こうした種苗を特に中間種苗という．出荷サイズにかなり近い中間種苗を養成する場合は，養殖というよりは蓄養に近い．

表3-7 種苗の種類

種苗のタイプ	代表的な魚介類
天然種苗（魚類）	ウナギ，アユ*，ブリ，カンパチ，クロマグロ
人工種苗（魚類）	コイ，マス類，アユ*，ヒラメ，マダイ**，トラフグ**
天然で採苗後に育苗（貝類，藻類）	マガキ，ホタテガイ，スサビノリ***，ワカメ***
人工採苗後に育苗（藻類）	スサビノリ***，コンブ，ワカメ***

　　*　　天然種苗と人工種苗の併用
　　**　 種苗生産技術の確立により天然種苗から人工種苗へ切り替え
　　***　天然採苗と人工採苗の併用

上述のように，ウナギ養殖では，種苗はすべて天然のシラスウナギを用いているのに対し，コイやニジマスなどの淡水魚はすべて人工種苗を用いる．天然種苗と人工種苗の両方が使われる魚種もある．すなわち，アユでは河川に遡上する稚魚（海産稚アユという）や琵琶湖産稚アユ（湖産稚アユ）といった天然種苗と琵琶湖あるいは河川産アユ親魚から作出した人工種苗を用いる．琵琶湖産種苗が細菌性冷水病菌を保菌していて，養殖中に発病する例があるため，最近は保菌していない人工種苗を使用する割合が増えている．

　ブリ養殖においては，人工種苗を作出することは可能であるが，普及していない．モジャコは価格的に人工種苗より安価で，奇形もみられない．毎年日本近海で約4,000万尾の種苗用モジャコを採捕しているが，今のところ，ブリ資源に影響はみられない．カンパチはほとんどすべてが中国産の天然種苗に依存している．輸入尾数は年間1,000万～2,000万尾にも達する．最近は体重1 kgほどの中間種苗の輸入が増加している．その他，中国産輸入種苗には，イサキ，ヒラマサ，中国スズキなどがある．クロマグロは種苗生産技術が開発されたが，釣獲した幼魚（ヨコワ）を主として種苗に用いている．

　海面養殖の初期の時代は，用いられる種苗はすべて天然種苗であった．マダイ養殖においても，1970年代までは沿岸で採捕される稚魚を種苗として用いていたが，1980年代には安価な香港産の天然種苗が大量に輸入された．1980年代後半からは次第に国産の人工種苗が普及し始め，現在ではほとんどが人工種苗に置き換わった．ギンザケでは人工授精させた卵から種苗に育てる．かつてはすべて輸入発眼卵に依存していたが，最近では病原体の持込みの心配のない国内産親魚から作出した人工種苗の割合が増えている．トラフグ，ヒラメ，シマアジは1980年代から人工種苗による養殖が行われている．特に天然種苗が量的に確保できなかったヒラメやシマアジでは，種苗生産技術の確立が養殖への道を開いたといえる．

　クルマエビとホタテガイの種苗は放流用の種苗と基本的に同様な方法で生産されている．マガキの種苗はすべて天然種苗に依存している．すなわち，付着期の幼生の密度が高くなるのにあわせて，養殖場周辺海域に採苗器（ホタテの貝殻など）を投入して幼生を付着させる．その後，翌年まで採苗器ごと潮間帯において稚貝を養成する（表3-7）．

　スサビノリでは9～10月にカキ殻で培養した糸状体から放出された殻胞子を網糸に付着させて採苗する．これを2～3 cmまで育てて種苗とする．種苗は冷凍保存し，時機をみて出庫して海面で養成する．コンブやワカメでは成熟藻体から放出された遊走子を種糸を巻いた採苗器に付着させる．遊走子から雌雄の配偶体が形成され，受精によって生じた幼体を数cmに育てて種苗とする（表3-7）．

3）餌料（feed）

　淡水魚養殖の初期の時代には，海産魚を生餌としてニジマスやウナギに，また，養蚕で使われたサナギをコイやニジマスに与えていた（表3-8）．いずれも栄養的には優れていたが，特にサナギは脂肪分が酸化しやすく，保存に問題があった．アメリカで早くからニジマスの栄養要求に関する研究が行われ，それに基づいて日本でも1960年に魚粉を主成分にしてニジマス用配合飼料が市販されるに至った．それに続いて，その他の淡水魚の餌も配合飼料化が進み，現在ではすべての淡水魚に配合飼料が使われている（表3-8）．ウナギ以外の淡水魚の配合飼料は，粉末化した原料を成型して乾燥させたハードペレットである．その他に，エクストルーダで加熱成型したペレット（エクストルーダペレ

表3-8 餌のタイプ

タイプ	餌の名称	主な養殖対象魚介類
生餌	生魚（冷凍魚も含む）（マイワシ, カタクチイワシ, イカナゴ, マサバなど）*	ブリ, カンパチ, マダイ, トラフグ
	アサリ, イカ, アミエビなど	クルマエビ
	サナギ**	コイ, ニジマス
配合飼料	ハードペレット	コイ, マス類（淡水）
	モイストペレット（MP）	ブリ, カンパチ, マダイ, トラフグ, ヒラメ
	エクストルーダペレット（EP）	コイ, マス類（淡水）, ブリ, カンパチ, マダイ, トラフグ, ヒラメ, クルマエビ
	クランブル	アユ
	粉末	ウナギ

* 現在ではほとんどがペレットに代替
** 現在では使用されない

ット：EP）もコイやニジマスに用いられる．EPは多孔質に成型でき，浮遊性のペレットも市販されている．アユにはペレットを粉砕したクランブル状の配合飼料が用いられる．ウナギ飼料は魚粉を主体として粘結剤としてアルファデンプンを混合した粉末飼料である．これに水を加えて練り，柔らかい餅状にして与える．

海水魚養殖では，当初は周辺で漁獲される生魚を与えていた（表3-8）．この方式では餌の安定供給が保証されないため，これらの魚を冷凍保存し，解凍して与えるようになった．生魚も解凍魚もドリップが大量に出て，養殖場や周辺海域を汚染した．また，これらの餌に含まれる脂肪酸は酸化されやすいという問題もあった．冷凍施設の維持にもコストがかかった．1980年代になると，アメリカで開発されたモイストペレット（MP）が日本で実用化された．これは生餌のミンチと配合飼料を混合し，粒状に成型したものである．MPは保存には冷蔵施設が必要で，長期保存が利かないという欠点はあるが，水中への逸散が少なく，栄養剤などの添加が容易で，魚の嗜好性も高いという長所がある．MPの普及によって餌による環境に与える負荷が3分の2程度に軽減されたといわれる．現在ではEPが急速に普及している．多孔質という性質を利用して，魚粉を減らし油脂成分を高めたブリ用のEPや浮上性のヒラメ用EPなどが開発されている．

クルマエビには生餌が与えられていたが，1970年代に配合飼料が市販された．現在使われているのは，フィッシュミールのほか，イカミール，オキアミミールを用いたタンパク含量の高いEPである．時間をかけて摂餌する習性があることから，粘結性を高めたペレットになっている．

1990年代から魚粉の主原料であったマイワシの漁獲が激減し，大部分はチリやペルー産カタクチイワシなどを原料とする魚粉に置き換わった．同時にBSE問題を端緒として欧米で魚食が注目され，養殖魚の需要が拡大したことにより，魚粉が世界的に不足をきたす状況に至った．配合飼料中の魚粉の比率は魚種によって異なるが，平均55％程度であった．現在では，代替タンパクの導入などにより，魚粉の割合を低下させた飼料の開発が進んでいる．

4）育種（breeding）

養殖対象種は，成長や餌料効率がよく，飼育しやすく，病気に強いなどの特性が求められる．その

ために，優良形質をもった種を何代にもわたって選抜したり（選抜育種），近縁種を掛け合わせて，優良形質を得る（交雑育種）などの育種が試みられてきた．例えば，養殖用のマダイでは，成長の早いものを選抜することによって，従来は出荷まで3年を要していたものが，1年半程度で出荷できるようになった．また，優良形質を支配する遺伝子に連鎖するマーカー遺伝子を検出することによって，当該遺伝子を選抜することができる（第4章1-7-6）．ヒラメのウイルス病の一種，リンホシスチス病の耐病性に係る遺伝子を選抜することによってリンホシスチス病の耐性品種を作出することに成功している．

染色体操作によって作出されたマガキやマス類の3倍体が市場に出ている．3倍体は成熟に伴う肉質の低下がなく，2倍体よりも大型化できるという特性がある．飼育しやすく肉質がよいニジマスの4倍体と病気に強いブラウンマス2倍体の掛け合わせによる3倍体も商品化されている．これは染色体操作と交雑育種の両方の特徴を生かした例である．またコイ，ニジマス，ヒラメ，マダイなどでクローン魚の作出に成功していて，優良な形質をもった均質な養殖魚の出荷が可能になっている．

近年，遺伝子導入による品種改良の研究が急速に進んでいる（第4章1-7-8）．例えば成長ホルモン遺伝子を，目的とする魚介類の受精卵の細胞質に注射することによって染色体に組み込み，それを発現させて高成長の動物を作出することも可能となった．しかし，食品としての安全性や天然資源への遺伝的影響への懸念が払拭されておらず，実用化には至っていない．

5-5 疾病（disease）と防疫（prevention of epidemics）

天然とは異なる環境で，高密度で飼育される養殖魚介類には，病気の発生は避けられない．養殖魚介類の病気による損失は無視できない．年による変動は大きいが，損失は生産額の5％程度，金額にして150億円に達する．病気には様々な分け方があるが，ここでは発生原因によって感染症と非感染症に大別する．

1）病気の種類

感染症（infectious disease）は病原体の種類によって，ウイルス病，細菌病，寄生虫病および真菌病に分けられる．それらのうち，産業被害の大きいものをあげた（表3-9）．魚類では養殖対象種の増加に伴って病気も多様化する傾向にある．一方，甲殻類（クルマエビ）ではウイルス病と真菌病，二枚貝類（マガキ）では原虫病，藻類では真菌病が主なものである．1980年代以降は，種苗生産過程の魚介類にも感染症が多発している．種苗生産場で流行する病気は養殖場で発生する病気とは異なることが多い．稚仔のため，発症すると対策が立てにくいことが問題となっている．

生物が混入または寄生することによって，商品価値を落としたり，食品衛生上の問題になる場合がある．例えば，沖縄や奄美地方でブリを養殖すると，クドア属の粘液胞子虫の可視大のシストが筋肉に形成されることがある（奄美クドア症）．また，ウナギの筋肉に微胞子虫が寄生して組織を融解させるため，体が凸凹になるべこ病もある．食品衛生上の問題としては，夏季にホタテガイなどがある種の渦鞭毛藻類を摂取した結果，藻類のもつ麻痺性貝毒や下痢性貝毒が蓄積されて出荷停止の措置が取られることがある．冬季のマガキには，人間に感染して下痢を引き起こすノロウイルスが蓄積することがある．河川水を使って養殖されたアユには，人体寄生虫の横川吸虫や宮田吸虫のメタセルカリアが鱗や筋肉に被嚢するので生食は危険である．

表3-9 養殖魚介類の主な疾病と主な罹病種

原因	魚類	甲殻類	二枚貝類	藻類
ウイルス	IHN（サケ科魚） KHV（コイ） マダイイリドウイルス病（マダイなど） VNN（シマアジなど） リンホシスチス病（ヒラメなど）	PAV（WSD）（クルマエビなど）		
細菌	せっそう病（サケ科魚） ビブリオ病（アユなど） パラコロ病（ウナギ） レンサ球菌症（ブリなど） 類結節症（ブリなど）	ビブリオ病（クルマエビなど）		
真菌	ミズカビ病（サケ科魚）	フサリウム症（クルマエビ）		壺状菌病（スサビノリ） アカグサレ病（スサビノリ）
原虫	イクチオボド症（サケ科魚） 白点病（淡水魚，海水魚） グルゲア症（アユ）		卵巣肥大症（マガキ）	
粘液胞子虫	鰓ミクソボルス症（コイ） 奄美クドア症（ブリ，カンパチ）			
大型寄生虫	イカリムシ症（淡水魚） ベネデニア症（ブリ，カンパチ） ヘテロボツリウム症（トラフグ） 血管内吸虫症（カンパチ）			
非感染症	ビタミンB_1，ビタミンE欠乏症（海水魚） 色素異常（ヒラメ） ガス病（淡水魚） メトヘモグロビン血症（ウナギ） 体色異常（ヒラメ）		ポリドラの穿孔（ホタテガイ，マガキ）	

IHN：伝染性造血器壊死症，KHV：コイヘルペスウイルス病，PAV：クルマエビ急性ウイルス血症，WSD：ホワイトスポット病

　非感染症（non-infectious disease）も多く知られる．栄養性疾病としては，ビタミン欠乏症がある．ブリにカタクチイワシを与え続けると，成長が低下し，ついには死亡する．これらの魚肉中に含まれるビタミンB_1分解酵素が原因のビタミン欠乏症であることが判明した．一方，餌の魚や魚粉中に多く含まれる不飽和脂肪酸は，酸化されて過酸化脂質を生じやすい．こうした酸敗した飼料を与えた場合，ビタミンE欠乏症を引き起こす．現在では飼料中にビタミンB_1やEを補填することによって，発生を予防している．種苗生産したヒラメにみられる有眼側の白化は変態期の餌に含まれるDHAやビタミンAの不足が関与している．このため，孵化10～20日齢の仔魚にDHA強化生物餌料を与えている．

　淡水魚にはしばしばガス病（気泡病）が発生する．これは窒素や空気（稀に酸素）が過飽和状態の水で魚を飼育した際，体内に吸収された窒素や空気が気化する現象をいう．体表面に気泡が生ずるほか，血中で気化して血管栓塞を起こすと魚は死亡することもある．水をよく曝気して使えば回復する．

　ハウス式の池でウナギを過密に養殖すると，亜硝酸中毒を引き起こすことがある．ウナギが排泄す

るアンモニアは細菌によって硝酸まで酸化されるが，アンモニアが多いとその反応が追いつかず，水中に亜硝酸態窒素が増加する．その結果，取り込まれた亜硝酸によってウナギのヘモグロビンが酸化される現象である（メトヘモグロビン血症）．新鮮な水を導入すると病徴は速やかに回復する．

外敵による被害も知られる．すなわち，ホタテガイやマガキの貝殻に環形動物のポリドラが穿孔する結果，殻が脆弱化し，貝が死亡することがある．

2）感染症対策

感染症対策は予防と治療に大別される（表3-10）．予防の基本は病原体との接触を断つことによって感染から逃れることである（防疫）．そのため，病原体フリーの種苗を殺菌・消毒した養殖施設や用水を用いて飼育することが基本となる．また，病原体をもつ魚介類を養殖施設内に持ち込まないことも重要である．寄生虫の生活環を断つことも防疫の手段に含まれる．あらかじめ病原体に対する免疫を付与させて感染を予防する方法もある．

表3-10 病気対策

手段	具体的方法
予防	
防疫（感染環の遮断）	病原体フリー種苗の飼育；病魚の移動禁止；飼育水の殺菌；中間宿主除去
免疫獲得	ワクチン投与
非特異的免疫機能の向上	生理活性物質の投与
飼育環境の改善	過密養殖の回避；良質の餌料の投与
育種	耐病性品種作出
治療	
環境操作	高水温による細菌性冷水病アユの治療；淡水浴による外部寄生虫駆除
化学療法	抗生物質投与
生物療法	バクテリオファージの投与（研究段階）

日本では1988年に初めて養殖魚にワクチンの使用が認可された．今のところワクチンの種類は少ないが（表3-11），防御効果は目覚しく，ワクチン普及率は極めて高い．そのうち，注射法は手間がかかることや稚仔に投与できないという難点があるが，効果の持続性，有効性において優れた投与法である．餌料添加物として与えることによって，非特異的に魚介類の生体防御活性を高めるものは，免疫賦活剤と総称される．各種ビタミン，細菌の細胞壁成分や腸内の常在菌などが知られている．特定の病気に対し抵抗性のある品種を作出する試みもある（耐病育種；125ページ参照）．また，環境を常に良好に保つことは生物を飼育するうえでの基本である．ワクチンの効果を十分に発揮させるためにも，魚をできるだけストレスのかからない状態で飼育することが肝要である．

治療には病原体の生存に不適な環境を作る，環境操作という手段がある．魚への影響が出ない範囲で浸透圧を変化させて，病原体を殺す方法である．細菌性鰓病のサケ科魚を0.5％食塩水に浸漬した

表3-11 養殖魚で認可されているワクチン

魚病名（病原生物名）	対象魚種名	投与法	製造承認
ビブリオ病（Vibrio anguillarum）	アユ，サケ科魚，ブリ属魚類	浸漬・注射	1988
α溶血性レンサ球菌症（Lactococcus garvieae）	ブリ属魚類	経口・注射	1997/2000
マダイイリドウイルス病（RSIV）	マダイ，ブリ属魚類，シマアジ，ヤイトハタなど	注射	1999
β溶血性レンサ球菌症（Streptococcus iniae）	ヒラメ，カワハギ，マダイ	注射	2005
類結節症（Photobacterium damselae subsp. piscicida）	ブリ，カンパチ	注射	2008
ストレプトコッカス・ジスガラクチエ感染症（Streptococcus dysgalactiae）	カンパチ	注射	2011
ストレプトコッカス・パラウベリス感染症（Streptococcus parauberis）	ヒラメ	注射	2012
ウイルス性神経壊死症（VNNV）	マハタ	注射	2012
エドワジエラ症（Edwardsiella tarda）	ヒラメ	注射	2013

り，ハダムシなどの外部寄生虫を駆除するために海水魚に淡水浴を施す．水温を操作する方法もある．細菌性冷水病のアユを25℃以上の飼育水に保って治療する．細菌病の治療で最も一般的に使用されるのは，化学療法である．すなわち，抗生物質，合成抗菌剤によって病原菌を殺滅したり，その増殖を抑制する．20種の抗生物質や合成抗菌剤，5種の駆虫剤が水産用医薬品として認可されている．獣医師の処方箋なしで飼育者が使用できるが，病原体，対象魚種（目レベルで規定される），用法・用量を守ることが義務付けられている．例えば，エリスロマイシンはα溶血性レンサ球菌に罹患したスズキ目魚類に，決められた用量（1日魚体重当たり50 mg力価）を経口的に投与して治療し，使用禁止期間（30日間）終了後に出荷が許可される．それ以外の病気，スズキ目以外の魚種，それ以外の用法・用量で使用したり，使用禁止期間が終わる前に出荷すると薬事法違反として罰則規定がある．ワクチンが普及する前には，細菌病対策は化学療法に強く依存していたため，過度の使用によって薬剤耐性菌の出現が問題になっていた．生物療法の例としては，バクテリオファージを病魚に投与して，病原菌に感染させて治療する試みがなされている．

　感染症対策は単一の手段では限定的な効果しか得られないことが多い．例えば，ワクチン投与後に魚の免疫機能が十分に発揮できるように飼育環境を良好に保つ，ブリのハダムシを駆虫する際に，虫卵の付着した生け簀網も同時に取り替えるなど，通常は複数の手段を組み合わせた総合的な対策を立てることが肝要である．

3）防疫体制

　養殖魚介類の病原体（ウイルス，細菌，寄生虫）のなかには，もともと日本に分布していなかったものも多い．表3-12に外来の病原体に起因する主な疾病をあげる．ほとんどは養殖用種苗とともに日本に侵入したものである．いったん定着した病原体を根絶することは極めて困難であり，定着した外来病原体は被害を与え続けることになる．病原体によっては本来の宿主から別の宿主に乗り換わることもある．これを宿主転換という．クルマエビ類のクルマエビ急性ウイルス血症（ホワイトスポット病）ウイルスや海産魚に寄生する単生虫 *Neobenedenia girellae* のように宿主特異性が低い病原体の場合，宿主転換によって多くの国内種に感染が伝播して問題をより深刻なものとしている．

　ごく最近まで日本には水産動物の防疫に関する法制度が整備されていなかった．こうした状況を受けて，外来の病原体の侵入を防止するために，1996年に水産資源保護法の一部が改正された．1997年には国内における病原体の蔓延を防止する目的で，持続的養殖生産確保法が新たに制定された．

　水産資源保護法では，水産動物の輸入を許可制とし，対象となる動物を定めた．また，持続的養殖生産確保法によって，国内に蔓延して養殖産業に甚大な被害を与える恐れのある病気を指定した（特定疾病という；表3-13）．それにともなって，養殖用種苗などの水産動物の輸入に際しては，輸出国政府が発行する特定疾病に罹患していないことの証明書（無病証明書）の添付を義務づけた．この制度によって，輸入の際に異常が認められなければ検査を行わないことになった．輸入される魚介類の種類が多く，その数も膨大であることが主な理由である．

　それでも特定疾病や未知の疾病が日本国内で発生した場合に備えて，持続的養殖生産確保法によって，都道府県知事が蔓延防止措置を命ずることができるようになった．具体的には特定疾病と未知の新疾病の蔓延防止のために，漁業組合などは養殖漁場の改善計画を策定することが義務づけられ，都道府県知事によって任命された資格者（魚類防疫員）が立ち入り検査や水産動物の移動制限，施設の

消毒などを命令ができる．

日本の防疫制度で問題となるのは，水産資源保護法で規定されていない魚介類，特に海産魚介類のほとんどについては輸入許可制の対象とはなっていないことである．すなわち，輸入に防疫上の制限は

表3-12　養殖魚介類の主な外来病

病名または病原体名	病原体の種類	初確認	推定感染源	由来（国または地域）	国内での宿主
伝染性造血器壊死症（IHN）	ウイルス	1971	ベニザケ卵	米国（アラスカ）	サケ科魚類
赤点病	細菌	1971	ヨーロッパウナギ種苗	ヨーロッパ	ウナギ，アユ
細菌性腎臓病（BKD）	細菌	1973	ギンザケ卵	米国（太平洋側）	サケ科魚類
エピテリオシスチス病	細菌	1984	マダイ種苗	香港	マダイ
赤血球封入体症候群（EIBS）	ウイルス	1986	ギンザケ卵	米国（太平洋側）	ギンザケ
冷水病	細菌	1990	ギンザケ卵	米国（太平洋側）	サケ科魚類
Neobenedenia girellae	寄生虫（単生虫）	1991	カンパチ種苗	中国	トラフグ，ヒラメをはじめとする多くの海産魚
急性ウイルス血症（PAV）＝ホワイトスポット病（WSD）	ウイルス	1993	クルマエビ種苗	中国	クルマエビをはじめとする多くの甲殻類
Neoheterobothrium hirame	寄生虫（単生虫）	1993	サザンフラウンダー（ヒラメの一種）	米国（大西洋側）	ヒラメ
Limnotrachelobdella sinensis	寄生虫（ヒル）	2000	コイまたはフナ*	アジア（極東域）	ゲンゴロウブナ，ギンブナ
コイヘルペスウイルス病	ウイルス	2003	コイ*	アジア？	コイ

* 感染源が養殖用種苗であったかどうかは未確認

表3-13　水産資源保護法による輸入許可を必要とする対象動物と対象疾病（主なもの）

水産動物	伝染性疾病	指定年
コイ	コイ春ウイルス血症（SVC）	1996
	コイヘルペスウイルス症（KHVD）	2003
	レッドマウス病	2016
サケ科魚類	ウイルス性出血性敗血症（VHS）	1996
	流行性造血器壊死症（EHN）	1996
	ピシリケッチア症	1996
	レッドマウス病	1996
	サケ科魚類のアルファウイルス感染症	2016
	旋回病	2016
マダイ	マダイのグルゲア症	2016
クルマエビ	バキュロウイルス・ペナエイ感染症	1997
	イエローヘッド病（YHD）	1997
	伝染性皮下造血器壊死症（IHHN）	1997
	タウラ症候群	2004
	壊死性肝膵炎（NHP）	2016
	急性肝膵臓壊死症（AHPND）	2016
	エビの潜伏死病（CMD）	2016
	鰓随伴ウイルス病	2016
クロアワビ	アワビの細菌性膿疱症	2016
トコブシ	アワビヘルペスウイルス感染症	2016
マガキ	カキヘルペスウイルス1型変異株感染症（μ var に限る）	2016
ホタテガイ	パーキンサス・クグワディ感染症	2016
マボヤ	マボヤの被嚢軟化症	2016

設けられていない．また，宿主転換による新たな病気の発生を予測することは困難である．この問題を克服するためには，日本で養殖する魚介類はすべて国産の種苗に切り替え，外国産種苗に頼らない体制を構築する必要がある．そのため，種苗生産技術のさらなる進展が望まれている． （小川和夫）

おわりに

一般に，新規水産資源の開発初期には，新たな情報の蓄積や漁具漁法の開発によって漁獲量が急激に増大する．漁業技術が確立されると利益も安定し，より多くの投資を誘い，漁業はますます発展する．しかしやがては全体の漁獲努力量が過剰となり，資源は減少に転じる．漁獲量は減少し，漁業経営も不安定となる．それを補うために，より多くの漁獲努力が投入され，資源の減少に一層の拍車をかける．そのまま放置すると漁業は崩壊するか低位の状態で推移することになろうが，漁獲努力量や漁獲量を意識的に抑えて資源を適切に管理すると，やがて資源は回復し，漁獲量も増え，経営が安定する．――世界の漁業生産が頭打ちにあることや，国内資源の半数近くが低水準にあることは，漁業の歴史的な転換点にあるといえよう．水産資源は変動し，そして有限である以上，その持続性を確保しながら如何に有効に利用していくかは，喫緊の大きな課題である．それを克服するためには，水産資源の変動機構の研究や生態学的研究，資源環境の研究，資源評価や解析手法の研究，管理技術・システムに関する研究，漁業制度の研究，社会経済学的研究などの多岐にわたる個別研究の成果を，「資源の賢い利用（wise use）」に向けて有機的に統合していく必要がある．

水産資源を漁獲の制限によって管理するにとどまらず，人為的な資源添加や漁場環境の改善により増加させる試み，すなわち水産増殖がわが国では積極的に推進されてきた．特に，人工種苗の大量放流を基本とする「栽培漁業」は昭和30年代末より国が中心となって推進してきた事業である．この事業によって，それ以前はほとんど不可能であった海産種苗の大量生産が可能になった．この技術はわが国が世界に誇れる技術であることは異論のないところである．しかし，開始されて半世紀近くが経過して，栽培漁業はその経済性や天然生物集団に与える影響などの観点から，見直しの時期を迎えている．また，漁場改善・造成などの他の増殖手法についても，だれがそのコストを負担するのかという観点から，社会的に厳しい目が向けられているのも事実である．一方，水産増殖の主たる場となる内水面や沿岸域は，水産業界だけが利用しているわけでなく，市民のレクレーションや自然教育の場としての重要性も増している．また，水産増殖のために培われた技術は，藻場の修復や干潟の改善など，自然環境の修復にも利用可能な技術である．今後は，これまで水産増殖のために開発されてきた様々な技術を，水産業界にとどまらず国民全体が享受するための新たな方向性と枠組みを構築していくことが望まれる．

養殖は世界レベルでみると，年6～10％の増産を続ける成長産業であるが，生産量が増加していくために，餌，種苗，環境汚染，病気などに関して，取り組むべき課題は多い．養殖は必然的に高密度飼育を伴うため，給餌，無給餌にかかわらず，環境汚染や病気の発生は避けられない．最近，餌料に用いられる魚粉の不足の問題が深刻化している．このことは，摂餌性や餌料転換効率が高く，魚粉の比率を最大限減らした餌料の開発を促すであろう．そのことがまた，環境への負荷の軽減，病気発生の減少につながることが期待される．このように，餌，種苗，環境汚染，病気の問題は単独で存在するのではなく，互いに関連しているということに注意する必要がある．病気については，ワクチンの

開発によっていくつかの感染症の発生を予防することができるようになってきたが，一方で，新しい病気も次々に発生する．原因のほとんどは，輸入種苗とともに日本に持ち込まれた外来病原体によるものである．しかし，現在の防疫制度のもとでは，外国産種苗の輸入に起因する新たな流行病の発生を抑え込むことはできない．この問題を克服するためには，養殖種苗をすべて国産の人工種苗にするなど，大胆な変革が必要である．この切り替えによって，養殖魚介類のトレーサビリティーも向上し，消費者の信頼も得られる．種苗生産技術の確立はウナギやクロマグロのように天然種苗に依存している養殖種についても求められる．その結果，これら養殖種の資源の減少の問題解決にも貢献するであろう．このように，養殖生産の持続的な発展のためには，多方面の技術革新が望まれている．

〔小川和夫・山川　卓・良永知義〕

文　献

吾妻行雄（2005）：ウニ類「水産増養殖システムⅢ．貝類・甲殻類・ウニ類・藻類」（森　勝義編），恒星社厚生閣，pp. 339-366.

Baumgartner T. R., Soutar and V. Ferreira-Bartrina (1992)：Reconstruction of the history of Pacific sardine and northern anchovy populations over the past two millennia from sediments of the Santa Barbara Basin, CalCOFI Rep, 33, 24-40.

Beamish, R. J., C. E. Nevile and A. J. Cass (1997)：Production of Fraser River sockeye salmon (Oncorhynchus nerka) in relation to decadal-scale changes in the climate and the ocean, Can. J. Fish. Aquat. Sci., 54, 543-554.

丸　邦義・小坂善信（2005）：ホタテガイ「水産増養殖システムⅢ．貝類・甲殻類・ウニ類・藻類」（森　勝義編），恒星社厚生閣，pp.131-170.

日本栽培漁業協会（2000）：栽培漁業技術研修事業　基礎理論コース　テキスト集XIII，ワムシの培養技術，152 pp.

Rothschild, B. (1986)：Dynamics of marine fish populations, Harvard University Press, 277pp.

佐々木　良（2005）：アワビ類「水産増養殖システムⅢ．貝類・甲殻類・ウニ類・藻類」（森　勝義編），恒星社厚生閣，pp.85-120.

Takasuka, A., Y. Oozeki and I. Aoki (2007)：Optimal growth temperature hypothesis: why do anchovy flourish and sardine collapse or vice versa under the same ocean regime? Can. J. Fish. Aquat. Sci. 64, 768-776.

谷口和也（編）（1999）：磯焼けの機構と藻場修復，恒星社厚生閣，120 pp.

矢野　勲（2005）：クルマエビ「水産増養殖システムⅢ．貝類・甲殻類・ウニ類・藻類」（森　勝義編），恒星社厚生閣，pp.299-328.

参考図書

青木一郎・二平　章・谷津明彦・山川　卓（編）（2005）：レジームシフトと水産資源管理，恒星社厚生閣，143pp.

廣吉勝治・佐野雅明（編著）（2008）：ポイント整理で学ぶ水産経済，北斗書房，285pp.

河井智康（1995）：日本の漁業，岩波書店，218pp.

熊井英水（編）（2005）：海水魚（水産増養殖システムⅠ），恒星社厚生閣，323 pp.

松田　治・古谷　研・谷口和也・日野明徳（編）（2002）：水産業における水圏環境保全と修復機能，恒星社厚生閣，131 pp.

松宮義晴（2000）：魚をとりながら増やす，成山堂書店，174 pp.

森　勝義（編）（2005）：貝類・甲殻類・ウニ類・藻類（水産増養殖システムⅢ），恒星社厚生閣，396 pp.

小川和夫・室賀清邦（編）（2008）：改訂・魚病学概論，恒星社厚生閣，192pp.

大島泰雄（監修）（1992）：水産増・養殖技術資料集-Ⅱ，日本栽培漁業協会，338 pp.

桜本和美（1998）：漁業管理のABC，成山堂書店，200 pp.

隆島史夫・村井　衛（編）（2005）：淡水魚（水産増養殖システムⅡ），恒星社厚生閣，362 pp.

田中昌一（2001）：水産資源学を語る，恒星社厚生閣，153 pp.

竹内俊郎・中田英昭・和田時夫・上田　宏・有元貴文・渡部終五・中前　明（編）（2004）：水産海洋ハンドブック，生物研究社，654 pp.

第4章 水圏生物の化学と利用

　水圏環境は陸上環境とは大きく異なり，またサンゴ礁から深海，熱帯のマングローブ林から極地の海まで，極めて多様である．このようなすべての水圏環境に生物が適応放散しており，水圏生物は化学的にも生化学的にも陸上生物とは異なる点が多く，興味深い特徴をもっている．近年，水圏生物の環境適応と生体成分およびその代謝との関連が次第に明らかになってきている．本章ではこのような水圏生物の化学的および生化学的特徴を述べるとともに，魚介類の利用の現状と将来の可能性について概説する．

　　　　　　　　　　　　　　　　　　　　　　　　　　　　　　　　　　　　　（阿部宏喜）

§1. 水圏生物の化学・生化学

1-1　一般成分

　魚介類を食品的にみると陸上の生物資源とは多くの点で異なる．まず第1に，魚介類は食用に供されているものだけを取り上げても，種類が極めて多岐にわたる．腔腸動物のクラゲ，棘皮動物のナマコやウニをはじめとして，哺乳類のクジラまでを含めると，分類学上のほとんどの生物が対象となる．次に季節性が極めて顕著なことである．例えば，サケ・マス類は元来，母川に回帰する秋から冬にしか市場に出ない．この点は野菜類によく似るが，近年冷凍や養殖技術などの進歩に伴い，季節性がやや薄れてきた魚介類も多い．これに関連して，魚介類は同一種でも季節により脂質や糖質などの体構成成分の含量が著しく変化し，個体の大小や部位によっても成分組成が異なる．

　また，魚介類筋肉は死後変化が畜肉類に比べて一般に速く，腐敗しやすい．これは魚介類が変温動物であること，その生息域が水界という一般に低温の環境下にあることなどによる．したがって，魚介類を低温で貯蔵することは非常に大切である．

　魚介類に特徴的であるこのような諸性質は，短所であると同時に長所でもある．すなわち，種類の多い魚介類がそれぞれ固有の味わいをもつことや，季節性があることにより，われわれの食生活を極めて変化に富んだ豊かなものにしている．一方，死後変化が速いということは，食品のうま味を醸し出す熟成を容易にしている．

　一般成分（proximate composition）とは水分，タンパク質，脂質，炭水化物（糖質），灰分であり，食品の基本的な成分である．わが国の文部科学省から五訂増補 日本食品標準成分表が平成20年（2008年）に発行されたが，ここには食品に含まれる一般成分のほか，廃棄率，エネルギー，無機質（ミネラル，灰分），ビタミン，脂肪酸，コレステロール，食物繊維，食塩相当量と，一般成分以外あるいは一般成分の中の細かい成分が記載されている（表4-1）．いずれの成分値も食品の栄養価を知る上で重要な指標である．なお，エネルギーはタンパク質，脂質，炭水化物の量から算出される．魚介類の一般組成は前述のように，種類，季節，性別，栄養状態，体の大小，部位などによって変動

するが，表4-1に示すように，概略水分70〜80％，タンパク質15〜20％，脂質1〜10％，炭水化物0.5％，灰分1.0〜1.5％と，水分を別にするとタンパク質が圧倒的に多く，次いで脂質の順となる．一般にサバやイワシなどの回遊魚の筋肉には脂質が多いが，季節変動も大きく，20％を超える場合もある（図4-1）．また，マグロでは背側の脂質含量は1〜2％であるのに対して，腹側のそれは20％を超える．ウナギ，ブリの脂質含量も高い．表にはないが，魚類の血合筋では普通筋よりタンパク質含量は低く，逆に脂質含量が高い．

無脊椎動物（invertebrate）では魚肉に比べて一般に水分が多く，逆にタンパク質に乏しい．特にナマコの体壁では水分が90％以上にも及ぶ．アワビの筋肉はコラーゲン（collagen）をタンパク質の主要成分として多量に含むが，これも大きく季節変化し，生食した場合のテクスチャーに大きな影響

表4-1　代表的な魚貝類筋肉の成分組成

種名	水分	タンパク質	脂質	糖質	灰分	ナトリウム	カリウム	カルシウム	リン	鉄	レチノール	αカロテン	βカロテン	B$_1$	B$_2$	ナイアシン	C	備考
	(g)					(mg)					(μg)			(mg)				
アジ	74.4	20.7	3.5	0.1	1.3	120	370	27	230	0.7	10	Tr	Tr	0.10	0.20	5.4	Tr	マアジ
アユ (天然)	77.7	18.3	2.4	0.1	1.5	70	370	270	310	0.9	35	(0)	(0)	0.13	0.15	3.1	2	
アユ (養殖)	72.0	17.8	7.9	0.6	1.7	55	360	250	320	0.8	55	(0)	(0)	0.15	0.14	3.5	2	
イワシ	64.4	19.8	13.9	0.7	1.2	120	310	70	230	1.8	40	Tr	Tr	0.03	0.36	8.2	Tr	マイワシ
ウナギ	62.1	17.1	19.3	0.3	1.2	74	230	130	260	0.5	2,400	0	1	0.37	0.48	3.0	2	
カツオ	72.2	25.8	0.5	0.1	1.4	43	430	11	280	1.9	5	0	0	0.13	0.17	19.0	Tr	春獲り
サケ	72.3	22.3	4.1	0.1	1.2	66	350	14	240	0.5	11	0	0	0.15	0.21	6.7	1	シロサケ
サバ	65.7	20.7	12.1	0.3	1.2	140	320	9	230	1.1	24	0	0	0.15	0.28	10.4	Tr	マサバ
サンマ	55.8	18.5	24.6	0.1	1.0	130	200	32	180	1.4	13	0	0	0.01	0.26	7.0	Tr	
タイ	72.2	20.6	5.8	0.1	1.3	55	440	11	220	0.2	8	0	0	0.09	0.05	6.0	1	マダイ (天然)
タラ	80.4	18.1	0.2	0.1	1.2	130	350	41	270	0.4	56	0	0	0.07	0.14	1.1	0	スケトウダラ
ニシン	66.1	17.4	15.1	0.1	1.3	110	350	27	240	1.0	18	0	0	0.01	0.23	4.0	Tr	
ヒラメ	76.8	20.0	2.0	Tr	1.2	46	440	22	240	0.1	12	0	0	0.04	0.11	5.0	3	天然
フグ	78.9	19.3	0.3	0.2	1.3	100	430	6	250	0.2	3	0	0	0.06	0.21	5.9	Tr	トラフグ (天然)
ブリ (天然)	59.6	21.4	17.6	0.3	1.1	32	380	5	130	1.3	50	—	—	0.23	0.36	9.5	2	
ブリ (養殖)	60.8	19.7	18.2	0.3	1.0	37	380	12	200	0.9	28	0	0	0.16	0.19	9.1	2	
マグロ (赤身)	70.4	26.4	1.4	0.1	1.7	49	380	5	270	1.1	83	0	0	0.10	0.05	14.2	2	クロマグロ
マグロ (脂身)	51.4	20.1	27.5	0.1	0.9	71	230	7	180	1.6	270	0	0	0.04	0.07	9.8	4	クロマグロ
アサリ	90.3	6.0	0.3	0.4	3.0	870	140	66	85	3.8	2	1	21	0.02	0.16	1.4	1	
ハマグリ	88.8	6.1	0.5	1.8	2.8	780	160	130	96	2.1	7	0	25	0.08	0.16	1.1	1	
ホタテガイ	82.3	13.5	0.9	1.5	1.8	320	310	22	210	2.2	10	0	150	0.05	0.29	1.7	3	
イカ	79.0	18.1	1.2	0.2	1.5	300	270	14	250	0.1	13	0	0	0.05	0.04	4.2	1	スルメイカ
エビ	76.1	21.6	0.6	Tr	1.7	170	430	41	310	0.5	0	0	49	0.11	0.06	3.8	Tr	クルマエビ
カニ	84.0	13.9	0.4	0.1	1.6	310	310	90	170	0.5	Tr	—	—	0.24	0.60	8.0	Tr	ズワイガニ
タコ	81.1	16.4	0.7	0.1	1.7	280	290	16	160	0.6	5	—	—	0.03	0.09	2.2	Tr	マダコ
ナマコ	92.2	4.6	0.3	0.5	2.4	680	54	72	25	0.1	0	0	5	0.05	0.02	0.1	0	

Tr ：微量に含まれているが最小記載量に達していない．
0 ：測定していないが文献などにより含まれていないと推定されるもの．
— ：測定しなかったもの，または測定困難なもの．

（五訂増補版　日本食品標準成分表，2008；渡部，2008 より一部改変）

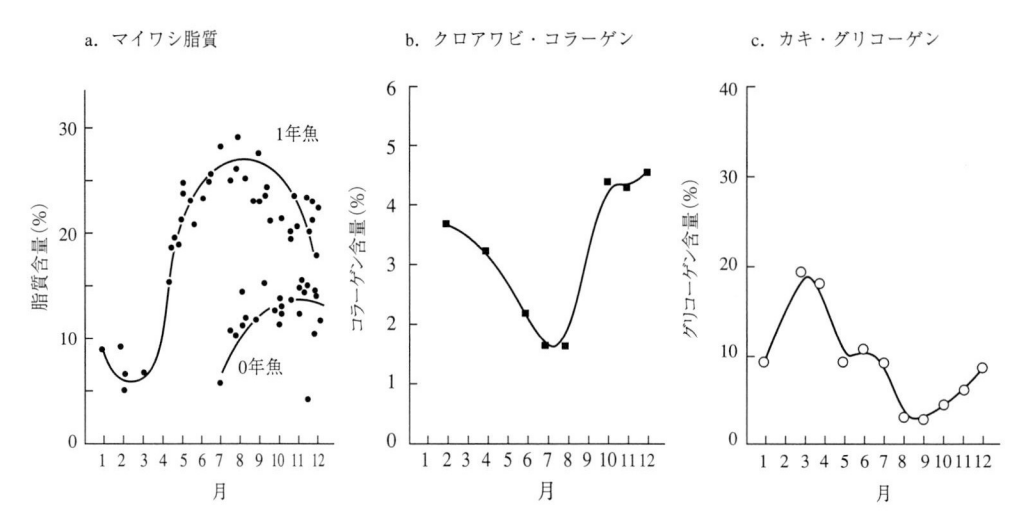

a. マイワシ脂質　　　　b. クロアワビ・コラーゲン　　　　c. カキ・グリコーゲン

図4-1　水生動物の生体成分の季節変化（渡部，2008より改変）

を及ぼす（図4-1）．炭水化物は貝類に特に多く認められるが，これは脂質の代わりにグリコーゲン（glycogen）を貯蔵物質として蓄えることによる（図4-1）．

(渡部終五)

1-2　タンパク質

タンパク質は「卵の白身」を意味する「蛋白」が名称の由来である．タンパク質は糖質，脂質と並ぶ三大栄養素の1つであり，約4 kcal/gの熱量をもつ．わが国では近年，動物性タンパク質の約4割を魚介類に依存している．人の体内で合成できない必須アミノ酸（essential amino acid）のバランスについては魚肉タンパク質は畜肉のものと比べても遜色なく，優れたタンパク質給源であるが，無脊椎動物ではトリプトファンなどが基準を下回っており，制限アミノ酸となる．

1）水圏タンパク質の構造と機能

タンパク質は20種類のL型アミノ酸（標準アミノ酸）から生合成されるが，多数のアミノ酸が枝分かれすることなく直鎖状に脱水縮合（ペプチド結合）してできた物質である．タンパク質構成アミノ酸は，塩基性を示すアミノ基，酸性を示すカルボキシル基，および水素原子が結合した炭素（α炭素）を共通部分とし，これに各アミノ酸に固有の残基（側鎖）が共有結合した構造をもつ．一方，アミノ酸は遊離状態としても存在し（遊離アミノ酸），タンパク質の生合成や浸透圧調節（osmoregulation）などに用いられる．アミノ酸数が50個位のものを目安に，それより小さいものをポリペプチド，大きいものをタンパク質と呼ぶが，大きいものは数万個ものアミノ酸で構成される．タンパク質の分子量は6,000（インスリン）〜370万（タイチン）と広範囲にわたる．また，タンパク質は構成アミノ酸由来の電荷をもつ．水圏生物由来タンパク質の分子量と等電点の例を表4-2に示す．これらの化学的性質については，水圏生物と哺乳類の同じタンパク質の間では大きく違わない．

タンパク質におけるアミノ酸の並び順（アミノ酸配列）を一次構造という．同じタンパク質のアミノ酸配列を魚類と哺乳類で比較すると，アミノ酸配列の同一率が90％以上と非常によく似ているものもあれば，50％以下とかなり異なる場合もある．これはタンパク質により進化速度が異なるからで

表4-2 水圏生物由来タンパク質のプロフィール

タンパク質	アミノ酸数	分子量	等電点	機能
パルブアルブミン（ガマアンコウ）	109	11,757	4.47	Ca輸送？
ミオグロビン（キハダ）	146	15,529	9.00	酸素の貯蔵
トリプシン（ザリガニ）	237	25,022	4.02	タンパク質分解酵素
トロポミオシン（ゼブラフィッシュ）	284	32,723	4.70	筋収縮制御
ペプシン（マダラ）	324	34,014	4.48	タンパク質分解酵素
アクチン（トラフグ）	377	41,945	5.22	筋収縮
ミオシン重鎖（メダカ）	1,937	221,694	5.54	筋収縮
トイッチン（ムラサキイガイ）	4,736	526,838	6.48	二枚貝の筋収縮制御

いずれも演繹アミノ酸配列からの計算値．
括弧内は各タンパク質の由来生物種．
等電点はタンパク質がプラス，マイナスの電荷をもたなくなるpH．

ある．アミノ酸の配列情報は，DNA上の各遺伝子に塩基配列としてコードされている．タンパク質の配列情報はDNAからメッセンジャーRNA（mRNA）に転写され，リボソームにおいてアミノ酸配列に翻訳される．翻訳直後に二次構造が形成され始め，さらにアミノ酸側鎖の立体配置（三次構造）が定まる．タンパク質の立体構造は一般にアミノ酸配列によって決まり，折りたたまれた形はタンパク質の機能と密接な関係にある．タンパク質の折りたたみは熱力学的にみると有利であり，全体として負のエネルギー変化を伴う（発熱反応）．タンパク質はさらに糖鎖や脂質などの付加，すなわち翻訳後修飾を受ける場合が多い．水圏生物のタンパク質でもN（アミノ）末端がアセチル化などの修飾を受けているものが多い．最終的なタンパク質分子の形は，球状のもの，細長い形状のもの，両者を併せもつもの，など実に様々である．4つの例を図4-2に示した．

タンパク質の立体構造は，強酸・強塩基，有機溶媒，変性剤，重金属イオンなどにより損なわれる．これを変性というが，一般に機能の喪失（酵素活性の低下など）を伴う．水圏生物のタンパク質は通常，哺乳類のものと比べると不安定であり，これらの変性要因の影響を受けやすい．タンパク質は細胞内で変性したり役割を終えると，プロテアーゼによる分解を受けその一生を終える．タンパク質が合成されてから分解されるまでの時間はタンパク質の種類によって大きく異なり，半分が入れ代わる期間（半減期）が10分程度（酵素の一種）と短いものから6ヶ月位（コラーゲン）と長いものまである．

タンパク質結晶のX線解析などで得られたデータをもとに構成された立体構造により，タンパク質の構造と機能の関係がはるかに理解しやすくなる．図4-3に示したのはキハダのミオグロビン（myoglobin，後述）の立体構造である．哺乳類のものと比べ，α-ヘリックス（らせん）含量が低い．側鎖を除いて骨組みだけを表示すれば分子の内部構造まで見えるが，実際のタンパク質分子は通常，アミノ酸の構成原子が狭い空間に詰め込まれている．また，タンパク質によっては機能発現の過程で大きな構造変化を伴うものがあり，動きが大きくて構造が定まらない部分は現在の分析法ではとらえることができない．

タンパク質の中には，単一のポリペプチドの鎖でできているものばかりでなく，複数のポリペプチド鎖が会合したものがある（図4-2）．後者の場合，各ポリペプチド鎖をサブユニットと呼び，会合体の構造を四次構造という．プロテアソームのように，異なるタンパク質分子が多数集合し（複合体）効率よく機能するもの，さらにタンパク質以外（核酸や脂質）の生体物質と結合して超分子複合体を形成し，高度な生命機能をつかさどるケースがみられる．

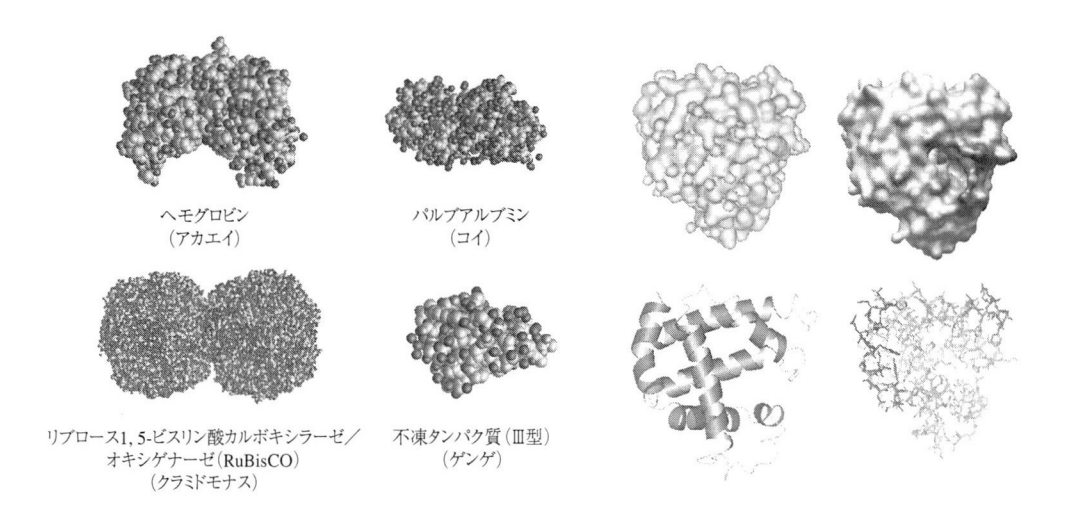

図4-2 タンパク質がとるさまざまな形.
構成原子をボールで表している．各モデルの大きさはタンパク質の実際の大きさに対応していない．黒っぽく見えるのは酸素原子で，これが小さく見えるほど，タンパク質のサイズは大きいことになる．各タンパク質の結晶構造（PDB 登録）のデータをもとに作成した．括弧内は各タンパク質の由来生物種．

図4-3 キハダのミオグロビンの立体構造．
上から，溶媒分子接近可能表面，静電ポテンシャル，リボンモデル，ボールスティックモデル．ミオグロビン分子を同じ方向から眺めたもの．

タンパク質が生体内で機能を発揮するためには，柔軟性のある構造をとる必要がある場合が多い．タンパク質の安定性はおおむね，体温（多くの場合，生息水温）と正の相関を示す．魚介類において死後の鮮度低下が一般に速いのは，低温，高水圧環境における機能獲得の補償としてタンパク質などの構造を不安定化させたためにほかならない．そのため，死後における構成成分の生化学的変化も速やかに進行する（§3. も参照されたい）．

2）生物種や部位による構成タンパク質の違い

数多くの生物種で全ゲノムの塩基配列が解読され，タンパク質をコードする遺伝子の数は，例えばウニで23,000個，ホヤで約15,800個，フグでは約22,400個，ヒトでは約29,000個と判明したが，体内で機能するタンパク質の種類は遺伝子の数よりも多いと考えられる．1つの遺伝子から選択的スプライシングにより，異なるエクソンで構成される多様なタンパク質（アイソフォーム）が生じる例が多いためである．同じ生物種でも，組織や部位によって構成タンパク質に差がみられる．例えば，魚類の普通筋と血合筋では構成タンパク質が明確に異なる．同じタンパク質でも生物種が違えば，分類上の類縁関係が遠いほど，一般にアミノ酸の置換率が高い．グロビン類のアミノ酸配列に基づいた分子系統樹を図4-4に示す．生物種間でのばらつきは多少みられるが，それぞれのタンパク質が明確なクラスターを形成する．

3）水圏生物に関連したタンパク質の機能や構造変化

タンパク質は生命活動の主役ではあるが，普段は裏方として働き，その存在を主張することはあまりない．しかし，日常生活においてタンパク質の機能や構造変化をうかがい知ることができる場面もある．私たちが五感を用いてとらえられる色，味，臭い，歯ごたえなどの変化にタンパク質が関わる例についていくつか紹介する．ここではタンパク質の名称と若干の性状についての紹介にとどめ，詳

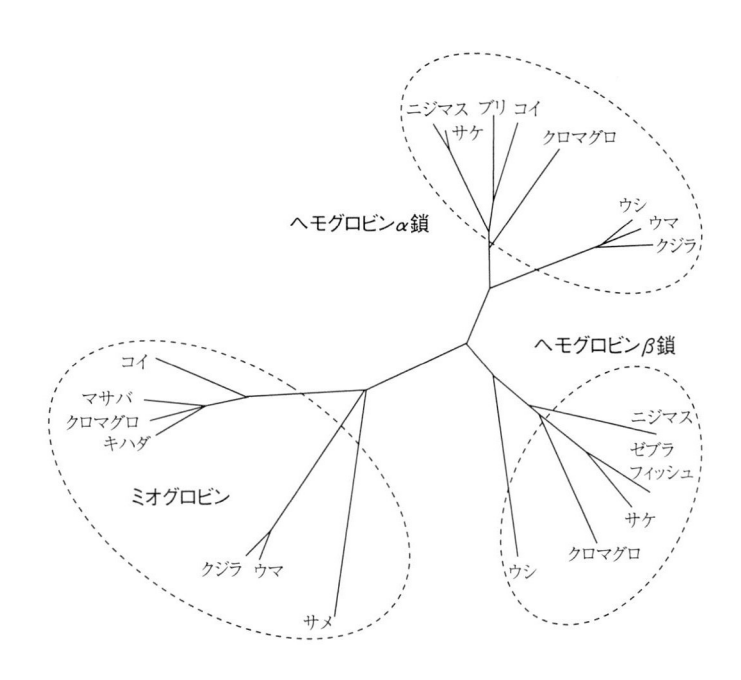

図4-4 グロビン類の分子系統樹．
アミノ酸配列に基づいて作成した．各タンパク質は明確なクラスターを形成する．

しい性状については他の成書を参照されたい．

　まず，水圏生物の色に関連するタンパク質から始める．筋肉の色調は魚種によりさまざまである．例えば，マグロの刺身は赤く，ヒラメでは白っぽいが，これは前者にミオグロビンという色素タンパク質が多量に存在するためである．ミオグロビンは魚類が持続的な遊泳をする上で重要な役割をはたす．マグロなどの刺身を室温に放置すると次第に褐色を帯びるが，ミオグロビンに含まれる鉄原子が酸化されることが原因である．一方，エビやカニを茹でると赤くなるのは，加熱によりカロテノイド（carotenoid）を結合したタンパク質が構造変化し，カロテノイドの色が表に出るからである．干しノリと焼きノリの色の違いも，加熱によりフィコビリタンパク質が変性してクロロフィルの色調が出てくることによる．新鮮なイカでは体表の色素細胞の活発な点滅が観察される．これは色素胞が細胞内の収縮性タンパク質の作用により集合したり離散したりすることによる．クラゲやサンゴの発光には蛍光タンパク質が関与している．最初にオワンクラゲで発見された緑色蛍光タンパク質（GFP）は，発色団が3つのアミノ酸だけで構成され，発光のための基質が不要という，極めてユニークな特徴をもつタンパク質である．軟体動物は呼吸色素としてヘモグロビン（hemoglobin）の代わりに銅を含むヘモシアニン（hemocyanin）をもつため，酸素の存在下で血液が青色に見える．真珠の輝きは規則正しく敷き詰められた炭酸カルシウムの結晶によるが，コンキオリンというタンパク質がセメントの役割をしている．

　歯ごたえについては，新鮮な刺身ではコリコリしているが，鮮度が落ちると次第に歯ごたえがなくなってくる．歯ごたえを発現しているのはタンパク質の微細な繊維構造であり，コラーゲンやミオシン（myosin），アクチン（actin）などの繊維が主役である．死後硬直は，ATPの消失によりミオシン

とアクチンが結合して離れなくなるために起こる（§3.で詳しく述べる）．その後，細胞内に含まれる種々のタンパク質分解酵素が徐々に作用し，タンパク質の構造物が崩壊するにつれて柔らかくなる．タンパク質やATPの分解によるうま味成分（グルタミン酸やイノシン酸）の増加は風味の向上に寄与するが，ほぼ同時に異味・異臭成分も増加するため，次第に嗜好性を失う．一方，コラーゲンは加熱によりゼラチン化するため，含量の高いアワビなどでは加熱により肉質が軟化する．皮や骨付きの魚を煮た後，低温で放置すると溶け出したゼラチンが固まる（煮こごり）．筋肉に2〜3％程度の食塩を加えてすりつぶすとアクトミオシン（actomyosin）が溶解してゾルとなり，これを適当な条件で加熱するとゲル（かまぼこ）となる．この現象は，アクトミオシンと水によるネットワークの形成が主体と考えられる．

環境適応にもタンパク質が大活躍する．極地方の海域などに生息する魚類が，水温が氷点下になっても体の凍結の影響を免れて生きていられるのは，血漿中の不凍タンパク質（antifreeze protein, 図4-2）が氷結晶の成長を抑制するためである．一方，干潮時にできる潮溜まりは日中の炎天下，極めて高温となるが，このような条件下でも生存できる生物がいるのは，高温下で熱ショックタンパク質の発現が誘導されるためであると考えられている．

毒性を示すタンパク質もある．イソギンチャクは刺胞に有毒タンパク質をそなえ，イモガイの仲間も敵や獲物にタンパク毒を注入する．毒性をもたないタンパク質が有害な作用を示すこともある．軟体動物や節足動物の摂食によるアレルギーは，トロポミオシン，パルブアルブミン，コラーゲンなどの筋肉構成タンパク質が原因物質である．フグ毒や麻痺性貝毒が人命に関わる毒性を発揮するのは，膜タンパク質の1つ，ナトリウムチャネルに結合して神経伝達を遮断するからである（4-1を参照されたい）．

このように水圏生物の生態や死後変化をめぐる様々な現象は，タンパク質の多様な性質や機能に密接に関わっていることがわかる．これらの事実は主に生化学的アプローチによって，多くの研究者たちにより長い時間と多大の労力をかけてベールがはがされてきた．研究の背景には，水圏生物のユニークな生態や構成成分の性状に対する純粋な学問的興味もあれば，水産業界や食品業界などからの要請もあった．低温環境あるいは高水圧下に棲むがゆえ水圏生物のタンパク質成分は概して不安定で，哺乳類のものに比べると取り扱いがはるかに難しく，研究対象として用いるには一層の辛抱と工夫が要求される．しかし，陸上生物の成分にはみられない面白さがそこにはある．

（落合芳博）

1-3 脂 質

「脂質」は水に溶けない低分子有機化合物全般を意味することから，多様な物質群が含まれる．さらに，水圏生物には多様な生物種が存在する上，陸上生物より複雑な脂質組成をもつため，「水圏生物の脂質」を論じるには非常に多岐にわたる化合物に言及する必要がある．本節では主として水産食品として利用される魚介類の脂質について述べる．

1) 水圏生物の脂質の分布，性状

水圏生物における脂質は陸上生物の脂質と同様，エネルギー源，細胞膜構成要素，必須栄養素，代謝調節物質などとしての役割を担っているが，脂質を構成する脂肪酸の不飽和度が高いことや，非グリセリド脂質を多量に含む生物種があるなどの特徴がある．

脂質は生体内における存在形態の違いから，貯蔵脂質（depot lipid）と組織脂質（tissue lipid）に分けられる．貯蔵脂質は生物の栄養状態がよいときに皮下組織，腸間膜部，肝臓などに蓄積され，必要なときにエネルギー源として使われる．「脂が乗った」という言葉は，元来イワシやサンマなどの魚類に対して使われる言葉だが，これは魚類の脂質含量が大きく変動することに由来している．概して大型の個体は小型の個体より，卵巣が未熟な個体は産卵期を控えて成熟している個体より，低水温に生息する個体は高水温の個体より脂質含量が高い傾向がみられる．また，天然魚と養殖魚を比較すると，前者に比べ後者は餌を過剰摂取し，運動量が少ないため脂質含量が高い．一般にある魚種が「旬」と呼ばれ，美味だと言われる時期は，脂質含量の高い時期と一致していることが多い．また，脂質含量は，同一個体においても体の部位により大きく異なる．サンマ，ブリなどのように筋肉に脂質を蓄積する種では肝臓中の脂質は比較的少ない．また，筋肉でも皮下組織や血合筋の脂質含量が高い．頭部側と尾部側では前者が高く，背部と腹部では後者での含量が高い．マグロにおいて赤身肉の脂質含量が1％程度であるのに対し，いわゆる「トロ」に相当する腹側の肉では30％近くに達するのがよい例である．それに対し，フグ，アンコウ，タラのように筋肉の脂質含量が低い魚種では，肝臓に脂質を蓄積するものが多い．エビ・カニなどの甲殻類や，イカ・タコ・貝類は一般に筋肉中の脂質含量は低く，哺乳類の肝臓・膵臓に相当する中腸腺などの内臓において高い．一方，組織脂質は細胞膜の構成成分などとして存在し，生命の恒常性の維持に必要であるため，個体の栄養および生理状態の変化に伴う含量の変動は，貯蔵脂質に比べ小さい．組織脂質と貯蔵脂質を比較すると，前者において不飽和度が高い．これは低温条件下において膜の流動性を保つために，構成脂肪酸の不飽和度が高くなっていることに由来する．

　脂質には，化学構造の違いによる極性の差から，非極性脂質（nonpolar lipid）と極性脂質（polar lipid）という分け方もある．水との親和性の低い非極性脂質にはアシルグリセロール，ワックス，グリセリルエーテル脂質，ステロール脂肪酸エステル，カロテノイド脂肪酸エステル，またこれらを加水分解して得られる脂肪酸，脂肪族アルコール，ステロール，カロテノイド類の他，炭化水素が含まれる．極性脂質にはグリセロリン脂質やスフィンゴミエリンなどのリン脂質や，グリセロ糖脂質やスフィンゴ糖脂質などの糖脂質が含まれる．

2）脂肪酸

　脂肪酸は様々な脂質を構成する成分である．遊離型として単体で存在する場合もあるが，グリセロールとエステル結合することによりアシルグリセロールやグリセロリン脂質，アシルグリセリルエーテルを構成することが多い．また，ステロール類，カロテノイド類の水酸基とエステル結合して存在するものもある．脂肪酸はアセチルCoAを出発物質として2炭素単位ずつカルボキシル末端側に炭素鎖が伸長して生合成される．したがって，天然には炭素数が偶数の脂肪酸が多く，魚介類に存在する脂肪酸の大部分は，炭素数14から22のものである．また，炭素鎖中に二重結合をもたない飽和脂肪酸と二重結合を含む不飽和脂肪酸に大別される．不飽和脂肪酸のうち，二重結合を2つ以上有するものを多価不飽和脂肪酸（Poly Unsaturated Fatty Acid：PUFA）と呼び，中でも炭素数20以上で二重結合の数が3つ以上の脂肪酸を，高度不飽和脂肪酸（Highly Unsaturated Fatty Acid：HUFA）と称する．天然に存在する不飽和脂肪酸の二重結合は，ほとんどがシス型である（図4-5参照）．また，2つ以上の二重結合が存在する場合，主としてジビニルメタン構造（$-CH=CH-CH_2-CH=$

CH−）を有するが，共役二重結合（−CH＝CH−CH＝CH−）を有するものも見つかっている．

IUPAC（国際純正・応用化学連合）による命名法では，二重結合がカルボキシル末端から数えて何番目の炭素にあるかを記載してその位置を示す．例えば，図4-5中のオレイン酸は18:1Δ^9，リノール酸は18:2$\Delta^{9,12}$となる．しかし，この表記法は多価不飽和脂肪酸の生合成を考える際，若干不便である．それは脂肪酸の炭素鎖伸長反応を司る酵素は，カルボキシル末端側に新たな炭素鎖を導入していくので，鎖長が伸びるたびに元からある二重結合の位置を示す数字が変わってしまうからである．例えば，オレイン酸の炭素鎖が伸びて炭素数20の脂肪酸になると，この脂肪酸のIUPACによる表記

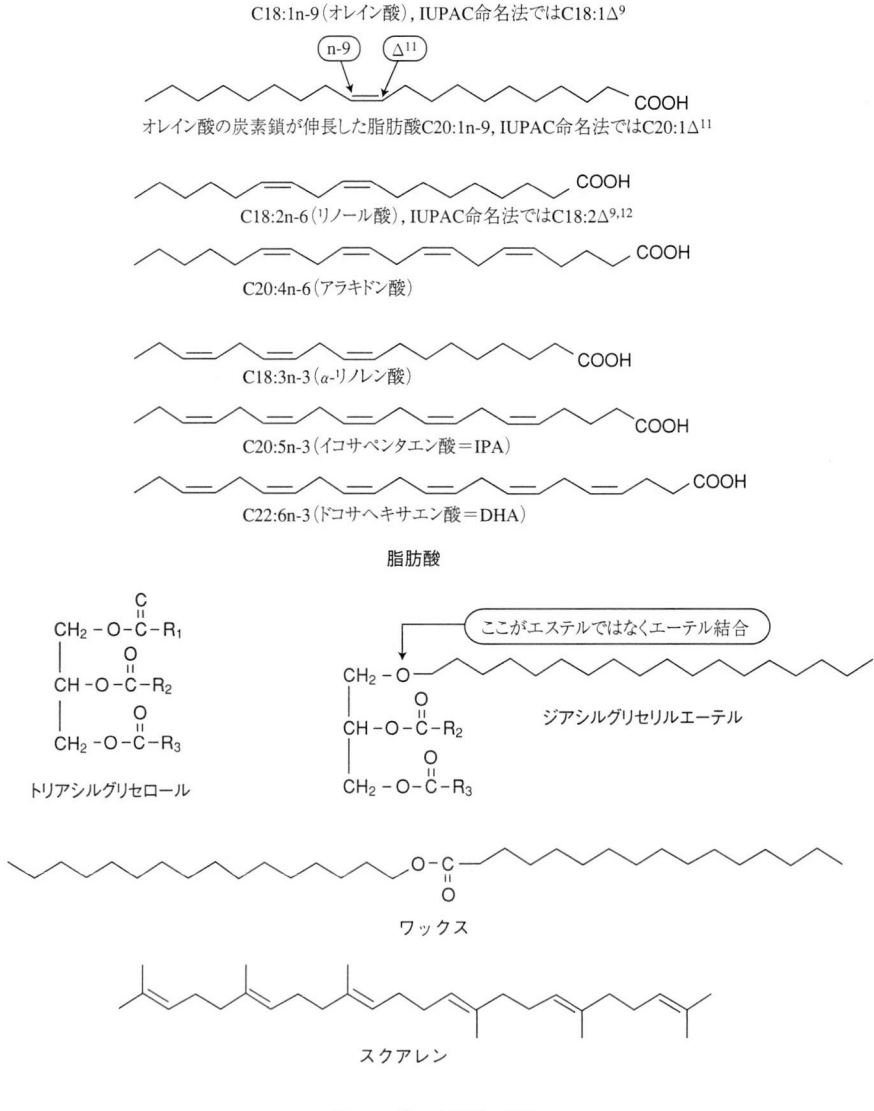

図4-5 様々な脂質の構造

はC20:1Δ^{11}となってしまう（図4-5）．そこで，メチル末端側の炭素をn-1とし，それに基づいて二重結合の位置を表すと，生合成経路上同じグループに属する不飽和脂肪酸を表すのに都合がよい．この方法で魚介類に含まれる主な脂肪酸を表記すると，オレイン酸は18:1n-9，リノール酸は18:2n-6，α-リノレン酸は18:3n-3，アラキドン酸は20:4n-6，イコサペンタエン（エイコサペンタエン）酸（IPA）は20:5n-3，ドコサヘキサエン酸（DHA）は22:6n-3となり，リノール酸とアラキドン酸がn-6，α-リノレン酸，IPAおよびDHAがn-3と生合成的に同じ系列であることがわかる．なお，カルボニル炭素の隣の炭素から順にα，β，γと名付け，メチル末端の炭素を「最後の」という意味でωとし，そこからの二重結合の位置をω3，ω6，ω9様に表記する方法もある．

魚介類，特に海産動物は，陸上動物と比べるとIPAなどのn-3系の高度不飽和脂肪酸を多く含む．しかしながら動物は，植物や細菌と異なり，二重結合をn-9よりカルボキシル末端に近い側に導入することはできるものの，n-6やn-3の位置に入れることができないため，魚介類は細菌や植物プランクトンが作ったn-3およびn-6系列の脂肪酸を，食物連鎖を通じて餌から摂取し，そのまま，あるいは炭素鎖の伸長および不飽和化を行って利用している．高度不飽和脂肪酸は融点が低く流動性に富むため，低温の水中で生活する生物の膜の構成成分として，より適しているものと考えられている．脂肪酸組成は生物種によって異なる．これは餌の脂肪酸組成に影響を受けるとともに，取り込んだ脂肪酸を伸長，不飽和化する能力が生物種ごとに異なるためである．海産魚は淡水魚に比べてIPAやDHAを多く有するが，C18:2n-6やC18:3n-3からの炭素鎖の伸長および不飽和化を司る酵素が弱いので，IPAやDHAの必須性が高くなり，餌から直接取り込む必要がある．n-3高度不飽和脂肪酸はトリアシルグリセロールなどの貯蔵脂質よりも，リン脂質などの蓄積脂質の構成要素として存在する割合が高いので，脂質含量が低い魚介類ほど，全脂肪酸中に占めるn-3高度不飽和脂肪酸の割合が高くなる傾向がある．

3）アシルグリセロール

アシルグリセロールはグリセリン（グリセロール）に脂肪酸がエステル結合したもので，結合している脂肪酸の数によりモノ（1），ジ（2），トリ（3）アシルグリセロールと呼ばれる．通常モノおよびジアシルグリセロールは微量成分で，トリアシルグリセロールが主成分である．多くの魚介類において，トリアシルグリセロールは貯蔵脂質として脂肪組織や肝臓などの組織に存在している．必要に応じてリパーゼによりグリセロールと脂肪酸に分解されエネルギー源として利用されるため，含量の変動が大きい．特殊な例として深海魚のアブラボウズは，筋肉中に大量のトリアシルグリセロールを含む．そのため老成魚の筋肉を多量に摂取するとお腹をこわすといわれている．

魚介類のトリアシルグリセロールに結合している脂肪酸分布のパターンとしては，グリセロールの1位には飽和脂肪酸，2位にはIPA，DHAあるいは短鎖脂肪酸，3位には長鎖脂肪酸が結合しているものが多い．

4）ワックス

脂肪酸がグリセロールではなく，1価の長鎖脂肪族アルコールとエステル結合したものをワックスと呼ぶ．バラムツ，アブラソコムツ，一部のハダカイワシ類などの魚類や，海洋の中層および深層に生息する甲殻類，ヤムシ類，イカなどには大量に含まれるが，コイなどの肝臓にも少量存在し，今では生物界に広く存在することが知られている．海産動物のワックスを構成する脂肪族アルコールの組

成は単純で，14:0，16:0，18:0，20:1，22:1などの不飽和度の比較的低いものからなる．一方，構成脂肪酸はC_{14}〜C_{22}で，甲殻類由来のワックスでは$C_{22:6}$も含み，脂肪族アルコールより複雑な組成を示すが，一般のトリアシルグリセロールと比べると組成は単純で不飽和度は低い．ワックスを体内に蓄積するカイアシ類およびそれらを捕食するイワシ類などの生物では，ワックスのエステル結合を分解する酵素活性が高い．また，トリアシルグリセロールとワックスの両方を有するカイアシ類を絶食させたときには，先にトリアシルグリセロール含量が減少し，その消失後にワックスが減少することから，エネルギー源として利用されているものと考えられている．ヒトはワックスの分解能力が低く，大量に摂取すると下痢をおこすため，バラムツ，アブラソコムツは食品としての販売が禁じられている．ボラの卵巣の加工品である「カラスミ」にも比較的多量のワックスが含まれるが，「珍味」としての摂取量であれば問題はない．ワックスはトリアシルグリセロールと比べると比重が小さいため，中深層性のカイアシ類などでは垂直移動のための浮力を獲得するのに役立っているのではないかと考えられている．

5) グリセリルエーテル脂質

グリセリルエーテルはグリセロールの1位の水酸基に，脂肪族アルコールがエーテル結合した化合物である．飽和の脂肪族アルコールが結合したアルキルエーテルと，二重結合を含むアルコールが結合したアルケニルエーテルの2タイプがある．アブラツノザメやウバザメなど，ある種の板鰓類の肝臓や筋肉には，グリセリルエーテルに脂肪酸が2分子エステル結合したジアシルグリセリルエーテルが大量に存在する．一般の硬骨魚類には微量成分としてしか存在しないが，カゴカマスなどには比較的多量に含まれる．ヒトの消化酵素により分解されにくいので，ジアシルグリセリルエーテルを多量に含む魚を摂取する場合は注意が必要である．上記のサメ類におけるジアシルグリセリルエーテルの機能は不明だが，トリアシルグリセロールより比重が小さいことから浮力調節に関与していると考えられている．

6) 炭化水素

アイザメなどの深海性サメの中には，肝臓に大量に炭化水素のスクアレン（squalene）を蓄積するものがある．スクアレンはステロールの前駆体である．深海性サメにおいてスクアレンが蓄積するのは，スクアレンモノオキシゲナーゼによる酸化後，閉環してラノステロールになる段階が，深海では酸素分圧が低くて進行しないためであろうと推定されているが，深海性の魚類すべてがスクアレンを蓄積してはおらず，また深海性サメにも恒常性の維持に必要な量のステロールが存在することから，スクアレンを積極的に蓄積する必要があるものと考えられる．スクアレンもワックスやジアシルグリセリルエーテル同様比重が小さいことから，浮力の調整に役立っている可能性がある．

7) ステロールおよびステロールエステル

魚類のステロールは，哺乳類と同様に炭素数30のトリテルペンであるスクアレンから，ラノステロールを経由して合成されるC_{27}のコレステロールが主成分であり，細胞膜を構成する重要な成分となっている．コレステロールは遊離型または脂肪酸とのエステルとして存在する．海産無脊椎動物には極めて多岐にわたる構造をもつステロール類が存在する．また，海藻類にも動物とはタイプの異なるステロールが存在する．ステロール類はいわゆるイソプレノイド化合物であり，その共通の前駆体であるイソペンテニル二リン酸およびジメチルアリル二リン酸は，動物ではメバロン酸経路により供

給される．一方，植物では細胞質にメバロン酸経路があり，葉緑体にはメチルエリスリトールリン酸経路が存在し，目的とするイソプレノイドの種類によりその使い分けがなされている（Rodríguez-Concepción and Boronat, 2002）．なお，甲殻類など一部の無脊椎動物はステロール生合成能を欠いているため，餌料から摂取する必要がある．

8）極性脂質

極性脂質として重要なリン脂質には，グリセロリン脂質とスフィンゴリン脂質がある．グリセロリン脂質のリン酸基にはコリン，エタノールアミン，セリン，グリセロール，イノシトールなどが結合し，組織脂質として細胞膜や細胞内の膜構造の主成分となっている．魚類の筋肉リン脂質の大部分はホスファチジルコリンとホスファチジルエタノールアミンであり，前者の1位には16:0や18:1の不飽和度の低い脂肪酸が，2位にはIPAやDHAなどの高度不飽和脂肪酸が結合している．水生生物に特徴的なリン脂質として，リンと炭素が直接結合したホスホノリピドが，カキ，ホタテガイなどの貝類に存在する．ホスホノリピドにはグリセロホスホノリピドとスフィンゴホスホノリピドの両者があるが，貝類に多いのは後者であり，組織中貝柱に特に多く含まれている．

9）ヒトに対する生理作用

水圏生物由来の脂質は，われわれにとってエネルギー源として以外にも重要な役割がある．グリーンランドイヌイットは高脂肪食を摂取しているにもかかわらず，西欧人と比較すると循環器疾患による死亡率が低いという疫学調査の結果が得られた（Dyerbergら，1975）．これは前者がIPAやDHAなどの高度不飽和脂肪酸に富む魚類や海獣由来の脂質を多量に摂取しているためと考えられ，高度不飽和脂肪酸の生理的意義が研究された．その結果，魚油中のIPAは，必要に応じて体内でホルモン様の物質（イコサノイド）に変換され，アラキドン酸由来のイコサノイドと拮抗することにより，顕著な生理作用を示すことが明らかになった．したがって，n-6系列の脂肪酸とn-3系列の脂肪酸の摂取量のバランスが，われわれの健康維持にとって重要である．陸上の動植物由来の脂質にはIPAやDHAの含量が少ないことから，水圏生物由来の脂質の需要が世界的に高まっている．しかしながら，これらは二重結合が多いことから酸化されやすく，利用加工上注意が必要である．また内陸国や魚食の習慣のない国の人々は，「魚油」の摂取を好まないため，海産微細藻類由来の脂肪酸不飽和化酵素遺伝子を陸上高等植物に導入し，遺伝子組換え植物から「魚臭くない」高度不飽和脂肪酸を含む脂質を作り出す試みもされている（Robertら，2005）．

〔岡田　茂〕

1-4　低分子成分

生物組織の細胞内に溶けこんでいる低分子成分は生命の維持に大切な代謝物質であり，主要な成分は水溶性のエキス成分（extractive component）である．エキス成分は水または熱水により抽出される成分で，タンパク質，核酸，脂質，多糖類，色素，ビタミン類などを除いた低分子有機化合物である．無機イオンも通常はエキス成分とはいわない．アミノ酸やヌクレオチドなどの含窒素成分と糖類や有機酸などの無窒素成分に分けられる．

水生動物の代表的なエキス成分組成を表4-3に示す．また，主要成分の構造は図4-6を参照されたい．遊離アミノ酸では白身魚にタウリンが多い．赤身魚でも血合筋にはタウリンがかなり多量に認められる．タウリンは無脊椎動物筋肉にはより多量に含まれる．一方，赤身魚にはヒスチジンが多い．

カツオ・マグロ普通筋のヒスチジン含量はときには1,500 mg/100 gにも達する．鮮度低下に伴ってヒスチジンから微生物のヒスチジンデカルボキシラーゼという酵素によりヒスタミンが生成され，ときにアレルギー様食中毒の原因となる．魚類に比べて，無脊椎動物では遊離アミノ酸含量は極めて多い．それは1-6で述べるように，種により浸透圧調節のために非必須アミノ酸，特にグルタミン，グリシン，アラニン，プロリンなどを多量に蓄積するためである．アミノ酸は通常L型の光学異性体であるが，イセエビのアラニンは40％ほどのD-アラニンを含んでいる．これは甲殻類およびハマグリやミルガイなどの異歯亜綱に属する二枚貝の特徴である．一方，運動の活発な無脊椎動物ではアルギニンも多い．これはアルギニンリン酸（phosphoarginine）として存在し，脊椎動物のクレアチンリン酸（phosphocreatine）に代わるATP貯蔵の役割を担っている．これらの遊離アミノ酸は2-2で述べるこれら魚介類の味に大きく寄与している．

魚類筋肉には種により多量のイミダゾールジペプチド（imidazole dipeptide）が存在する．カルノ

表4-3　数種魚介類のエキス成分組成　　（mg/100 g）

化合物名	メバチ[*1]	マダイ[*2]	ネズミザメ[*3]	アオリイカ[*4]	イセエビ[*5]
主要遊離アミノ酸					
タウリン	6	138	44	310	201
グルタミン酸	1	5	12	4	9
プロリン	1	2	7	1,029	114
グリシン	6	12	21	896	1,191
アラニン	11	13	19	178	92
バリン	6	3	7	11	25
ロイシン	6	4	8	5	18
リシン	4	11	3	6	15
アルギニン	1	2	6	689	515
ヒスチジン	231	4	8	1	＋
ジペプチド					
カルノシン	2	＋	－		
アンセリン	919	＋	1,060		
ヌクレオチド					
ATP	4	11	－	3	13
ADP	9	6	7	40	120
AMP	20	10	5	249	92
IMP	363	342	112	＋	101
グアニジル化合物					
クレアチン	530	718	507		
クレアチニン	－	17	33		
メチルアミン					
TMAO	130	246	1,100	624	282
TMA	＋	＋		＋	1
グリシンベタイン				732	501
ホマリン				6	152
有機酸					
乳酸	920			＋	
コハク酸				4	
その他					
尿素			1,520		

空欄：未検討，＋：痕跡，－：未検出．
[*1] 郡山ら，2000；[*2] Konosuら，1974；[*3] 須山・鈴木，1975；
[*4] Kaniら，2007；[*5] Shiraiら，1996.

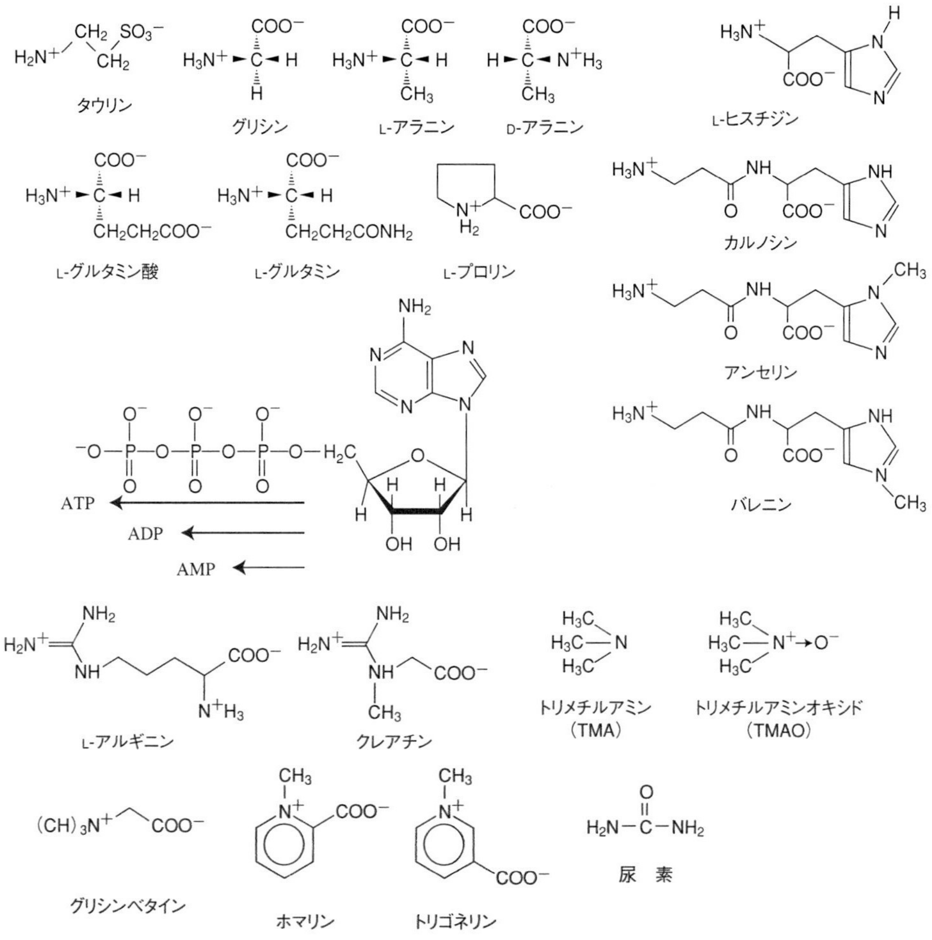

図4-6 代表的なエキス成分の構造

シン（β-アラニル-L-ヒスチジン）は魚類には比較的少なく，ウナギやアナゴに400 mg/100 g前後含まれ，主要なエキス成分であるが，陸上動物には極めて多い．カツオ・マグロ類，カジキ類，サケ類などの普通筋には多量のアンセリン（β-アラニル-π-メチル-L-ヒスチジン）が存在する．クロカジキ普通筋では2,500 mg/100 gも検出されている．サケ類でも500 mgを超える．血合筋中の含量は普通筋の1/4から1/10に過ぎない．表4-3に示すように，サメ類でも種により多量のアンセリンをもつ．魚類以外では鳥類の白筋（鶏や七面鳥の胸筋）に多量に含まれる．筋肉中のイミダゾールジペプチドとしては他にバレニン（別名オフィジン；β-アラニル-τ-メチル-L-ヒスチジン）がクジラ類，特にヒゲクジラの骨格筋に1,200～1,600 mg/100 gと多量に存在する．コブラなどのヘビ類の筋肉にも多い．これらイミダゾールジペプチドは，激しい嫌気的運動時に筋肉中に生成蓄積し，筋肉pHを低下させ，筋肉疲労を起こすプロトン（水素イオン）を捕捉し，運動時間を延ばすプロトン緩衝作用を示すとともに，活性酸素の消去活性を示し，またタンパク質の架橋形成を抑制し老化を防止するなどの多彩な生理機能を示すことが知られている．

核酸を構成するヌクレオチド，ヌクレオシドおよび核酸塩基類ではアデノシン5'-三リン酸（ATP）関連化合物が主要なものである．生時には筋肉のエネルギー状態に応じてATP，アデノシン5'-二リン酸（ADP）あるいはアデノシン5'-一リン酸（AMP）が主要なヌクレオチドであるが，§3.で述べるように死後は魚類や甲殻類ではAMPデアミナーゼによりイノシン5'-一リン酸（IMP）を生じ，その後イノシン，ヒポキサンチンに分解されていく．IMP以後の分解活性が弱いため，IMPが蓄積しやすい．イカ・タコなどその他の無脊椎動物ではAMPから5'-ヌクレオチダーゼによりアデノシンを経てイノシン，ヒポキサンチンに分解されるが，分解酵素の活性が弱いためにAMPが蓄積しやすい．イカの肝臓ではIMPの蓄積も観察される．これらIMPおよびAMPは2-2で述べるように，魚介類のうま味に大きく寄与している．

分子内にグアニジル基を有する化合物をグアニジノ化合物（guanidino compound）といい，上記のアルギニンもグアニジノ化合物の一種といえる．クレアチンは脊椎動物の唯一のホスファゲン（phosphagen，高エネルギーATP貯蔵物質）であるクレアチンリン酸として，無脊椎動物のアルギニンリン酸と同様に筋肉におけるATP貯蔵の働きをしている．筋肉運動の初期にクレアチンリン酸はADPにリン酸基を渡してクレアチンになるとともにATPを生成し，数秒から数十秒間の筋肉運動を支える．魚類筋肉では休息時には10～30 μmol/g$_{筋肉}$のクレアチンリン酸の存在が確認される．クレアチンリン酸は筋肉からのエキスの調製時や保存時に分解され，クレアチンとして定量されることが多い（表4-3）．クレアチンは赤身魚よりも白身魚に多い傾向がある．また，血合筋よりも普通筋に多い．クレアチンはアルギニンとグリシンからグアニジノ酢酸（別名グリコシアミン）を経て合成される．クレアチニンは生時あるいは鮮魚には僅かしか存在しないが，加熱や発酵過程においてクレアチンリン酸およびクレアチンから脱水，環化されて生成する．

メチルアミン（methylamine）は従来第4アンモニウム塩基（第4級アンモニウム塩基ともいわれていたが，有機化学的には第4あるいは4級のどちらかでよい）と呼ばれていたもので，窒素にメチル基が結合した化合物群であるため，現在はメチルアミン類と総称されている．トリメチルアミンオキシド（TMAO）およびトリメチルアミン（TMA）は陸上動物には含まれず，魚介類に特徴的な成分である．サメ・エイ類（軟骨魚類あるいは板鰓類）に極めて多量に含有されている（表4-3）．シーラカンスやタラでもTMAO含量は高い．一般に海水魚の筋肉に多いが，淡水魚でもティラピアのように特異的にTMAOを多量にもっているものも存在する．無脊椎動物ではイカ・タコ類（頭足類）の外套筋に多く，貝類には一般に少ない．

筋肉のTMAOの合成経路に関しては，餌由来のコリンから腸内細菌によりTMAが生成し，肝臓および腎臓でこのTMAからTMAOが合成され，筋肉に蓄積することが知られている．餌由来のTMAOも腸内細菌により一旦TMAに還元されたのち同様に処理されるものと考えられている．TMAは生時には極めて少ないが，死後主として細菌の酵素によりTMAOより生成され，魚介類の生ぐさ臭の原因となる．タラのような特殊な魚種では筋肉中にTMAOデメチラーゼ（脱メチル化酵素）が存在し，TMAOからジメチルアミンとホルムアルデヒドを生成し，後者はタンパク質と結合することからタラの肉質劣化の原因となる．TMAOデメチラーゼは極めて特殊な酵素で，ほぼポリアスパラギン酸の骨格をもっている．

ベタイン（betaine）類は無脊椎動物筋肉から数種が単離同定されているが，水生動物に量的に多

いのは鎖状のグリシンベタインと環状のホマリンである．トリゴネリンはホマリンの異性体で，ホマリンよりも含量は1桁少ないが，淡水産甲殻類ではホマリンより多く，グリシンベタイン含量と同程度である．海産無脊椎動物の筋肉および内臓にはグリシンベタインが多量に存在し，エゾボラやマガキ筋肉のグリシンベタイン含量は1,500 mg/100gを超える．種によっては浸透圧調節に寄与するオスモライト（osmolyte）であることが知られている．グリシンベタインはコリンから合成される経路とグリシンからサルコシンを経由して合成される経路が推定されている．一方，ホマリンはピコリン酸のメチル化による合成経路あるいはグリシンとサクシニルCoAからの合成経路が知られている．トリゴネリンはニコチン酸のメチル化で合成されることが確認されている．これらのベタイン類は植物にも存在し，ストレス耐性因子や成長促進因子として作用する．

尿素は尿素回路により合成され，哺乳類などではアミノ態窒素の廃棄形態であるが，水生動物では一般に鰓からアンモニアとして窒素を廃棄しており，魚類でも尿素回路は存在するものの活性は低く，その構成成分のアルギニンは必須アミノ酸となっている．しかしながら，サメ・エイ類は尿素を合成し，血液から筋肉に至るまで多量の尿素を蓄積している（表4-3）．軟骨魚類においては，尿素はTMAOとともに重要なオスモライトとして利用されている（1-6を参照）．サメ・エイ類では死後尿素からアンモニアが生成するため，その肉はアンモニア臭が強い．一方，生きた化石ともいわれるアフリカおよび南米の肺魚類は通常は鰓からアンモニアとしてアミノ態窒素を廃棄しているが，乾期になると泥中で繊維状物質を分泌して繭のようなシェルターを作り夏眠する．このときにはアンモニアは尿素回路に入り，尿素として尿中に排泄される．

無窒素成分としては魚介類ではグルコースやリボースなどの単糖類，解糖系の構成要素である糖リン酸がわずかに存在し，死後増加傾向を示す．有機酸では解糖系の最終産物である乳酸が魚類筋肉には多量に認められる．漁獲時の激しい消耗によってグリコーゲンから生成するものである．一方，クエン酸回路の構成成分であるクエン酸，リンゴ酸，コハク酸などが微量ではあるが検出される．特に，二枚貝では殻を閉じている間にコハク酸含量が増加することが確認されており，プロピオン酸の生成も認められる（1-6を参照）．

低分子成分としてはここに述べたエキス成分以外に色素成分，臭い成分などがあげられるが，ここでは省略する．

（阿部宏喜）

1-5 海藻成分

「藻類とは何か」という定義は難しい．原始真核生物が藍藻（シアノバクテリア）を取り込む共生（一次共生）によって葉緑体を獲得して生じた生物の他に，この生物をさらに別の原生生物が取り込む二次共生の結果，光合成を行うようになった種々の生物群を含むからである．海藻（algae）とは，緑藻，褐藻，紅藻に属する大型藻類を指すが，緑藻および紅藻が一次共生により生じた生物群であるのに対し，褐藻は二次共生により生じたものであり，それぞれが特徴的な構成成分をもつ．ここでは海藻類の多糖類および光合成色素について述べる．

1）糖　質

海藻は魚介類と異なり一部の例外を除いてはタンパク質や脂質の含量が低く，糖質が主要な体構成成分である．海藻の糖質は，細胞壁骨格多糖，細胞間粘質多糖，細胞内貯蔵多糖に分けられる．そ

れぞれに相当する多糖は緑藻，紅藻，褐藻の間で異なるが，同じグループ内でも種によって差違があり，極めて複雑な分布をしている．海藻の多糖には寒天（agar）やアルギン酸（alginic acid）など，産業上有用なものも含まれる．

a）細胞壁骨格多糖　緑藻の細胞壁を構成する多糖は，D-グルコピラノースがβ-1, 4グリコシド結合で連なっているセルロースである．緑藻は陸上植物同様にこのグルコース鎖（グルカン分子）が平行に並んだセルロースⅠを有している種類もあるが，一部のグルカン分子が逆方向に走るセルロースⅡを有している種類もある．また，β-1, 3-キシランやβ-1, 3-マンナン（ヘミセルロース）を骨格多糖としている種も存在する．褐藻の細胞壁骨格多糖はセルロースⅡとヘミセルロースからなる．紅藻中，真正紅藻綱に属するものは褐藻と同様にセルロースⅡおよびヘミセルロースからなる細胞骨格多糖を有しているが，アマノリ属などの原始紅藻綱に属する種ではセルロースではなく，β-1, 3-キシランやβ-1, 4-マンナンから成る骨格多糖を有している．

b）細胞間粘質多糖　緑藻には含硫キシロアラビノガラクタンなどの水溶性硫酸多糖が存在する．褐藻の細胞間粘質多糖にはアルギン酸とフコイダン（fucoidan）がある．

アルギン酸はD-マンヌロン酸（M）とL-グルロン酸（G）の2種類のウロン酸からなる．Mがβ-1, 4結合で連続したMブロックと，Gがα-1, 4結合で連続したGブロック，およびMとGが混在するMGブロックがある（図4-7）．アルギン酸に含まれるMとGの割合は海藻の種類により異なり，また同一種であっても部位や時期によっても変動する．アルギン酸のナトリウム塩は可塑剤として食品添加物などに利用され，有用である．

フコイダンとはL-フコースとエステル硫酸を主体とする硫酸多糖類の呼称である（図4-7）．構成単糖としてL-フコース以外にガラクトース，キシロース，グルクロン酸などを含むものが多い．フコイダンのうち，グルクロン酸の含量が5％以下のものを真正フコイダンと呼び，それ以上のものをフカンと呼ぶが，ガラクトースの含量がフコースより多いフコイダンもあり，フコイダンの構造は極めて複雑である．

紅藻の粘質多糖としては寒天とカラゲナン（carrageenan）が代表的なものである．両者ともD-ガラクトース残基から構成される多糖である．ゲル形成能があるため，食用や化粧品の保湿剤などとしての需要がある．寒天は通称「てんぐさ」と呼ばれるテングサ目，スギノリ目，イギス目の紅藻類に含まれる多糖であり，アガロースとアガロペクチンの混合物である．アガロースは，D-ガラクトースと3, 6-アンヒドロ-L-ガラクトースがβ-1, 4結合してアガロビオースという二糖類を構成し，それがα-1, 3結合によりつながった直鎖状多糖である（図4-7）．アガロペクチンは，アガロースを構成するアガロビオースの一部に，ピルビン酸や硫酸基が結合したものを含むものである．ゲル形成能は3, 6-アンヒドロ-L-ガラクトースが多いほど，また硫酸基の含量が少ないほど大きいので，結果としてゲル強度はアガロース含量に依存するが，これには季節変動がみられる．

カラゲナンはスギノリ科，ミリン科，オキツノリ科の紅藻に分布する硫酸多糖であり，構成しているD-ガラクトース残基中の硫酸基の数や位置により，ι（イオタ），κ（カッパ），λ（ラムダ），μ（ミュー），ν（ニュー），ξ（クシー）の6種に分類されている．μカラゲナンは4位の水酸基に硫酸基がついたD-ガラクトースと6位の水酸基に硫酸基がついたD-ガラクトースが結合して二糖を構成し，それがα-1, 3結合により繰り返しつながった多糖である（図4-7）．この構成単位の二糖中，6位の水酸基

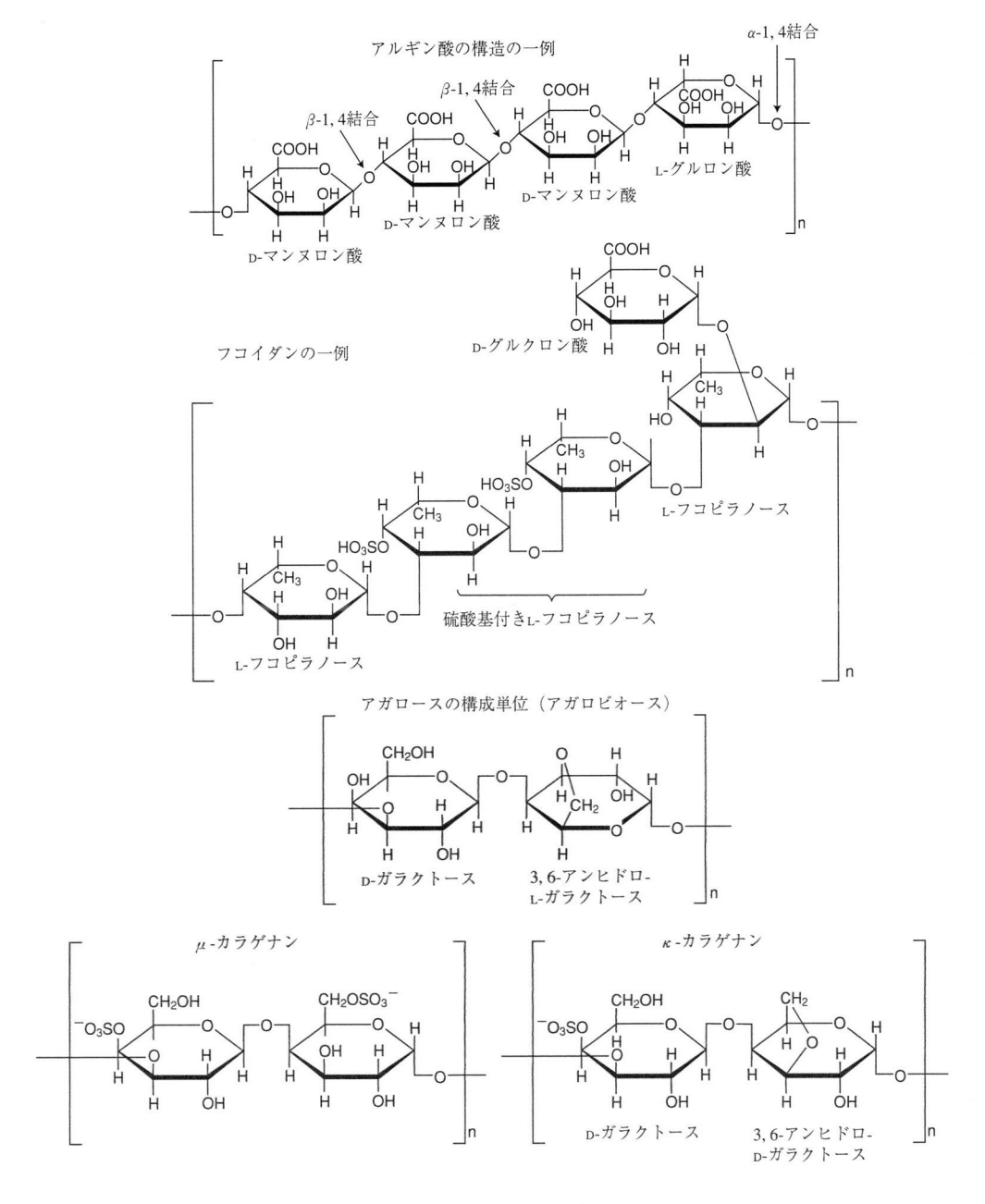

図4-7 海藻に含まれる粘質多糖類

に硫酸基がついたD-ガラクトースが，3,6-アンヒドロ-D-ガラクトースになったものがκカラゲナンである．μカラゲナンはκカラゲナンの前駆体と考えられている．同様にνはιの，λはξの前駆体と考えられている．カラゲナンの含量および組成は藻体の年齢，部位，季節により変動する．その他，紅藻にはポルフィランやフノランなども存在する．

c）**貯蔵多糖** 緑藻は貯蔵多糖としてデンプン（D-グルコースがα-1,4結合で直鎖状に連なった

アミロースと，α-1, 6結合で分岐したアミロペクチンから構成される）を蓄積する．褐藻の貯蔵多糖はラミナラン（laminaran）である，ラミナランにはD-グルコースがβ-1, 3結合で連なる主鎖に，一部β-1, 6結合で枝分かれしている箇所が混在する．また，還元末端にマンニトールをもつものともたないものがある．β-1, 6結合をしているグルコース残基の存在比や，末端マンニトールの有無は藻種によって異なる．一般にラミナランは春から夏に増え，マンニトールの含量と負の相関を示すことが知られている．紅藻にはα-1, 4グルカンを主体とする紅藻デンプン（floridean starch）と呼ばれる貯蔵多糖が存在する．

2）光合成色素

海藻の光合成色素にはクロロフィル，カロテノイド，フィコビリン（phycobilin）の3種があり，これらの色素の分布は進化上の系統と深く関わりがある．クロロフィルaは全ての海藻類において主たる光合成色素であり，その他のクロロフィル類，カロテノイド，フィコビリンは，光を吸収して得た励起エネルギーを，クロロフィルaに渡す補助色素としての役目を果たしている．

a）クロロフィル　クロロフィルはマグネシウム（Mg）と配位した脂溶性の金属ポルフィリン色素である．クロロフィルは慣用としてクロロフィル（以下Chlと略）a, Chl b, Chl c, Chl dに分けられる（図4-8）．緑藻は陸上植物と同様にChl aとChl bをもつ．褐藻はChl aとChl cをもつ．Chl cは側鎖の違いによりChl c_1, Chl c_2, Chl c_3に分類され，褐藻は通常Chl c_1とChl c_2を有するが，Chl c_3をもつものも存在する．紅藻はChl aのみをもつ．Chl dは紅藻抽出物中に見つかったが，天然物として存在するのかは長らく不明であった．1996年に*Acaryochloris marina*というパラオ産のホヤ体内から単離された藍藻（シアノバクテリア）にChl dが存在することが確認され，また紅藻上に付着しているこの藍藻の仲間が見つかったことから，Chl dは藍藻由来であると結論づけられた（Miyashitaら，1996）．

b）カロテノイド　カロテノイドは基本的には8個のイソプレノイド単位からなる炭素数40のテトラテルペンであり脂溶性である．炭化水素であるカロテンと酸素原子を含むキサントフィルに分けられる．カロテノイドは光合成系において400〜500 nmの光エネルギーを吸収し，光化学反応を起こすクロロフィルに励起エネルギーを渡すアンテナ色素として働くほか，過剰な光による傷害を防ぐ機能がある．海藻におけるカロテノイドの分布も，進化上の系統と関連がある．緑藻は陸上植物に似たカロテノイド組成をしており，β-カロテンとルテインが主成分である（図4-8）．その他にα-カロテン，ビオラキサンチン，ネオキサンチン，アンテラキサンチン，ゼアキサンチンなどが存在する．また緑藻の中でもより深い所に生息する種では，通常のカロテノイドより長波長（540 nm付近）の光を吸収するシフォナキサンチンやその脂肪酸エステルのシフォネインをもつ．上述の吸収波長は深所に到達する緑色光に相当し，光が届きにくい環境で光合成を行うのに役立っていると考えられている．褐藻の主なカロテノイドはβ-カロテンとフコキサンチンであり，後者は前者の数倍存在する．褐藻では総カロテノイド含量が総クロロフィル含量に比べて高いため，クロロフィルの緑色がカロテノイド，特にフコキサンチンの橙色にマスクされ褐色に見える．紅藻のカロテノイド組成は緑藻と似ており，β-カロテン，ルテイン，ゼアキサンチンなどが存在する．

c）フィコビリン　紅藻は緑藻，褐藻と異なり光合成のアンテナ色素として，直鎖状の開環テトラピロールであるビリンが，タンパク質に結合したフィコビリンをもつ．フィコビリンは水溶性タン

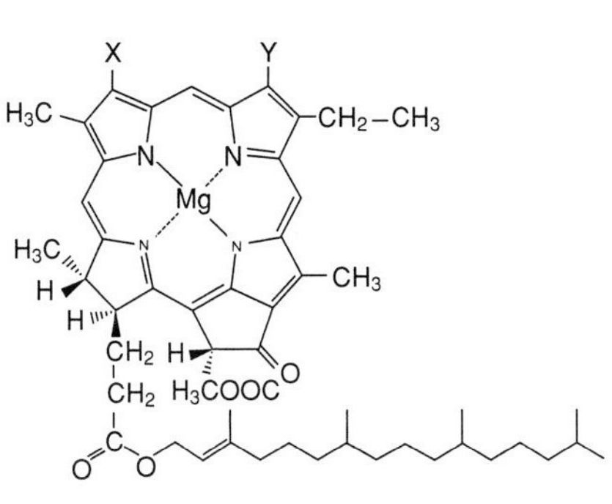

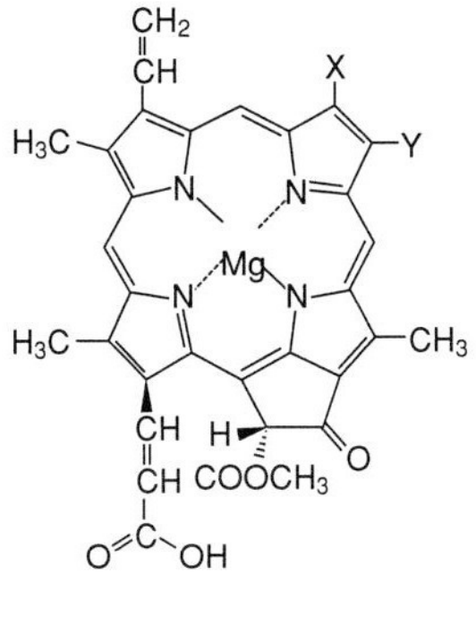

クロロフィルa：X=CH=CH$_2$, Y=CH$_3$
クロロフィルb：X=CH=CH$_2$, Y=CHO
クロロフィルd：X=CHO, Y=CH$_3$

クロロフィルc_1：X=CH$_3$, Y=CH$_2$CH$_3$
クロロフィルc_2：X=CH$_3$, Y=CH=CH$_2$
クロロフィルc_3：X=COOCH$_3$, Y=CH=CH$_2$

β-カロテン

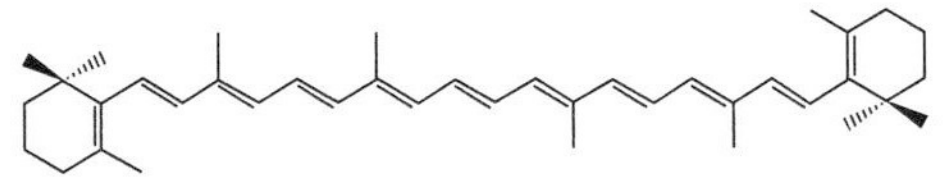

ルテイン

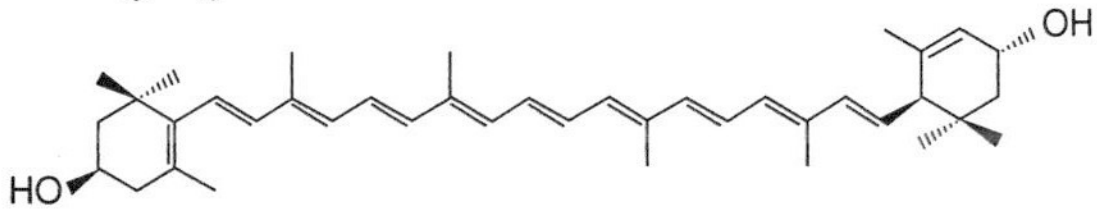

シフォナキサンチン

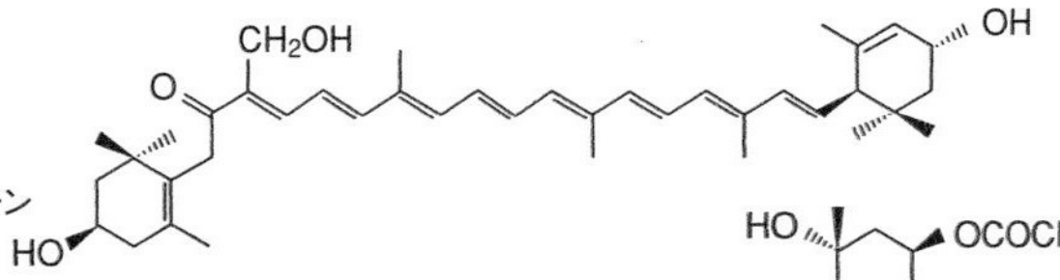

フコキサンチン

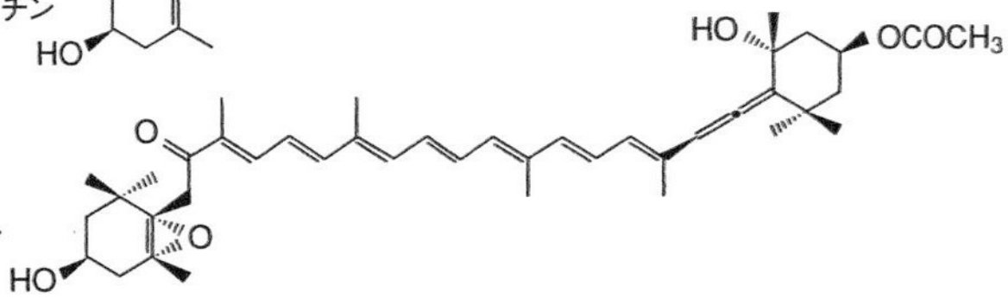

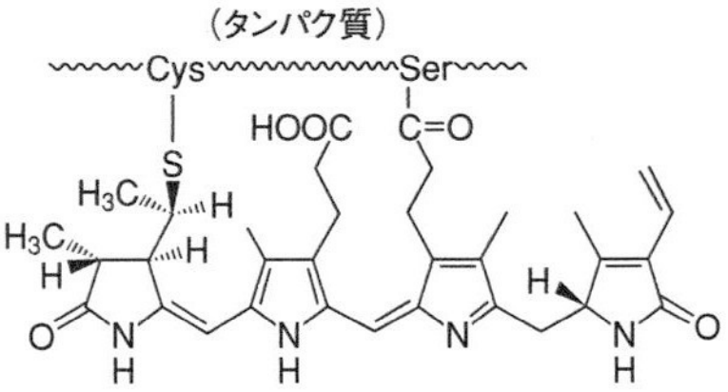

フィコエリトロビリン

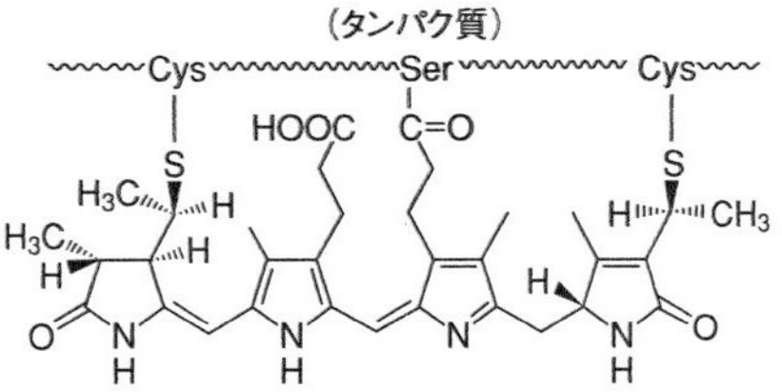

フィコウロビリン

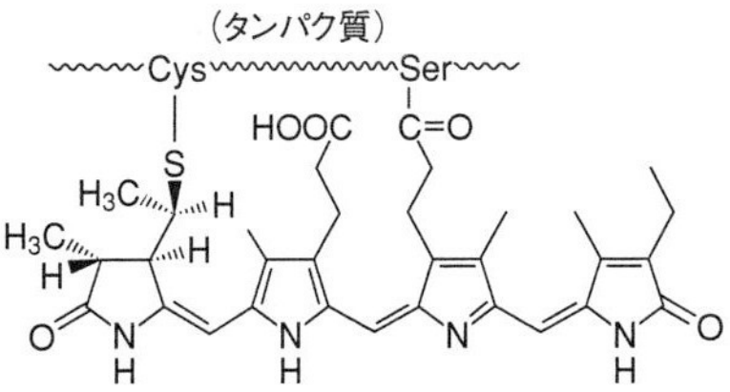

フィコシアノビリン

図4-8　海藻類に含まれる色素

パク質であり，生体内では葉緑体チラコイド膜上に会合し，フィコビリソームという顆粒として配位している．フィコビリンは550〜650 nmの光エネルギーを受容し，従来分光学的な性質の違いからフィコエリトリン（phycoerythrin），フィコシアニン（phycocyanin），アロフィコシアニン（allo-phycocyanin）の3種類に分類されていたが，最近では発色団の性質やタンパク質当たりの発色団の数などにより，さらに細かく分類されている．フィコエリトリンはビリンとしてフィコエリトロビリン（phycoerythrobilin）単独或いはフィコウロビリン（phycourobilin）を含む．αサブユニットおよびβサブユニット各1本ずつからなる$\alpha\beta$単量体が6個会合して6量体を形成している．また，$\alpha\beta$の6量体にさらにγサブユニットが1つ付加したものもみられる．フィコシアニンおよびアロフィコシアニンは，ビリンとしてフィコシアノビリンのみを含み，基本的には$\alpha\beta$単量体が3個会合した3量体を形成している．

（岡田　茂）

1-6　比較生化学

比較生理生化学といわれる学問分野は，多様な生物の生理，生態，形態，行動などの種の生活と環境適応現象のメカニズムを，生化学や分子生物学も含めた様々な手法で明らかにする分野である．したがって，常に生物進化（biological evolution）と環境適応（environmental adaptation）がバックグラウンドにある．水生動物に関しても水圏環境の多様性との関連で古くから興味がもたれ，特に近年の分析手法の発展に伴って様々な特異的現象のメカニズムが明らかになってきている．ここでは水生動物に特徴的な幾つかの現象とそのメカニズムについて解説する．

1）無脊椎動物の細胞内等浸透圧調節

魚類の大多数を占める硬骨魚では淡水魚であろうと海水魚であろうと，その血液の浸透圧（osmotic pressure）は海水の1/3程度に保たれている．この点は陸上動物でもほぼ同様である．硬骨魚の場合は鰓にある塩類細胞（chloride cell）により無機イオンの排出や取り込みを制御し，血液の浸透圧を維持している（細胞外不等浸透圧調節：extracellular anisosmotic regulation）．一方，無脊椎動物は開放血管系をもち，心臓を出た血液（血リンパ：hemolymph）は体内をくまなく廻って心臓に戻る．鰓における塩類調節能が低い種では高浸透圧環境下においては血リンパに塩類が流入し，血リンパの浸透圧は外部環境のそれと等しくなる．モクズガニなどの甲殻類のように，高浸透圧環境下でも血リンパの浸透圧をかなり低く維持できる種もいる．一方，低浸透圧環境下ではいずれの種でも血リンパを介して栄養分などを運搬するため，ある程度は外部環境よりは高浸透圧に保たれている．

汽水域に生息する無脊椎動物では日々環境の塩濃度の変化に耐えなくてはならないが，血リンパの浸透圧変化に応答して細胞内の浸透圧が変動しては恒常的な生命活動は営めない．そこで，多くの無脊椎動物は高浸透圧環境下では，体内で容易に合成の可能な非必須アミノ酸，ベタイン類あるいはTMAO（1-4参照）などを蓄積し，細胞内浸透圧を高めて血リンパからの無機イオンの流入を阻止している．これは細胞内等浸透圧調節（intracellular isosmotic regulation）と呼ばれている．この目的に用いられる化合物は浸透有効物質（オスモライト：osmolyte）と呼ばれる．アミノ酸でも塩基性アミノ酸や酸性アミノ酸は細胞内に多量に蓄積すれば，タンパク質との相互作用によりタンパク質の立体構造の不安定化などを引き起こす原因となる．一方，中性アミノ酸であればそのような影響は低く抑えられる．特に，グリシンやアラニンは側鎖が小さく，タンパク質と相互作用をするような官能基

をもっていない．このようなアミノ酸やタウリン，ベタイン類，TMAOなどは適合溶質（compatible solute）と呼ばれている（表4-3参照）．

図4-9にアメリカザリガニの淡水から全海水までの順応過程における筋肉の遊離アミノ酸の変動を示す．50％海水まではいきなり収容しても影響はないが，それ以上の高浸透環境には時間をかけて順応させる必要がある．高浸透環境下で増加するオスモライトは種あるいは同一種でも器官によってやや異なる．アメリカザリガニの筋肉では，D-, L-アラニン，L-グルタミン，グリシン，L-プロリンが増加しており，遊離アミノ酸総量は2倍以上に増加している．これらのアミノ酸がアメリカザリガニ筋肉のオスモライトである．肝膵臓ではタウリンも増加し，神経組織ではD-, L-アラニンとL-プロリンのみで浸透圧を高めている．図4-10の代謝マップに示すように，これらのアミノ酸は解糖経路およびクエン酸（TCA）回路で容易に合成が可能であり，高浸透環境に移したのち24～36時間でほぼ

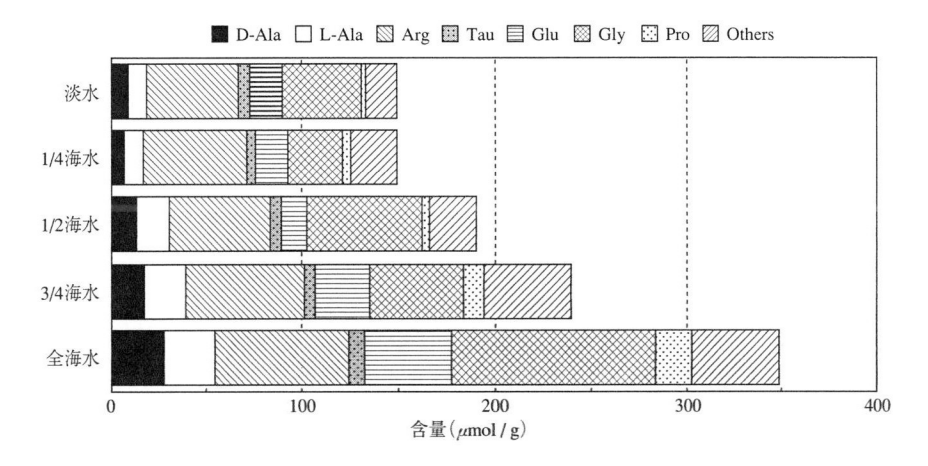

図4-9 アメリカザリガニを淡水から全海水にまで順応させた場合の筋肉の主要遊離アミノ酸の変動
(阿部, 2000より作成)

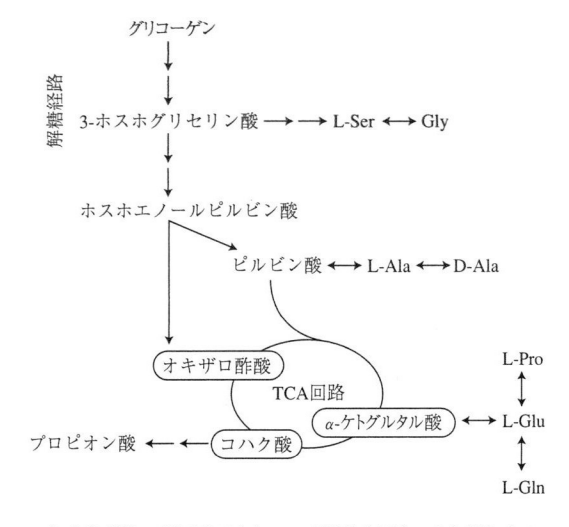

図4-10 無脊椎動物の高浸透順応あるいは低酸素順応により増加するアミノ酸あるいは有機酸の代謝経路　　　　(阿部, 2002を改変)

平衡に達する速い順応である．これまでに多くの無脊椎動物についてオスモライトの役割が明らかにされてきたが，D-アラニンがオスモライトの一つとして機能していることはごく最近になって解明されている．D-アラニンは少なくともエビ・カニ類と異歯亜綱の二枚貝でオスモライトとして機能しており，翼形亜綱のマガキなどではほとんどタウリンのみをオスモライトとしている．甲殻類や異歯亜綱の二枚貝では高浸透環境に順応した方がグリシンやアラニンなどの甘いアミノ酸が増加するため，塩味の増強とも相まって美味しくなることが知られている．

2）サメ・エイ類におけるTMAOのタンパク質安定化機能

硬骨魚類とは異なり，軟骨魚類の血液の浸透圧はほぼ海水のそれに等しい．血液を始めすべての組織に多量の尿素およびTMAOを蓄積し，浸透圧を高めている（1-4参照）．尿素はタンパク質の変性剤であり，多量に蓄積することは細胞内環境にとっては致命的である．しかしながら，TMAOはタンパク質構造を安定化させる作用があり，尿素のタンパク質変性作用を中和（相殺）する溶質（counteracting solute）と考えられている．表4-3に示したように，ネズミザメの尿素とTMAOの含量はいずれもかなり高いが，モル比では253:147 μmol/gと2:1に近くなっている．このモル比で尿素とTMAOおよびその他のメチルアミン類が存在する場合にタンパク質構造に対する影響が最も小さいと考えられている．さらに，サメ・エイ類のタンパク質は尿素の変性作用に対して抵抗性をもつことも知られている．

3）低酸素/無酸素ストレス耐性

動物はすべて分子状酸素を呼吸する必要があるが，水中は陸上に比べて1/30の酸素量しかなく，常に酸素欠乏状態におかれている．そのため動物によっては極めて高い低酸素（hypoxia）あるいは無酸素（anoxia）耐性をもつように進化してきている．クジラやアザラシなどの潜水性哺乳類やカメ類でもよく研究が行われているが，魚介類ではマガキがチャンピオンで，殻を閉じて25℃で3週間の無酸素生活に耐えることが知られている．ハマグリなどでも10日位は生きられる．このような無酸素生活中に嫌気代謝の最終産物として乳酸を蓄積したのでは耐えられない．嫌気最終産物の処理は嫌気代謝を行う動物では極めて重要な課題である．無脊椎動物では解糖経路で生成するピルビン酸を乳酸に変換するのではなく，アミノ酸と反応させて中性のオピン（opine）と総称される化合物に変換している．無脊椎動物の種によって異なるが，アルギニンと反応すればオクトピンと呼ばれるオピンが生成し，その他アラノピン（アミノ酸はアラニン），ストロンビン（グリシン），タウロピン（タウリン）およびβ-アラノピン（β-アラニン）が知られている．いずれもオピンデヒドロゲナーゼと総称されるデヒドロゲナーゼによって触媒され，乳酸デヒドロゲナーゼと同様にNADHを消費してNAD$^+$を再生できるため，解糖系のレドックスバランス（redox balance, 解糖経路で消費される補酵素NAD$^+$のリサイクル）は維持される．

二枚貝は嫌気生活中ピルビン酸からアラノピンを生成する以外に，図4-10に示すようにホスホエノールピルビン酸からホスホエノールピルビン酸カルボキシキナーゼによりオキザロ酢酸を生成し，その後TCA回路を逆行し，リンゴ酸，フマル酸を経てコハク酸を生成する．さらに，コハク酸からプロピオン酸を生成することもできる．嫌気生活の初期にはピルビン酸からアラニンとコハク酸を蓄積し，嫌気生活が長引くとアラノピンとプロピオン酸を生成蓄積することが明らかにされている．コハク酸はアサリのうま味成分であることが知られ（2-2参照），ホタテガイなどでもしばらく無酸素状

態で貯蔵した方が美味しくなることが報告されている．炭素の流れはホスホエノールピルビン酸段階で調節されており，この段階はホスホエノールピルビン酸分岐点と呼ばれている．低酸素条件下で筋肉pHが低下し，またアラニンが蓄積することにより，ホスホエノールピルビン酸からピルビン酸を生成するピルビン酸キナーゼは阻害され，ホスホエノールピルビン酸カルボキシキナーゼが活性化されて，炭素はオキザロ酢酸方向に流れる．グリコーゲンのグルコース単位を解糖系のみにより乳酸やアラノピンの最終産物にする場合に得られる3分子のATPに対して，コハク酸やプロピオン酸に流すことによりそれぞれ5および7ATPが回収され，ATP収率はよくなる．いずれにしても，低酸素ストレス下では代謝を大きく抑制し，無駄なグリコーゲンの消費を抑えている．カイチュウなどの寄生虫でも最終宿主の哺乳類体内でコハク酸やプロピオン酸を蓄積する種が存在することが知られ，二枚貝と同じ戦略が採用されている．

　イカ・タコ類は1-4で述べたように，アルギニンリン酸をATP貯蔵に用いており，これは激しい運動の初期に消費されて多量のアルギニンを生成する．アルギニンは塩基性アミノ酸であり，側鎖にプラスの荷電をもち，細胞質内でタンパク質構造や酵素作用に悪影響を与えることになる．この影響を回避するため，イカ・タコ類は嫌気的運動時に乳酸をほとんど産生せず，ピルビン酸とアルギニンからオクトピンを嫌気最終産物として生成蓄積する．オクトピンは中性の両性電解質であり，タンパク質構造に対する影響はアルギニンと比べてはるかに小さい．オクトピンデヒドロゲナーゼによるピルビン酸とアルギニンからのオクトピンの生成にはNADHが必要で，NAD^+が生成するため，上記のレドックスバランスは乳酸を生成するのと同様に維持されている．このように，陸上動物とは異なり，運動あるいは低酸素ストレス下では嫌気的代謝により乳酸を生成しない動物も水圏環境にはかなり認められるのである．

　魚類にも低酸素ストレスによく耐え，しかも乳酸を生成しない種が存在する．コイ科魚類は高水温耐性とともに，低酸素耐性が高いことが知られている．キンギョやコイは冬の氷の張った池の中でじっと春を待つ間，ピルビン酸から乳酸ではなくエタノールを生成し，体外に排泄することにより，嫌気最終産物の蓄積を回避している．エタノールの生成には酵母による発酵と同じアセトアルデヒド経由あるいはアセチルCoAを経てアセトアルデヒドからエタノールを生成する経路が考えられるが，アセトアルデヒド経由が主要経路であると考えられている．その上，低温と低酸素下でじっと動かずにATPの消費を抑制する．このように，極限まで我慢することにより，長い冬に何とか耐えている動物達の姿が見えてくる．

　水生動物の環境適応に関しては近年急速にデータが蓄積されており，深海の高圧に対する適応，熱水噴出口生態系におけるエネルギーの流れなど，多くの興味深い現象とそのメカニズムが明らかにされつつあり，陸上とは異なる水圏の極限環境下に生きる生物たちの生存のための戦略に興味がもたれている．

〔阿部宏喜・吉川尚子〕

1-7　遺伝子工学

1）遺伝子の構造と機能

　遺伝子は核酸で構成される．さらに，核酸の構成単位であり，単体としてもエネルギー代謝に重要な役割を担っているヌクレオチドは，塩基，リン酸，糖よりなる．塩基には6員環と5員環のプリン

構造をとるアデニン，グアニン，6員環のピリミジン構造をとるシトシン，ウラシル，チミンとがある．これらの塩基にリボースまたはデオキシリボースが結合したものがヌクレオシドで，さらに糖部分の5'位の炭素にリン酸基が結合したものがヌクレオチドである．リン酸基1分子をもつヌクレオチドが鎖状に長くつながったものが核酸で，糖としてデオキシリボースを含むものがDNA (deoxyribonucleic acid) である．DNAを構成する塩基はアデニン，グアニン，シトシン，チミンで，この塩基の並び（塩基配列）が遺伝子情報の実体である．

DNAからなる遺伝子の重要な機能は，複製による次世代への遺伝情報の伝達と，転写によるRNA (ribonucleic acid) への遺伝情報の伝達がある．RNAでは糖としてリボースが含まれ，DNAのチミンがウラシルに代わる．RNAはリボソームRNAや転移RNAなどとして機能し，またはメッセンジャーRNA (mRNA) としてタンパク質合成（翻訳）の鋳型として使用される．

2）遺伝子工学の基礎技術

遺伝子工学の基礎技術はDNAの切断，結合，増幅および塩基配列の決定である．DNAの切断には制限酵素 (restriction enzyme) が用いられる．制限酵素はDNAの数塩基の配列を認識し，切断するエンドヌクレアーゼである．認識配列の異なる数多くの制限酵素が存在する．一方，DNAを結合する酵素がリガーゼで，これにより任意のDNA同士を連結できる．こうして切断され，連結されたDNAを組換え (recombinant) DNAと呼ぶ．DNAの増幅は，大腸菌などに導入しその*in vivo*複製系を利用する方法と，ポリメラーゼ連鎖反応（PCR：polymerase chain reaction）により*in vitro*で任意の領域を増幅する方法がある．RNAに関しては，RNAを鋳型にDNAを合成する逆転写 (reverse transcrip-tion) 反応によりRNAと相補的な配列をもつ，いわゆる相補的DNA (complementary DNA, cDNA) を合成することで，制限酵素による切断やPCRによる増幅などが可能になる．

DNAの塩基配列の決定法としては，マクサム・ギルバート法とサンガー（ジデオキシ）法が知られるが，現在サンガー法およびその発展形であるサイクルシークエンス法を用いた自動シーケンサが主流になっている．

3）組換えタンパク質

タンパク質情報を含むDNA配列を適当な転写制御配列をもつベクターに連結した組換えDNAを細胞に導入すると，細胞はそのDNAからmRNAを転写し，さらにタンパク質を作る．こうして得られるのが組換えタンパク質である．DNAを導入する宿主としては，大腸菌や酵母がよく用いられる．また，転写と翻訳に必要な酵素類からなる*in vitro*発現系も利用される．生体内の量が少なく精製が困難なタンパク質を簡便かつ多量に得ることができるため，魚類では種々のホルモンを組換えタンパク質として作成し利用する試みがなされている．組換えタンパク質の問題点として，糖鎖修飾や多量体形成などの翻訳後修飾が宿主の影響を受ける点があげられる．そこで，魚類の組換え遺伝子を導入する宿主として魚卵の利用が試みられ，ニジマス卵を用いて，2量体糖タンパク質であるキンギョ生殖腺刺激ホルモンを，活性を有する組換えタンパク質として作成した例が報告されている．

4）分子系統解析（molecular phylogenetics）と種判別

複製時のエラーや紫外線による損傷などでDNAの塩基配列に置換が起きることがある．いわゆる突然変異 (mutation) である．生物にとって不利な変異は進化の過程で排除されるが，有利な変異あ

るいは有利でも不利でもない変異は排除されることはない．こうしてDNAには進化時間に比例して変異が蓄積されていく．ポーリングは，血液中の酸素運搬タンパク質ヘモグロビンのアミノ酸の配列を生物種間で比較し，各生物種間でヘモグロビンは同じ機能であるのに，配列には違いがあること（ヒトとコイでは全体の49％のアミノ酸が異なる），さらに，異なるアミノ酸の多さと生物の分岐年代の間には直線的な比例関係があることを示した．1980年代から，水生生物でもアミノ酸配列や塩基配列から生物種間の系統関係や進化を考察する分子系統解析がさかんになり，新しい系統関係が多くの水生生物について報告されている．

　分子系統解析で用いられる種特異的な塩基配列を用いれば，種判別を行うことができる．形態からは判別できない稚仔魚や組織試料の種判別が可能になる．また，DNAはPCRで増幅できるので，微量試料の解析に威力を発揮する．また，DNAは熱に安定で，PCR法は混在する試料から特定のDNA配列を特異的に増幅できる．したがって，水産加工食品など，多種多様な魚介類が原料として使われ，加工形態も切り身やすり身，缶詰など多様である試料につき，原材料を判別する技術として効果的である．種判別法としては塩基配列を決定することが最も正確であるが，解析する試料数が多くなると時間と労力および費用を要する．そのため，塩基配列の違いを検出する簡便な方法が採られることが多い．SSLP（single strand length polymorphism）は，塩基配列の長さの違いを検出するもので，ゲノム中に多く含まれるマイクロサテライトなどの繰り返し配列を用いる．繰り返しの回数に種間で多型がある場合，塩基長が異なるので，電気泳動をするだけで違いを検出できる．また，塩基長が同じでも塩基配列中の制限酵素の認識配列に種間で違いがある場合，制限酵素で処理することで生成物の長さの違いとして区別できる（restriction fragment length polymorphism：RFLP）．その他，一本鎖DNAの高次構造の違いを利用したSSCP（single strand conformation polymorphism）や相補的なDNA鎖を用いたハイブリダイゼーションなど，一塩基多型（1塩基の違い，single nucleotide polymorphism：SNP）をも検出できる手法が開発されている．

　同種内でも長期間に渡って生息水域が隔離された集団間では，地域集団特異的に固定された塩基配列があると考えられる．これは，原産地の判別技術として応用される．一方，集団の隔離が不十分で，水域間で個体の交換がある場合，集団の違いはある塩基配列をもつ個体の出現頻度の違いとして現れる．したがって，1個体ではなく複数個体について調べ，各地域集団における頻度の違いを統計的に検定する必要がある．こうした手法は，集団遺伝学的な解析に用いられる．

5）ゲノムプロジェクト

　ある生物種のもつすべての遺伝情報を明らかにする試みがゲノムプロジェクトで，そのためにDNAの全塩基配列の決定が進められている．水生生物に関しては，ヒトの約1/8と脊椎動物で最もゲノムサイズが小さいフグ類がゲノム解析のモデルとして着目され，トラフグとミドリフグで他生物種に先駆けて全ゲノム配列の概要が報告された．その他，水生生物ではゼブラフィッシュ，メダカ，イトヨといった硬骨魚，両生類，原索動物，ノリなどの藻類でゲノムプロジェクトが行われている．その結果，生物種間で，個々の遺伝子ではなくゲノム全体にわたる塩基配列を比較（比較ゲノム）することが可能になった．これは，生物の進化を知る上で，また膨大なDNAの塩基配列の中から意味のある遺伝情報を抽出する上で大きな力を発揮している．今日，DNAシーケンサの性能は飛躍的に向上しており，1回の解析で数十億塩基を読める次世代シーケンサが登場している．各個体のDNA

の全塩基配列を決定し，SNPなどを用いて個体差を検出し，個体レベルでゲノムの多様性と表現型との関連を解析する時代になりつつある．

6）連鎖解析と優良形質遺伝子の探索

同一染色体上にある特定の遺伝子座の組合せが次世代へ一緒に遺伝する現象を遺伝的連鎖（linkage）と呼ぶ．一方，異なる染色体上にある遺伝子座同士は，それぞれ独立に遺伝し連鎖しない．また，同一染色体上にあっても，連鎖しない場合もある．同一染色体上にある2つの遺伝子座間で連鎖する確率は，両者の距離が近いほど高く，遠いほど低くなる．したがって，様々な遺伝子座間でそれらが連鎖する確率を調べれば，それぞれの染色体上の位置関係を知ることができる．これが連鎖解析で，得られた遺伝子の位置関係を連鎖地図と呼ぶ．遺伝子同士の連鎖の度合いは遺伝的距離で表わされる．遺伝的距離はDNA上の両遺伝子座の物理的距離に比例する．

連鎖地図を使うことで，ある形質の発現に関わる遺伝子を探し出すことができる．例えば，高成長という形質を発現する遺伝子を同定する場合を図4-11に示す．この作業が連鎖解析による遺伝子のマッピングである．実際には高成長といった形質は量的形質と呼ばれ，恐らく複数の遺伝子座が関与して発現する．この場合，統計解析で連鎖の程度を評価する作業が必要になる．量的形質遺伝子座（quantitative trait loci：QTL）解析はこのようにして量的形質に関わる遺伝子座に迫る手法である．

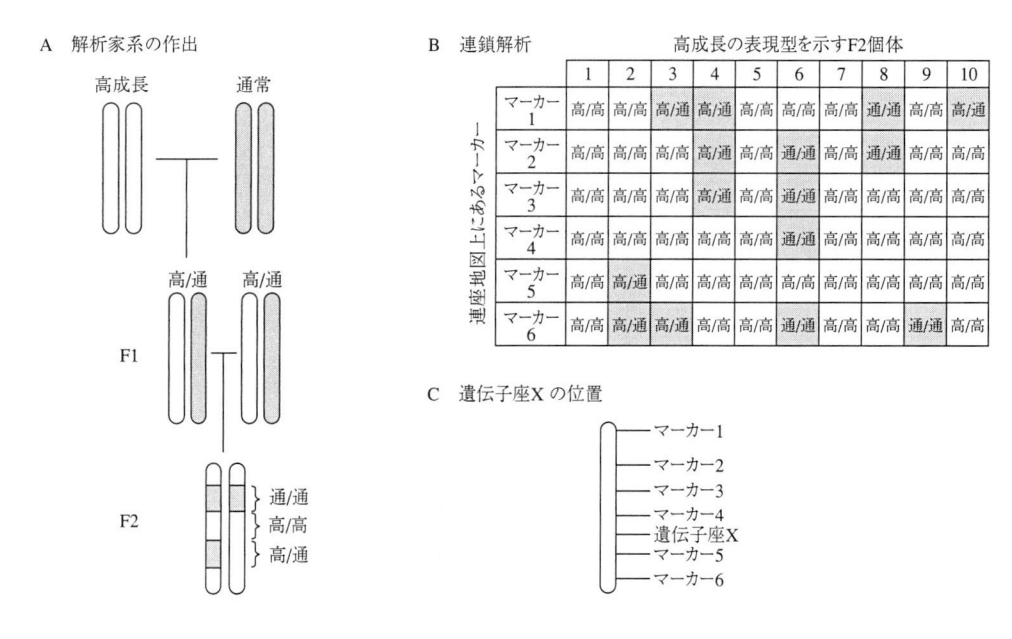

図4-11 連鎖地図を利用した高成長遺伝子のマッピング．
A，解析家系の作出．まず，遺伝的に高成長という形質をもつ個体と通常の個体と交配しF1世代を得る．さらにF1世代同士を交配，あるいはF1と親世代を戻し交配してF2世代を得る．この操作が解析家系の作出である．F2世代の染色体には，高成長由来の染色体（高）と通常個体由来染色体（通）が混在する．B，連鎖解析．連鎖地図を用い，染色体上の位置が判っている遺伝子座（マーカー）の遺伝子型（高成長由来か通常個体由来か）と表現型（高成長）との関連を解析する．あるマーカーにつき，高成長のF2個体で遺伝子型が高成長／高成長のホモとなっている割合が50％（連鎖しない場合の割合）より高ければ，そのマーカーは高成長に関与する遺伝子座Xと連鎖しており，マーカーと遺伝子座X間の遺伝的距離を算出できる．ここではある染色体上に順番に並ぶマーカー1から6につき，高成長の表現型を示す10個体のF2を解析した場合を例示する．マーカー4と5が最も強く連鎖しており，そこから離れるにつれ連鎖の度合いは弱くなる．この時，遺伝子座Xはマーカー4とマーカー5の間にある（C）．

水産増養殖では選抜育種により高成長や耐病性などの優良な遺伝的形質をもつ系統が作られている．さらに，大西洋サケ，トラフグ，ブリ，ヒラマサ，マダイ，ヒラメ，ニジマス，アユ，ティラピア，ナマズ，コイ，クルマエビ，ウシエビなどでは連鎖地図が作成されており，QTL解析を利用して優良形質に関連する遺伝子座の探索が行われている．

7）魚類を用いた突然変異体のスクリーニング

紫外線やアルキル化剤などの化学物質で処理することでDNAに突然変異を高率で誘発し，興味深い表現型を示す突然変異体を選別するのが突然変異体のスクリーニングである．突然変異体について，上述した遺伝子のマッピングにより原因遺伝子を同定すれば，その遺伝子の機能を明らかにできる．こうした解析には，連鎖地図（linkage map）があること，大量の個体を扱えること，世代交代時間が短いことが必須条件となり，もともと線虫やショウジョウバエで行われていたが，1990年代に入り，ゼブラフィッシュで突然変異体の大規模スクリーニングが行われ，その後メダカでも同様の解析が行われている．ゼブラフィッシュとメダカはマウス以外の脊椎動物では唯一，大規模な突然変異体スクリーニングが行われている生物種で，詳細な連鎖地図と全ゲノム配列のデータベースが公開されている．

8）トランスジェニック魚

細胞工学や発生工学の技術に遺伝子工学を取り込んで発達したのが，トランスジェニック（transgenic）生物の作出である．1985年に成長ホルモン遺伝子を導入したスーパーマウスが報告されたが，外来遺伝子を個体に導入する技術は，むしろ体外で発生する魚類に適用しやすい．トランスジェニック魚作出の基本的な流れを図4-12に示す．1980年代半ばからtransient（一時的）な外来遺伝子の導入例が報告され，1988年にはゼブラフィッシュで外来遺伝子が染色体に固定されたトランスジェニック系統が確立された．以降，様々な魚種で，様々な遺伝子を導入したトランスジェニック魚が報告されている．ギンザケの成長ホルモン遺伝子を導入することで，野生型の重量比37倍もの大きさに達するスーパーサーモンの作出はよく知られる例である．また，ある遺伝子を導入するだけでなく，除去する技術としてノックアウトマウスが知られる．これは多分化能と無限増殖能をあわせもつマウスの胚性幹細胞（embryonic stem cell：ES細胞）を利用したもので，まず相同組換えを利用して任意の遺伝子が除去されたES細胞を作り，そのES細胞から全身の細胞で遺伝子が除去された個体を作出する技術である．魚類でもノックアウト技術の確立を目指し，多分化能をもつ培養細胞系の確立と生殖系列キメラを作成する試みがメダカ，ゼブラフィッシュといったモデル魚だけでなく，マダイ，ヒラメなど複数の養殖魚でも行われている．

蛍光タンパク質遺伝子を導入することで可能になった生体内での分子の可視化（ライブイメージング）も，トランスジェニック生物の利用の可能性を大きく広げた．発生の研究で多く利用されるが，体外で発生し胚が透明な魚介類には特に適した技術といえる．メダカやゼブラフィッシュを中心に様々な組織や細胞を可視化したトランスジェニック魚が開発されている．ニジマス稚魚の始原生殖細胞を緑色蛍光タンパク質（green fluorescent protein：GFP）で可視化して摘出し，これをヤマメに移植することでヤマメにニジマスの精子や卵子を作らせることに成功している．異魚種で次世代を作出する'借り腹'技術は，絶滅危惧種の保全や魚類ノックアウト技術の確立などへの様々な応用可能性が注目されている．

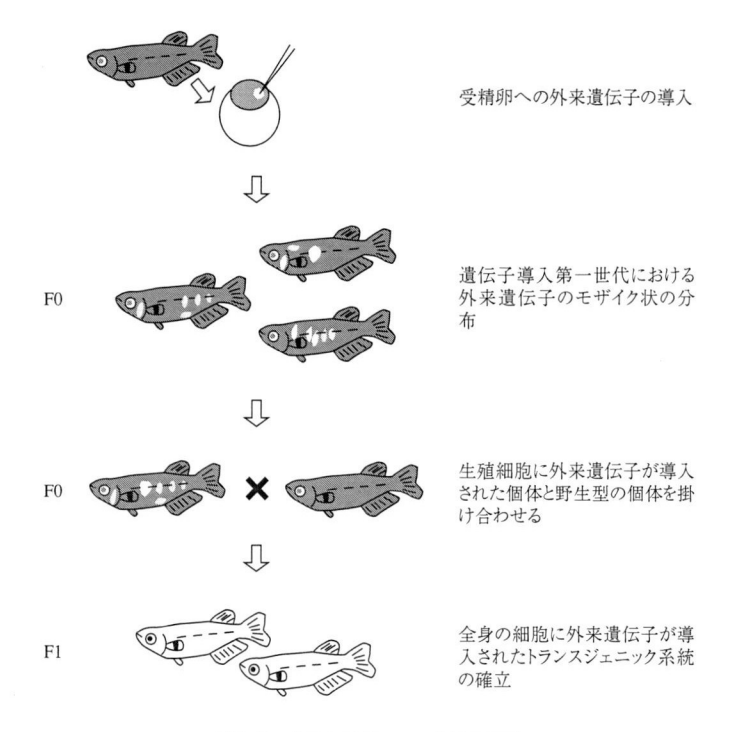

図4-12 トランスジェニック魚の作出．
まず外来遺伝子を受精卵へ導入する．手法はマイクロインジェクションが主流になっている．一細胞期の受精卵に遺伝子を導入しても，細胞分裂の過程で一部の細胞の染色体にしか外来遺伝子は取り込まれない．そのため，F0 世代では遺伝子の導入された細胞と導入されていない細胞がモザイクになる．これはtransientなトランスジェニックとして次世代以降と区別される．F0 世代のうち，生殖系列に遺伝子が導入された個体からは遺伝子導入された精子や卵子が作られ，そこから得られるF1 世代は全身の細胞が外来遺伝子をもつ．こうして外来遺伝子が染色体に固定されたトランスジェニック系統［stable（安定）なトランスジェニック］が確立する．

なお，こうしたトランスジェニック生物の取り扱いについては，2000年に生物多様性を守るために「バイオセーフティに関するカルタヘナ議定書」が採択された．これを基に，わが国においてもトランスジェニック生物の取り扱いは法的に厳しく規制されている．

（木下滋晴・渡部終五）

§2. 水産食品の栄養・機能

2-1 栄養機能

近年欧米社会における肥満と生活習慣病の蔓延に対して，日本型食生活あるいは魚食の有効性が世界的に広く認識され，寿司がブームとなっている．食肉類と比べて，魚肉のタンパク質含量にはほとんど差がなく，平均20％程度である．古くはトリプトファンが少ないために質的には食肉よりも劣るとされていたが，トリプトファンの必要量が下げられたため，タンパク質の質をアミノ酸含量から化学的に判定するためのアミノ酸スコアでは，ほとんど100ないしそれに近い理想的なアミノ酸組成とされている．一方，無脊椎動物ではタンパク質含量には種によって大きな差があり，またアミノ酸スコアも魚肉に比べて一般にかなり低い．

脂質含量は魚肉ではマグロのトロやウナギの30%程度からほぼ0%まで種および季節により大きな差があるが（1-3参照），無脊椎動物ではウニの生殖腺（10%前後）を除くと一般に脂質含量は極めて低く，数%以下に過ぎない．無脊椎動物は極めて低脂肪食品である．いずれの脂質においても脂肪酸組成ではIPAやDHA含量が高く，魚食の有効性の大きな根拠の1つとなっている（1-3参照）．

魚介類は一般にコレステロール含量が高いとされる．アン肝（アンコウの肝臓，560 mg/100 g）など肝臓中の含量は確かにかなり高いが，魚では子持ちのシシャモやワカサギ（210～230 mg）を除けば食肉と大差はない（50～80 mg）．魚卵ではコレステロール含量は高いものの（350～480 mg），ニワトリの卵黄（1,400 mg）と比べれば問題にはならない．しかしながら，理由は不明であるが，ウナギ（230 mg）やアナゴ（140 mg）では筋肉でもやや高い値を示す．魚肉とは異なり，無脊椎動物筋肉部ではイカ類（210～350 mg）を始めとしてコレステロール含量は一般にかなり高い．しかし，二枚貝とカニ類では魚肉程度である．ただし，イカの肝臓などではコレステロール含量はかなり高い．このように，魚介類にはコレステロール含量が高いものが多いものの，それ以上にコレステロール低下作用のあるタウリンやIPAが豊富に含まれるため，高コレステロール症でなければ心配はいらない．

タウリンは魚では白身魚に多く，赤身魚では血合筋に豊富に含まれている．また，無脊椎動物は一般に白身魚よりも多量のタウリンを蓄積し（表4-3参照），特に軟体動物には極めて多く，1.5～2 g/100 g近く含有する種もある．したがって，ほとんど魚食によってのみ摂取できるタウリンはコレステロールを低下させ，動脈硬化を防ぐことから，魚食民族の心臓病予防に大いに役立っていると考えられる．

一方，タウリンにはまた血圧降下作用も認められている．この作用は交感神経の興奮を抑制することに由来するものと考えられており，アドレナリンやノルアドレナリン分泌を抑え，血圧を下げるとともに，心拍数を低下させることが知られている．その他，タウリンは活性酸素の消去活性をもち，網膜の発達を促進し，肝臓では解毒作用を示し，極めて多彩な生理機能を有することが明らかになっている．

魚介類はまた，幾つかのビタミン類のよい供給源となっている．表4-4に魚介類の数種ビタミン含量を示す．脂溶性ビタミンではビタミンAが魚類の特に肝臓に豊富である．マグロやイシナギのような大型の老齢魚には特に多く，過剰症を引き起こすこともある．哺乳類でも肝臓にビタミンAは多い．A_1（レチノール）は海産魚，A_2（3-デヒドロレチノール）は淡水魚の肝臓に多い．筋肉では無脊椎動物も含めて数μgから数十μg程度である．乾物ではあるが，海藻類にも豊富である．緑黄色野菜にはカロテン類が豊富に含まれ，有効なビタミンA源となっているが，これらの魚類や海藻類も良好なビタミンA源である．ビタミンAは器官の成長や分化に必須で，皮膚や粘膜を強化し，視覚機能に関与するビタミンである．

ビタミンDの欠乏症は背骨が曲がる「くる病」で，近年はほとんど発症例がないため，ビタミンDへの関心は薄れていたが，骨粗鬆症が大きな問題となって再び注目を浴びているビタミンである．ビタミンDは腸管からのカルシウムの吸収を促進し，その恒常性の維持と骨形成に必要なビタミンである．D_2（エルゴカルシフェロール）とD_3（コレカルシフェロール）が一般的形態で，魚類では後者が多い．陸上動物や無脊椎動物にはほとんど含まれず，魚類に特有なビタミンといっても過言ではない．ビタミンDというとキノコが思い浮かぶが，表4-4に示すように，乾燥キクラゲ類で含量が高い

ものの，摂取量を考えると余り有効ではない．水に戻したら10倍に増えるのである．意外に一般に知られてはいないが，ビタミンDは回遊性の赤身魚やウナギ，サケ類に極めて豊富なビタミンで，これらを食べないとビタミンDの摂取は期待できない．肉類では例外的にアヒル肉に多いが，他の食肉では痕跡程度である．

水溶性ビタミン類は魚では一般に肝臓や血合筋に豊富に含まれる．ビタミンB_1は淡水魚に豚肉と同程度に含まれる．ビタミンB_2は回遊性赤身魚やドジョウ，タニシ，シジミなどに多い．ナイアシンは酸化還元酵素の補酵素であるNAD^+および$NADP^+$の前駆体であり，運動性の高い魚類に多く（表4-4），唯一血合筋よりも普通筋に多いビタミンである．魚はナイアシンのよい供給源である．ビタミンB_{12}は動物性のビタミンであり，植物からは得られないため，ベジタリアンは注意を要するビタミンである．肝臓や内臓に多く，魚では血合筋にも豊富である．意外にシジミやアカガイなど二枚貝に極めて多く含まれている．牛や豚では肝臓には多いものの，筋肉部には少なく，魚介類はビタミンB_{12}の極めてよい給源となっている．

魚介類はまた，ミネラルも豊富に含んでいる．カルシウム（Ca）は魚肉に多いと思われがちであるが，骨ごと食べる小魚やエビでないと多くはなく，表4-4に示すようにつくだ煮などの伝統的加工食品に多い．ヒジキなどの海藻もよいCa源である．Caの腸管吸収は牛乳の50％と比べて魚の骨では35％程度，海藻では陸上植物と同様に20％程度と低い．しかし，小魚は牛乳に次ぐCaの供給源となっている．

鉄（Fe）は魚ではミオグロビン含量の高い赤身魚に多いが，それ以上にカキなどの貝類に豊富に含まれる．今では余り食用にはしないものの，昔田んぼにいたタニシは例外的に多量のCa，Feおよびマグネシウムなどのミネラルを有する．

表4-4 数種ビタミン類およびカルシウムの水産物における分布

ビタミンA レチノール等量（μg/100g）		ビタミンD （μg/100g）		ナイアシン （mg/100g）		ビタミンB_{12} （μg/100g）		カルシウム （mg/100g）	
アンコウ肝臓	8,300	アンコウ肝臓	110	タラコ	49.5	サケ腎臓（メフン）	327.6	田作り	2,500
ヤツメウナギ	8,200	イワシ丸干し	50	ビンナガ	20.7	天然アユ内臓	60.3	煮干しイワシ	2,200
ウナギ肝臓	4,400	シラス干し	46	カツオ	19.0	イクラ	47.3	調味干しキビナゴ	1,400
ウナギ	2,400	カワハギ	43	キハダ	17.5	アンコウ肝臓	39.1	フナ甘露煮	1,200
ホタルイカ	1,500	クロカジキ	38	ソーダガツオ	16.2	カジカ	28.2	ハゼつくだ煮	1,200
ギンダラ	1,100	ベニザケ	33	ムロアジ	15.2	タラコ	18.1	ドジョウ	1,100
アナゴ	500	シロザケ	32	クロマグロ	14.2	サンマ	17.7	たたみいわし	970
干しノリ	7,200	ソーダガツオ	22	クロカジキ	13.5	ニシン	17.4	ワカサギつくだ煮	970
素干しマツモ	5,000	ニシン	22	メバチ	13.5	ウルメイワシ	14.2	煮干しイカナゴ	740
素干しイワノリ	4,600	サンマ	19	マカジキ	10.4	シジミ	62.4	干しエビ	7,100
素干しアオノリ	2,800	クロマグロ脂身	18	マサバ	10.4	アカガイ	59.2	素干しサクラエビ	2,000
鶏肝臓	14,000	アヒル肉	32.5	ブリ	9.1	アサリ	52.4	タニシ	1,300
豚肝臓	13,000	牛肉	0〜2.1	牛肉	0.7〜7.6	牛肉	0.3〜2.6	ヒジキ	1,400
牛肝臓	1,100	豚肉	0.1〜2.0	牛肝臓	13.5	牛肝臓	52.8	素干しヒトエグサ	920
シソ葉	1,800	鶏肉	0〜0.4	豚肉	1.4〜9.4	豚肉	0.2〜0.6	素干しホソメコンブ	900
ニンジン	1,510	乾シロキクラゲ	970	豚肝臓	14	豚肝臓	25.2	素干しアラメ	790
トウガラシ実	1,280	乾キクラゲ	435	鶏肉	3.3〜11.6	鶏肉	0.1〜0.7	素干しワカメ	780
ホウレンソウ	1,000	乾シイタケ	16.8	鶏肝臓	4.5	鶏肝臓	44.4	牛乳	110〜130

レチノール等量はレチノール量＋1/12 β-カロテン等量．（香川，2006）より作成．

亜鉛（Zn），銅（Cu），セレン（Se）などの微量元素（trace element）は近年その必須性が明らかにされ，栄養上の重要性が指摘されている．微量元素は陸上から河川を経て海に蓄積し，呼吸あるいは食物連鎖により濃縮されるため，魚介類には種により多量に存在する．ただし，ときにはマグロの水銀やヒジキのヒ素のように安全性が問題にされる場合もある（4-2も参照されたい）．

魚を食べるほどガンになりにくいことや，和食が日本人の健康の源であり，長寿の原因であることなどが，WHOなどの疫学研究により明らかにされており，現在魚食の有効性は世界の認めるところとなっている．

（阿部宏喜）

2-2 生理的機能

魚介類の成分がヒトに与える生理的作用として最もよく理解できるのは魚介類の多様な味であろう．魚介類，特に無脊椎動物はそれぞれ特徴的な美味しさでわれわれを魅惑してくれる．この美味しさは1-4で述べた遊離アミノ酸を始めとする低分子有機化合物によるものであり，現在十数種の魚介類の味を特徴づけている化合物が明らかにされている．そのような化合物は呈味有効成分（taste-active components）と呼ばれている．表4-5にこれまで明らかにされている生鮮魚介類の呈味有効成分を示す．表では無機イオンは示していないが，ナトリウム，カリウムおよび塩素イオンは調べられたすべての魚介類で有効成分であり，リン酸イオンも有効である場合が多く，これらイオンの呈味効果は極めて大きい．例えば，食塩はアルギニンの苦味を抑制する効果が最も高く，またグリシンやアラニンの甘味およびグルタミン酸のうま味も増強する．

表4-5 数種生鮮魚介類の呈味有効成分 (mg/100g)

化合物名	バフンウニ[*1]	ズワイガニ[*1]	イセエビ[*2]	ウチワエビ[*2]	クロアワビ[*1]	ホタテガイ[*1]	アサリ[*1]	アオリイカ[*3]	ブリ[*4]
遊離アミノ酸									
グルタミン酸	103	19	12	15	109	140	90	4	15
グリシン	842	623	1,200	580	174	1,925	180	896	
アラニン	261	187	95	50		256		178	
アルギニン		579	520	710		323	53	689	
プロリン			120	245				1,029	
バリン	154			60					
メチオニン	47			25					
その他			Ile 45				Tau 555		His 800
			Leu 45						*
ヌクレオチド									
AMP		32	110	190	90	172	28	249	
IMP	2		125						340
GMP	2	4							
メチルアミン									
グリシンベタイン		357	550	900	975			1,042	
TMAO			445	1,040				678	
サルコシン				40					
有機酸									
コハク酸							65		
その他			CMP 6						

* α-アミノ酪酸（2 mg/100g），γ-アミノ酪酸（5），α-アミノアジピン酸（10），β-アミノイソ酪酸（1）．
略記号：Ile，イソロイシン；Leu，ロイシン；Tau，タウリン；His，ヒスチジン；AMP，アデノシン5'-一リン酸；IMP，イノシン5'-一リン酸；GMP，グアノシン5'-一リン酸；CMP，シチジン5'-一リン酸；TMAO，トリメチルアミンオキシド．
[*1] Fuke and Konosu, 1991；[*2] Shiraiら, 1996；[*3] Kaniら, 2008；[*4] Kubotaら, 2002.

グルタミン酸含量は種により様々であるが，すべての種で共通に有効成分とされている．グルタミン酸は量的にわずかであってもヌクレオチドとの相乗作用によりうま味を示し，甘味を増し，こくなどの風味質も増強する．グリシンは甘味アミノ酸で，無脊椎動物に共通の有効成分であり，これらの甘味に大きく寄与している．アラニンおよびプロリンも甘味アミノ酸であり，多くの種で呈味有効成分となっている．アルギニンは苦味アミノ酸であるが，この苦味はグルタミン酸，AMP（1-4参照）および食塩により抑制され，やや甘味を示すとともに，風味質を増強する．

これら以外のアミノ酸は種により特有であり，バフンウニのバリンはウニ生殖腺特有の苦味に寄与し，メチオニンはウニ独特の味に寄与する．ウチワエビでもこれらは有効成分で，表には示していないが，魚醤油でも有効とされている．タウリンは結晶をなめてもほとんど味を感じないが，アサリでのみ有効とされている．アサリでは他の呈味成分の含量が著しく低いため，タウリンの弱い味が認識されたものと考えられている．ブリでは多量のヒスチジンが有効とされており，酸味とうま味に寄与する．ブリではまた，タンパク質を構成しないわずかな量のアミノ酸類が有効とされており，興味深い．

ヌクレオチド（1-4参照）では無脊椎動物にはAMPが多いため，AMPがグルタミン酸との相乗作用でうま味に寄与すると判定されているが，IMPやわずかな量のグアノシン5'-一リン酸（GMP）が有効とされる種もあり，ズワイガニではシチジン5'-一リン酸（CMP）が有効になっている．ブリでは多量のIMPが有効成分であり，魚ではグルタミン酸とIMPの相乗作用によるうま味が味の基本であることがわかる．

メチルアミンでは多量のグリシンベタインが多くの無脊椎動物で有効成分とされている．グリシンベタインは苦味を伴う弱い甘味をもつが，味に濃厚感や複雑さを与えるものと考えられている．TMAO（1-4参照）がエビ類とアオリイカで弱い甘味に寄与するとされている．TMAは表には示していないものの，タコイカでのみ海産物らしさを付与するとされ，含量はわずかでも有効成分とされている．

有機酸ではコハク酸がアサリでのみ有効成分であるが，1-6で述べたように，二枚貝ではコハク酸は嫌気最終産物の1つであり，うま味に寄与することが明らかにされている．表には示していないが，かつお節では乳酸が酸味および味全体に寄与することが知られ，ビーフシチューなどでも有効成分である．

以上のように，魚介類の味は多様であるが，それぞれの種の呈味有効成分は比較的僅かな種類のエキス成分で構成されており，共通なものが多い．したがって，異なる味を示す種であっても幾つかの共通な成分の固有のバランスにより，種特有の味が醸し出されているものと考えられる．

（阿部宏喜）

§3. 魚介類の鮮度保持

3-1 死後変化（post-mortem change）

死後の筋肉に観察される初期変化のうち，最も顕著なものの1つに死後硬直（rigor mortis）がある．この変化は外観からでも容易に観察することができる．死後硬直は物理的には，筋肉が伸展性，

あるいは弾性を失って硬直する現象である．

　筋肉を構成する筋細胞は筋原線維（myofibril）を単位とし，筋原線維は収縮運動を可能にしている種々のタンパク質を含む．その中でもミオシンとアクチンは収縮性タンパク質（contractile protein）と呼ばれ，筋原線維全タンパク質中のそれぞれ約60および20％を占めている．魚類の可食部のほとんどを占める普通筋（収縮速度が速いため速筋と呼ばれる）では筋原線維中，両タンパク質がそれぞれ太いフィラメントおよび細いフィラメントを形成し，規則正しく並んでいる．マグネシウムイオンの存在のもと，ミオシンのもつATP分解能（ATPase）がミオシンとアクチンの相互作用で賦活され，そのときに得られる化学的エネルギーを機械的エネルギーに変化させて両フィラメントが互いに滑り合って筋肉が収縮する．このATPaseは後述するトロポニンによって制御され，その他の筋原繊維の構成成分の機能も含めて筋原繊維ATPaseとも呼ばれる．

　死後硬直においては，死後にATP合成の代謝反応が遮断されたまま，上述のATPaseの働きによってATPが徐々に消費されて枯渇し，ミオシンとアクチンが不可逆的に結合して筋肉が弾性を失う．

　しかしながら，死後硬直は死後，直ちに起こるわけではない．魚類では静止筋肉でもATPからADPへの分解がおこるが（図4-13），ADPは生時に筋肉中に蓄えられているクレアチンリン酸からの高エネルギーリン酸を受け取り，ATPが再生する．したがって，死後の筋肉ではまずクレアチンリン酸が消費されてクレアチンになる（図4-13）．さらに乳酸も蓄積し，筋肉のpHは低下する．死後の筋肉pHは生時のグリコーゲン含量に依存し，これの多い回遊魚ではpHが5.5付近にまで達する．

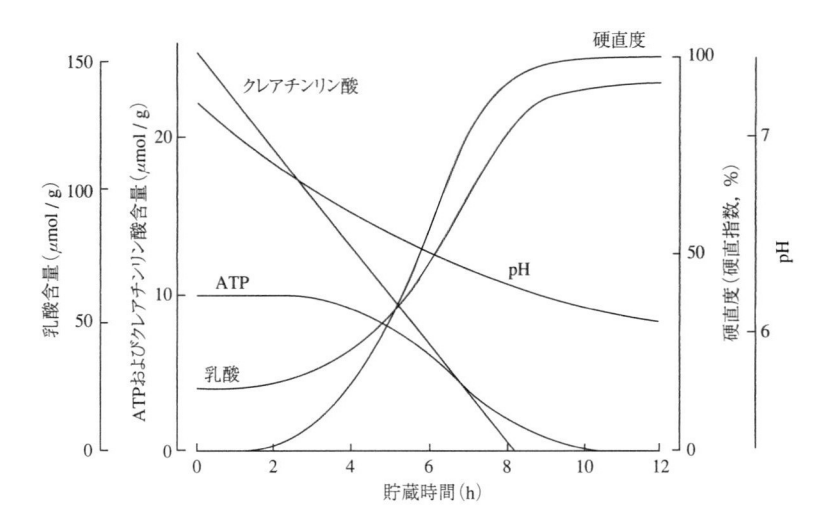

図4-13　十分休息させたマイワシを断頭即殺して氷蔵したときの死後硬直の進行と普通筋の生化学的変化との関係（Watabeら，1991より）

3-2　鮮度保持

　マダイやヒラメなど市場価値の高い魚は生食される場合が多く，極めて高い鮮度が要求される．したがって，これら魚類はしばしば活魚輸送されて市場に供給される．一方，卸売市場では死後硬直前の魚は活魚と同等の価値で取引される．したがって，死後硬直の進行を遅らせる技術は産業的に有用である．静止状態の魚を延髄などの中枢神経を対象に「活けじめ」して瞬時に斃死させると，苦悶死

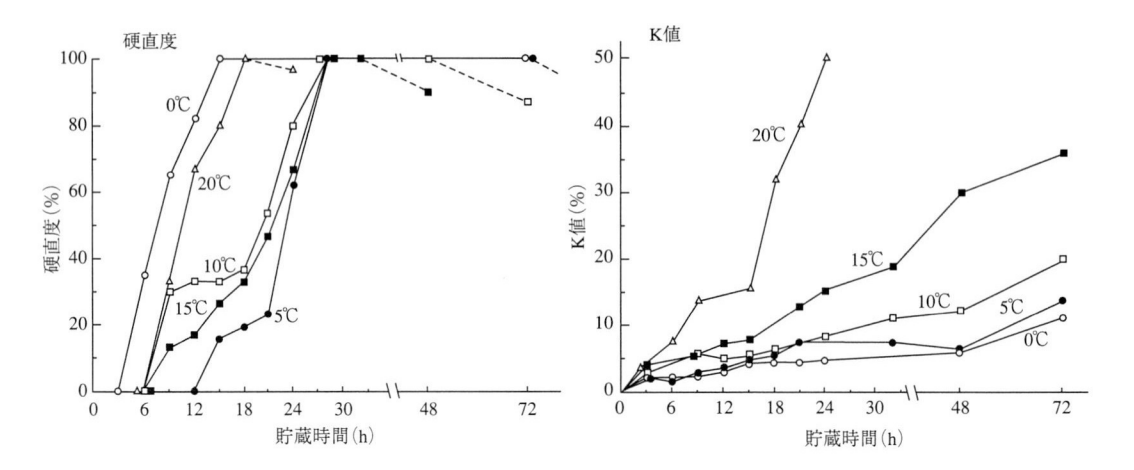

図4-14 ヒラメ類の種々の温度における硬直度とK値の変化（Iwamotoら，1987より改変）

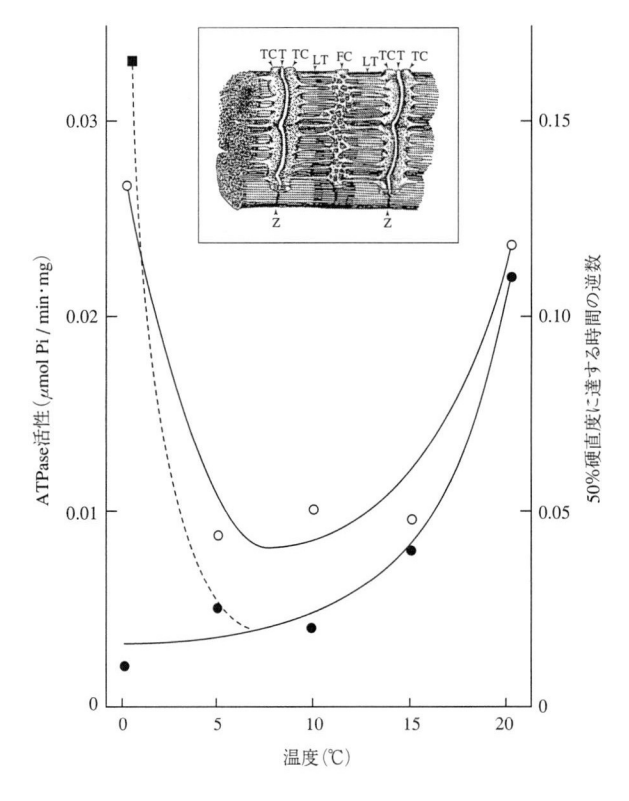

図4-15 種々の温度における活けじめヒラメの死後硬直の進行速度（○）と筋原線維Mg^{2+}-ATPase活性（●，■）の比較（渡部・橋本，1989より改変）
●：Ca^{2+}非存在下，■：Ca^{2+}存在下
挿入図は魚類筋原線維を取り囲む筋小胞体ネットワーク（山中，1991より）
TC：終末槽（terminal cisternae），T：横細管（transverse tubule），LT：細管部（longitudinal tubule），FC：網状部（fenestrated cisternae），Z：Z帯

した魚に比べて死後硬直が著しく遅延する．一方，貯蔵温度の影響も死後硬直の進行に大きく影響する．図4-14に示した「活けじめ」したヒラメの場合，10℃貯蔵よりむしろ0℃貯蔵のときに死後硬直の進行は速く，一般的な化学反応とは大きく異なる．この死後硬直の貯蔵温度依存性を筋原線維ATPase活性と比較すると，0℃で筋細胞内のカルシウムイオン濃度が増大することで説明が可能となる（図4-15）．筋肉では筋原線維に含まれるトロポニンがカルシウムイオンと結合することにより，マグネシウムイオンの存在のもとアクチンとミオシンの相互作用が可能となり収縮が起きる．活けじめした静止状態の魚でも筋原線維ATPaseにより徐々にATPは減少するが，0℃で細胞中のカルシウムイオン濃度が増大するためにATPase活性が増大してATPの消失が速やかに起こり，死後硬直が促進されることが考えられる．実際，筋肉中のカルシウムイオンの貯蔵器官である筋小胞体（sarcoplasmic reticulum）のカルシウムイオン取り込み能が0℃で極端に低下することが確かめられている．これはカルシウムイオンを能動輸送によって筋細胞内から筋小胞体に取り込むカルシウムポンプが0℃で働かなくなるためである．魚肉に比べて生時の体温が高い畜肉ではこのような現象が5～10℃で生ずるが，魚類では0℃においてのみこの現象が観察される（図4-16）．

静止魚体（筋肉弛緩，$[Ca^{2+}] < 10^{-7}M$）
↓
活けじめ（延髄刺殺）＝筋肉弛緩のまま
↓ 0℃
筋小胞体Ca^{2+}取り込み能の低下
↓
筋原線維中Ca^{2+}濃度の上昇
↓
筋原線維Mg^{2+}-ATPase活性の賦活＝ATP消費速度の増大
↓
死後硬直の促進

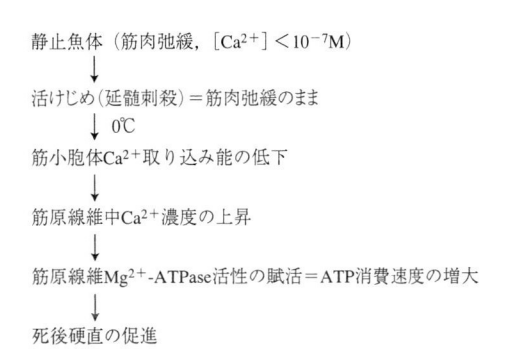

図4-16 魚類の氷冷収縮機構（渡部・橋本，1989より改変）

死後硬直の進行は魚類の生息温度とも密接な関係を示す．5℃以下の低温に生息するタラ類では0℃貯蔵においても死後硬直の促進はみられない．さらに同じ魚種でも冬季と夏季で漁獲されたものを比較すると冬季の方が死後硬直の進行が遅い．このような生息水温と死後硬直の進行の関係は，コイなど0℃から30℃以上と広い温度範囲に生息する温帯性淡水魚で顕著である．魚類では同一機能をもつタンパク質でも生息温度によって活性の異なる種々のアイソフォームを発現する．筋肉の主要成分であるミオシンのほか，筋小胞体のカルシウムポンプやATPを効率的に産生するミトコンドリアのATP合成酵素は，低温下の飼育で活性が亢進することが知られている．いずれも死後硬直の進行に深い関係をもつタンパク質である．ミオシンATPaseの低温飼育による活性上昇は死後硬直の進行をむしろ促進する方向にあるが，筋小胞体やミトコンドリアの活性上昇の方が優っているものと考えられる．このような温度依存的な代謝関連タンパク質の変化を利用した養殖魚および漁獲物の取扱いの技術開発が試みられている．

3-3 貯蔵中の成分変化

魚介類の死後，早期に起こる変化は前節までに死後硬直と関連付けて述べた．すなわち，ATPは死後硬直が起こるまで一定量維持されているが，その後完全硬直，軟化に伴ってATPはADP，AMP，イノシン酸（IMP），イノシン（HxR），ヒポキサンチン（Hx）へと順次分解され，筋肉は自己消化を経て腐敗に至る．ここで魚介類ではAMPからIMPに代謝する反応が著しく低い．また，ATPからIMPまでの化合物の蓄積率とHxRおよびHxの蓄積率との比が鮮度とよく相関することが明らか

にされ，各化合物の濃度を求めて以下の式によりK値が算出され，鮮度のよい指標として用いられている．

$$K値 = \frac{[HxR]+[Hx]}{[ATP]+[ADP]+[AMP]+[IMP]+[HxR]+[Hx]} \times 100$$

なお，軟体動物ではAMPからアデノシンに代謝される経路も存在する．IMPはうま味成分の1つで，この物質が速やかに蓄積する魚介類は食材としても優れている．

K値は鮮度指標として必ずしも万能ではなく，魚種によっては実際に食べて味を調べる官能検査とは異なる結果が得られる場合もあるが，ほかの鮮度指標に比べて信頼性は著しく高い．図4-17は貯蔵中のマグロにつき，アンモニアなどの揮発性塩基窒素の含量，魚臭さの原因物質であるトリメチルアミンの含量，K値を比較したものである．K値は高級寿司店および大衆寿司店のマグロの鮮度の違いを明白に識別する．なお，死後硬直の進行の遅延は0℃よりも5～10℃の温度帯の方が有効と述べたが，硬直後は0℃に移した方がよいことがK値の変化からわかる（図4-14）．

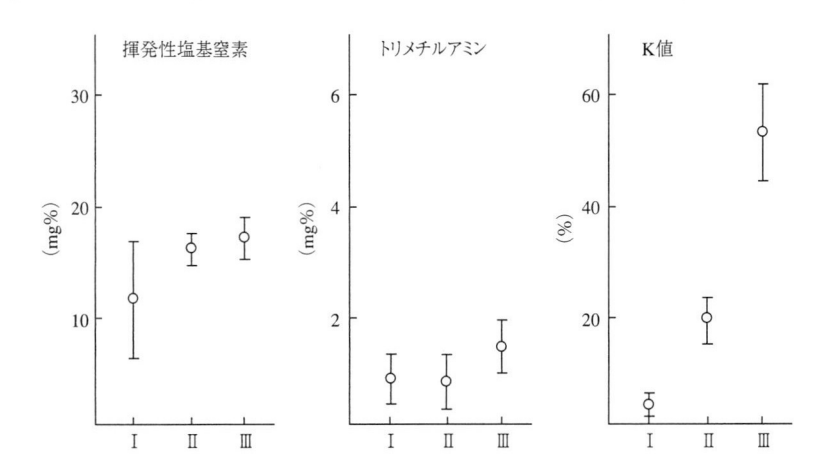

図4-17　各種鮮度判定法の比較（内山ら，1970より）
Ⅰ：死直後の魚肉，Ⅱ：高級寿司屋の種，Ⅲ：大衆寿司屋の種

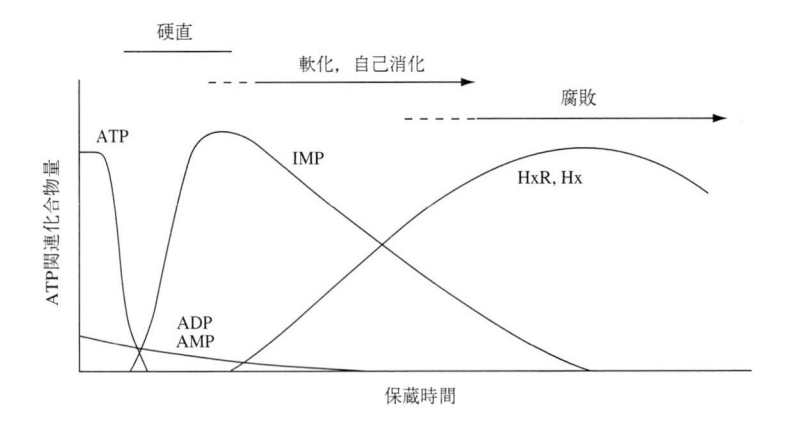

図4-18　魚肉の貯蔵中の変化（Iwamotoら，1987；太田，1990；Watabeら，1991より改変）

1-1でも述べたように，魚介類筋肉は死後変化が畜肉類に比べて一般に速く，したがって鮮度低下も速く，腐敗しやすい．魚介類の筋肉で硬直が解けると軟化を始めるが，初期段階では内在性のプロテアーゼの作用が働くことによる（図4-18）．この作用によりタンパク質はペプチドや遊離アミノ酸などの味に寄与する成分に分解されて魚介類はおいしさを増す．この段階でIMPも多量に蓄積する．

さらに貯蔵が進むと低分子成分を栄養源とする細菌が増殖して魚介類は腐敗に至る．これら一連の変化は前述のように畜肉に比べて魚介類では著しく速く，氷蔵などの低温貯蔵が魚介類の鮮度保持のためには必須である．例えば，タンパク質に組み込まれていない遊離のヒスチジンを多量に含むマグロなどの赤身魚では，死後増殖した細菌の作用によりヒスチジンの脱カルボキシル化が起こり，生じたヒスタミンによってアレルギーが引き起こされることがある．

一方，魚介類には塩蔵品，塩干品，発酵食品などの多くの加工食品があるが，魚介類の内在性のプロテアーゼの働きを利用したものが多い．これは魚介類の酵素が低温でもよく働くためである．魚介類は低温下で機能を維持するために，各種の酵素が低温でもよく作用できるような構造を保っている．このような酵素の特徴は先述のように異なる水温で飼育した魚類で詳しく解析されている．

（渡部終五・金子　元）

§4．水産食品の安全性

4-1　魚介毒

通常は無毒の食品に有毒成分が含まれているときに，その事実を知らずに食べると食中毒が発生する．水産食品による食中毒の多くは微生物汚染が原因であるが，それ以外の理由で猛毒をもつ魚介類がある．魚介毒のほとんどは餌由来であるため，有毒な餌生物の出現を調べる以外の方法では毒化の予測は困難である．

1）魚類の毒

a）**フグ毒**　　フグが毒をもつことは古代中国や平安時代以降のわが国の文献に記されている．フグについての川柳が江戸時代に多数作られていて，この頃フグ食の習慣が広まったといわれている．フグ毒の本体はテトロドトキシン（tetrodotoxin）で，マフグ科の魚類に含まれる．テトロドトキシンは多数の水酸基と1つのグアニジル基に加え，ヘミラクタールという珍しい官能基を有する化合物である．フグの種類別，組織別の毒性が調べられており，クサフグ，コモンフグ，ヒガンフグ，ショウサイフグ，マフグ，メフグの卵巣および肝臓が猛毒とされている．わが国沿岸で漁獲されたフグには筋肉が強い毒性を示すものはない．しかし，南方産のドクサバフグは筋肉の毒性も高く，またフィリピンやタイなど熱帯域のフグには，筋肉をはじめ各組織に高濃度の麻痺性貝毒成分（後述）を保有するものがある．

フグの毒性は漁獲地および個体により大きく異なる．また，テトロドトキシンは，フグ以外の様々な水圏生物，例えば，イモリ，カエル，ツムギハゼ，ヒョウモンダコ，バイ，ボウシュウボラ，トゲモミジガイ，スベスベマンジュウガニ，ヒ

テトロドトキシン

モムシ，ヒラムシなどの動物に加え，紅藻のヒメモサズキにも分布する．テトロドトキシン保有生物から分離されたバクテリアを培養するとテトロドトキシンを生産することから，バクテリアが生産したテトロドトキシンが宿主に移行するものと考えられる．

テトロドトキシンは神経および筋肉のナトリウムチャネルに結合し，細胞内へのナトリウムイオンの流入を阻害する．このため，フグ中毒では神経伝達が阻害され，筋肉が麻痺し，呼吸ができなくなることが死因となる．心筋のナトリウムチャネルはテトロドトキシンに対する感受性が低いため，骨格筋が動かなくなっても心臓は停止しないので，フグ中毒の際呼吸の維持がなされれば生存の可能性が高まる．テトロドトキシンのフグにおける致死量は他の魚類より数百倍高い．これは，フグの神経や筋肉のナトリウムチャネルタンパク質ではアミノ酸残基の置換が起きていて，テトロドトキシンに対する結合能が低いからである．

b) シガテラ　熱帯および亜熱帯域のサンゴ礁周辺の魚類の摂食に由来する死亡率の低い食中毒のうち，シガトキシン（ciguatoxin）によるものをシガテラ（ciguatera）という．シガテラの患者数は年間2万〜5万人と見積もられ，魚介類自然毒による食中毒中最も患者数が多いとされる．シガテラの症状は消化器障害および知覚障害であるが，後者の方が長く続く．冷たい物に触れた時に，ドライアイスに素手で触れたような痛みを感じるため，ドライアイスセンセーションと呼ばれる温度感覚の異常が最も特徴的な中毒症状である．

シガトキシン

シガテラの原因毒はシガトキシンというはしご型ポリエーテルと呼ばれる化合物で，底生性の渦鞭毛藻 *Gambierdiscus toxicus* が生産した化合物が，食物連鎖により草食魚を経て大型肉食魚に蓄積する．食物連鎖で生物間を移動している間に，シガトキシンは代謝を受けて毒性が上がる．シガトキシンのマウスにおける致死量はテトロドトキシンの約20分の1と，非常に強い毒である．シガトキシンは魚に対しても毒性が強く，魚体での濃度が高くならないため，シガテラ中毒による死亡率は低い．南太平洋とカリブ海におけるシガテラの原因毒を比べると，どちらもはしご型ポリエーテルであるが化学構造が少し異なる．

シガトキシンもテトロドトキシンと同様，ナトリウムチャネルと結合する．シガトキシンが結合すると，ナトリウムチャネルが持続的に開くため，細胞内のナトリウムイオン濃度が上昇する．ナトリウムイオンが関与する細胞機能の変調が，シガテラ中毒をもたらす．

G. toxicus はシガトキシンに加えマイトトキシン（maitotoxin）という，さらに分子量が大きく，さらに毒性の強いはしご型ポリエーテル化合物も生産する．マイトトキシンは細胞内へのカルシウム

イオンの流入を促進することにより著しく強い毒性を発現するが，食物連鎖による移行が認められないため，シガテラの主要な原因毒ではない．

c）パリトキシン　パリトキシン（palytoxin）はハワイ原住民が矢毒として用いていた刺胞動物イワスナギンチャクに含まれる猛毒成分である．*Ostreopsis* 属の底生性渦鞭毛藻もこの類縁化合物を生産する．徳島県沖で捕獲されたアオブダイによる食中毒の原因物質としてパリトキシンが同定された．その消化管に多数の *Ostreopsis* の細胞が見いだされ，アオブダイの生息域の海藻に *Ostreopsis* が付着していたことから，*Ostreopsis* が生産したパリトキシン誘導体がアオブダイに移行したものと考えられる．ソウシハギ，モロおよびクロモンガラによる食中毒の原因物質としてもパリトキシンが同定されている．さらに，ニシン類やカタクチイワシ類などのプランクトン食性の魚によるクルペオトキシズムという死亡率の高い突発性食中毒も，パリトキシンが原因とされる．パリトキシンは細胞膜のナトリウムポンプに結合して，イオンの通路を持続的に開放状態にさせる．その結果，細胞内のナトリウムイオン濃度が上昇することにより毒性が発現する．

2）貝類の毒

a）**麻痺性貝毒**　*Alexandrium* 属の渦鞭毛藻が生産する毒が濃縮されて，二枚貝が麻痺性の毒により毒化することが北米沿岸で古くから知られていた．その後，世界各地に毒化渦鞭毛藻の分布が広がった．寒帯，温帯では *Alexandrium* 属および *Gymnodinium* 属，熱帯域では *Pyrodinium bahamense* var. *compressum* が麻痺性貝毒の原因プランクトンとなる．わが国では夏季を中心に，北海道や東北地方のホタテガイをはじめ，マガキ，アサリおよびムラサキイガイなどが毒化することがある．

原因毒は水溶性塩基性物質のサキシトキシン（saxitoxin）およびその類縁化合物で，テトロドトキシンとほぼ同等の毒性を示し，テトロドトキシンと同様に細胞膜上のナトリウムチャネルに結合する．毒化

サキシトキシン

した二枚貝の出荷を防止する目的で，貝毒のモニタリングが行われており，可食部で 4 MU/g（1 g の組織中に体重が 20 g のマウス 4 匹を殺せる毒が含まれる）が規制値となっている．

熱帯域のフグが保有する毒は麻痺性貝毒で，フロリダではフグの生息域で発生した渦鞭毛藻 *P. bahamense* var. *compressum* 由来であった．淡水産藍藻にも麻痺性貝毒を生産する種類が幾つかあり，それらによる湖沼の二枚貝の毒化が報告されている．

b）**下痢性貝毒**　二枚貝の摂取によって下痢を誘発する食中毒を下痢性貝毒という．東北地方沿岸で最初に問題となったが，その後わが国の沿岸各地のみならず，ヨーロッパをはじめ世界各地で発生している．原因物質はポリエーテル化合物のオカダ酸（okadaic acid）およびその誘導体である．オカダ酸は下痢性貝毒成分として発見される以前に，クロイソカイメン *Halichondria okadai* に含ま

オカダ酸

れる細胞毒性物質として単離されていた．オカダ酸は細胞内のタンパク質脱リン酸化酵素2A（5-1参照）を阻害し，この作用に基づき細胞毒性を示す．下痢性貝毒は*Dinophysis*属の渦鞭毛藻が生産する．下痢性貝毒のモニタリングでは，可食部で0.05 MU/gが規制値となっている．

c）その他の貝毒

神経性貝毒　*Gymnodinium breve*による赤潮が発生すると，魚の大量斃死，二枚貝の毒化および霧状になった海水中に含まれる毒素の吸入による健康障害が認められる．いずれの現象も，*G. breve*が生産するはしご型ポリエーテル化合物のブレベトキシン（brevetoxin）類によるものである．毒化した二枚貝を摂取すると軽度のシガテラ様の症状が現れる．ブレベトキシン類もシガトキシン同様，ナトリウムチャネルに結合してイオンの細胞内への流入を亢進させる作用がある．二枚貝では代謝を受けた化合物が蓄積するが，代謝を受けてもブレベトキシン類の毒性は保持されている．*G. breve*の赤潮はフロリダおよびメキシコ湾で頻繁に発生し，ニュージーランドでも出現した．

ブレベトキシンB

記憶喪失性貝毒　カナダで養殖ムラサキイガイによる，嘔吐，下痢および記憶喪失を主症状とする食中毒が発生した．原因物質は，大発生したケイ藻*Pseudo-nitzschia* spp. が生産するドウモイ酸（domoic acid）であった．ドウモイ酸は鹿児島県徳之島で駆虫のための民間薬として用いられていた紅藻ハナヤナギから有効成分として見いだされた化合物で，中枢神経のグルタミン酸受容体に結合して神経伝達を阻害する作用がある．この種のケイ藻にはドウモイ酸を生産する系統が多数見られるため，二枚貝の養殖の際には注意が必要である．

ドウモイ酸

（松永茂樹）

4-2　その他の物質

地球上には100種類ほどの元素が存在するが，いくつかの元素が必須元素として生物の活動を維持している．これらは栄養学的にはミネラルまたは無機質ともいわれる．タンパク質，脂質，糖質，ビタミンと並んで五大栄養素の1つである．亜鉛，カリウム，カルシウム，クロム，セレン，鉄，銅，ナトリウム，マグネシウム，マンガン，ヨウ素，リンなどは必須微量元素と定められている．

一方，これらの微量元素には毒性をもつ重金属が多い．銅や亜鉛は生体の必須微量元素であるが，生体内では最適濃度があり，その濃度以下であれば欠乏症が現れ，最適濃度以上では有害となる．重金属は生体内の硫黄と結合し，その傾向は水銀イオン＞銅イオン＞カドミウムイオン＞鉛イオンの順となる．硫黄を含む生体物質ではアミノ酸の1種，システインが代表的であるが，このアミノ酸はタンパク質の機能に重要な役割を果たしており，重金属と強く結合するとタンパク質の機能が阻害される．この阻害が重金属の毒性である．

水生生物は酸素を吸収するために体表面や鰓などから環境水を取り込む．また，餌料を摂取するときにも環境水を同時に取り込む．海藻や動植物プランクトンは環境水中の微量元素を体内に直接濃縮し，食物連鎖によってこれらを捕食するその他の水生生物は餌由来の微量元素を段階的に濃縮して，最終的にわれわれヒトに食物由来の成分として取り込まれる．無機水銀が水中で有機水銀化して魚介類に濃縮され，これら魚介類を摂取した動物やヒトが中枢神経系の障害を起こし，最悪の場合は死に至る事例があったことはあまりにも有名である．現在でも食物連鎖の上位にある沖合の回遊性の魚類や，海底の有機物を餌とする魚介類に水銀が多く蓄積されており，厚生労働省ではこれら魚介類の適正消費量を提示している．

水生生物にヒ素が多く含まれていることもよく知られている．エビでは18 ppm，コンブでは63 ppmなどの測定例がある．ヒジキでは110 ppmに達している．水道水のヒ素規制値0.05 ppmと比べると海水中のヒ素濃度は0.0037 ppmと極めて低い．無機態のヒ素は有機態と比べて毒性が高いが，ヒジキでは無機態が多く，ヒジキ以外の海藻では有機態の方が多い．ただし，ヒジキの加工では加熱，水戻し工程でヒ素は80〜90％除かれる．また，わが国では古くからの食経験もある．海藻はヨウ素など微量元素のよい供給源であり，食物繊維としての食品機能性もあり，バランスのとれた利用を考える必要がある．

近年，人工的な化学物質が河川を通じて湖や沿岸海洋に流れ込むことから，環境の保全に影響を与え，生息する魚介類を摂取するヒトに危害を与えることが心配されている．代表的な物質がダイオキシン（dioxine）類である．水界では主に湖底や海底の泥中に蓄積されている．ダイオキシン類はヒトの生殖，発達，免疫に毒性を示すこと，発ガン性があることが知られている．魚介類の脂肪の多い組織，内臓に多く蓄積している．ヒトは食物や呼吸を通じて毎日平均して体重1 kg当たり約1.3 pgの毒性等量（TEQ）のダイオキシン類を摂取しているが，魚介類からの摂取量が約85％を占めている（平成15年度厚生労働省資料）．しかしながら，この値は国際的な耐容1日摂取量の4 pg TEQ/kg体重/日に比べると3割程度に過ぎず，魚介類の優れた食品機能性を考えるとこの場合もバランスのとれた魚介類消費が大切と考えられる．

内分泌攪乱化学物質（endocrine disrupting chemicals），いわゆる環境ホルモンについては一時期ほどの話題性がなくなったが，依然として水界には存在している．代表的な物質として有機スズがあるが，この物質は水界では巻貝の雌の雄化現象を引き起こす作用がある．そのほかにも20〜30種類の物質が海水中に存在することが疑われている．ノニルフェノール，オクチルフェノールなど，雌性ホルモン様の作用を魚介類に示すことから生態系に及ぼす影響が懸念されている．

〈渡部終五〉

§5. 水圏生物資源の生化学的利用

5-1 生物活性物質

タンパク質，脂質，糖質，核酸など，すべての生物に普遍的に存在する生体成分は一次代謝産物と呼ばれる．一方，特定の生物種にのみ含まれる成分を二次代謝産物（別称，天然物）という．陸上植物や放線菌などの土壌微生物由来の二次代謝産物には，医薬や農薬などとして用いられているものが多数ある．海産無脊椎動物や海洋微生物には陸上生物由来のものとは別種の化学構造や生物活性を

有する二次代謝産物を生産するものがある．

1) 細胞毒性物質・抗腫瘍性物質

多くの先進国でガンが死亡原因の第1位を占めているため，薬効が高く，副作用の少ない治療薬の探索が続けられている．市販の抗ガン剤の半数以上のものは，天然物あるいはその誘導体である．水圏生物からも，ガン細胞に対する細胞毒性物質や，動物実験で抗腫瘍活性を示す化合物が多数みいだされている．

a) チューブリンに作用する物質　他の組織の細胞と比べてガン細胞は増殖が速いため，抗ガン剤には細胞分裂を阻止するものが多い．チューブリンは重合することにより，細胞分裂の際に染色体を分配する働きをする紡錘糸（微少管）を構成するタンパク質である．その重合を阻害するビンクリスチン（植物由来）や，微少管を安定化して脱重合を阻害するタキソール（植物由来）は，抗ガン剤として用いられている．水圏生物由来の化合物では，海綿由来のハリコンドリンB（halichondrin B）は前者，同じく海綿由来のディスコデルモライド（discodermolide）は後者の作用機序でチューブリンに作用する．

ハリコンドリンB　　　　　ディスコデルモライド

b) 核酸の複製を作用点とする物質　核酸を構成するヌクレオシド類は本来リボースと呼ばれる五単糖をもつが，これがアラビノースに置換されたものが海綿から初めて見いだされた．それらを手本にして化学合成されたAra-CおよびAra-Aは細胞内でリボースをもつヌクレオシドと取り違えられるため，DNAの複製を阻害する．Ara-Cは白血病の治療に，Ara-Aは抗ウイルス薬として用いられている．

群体ボヤからみいだされたエクテナシジン743（ecteinascidin 743：ET743）は，細胞毒性のみならず動物実験においても抗腫瘍性を示す化合物で，臨床試験を経て抗ガン剤として認可された．十分な量のET743を群体ボヤから調達することは不可能であるため，微生物発酵により類縁化合物のシアノサフラシンBを大量に得て，それから化学変換によりET743が導かれた．ET743はDNAをアルキル化してDNA複製を阻害することにより，抗腫瘍活性を発現する．

Ara-C　　Ara-A　　ET-743

c) アクチンに作用する物質　アクチンは真核細胞中最も含有量の高いタンパク質で，単量体の

Gアクチンが重合して繊維状のFアクチンを形成し，後者が細胞の形態維持や細胞運動に関わる．Gアクチンに結合してその重合を阻害する物質として，カビの二次代謝産物のサイトカラシンが知られる．Fアクチンに結合してそれを安定化する物質には，キノコ由来のファロイジンがある．いずれの作用でも，GアクチンとFアクチン間の平衡が妨げられ，細胞死を招く．海綿由来のラトランクリンA（latrunculin A）およびミカロライドB（mycalolide B）はアクチンの重合を阻害する．一方，海綿由来のジャスパミド（jaspamide）および渦鞭毛藻由来のアンフィディノライドH（amphidinolide H）は，Fアクチンを安定化する．アクチンに作用する物質は低濃度でガン細胞に対して毒性を示すが，アクチンは正常細胞にも含まれるため，そのような化合物は正常細胞に対しても有毒である．

ラトランクリンA

ミカロライドB

ジャスパミド

アンフィディノライドH

d）タンパク質合成阻害物質　細胞内のタンパク質合成工場であるリボソームの構造は，原核生物と真核生物で大きく異なる．実際，抗生物質として用いられている多くの化合物は真核生物のリボソームに影響を与えず，原核生物のリボソームのみを阻害する．水圏生物から細胞毒性物質として発見された化合物には，真核生物のリボソームのみを選択的に阻害するものがある．群体ボヤ由来のダイデムニンB（didemnin B）およびその類縁化合物は，タンパク質合成阻害により抗腫瘍活性を示すが，哺乳動物に対して毒性を示すため，医薬品としては不成功であった．

海綿由来のマイケラミドA（mycalamide A）およびオンナミドA（onnamide A）は抗ウイルス活性も示す細胞毒性物質で，分子左側の共通構造は，甲虫のア

ダイデムニンB

オバアリガタハネカクシの毒液成分のペデリン（pederin）にも含まれる．これらの化合物は，いずれも真核生物のタンパク質合成を妨げる．

海綿や群体ボヤに含まれる二次代謝産物には，微生物の代謝産物とよく似た化合物があることから，「海綿や群体ボヤに共生している微生物が，それらの化合物を生産しているのではないか」という仮説が出されていた．まず，ペデリンについて，甲虫に共生する微生物から，その生合成を司る遺伝子（生合成遺伝子）がクローニングされた．この遺伝子配列情報を基にして，オンナミドAを含む海綿から抽出されたDNAが調べられ，その中にはペデリンの生合成遺伝子とよく似た遺伝子が含まれることが示された．この遺伝子は細菌の遺伝子の一部であったことから，オンナミドAは海綿中の細菌によって生合成されることが証明された．

2）酵素に作用する物質

生命現象は突きつめていえば，化学反応の連続といえ，個々の反応は酵素によって厳密に制御されている．特定の酵素を阻害したり活性化したりする天然物は，医薬品や細胞生物学の研究試薬として用いられている．

a）タンパク質のリン酸化および脱リン酸化に関与する酵素　細胞内のタンパク質の多くは分子内にリン酸エステル結合でリン酸基を有する．プロテインキナーゼがこのリン酸化を行い，ホスホプロテインホスファターゼがリン酸を除去する．親水性（極性）の高いリン酸基がタンパク質に導入されると，立体構造の変化とともに酵素活性や細胞内での分布（局在性）が変化する．したがって，タンパク質のリン酸化はその機能の調節に深く関わる．

タンパク質をリン酸化する酵素の1つにプロテインキナーゼC（PKC）がある．PKCは，ホスファチジルセリンやジアシルグリセロールなどの生体脂質とカルシウムイオンの存在下で，酵素が活性化される．いずれも発ガンプロモーターである，植物由来のテルペノイド化合物の一種TPAや放線菌由来のアルカロイドの一種テレオシジンBは，上記の生体脂質と比べてはるかに低濃度でPKCを活性化するため，細胞内の多くのタンパク質をリン酸化する．発ガンプロモーターとは，突然変異誘発物質によりDNAが変異を受けた細胞を活性化して，その増

殖性を高める性質の化合物である．海産藍藻（シアノバクテリア）に含まれるリングビアトキシンA（lingbiatoxin A）やアプリシアトキシン（aplysiatoxin）も，同様にPKCを活性化し，発ガンプロモーション作用を示す．

ホスホプロテインホスファターゼ1および2A（PP1およびPP2A）は，真核細胞の主要なタンパク質脱リン酸化酵素であるが，これらの酵素を選択的に阻害する物質が水圏生物からみいだされている．海綿由来のオカダ酸（4-1参照）とカリクリンA（calyculin A）ならびに藍藻由来のミクロシスチン（microcystin）類である．カリクリンAはガン細胞に対して細胞毒性を示すが，オカダ酸同様，発ガンプロモーション活性もあった．ミクロシスチン類は夏季に湖沼で繁茂する藍藻のアオコが生産する肝臓毒であるが，肝臓において発ガンプロモーション作用を示す．

カリクリンA

ミクロシスチンYR

b）脂質の加水分解に関与する酵素　　ホスホリパーゼA_2（PLA_2）は細胞膜のリン脂質から，ホルモン様の作用を示すプロスタグランジンの原料となるアラキドン酸を遊離させる酵素で，この作用を阻害する物質はプロスタグランジンの合成を妨げるため，抗炎症活性を示す．海綿由来のテルペノイドのマノアライド（manoalide）は，PLA_2を不可逆的に修飾してその活性を阻害する．

マノアライド

サイクロセオナミドA

エルギノーシン298-A

c) **タンパク質の分解に関与する酵素**　タンパク質の加水分解はプロテアーゼにより触媒されるが，プロテアーゼ活性の調節異常により様々な病態が引き起こされる．したがって，プロテアーゼ阻害剤はそのような疾病の治療薬として期待される．海綿由来のサイクロセオナミドA（cyclotheonamide A）や藍藻由来のエルギノーシン（aeruginosin）類はトリプシンやトロンビンなどのセリンプロテアーゼを強く阻害する．

3）その他の生物活性物質

紙面の関係で内容を紹介できないが，興奮性アミノ酸，レクチン，抗菌・抗カビ物質，プロスタグランジンなどの多彩な生物活性物質が水圏生物からみいだされている．

〈松永茂樹〉

5-2　その他の物質

近年，水産資源の有効利用および環境への配慮から，従来廃棄されていた資源あるいは低利用資源の高度利用に関する研究が盛んになり，優れた製品が食品，化粧品など様々な分野で利用され始めている．

甲殻類の殻の主成分であるキチン（chitin）はN-アセチル-D-グルコサミンがβ-1,4-グリコシド結合（1-5参照）した多糖であるが，難溶性のため，そのままでは利用しにくい．キチンを濃アルカリと加熱して部分的に脱アセチル化したキトサン（chitosan，キチンとの混合物であるため，キチン・キトサンと呼ばれる）が利用されている．キチン・キトサンはそのまま，あるいはカルボキシメチル化などによる誘導体として利用される．これらの利用範囲は広く，廃水処理用の凝集剤，抗菌剤，人工皮膚や手術用の縫合糸，保湿剤，創傷治癒剤などとして有効である．食品分野でも食物繊維としての利用を始め，血圧降下作用や血中コレステロールの低下作用を示すことが知られており，コレステロールの高い人向けの特定保健用食品も市販されている．キチン・キトサンはまた，カルシウム吸収促進作用，免疫賦活作用，抗ガン作用なども報告されており，今後の有効利用が期待される．

魚の皮や鱗あるいはホタテガイの外套膜などから得られるコラーゲンは海洋性（マリン）コラーゲンとして利用されている．低水温環境に生息する魚介類のコラーゲンは変性温度が低く，常温での保湿性および低温での保水性に優れている．細胞培養用基質として用いられるほか，医療用としても経口投与による骨粗鬆症や関節炎の治癒効果が認められている．皮膚や毛髪の保湿や老化防止の目的でサプリメントとして用いられることが多い．

サメ軟骨やサケの鼻軟骨（氷頭）から得られるコンドロイチン硫酸（chondroitin sulfate）は酸性ムコ多糖の一種で，N-アセチル-D-ガラクトサミンとD-グルクロン酸からなる骨格に硫酸基が結合している．骨関節炎の症状緩和，白内障の術後処置，ドライアイ用の点眼薬などとして利用されており，さらに心筋梗塞のリスクを低下させるという報告もある．ヒアルロン酸（hyaluronic acid）は硫酸基をもたず，N-アセチル-D-グルコサミンとD-グルクロン酸からなるムコ多糖で，関節炎や創傷の治療に用いられており，皮膚の老化防止，美肌などの目的で利用されている．キチンの酵素分解により生成するN-アセチル-D-グルコサミンはヒアルロン酸の合成素材となり，その投与でも肌質が改善することが報告されている．さらに，変形性膝関節症の改善，学習・記憶能の向上作用などが確認されている．

その他，エキスの抽出残滓や貝殻，魚鱗などからの有用物質の利用の検討が行われているが，最近

1-4で述べたジペプチドのアンセリン（anserine）がカツオの煮汁から精製され，その抗疲労効果のために，スポーツ選手のサプリメントとして利用され，その他の生理機能の研究も進められつつある．

（阿部宏喜）

おわりに

本章で述べてきたように，水圏生物は物質的にみても生物種によって異なる点が多々あり，また陸上生物にはみられない特徴ある成分も認められるため，それぞれの種がわれわれ人類にとって貴重な存在である．水圏生物はまた，食資源としては勿論のこと，多くの有用な物質をわれわれに提供してくれる．しかしながら，食料として漁獲されている魚介類は近年大きく資源が減少し，主要な魚介類の漁獲量は激減している．したがって，将来にわたってこれらの水圏生物を人類が利用するためには，一時の不自由は忍んでも，その保護と資源回復に英知を結集しなければならないであろう．20世紀に人類は大きく発展したものの，そのため犠牲にされ失ったものは大きい．そのつけを払うことは21世紀の大きな課題である．

（阿部宏喜）

文献

阿部宏喜（2000）：十脚目甲殻類における遊離D-アラニンの生理機能，比較生理生化学，17, 100-108.

阿部宏喜（2002）：水生無脊椎動物における遊離D-アミノ酸の分布，代謝および生理機能，日水誌，68, 516-525.

Dyerberg, J., H. O. Bang, and N. Hjorne（1975）：Fatty acid composition of the plasma lipids in Greenland Eskimos, *Am. J. Clin. Nutr.*, 28, 958-966.

Fuke, S. and S. Konosu（1991）：Taste-active components in some foods: a review of Japanese research, *Physiol. Behav.*, 49, 863-868.

Iwamoto, M., H. Yamanaka, S. Watabe, and K. Hashimoto（1987）：Effect of storage temperature on rigor-mortis and ATP degradation in plaice *Paralichthys olivaceus* muscle, *J. Food Sci.*, 52, 1514-1517.

Kani, Y., N. Yoshikawa, S. Okada, and H. Abe（2007）：Comparison of extractive components in muscle and liver of three Loliginidae squids with those of one Ommastrephidae species, *Fish. Sci.*, 73, 940-949.

Kani, Y., N. Yoshikawa, S. Okada, and H. Abe（2008）：Taste-active components in the mantle muscle of the oval squid *Sepiotheuthis lessoniana* and their taste effects on squid taste, *Food Res. Int.*, 41, 371-379.

Konosu, S., K. Watanabe, and T. Shimizu（1974）：Distribution of nitrogenous constituents in the muscle extracts of eight species of fish, *Nippon Suisan Gakkaishi*, 40, 909-915.

郡山　剛・木幡知子・渡辺勝子・阿部宏喜（2000）：メバチ筋肉の成分組成とその呈味に及ぼす脂質の役割，日水誌，66, 462-468.

Kubota, S., K. Itoh, N. Niizeki, X.-A. Song, K. Okimoto,

M. Ando, M. Murata, and M. Sakaguchi（2002）：Organic taste-active components in the hot-water extract of yellowtail muscle, *Food. Sci. Technol. Res.*, 8, 45-49.

Miyashita, H., H. Ikemoto, N. Kurano, K. Adachi, M. Chihara, and S. Miyachi（1996）：Chlorophyll d as a major pigment, *Nature*, 383, 402.

太田静行（1990）：水産物の鮮度保持，筑波書房，172pp.

Robert, S. S., S. P. Singh, X.-R. Zhou, J. R. Petrie, S. I. Blackburn, P. M. Monsour, P. D. Nichols, Q. Liu, and A. G. Green（2005）：Metabolic engineering of Arabidopsis to produce nutritionally important DHA in seed oil, *Func. Plant Biol.*, 32, 473-479.

Rodríguez-Concepción and M., A. Boronat（2002）：Elucidation of methylerythritol phosphate pathway for isoprenoid biosynthesis in bacteria and plastids. a metabolic milestone achieved through genomics, *Plant Physiol.*, 130, 1079-1089.

Shirai, T., Y. Hirakawa, Y. Koshikawa, H. Toraishi, M. Terayama, T. Suzuki, and T. Hirano（1996）：Taste components of Japanese spiny and shovel-nosed lobsters, *Fish. Sci.*, 62, 283-287.

須山三千三・鈴木　洋（1975）：サメ類筋肉の含窒素エキス成分，日水誌，41, 787-790.

内山　均・江平重男・小林　宏・清水　亘（1970）：揮発性塩基，トリメチルアミン，ATP関連化合物の鮮度判定法としての測定意義，日水誌，36, 177-187.

渡部終五・橋本周久（1989）：最近の魚貝類の鮮度保持研究－死後硬直を中心にして，魚肉ソーセージ，221, 15-29.

Watabe, S., MD. Kamal, and K. Hashimoto (1991): Postmortem changes in ATP, creatine phosphate, and lactate in sardine muscle, *J. Food Sci.*, 56, 151-153.

参考図書

青木　宙・平野哲也・隆島史夫編（1996）：魚類のDNA－分子生物学的アプローチ，恒星社厚生閣，496pp.

Blunt, J. W. and M. H. G. Munro, eds. (2007): Dictionary of Marine Natural Products. Chapman & Hall/CRC, 2536pp.

Botana, L.M., ed. (2000): Seafood and Freshwater Toxins. Marcel Dekker, Inc., 798pp.

千原光雄編（1999）：バイオディバーシティ・シリーズ3，藻類の多様性と系統．裳華房，346 pp.

橋本芳郎（1977）：魚貝類の毒，学会出版センター，377pp.

平田　孝・菅原達也編（2008）：水産物の色素－嗜好性と機能性，恒星社厚生閣，127pp.

Hochachka, P. W. (1980): Living without Oxygen-Closed and Open System in Hypoxia Tolerance, Harvard University Press, 181pp.（邦訳：橋本周久・阿部宏喜・渡部終五訳（1984）：低酸素適応の生化学，恒星社厚生閣，194pp.）

Hochachka, P. W. and G. N. Somero (1984): Biochemical Adaptation, Princeton University Press, 537 pp.

Hochachka, P. W. and G. N. Somero (2002): Biochemical Adaptation–Mechanism and Process in Physiological Evolution–, Oxford University Press, 466 pp.

文部科学省科学技術・学術審議会資源調査文科会（2008）：五訂増補日本食品標準成分表，国立印刷局，589 pp.

香川芳子監修（2006）：五訂増補食品成分表2007，女子栄養大学出版部，567 pp.

木村修一・左右田健次編（1987）：微量元素と生体，秀潤社，193 pp.

鴻巣章二監修・阿部宏喜・福家眞也編（1994）：魚の科学，朝倉書店，186 pp.

鴻巣章二・橋本周久編（2000）：水産利用化学，恒星社厚生閣，403pp.

中田英昭・上田　宏・和田時夫・竹内俊郎・渡部終五・中前明編（2004）：水産海洋ハンドブック，生物研究社，pp. 428-431.

中添純一・山中英明編（2004）：水産物の品質・鮮度とその高度保持技術，恒星社厚生閣，147pp.

日本水産学会編（1982）：海洋動物の非グリセリド脂質，恒星社厚生閣，161pp.

奥積昌世，藤井建夫編（2000）：イカの栄養・機能成分，成山堂書店，214 pp.

坂口守彦・平田　孝編（2005）：水産資源の先進的有効利用法－ゼロエミッションをめざして－，エヌ・ティー・エス，468pp.

塩見一雄・長島裕二（1997）：海洋動物の毒，成山堂，230pp.

須山三千三・鴻巣章二編（1987）：水産食品学，恒星社厚生閣，341pp.

高市真一編（2006）：カロテノイド－その多様性と生理活性－，裳華房，267 pp.

竹井祥郎編（2005）：海洋生物の機能－生命は海にどう適応しているか－，東海大学出版，428 pp.

竹内昌昭（1990）：魚肉の栄養成分とその利用，恒星社厚生閣，138 pp.

竹内昌昭・藤井建夫・山澤正勝編（2000）：水産食品の事典，朝倉書店，pp. 138-144.

谷内　透・中坊徹次・宗宮弘明・谷口　旭・青木一郎・日野明徳・渡邊精一・阿部宏喜・藤井建夫・秋道智彌編（2005）：魚の科学事典，朝倉書店，597 pp.

渡部終五編（2008）：水圏生化学の基礎，恒星社厚生閣，241pp.

Watson, J., T. A. Baker, S. P. Bell, A. Gann, M. Levine, and R. M. Losick (2006)：遺伝子の分子生物学第5版（中村桂子・松原謙一監訳），東京電機大学出版会，780pp.

山口勝巳編（1991）：水産生物化学，東京大学出版会，236 pp.

山中英明編（1991）：魚類の死後硬直，恒星社厚生閣，122pp.

第5章　水圏と社会とのかかわり

　本書は，主として，水圏生物科学を志す者が初めて読む教科書として書かれたものであり基本的には生物学の教科書である．しかし，生物は私たちの生活と全く関わりなく存在するわけではない．水圏生物のうち水産有用生物は，漁業という形で私たちの社会と深い関係をもっている．また，私たちの社会も大きな影響を水圏生物や水圏環境に与えている．本章では，まず，水圏生物に大きくかかわりのある漁業の歴史と制度を概観し，次に，漁業を含めて私たちの社会の水圏環境の利用の在り方にどんな問題があるのかを紹介する．最後に，それらの解決に向けていくつかの考え方，方向性を紹介する．

（黒倉　寿）

§1．わが国の水産業

1-1　漁業の近現代史
1）漁業技術の発達にともなう社会的な軋轢

　江戸時代の初期から，瀬戸内海東部，畿内の漁業者が発達した漁業技術を携えて，日本各地に分散・定住している．例えば佃島は，江戸の初期に，摂津の国佃村から移住した漁民が作った埋め立て地であり，彼らは幕府から東京湾の漁業権を与えられて漁業を行った．彼らは畿内の進んだ漁業技術をもっていた．従来から東京湾で漁業を営んでいた漁民と彼らの間で当初軋轢があったが，一方で技術の伝承という役割も果たしたであろう．いずれにしても，漁業技術の各地への伝搬は江戸時代を通じて行われた．個別的な技術に加えて，高度に組織化された集団的な漁業技術もこの時代に誕生している．突取式による集団的な捕鯨は，紀州太地などを中心に17世紀初頭には行われていたものと考えられるが，1677年には組織化され，効率性と安全性が増した網とり式捕鯨が太地の太地角右衛門頼治によって考案され，その技術は西日本沿岸に普及した．また，千葉県九十九里浜の地びき網漁なども，その後背地における農業の発達と肥料としての干し鰯の需要から17世紀に本格化し，江戸時代後期に最盛期を迎えるが，その技術は畿内からもたらされたとされる．

　大型の漁具や動力を使った近代的な漁業技術が急速に発達するのは，明治期に入ってからである．1883年には第1回水産博覧会が行われ，この年機械的な編網機が作成されている．これによって大型の網漁業が可能になり，岩手県でアメリカ式の巾着網のイワシ漁への使用が試みられる（1889年）．改良イワシ揚操網漁業が起こるなど，まき網漁業の技術的な改良が行われ，漁獲効率が向上したために各地に普及する．これに伴って従来の漁法を用いる漁業者との対立が生まれた．1892年には，九十九里浜で地びき網業者とイワシ揚操網業者の間で紛争が起き，以後，九十九里浜の地引網は急速に衰退する．また，燧灘でも広島県の網漁業者と愛媛県の一本釣り漁業者との間で乱闘が起きている（1893年）．

漁業技術の向上とともに操業海域も広がり，1891年済州島で日韓漁民が乱闘事件を起こし，1895年には朝鮮半島で日本漁民が襲撃されて5名が死亡している．従来から，底びき網など船びき網と他の漁業の間には軋轢があり，すでに1882年，和歌山県は打瀬網の制限を行っている．同年，イギリスで汽船トロールの操業が行われたが，それ以来わが国でもトロール漁業の研究が行われ，1904年にはトロール船（帆船）海光丸が試運転された．この船は1908年焼き打ちにあっている．また，1907年には北海道でトロール漁業がおこなわれている．以後各地でトロール漁業がおこなわれるが，これに対する反発も強く，1908年には福岡でトロール漁業排斥期成同盟会が結成された．このような動きを受け，1909年汽船トロール漁業取締規則が制定され，また1919年の漁業法改正では，汽船トロール，汽船捕鯨が許可制となった．それにもかかわらず，汽船トロールと他の漁業の間の軋轢は解消せず，汽船トロールの取り締まり請願が行われ（1910年），1929年には高知で汽船底びき網漁業全廃運動が暴動化し，1932年には銚子で抗争事件が発生している．その後も，さまざまな技術が生まれ，漁業生産と操業海域が拡大していくが，それに伴ってさまざまな抗争も起きている．そうした社会的な軋轢も漁業史の重要な一面である．

漁業およびその周辺技術の近代化による漁獲の効率化が資源に与える圧迫の問題を解決し，持続的な漁業を実現することは，今日では漁業政策上の最重要課題である．このことは近年になって，急激に問題化したわけではない．漁業史を振り返ると，しばしばこのことが問題視され議論を呼んでいる．そもそも前述の漁民間の数々の抗争なども，その底流にあるのは，資源の枯渇問題である．例えば，1971年の国連人間環境会議における捕鯨モラトリアムの勧告以来，わが国の水産関係者にとっても，クジラ資源の問題は大きな関心事であるが，この問題は近代捕鯨技術の発達の初期の段階ですでに指摘されている．ノルウェー式の捕鯨砲による捕鯨は，19世紀の中ごろに始まるが，鯨工船が出現すると，1910年フランスでPaul Sarasinはクジラ資源の減少を警告し，捕鯨反対運動が起き，1930年には国際捕鯨条約が調印された．これはクジラ資源の保全だけでなく，鯨油の生産カルテルという側面も有していたとされているが，公海の多国間での操業規制の嚆矢であるといえる．1921年にわが国においてカニ工船漁業が始まると，早くも資源問題が起こり，1923年工船蟹漁業取締規則が公布された．1929年には母船式サケ・マス漁業取締規則が制定されたが，これは母船式サケ・マス漁業の普及による資源枯渇を警戒し，予防的に規則を作ったものである．1937年には瀬戸内海漁業取締規則が公布されている．

2）漁業技術の発達と大規模化・操業海域の拡大

まき網・トロールのみにとどまらず，明治期以降，漁業技術の近代化が進む．1892年ブリ大敷網，1910年日高式ブリ大謀網，1912年上野式ブリ大謀網，1919年土佐式ブリ落とし網が考案されている．1890年には東京大学三崎臨界実験所で集魚灯の試験が行われた．1935年にはノルウェーで魚群探知機が発想されている．こうした漁業技術そのものの発達に加えて，より大きな漁業発達の要因となったのは，船舶の機械化・大型化，航行技術・通信技術の発達など，周辺の工学的技術の発達であった．漁船の汽船化については，1894年には石油発動機船の試験が行われている．1906年には静岡県水産試験場が石油発動機船富士丸を建造し，1920年にはカツオ漁にジーゼル船が使われた．1912年にはマニラ麻糸製造株式会社が設立されている．1914年にはサケ・マス・カニ工船漁業の端緒となる試験が行われ，1917年には汽船底びき網の動力式揚網機が考案され，1921年には鋼製のカ

ツオ漁船，1927年にはジーゼルトロール船が建造された．1918年には無線電信設備装備の漁船が建造され，1921年にはトロール船に無線電信設備が設置された．

　船の強度，通信技術，航行技術が発達していない段階でも，漁業者は操業海域を広げていった．その結果，多くの大規模な海難事故が起こっている．有名な太地の鯨組の大遭難は1878年のことである．1892年には熊野灘でサンマ漁が大量遭難事件を起こしている．この時の死者行方不明者は229名である．以下，1895年鹿児島（死者行方不明者551名），1905年鹿児島のカツオ船団（死者行方不明者300名以上），1906年長崎・鹿児島（死者行方不明者886名），1909年高知沖（死者行方不明者224名），1910年房総沖（死者行方不明者1,106名），1911年焼津のカツオ船（死者行方不明者114名），1921年富山県（死者行方不明者115名）等々，数々の海難事故が起こっている．

　漁船の大型化，航法，通信の近代化はこうした悲惨な海難事故から漁民を守ることになった．同時にこのことは，より広い海域での長期間の操業を可能にした．その結果，大規模な漁業会社が出現し，遠洋での資本漁業が展開されることになる．1897年には早くも，遠洋漁業奨励法が公布されている．1899年には日本遠洋漁業株式会社が設立され，ノルウェー式捕鯨を成功させている．この会社は，翌年，大韓帝国から朝鮮近海捕鯨の特許公文を得ている．1904年には日本漁船がアラスカに出漁した．1909年には東洋漁業，長崎捕鯨などトップ4社が合併して，東洋捕鯨株式会社が設立され，さらに1911年には田村汽船漁業部（後の日本水産株式会社の前身）が設立され，1912年にはわが国の漁業者によってシンガポールで漁業がおこなわれた．1914年には日露漁業株式会社が設立，1920年には早鞆水産研究会（後の日本水産中央研究所）が設立された．1921年には母船式カニ漁が始まり，1924年に林兼商店（マルハ株式会社の前身）が法人化している．1928年には日ソ漁業条約が調印され，1931年にはアラフラ海で真珠の養殖業が創業される．1934年にはわが国初の南氷洋捕鯨が行われ，1936年に国産初の捕鯨母船日新丸が進水する．また，この年，共同漁業株式会社の姫路丸（トロール船）がアルゼンチン沖で操業する．1937年には共同漁業株式会社（田村汽船が1919年に株式会社として改組された．）が日本食料工業株式会社を合併，日本水産株式会社として発足し，近代漁業，水産加工，水産物流通販売部門をもつわが国初の総合的な水産会社が誕生する．また，この年，極洋捕鯨株式会社が設立される．1938年には南方マグロ漁が行われ，1,000トン級トロール船駿河丸（991トン）が進水する．以上のように，明治期後半から昭和初期にかけては，近代的漁業技術の成立，漁場の拡大，海外進出の時代であった．

　日本の漁業の技術的な進歩と，遠洋への拡大は，第2次世界大戦の敗戦による停滞期を除き，1960年代まで続く．第2次世界大戦中から敗戦後における技術革新の中心は材料分野・通信分野および魚群探知機などの測器の開発である．1942年には東洋レーヨンが合成テグスの販売を開始し，1947年にはラジオブイの実験に成功している．1948年には魚群探知機が使われるようになる．1949年には合成漁網の試験が行われ，長短波無線が漁業用に使われ，田子，清水に無線局がつくられた．1951年には連続イカ釣り機が考案され，1952年アメリカでパワーブロックが考案される．このころ抗生物質が普及し，カナダで鮮度保持のためクロルテトラサイクリンの漁船での使用が認められて，後に問題となる．1954年にはイギリスで船尾式トロール船が建造され，操業の安全性が増し，日本で合成浮子が販売され，1956年ごろには合成魚網の時代に入る．1957年にはわが国の以西底びき網でもクロルテトラサイクリンの使用が認められ，本格的な船尾トロール船が建造されるようになる．

1965年にはFRP船が建造されている．船の大型化はさらに進み，1968年には4,000トン級のトロール船が建造され，1971年には1,000トン級のまき網船が操業している．このころ，はえ縄船のリール使用も本格化し，省力化のためカツオ自動釣機の導入が検討された．

こうした技術革新の支えもあって，日本の漁業の操業海域は世界中に広がっていった．1951年には大洋漁業はアラビア海で操業を行っている．これはインドへの技術協力としてなされたものであった．政府も沿岸漁業のカツオ・マグロ漁への転換を進める．「沿岸から沖合へ，沖合いから遠洋へ」がこのころのスローガンであった．そのような中にあって，明神丸は明神礁を発見し（1952年），その一方で，第5福竜丸はビキニ環礁でアメリカの水爆実験によって被曝する（1954年）．1954年三菱商事はサモアを基地としてマグロ漁を行う．これは外国基地を利用してのマグロ漁の始まりである．1956年水産庁の調査船東光丸は中南米の漁場調査に向い，大洋漁業（1957，1961年），極洋捕鯨（1960年）は外国の捕鯨船団を購入し，1962年には南氷洋捕鯨が最高の生産量を達成する．1957年ごろには大西洋のマグロ漁業が本格化し，極洋捕鯨株式会社は1963年ニュージーランド沖でタイ延縄漁業に成功，1964年にはオーストラリア北部でエビ漁を行っている．大洋漁業株式会社は1967年に北大西洋でトロール漁業を行った．

消費の拡大をもたらす加工・流通技術の開発も，漁業生産の向上に重要な要素であった．特に，船上での加工保存技術は遠洋漁業の展開には不可欠であり，早くからから研究が行われ，早鞆水産研究会によって1930年船内急速冷凍装置を整備したトロール船が作られ，この年母船式フィッシュミール漁業も行われた．また，流通過程での技術も水産物消費の普及拡大には必要であった．1910年にはさけ・ます缶詰の海外販売が始まり，1929年にまぐろ缶詰の対米輸出が始まり，1931年には鉄道省が活魚輸送車を作っている．冷凍工船漁業は1940年に始まり，魚肉ハム・ソーセージは第2次世界大戦後1954年ごろから本格的に製造販売されるようになった．1961年には北海道水産試験場が冷凍すり身技術を開発し，このころ冷凍食品の生産が100万トンを超える．現在，日常的な食品となっているカニカマボコは1973年に石川県七尾市の水産加工メーカー・スギヨが，着色・着香した蒲鉾を細く裁断した商品である「珍味かまぼこ・かにあし」を発売したのが最初である．

3）漁業が社会から受けた影響

江戸時代における，漁業技術の発展と伝搬が，農業や流通の発達と強く関係していることはすでに述べた．人々の購買力の向上や市場の発達なども，漁業が発展するために必要な要素である．漁業は他の産業の発達や人々の生活の変化などからも大きな影響を受けている．現在，釣りやダイビングなどのマリンレジャーの関係者と，漁業者の間の軋轢がしばしば問題になる．しかし，漁業者自身も釣りやダイビングなどを行うし，ツーリズムによる地元への経済効果などを考えると，対立しながらも相互に支えあっている部分もある．こうした関係は今に始まったことではない．遊びとしての釣りは，江戸時代に盛んになったものと考えられる．江戸時代には，釣りに関する書物がいくつか書かれている．享保8年（1723）には，津軽采女（つがるうねめ）によって釣りの技術的解説書，釣り具に関する解説である「何羨録（かせんろく）」が書かれている．これは，イギリスにおいてアイザック・ウォルトンによって「釣魚大全」が書かれた時期（1653）にほぼ匹敵する．それまで，釣針などの漁具は，漁師が自作するものであったが，こうした情報が共有されることによって各地に釣針などの漁具を専門的に作るものが現れた．こうした漁具は主として趣味的活動のために用いられたものであるが，釣針，浮子，天秤などに加え

られた新しい工夫は産業としての漁業の漁具にも影響を与えたものと考えられる．一方，現在でも問題になるように，遊漁者の存在が漁業の妨げになることもある．こうした遊漁者と漁業者の対立は，すでに第2次世界大戦以前からあった．1934年には，全国漁業協同組合大会で遊漁者取り締まりが議論され，実際，その翌年，千葉の漁業者と遊漁者を乗せた神奈川の漁業者（自身は漁業組合員）が乱闘事件を起こしている．

また，漁業は他の産業活動の影響を強く受ける．特に，他の産業が水域に排出する廃液などは，漁業に大きな被害をもたらしてきた．1928年には東京湾でイギリス船が排出した油によってノリ漁業が被害を受け，1935年には東京湾の海面汚濁防止が協議されている．また，このころ東京湾のノリ漁場の一部に埋め立て問題があったが，この年解決している．1938年には工場群の廃液に対して関係地域の水産協議会が東京湾水質保護協会を設立した．そのような動きにもかかわらず，第2次世界大戦後も海の汚染とそれによる漁業被害が続く．1955年には有明海諸県が農薬による被害対策を政府に陳情している．1956年水俣病が集団発生し，この問題で漁民の乱闘事件が起きている（1959年）．1958年には江戸川で本州製紙による汚水問題が発生し，浦安の漁師が警官隊と衝突している．この年水質汚濁防止全国漁民大会が行われた．1966年には三重県で漁民が原子力発電所の建設に反対し，1967年には種子島のロケット実験に漁民が反対している．1970年には田子の浦のヘドロ公害問題など，各地で海の汚染問題が表面化し，公害絶滅全国漁民総決起大会がおこなわれ，水質汚濁防止法，海洋汚染防止法が公布された．また，この年米国でまぐろ缶詰の水銀汚染問題が発生した．1972年には魚のPCB汚染が問題となり，汚染魚が社会問題となる．1974年には原子力船むつの放射線漏れ事件，水島重油流出事故が起きている．1978年にはフランスでタンカーによる油汚染事故が起き，その後，各地でタンカーなどによる油流出事故がしばしばおこり，風評被害も含めて，漁業被害が大きな社会問題となる．1997年には日本海でロシアのタンカーが座礁し重油が流出したため，北陸地方沿岸に大きな被害がもたらされた．

漁業は，しばしば，国家間の外交や経済の変化によっても影響を受ける．1950年駐留米軍は東京湾に防潜網を敷設する．これによって漁業被害が発生し，政府は漁民に見舞金を給付した．一方，この年日本漁船が中国に拿捕され，以西底びき網漁業に打撃を与える．1952年初代韓国大統領・李承晩はいわゆる李承晩ラインを設け，このことと，請求権問題で，第一次日韓会談は不調におわる．以後，韓国による日本漁船の拿捕が行われ，多くの日本漁民が抑留生活を送り，1959年には韓国に抑留されていた漁民の集団脱走事件が起こる．1960年には韓国艇による日本漁船沈没事件が起きている（韓国側は自沈を主張）．この年抑留漁民全員が釈放されたが，問題の解決は1965年の日韓基本条約の締結に伴う日韓漁業協定の成立まで待たなくてはならなかった．協定が成立するまでの13年間に，韓国による日本人抑留者は3,929人，拿捕された船舶数は328隻，死傷者は44人を数えた．また，条約締結後にも，竹島周辺での日本漁船による操業は実質的に回復していない．北方領土問題も，漁業に大きな影響を与えた国際問題である．連合国軍総司令部（GHQ）は日本漁船の遠洋操業を禁止したが，サンフランシスコ平和条約により，日本の独立が回復した1952年にこれが解禁され，日本はソ連との漁業交渉を開始し，北方領土問題をめぐる難航を経て，日本の河野一郎農相とソ連のブルガーニン首相との交渉により1956年5月15日に日ソ漁業協定が調印された．これは当時継続中だった国交回復交渉を大きく後押しし，同年10月19日の日ソ国交回復宣言調印につながった．国

交回復により漁業協定も発効し，1957年からベーリング海などの旧北洋漁業海域での操業が再開されたが，新生北洋漁業は厳しい漁獲割り当て量に悩まされ，ソ連の国境警備隊による拿捕事件が続発した．ソ連による拿捕は日本人漁民の拘束期間が長期化する例があり，船体は違反操業による没収処分を受けることが多かった．2001年には，ロシアが北方四島の領海を開放し，韓国籍のサンマ船などに操業許可を与えた．日本政府からすれば，わが国の200海里水域での入漁権を，他国が，日本の立場を無視して与えたことになる．これは日本政府にとっては衝撃的であった．政府はロシア・韓国に抗議するとともに，三陸沖における韓国の漁獲枠を取り消した．このことは反対に韓国国内の反日感情を刺激した．これも，国境紛争という国際問題が漁業に与えた影響の例の1つである．

4）グローバリズムと国際漁業

戦後復興の中の世界漁業　第2次世界大戦の直後，戦勝国を中心に国際連合（United Nations）がつくられる．当時の国連の最大の関心事は，戦災を受けた欧州全域，アジア諸国の復興と飢餓・栄養不良人口の削減であった．そのために，1945年に国連の設立に続いて，他の国際機関の設立に先立って国連食糧農業機構（FAO）が作られる．FAOがまず取り上げなければならなかった問題は，不足する食料をいかに各国に配分するかということであった．その中で，食料確保の面から水産業全般における増産の可能性が注目された．これは，魚類が深刻な食料不足に悩んでいるアジア諸国の食事の主要品目であり，また水産業は最も容易に発達させることのできる産業の1つであると考えられていたからである．当時，公海は何人にも属さず，また公海の漁業資源は無尽蔵であると考えられており，1946年のFAO総会においても，「世界の漁場は，あらゆる種類の魚類で満ちている．魚類は国際的な資源である．特に，発展途上国においては，魚が網にかかるのを待っている」と述べられていた．一方で，北海やイギリス周辺海域などの北半球の一部ではすでに乱獲の兆候が見られ，1946年にイギリス，ベルギー，デンマークなどのヨーロッパ12ヶ国が参加してロンドン国際乱獲会議が開かれた．会議では，総漁獲量の合意には至らなかったが，網目の最小限度，適用魚種とその体長（陸揚げや販売などのできる最小魚体長）などが規定されたロンドン条約が採択された．この条約は，1959年に北東大西洋条約（NEAFC）が設立されるまで北東太平洋の漁業を規制した．FAOは1947年の第3回総会において，北西大西洋，西南太平洋とインド洋，地中海，北東太平洋，東南太平洋，西南大西洋，東南大西洋とインド洋の各海域を分けて，各海域に水産資源開発のための地域理事会を設置するように勧告し，1948年にインド太平洋漁業理事会（IPFC），1949年に地中海一般漁業理事会（GFCM）が設立され，さらに，1949年に北西大西洋漁業国際委員会（ICNAF）が設立された．

そのような努力もあって，1952年に戦後初めて世界の農業・食料生産が人口1人当たりについて戦前の水準に回復し，それ以降は生産余剰問題が次第に世界の関心を奪っていくようになった．FAOの活動も余剰食料を分配しつつ，過剰，ひいては不況をいかにして防止するかの問題に変わった．漁業についても，報告を提出した諸国に関しては，1950年の漁獲高は1949年より約9％増加し，戦前（1938年）に比べても14％増加したと推定された．さらに1951年の第6回FAO総会において，世界の漁獲量は資源になんらの害を与えないで2倍に増加できるとの見解が表明されるなど，当時，漁業生産拡大の余地は依然として大いにあった．しかしながら魚類の有効需要の低さ，復興援助の縮小計画等々があいまって，世界の総漁獲量は従来の水準に引きとどまってしまうであろうと予想され

ていた．その予想通り，1950年代を通して漁獲量の伸びは停滞したが，その間に漁獲技術は急速に発達した．1940年代末から1960年代にかけての主に日本における漁獲技術の発達の歴史は，漁業技術の発達と大規模化・操業海域の拡大の項でのべたとおりである．日本のみならず，1960年代および1970年代には，世界各国で漁場の地理的拡大や漁獲量の増大が実現されたが，同時に，後に過剰な漁獲能力による資源の乱獲も引き起こすことになった．この間のFAOの活動は，水産資源の開発と食料の増産に直接関係のあるような技術的な活動に重点が置かれていた．

途上国開発と漁場の拡大　1940年代後半からアジア・アフリカ地域で旧植民地からの独立国が次々と誕生した．1955年にアジア・アフリカ会議（バンドン会議）が開催され，1960年がアフリカの年と呼ばれた．それとともに，1950年代を通じて発展途上国に対する援助は次第に拡大していった．FAOを始めとする国連専門機関は，発展途上国の経済開発に貢献するために各専門分野で技術援助を行っていたが，発展途上国の要望に応えるには規模が小さすぎた．また，世界銀行も1950年代に入ると「復興」援助から「開発」援助へと徐々に重点を移し始めていった．1950年代の様々な援助活動にもかかわらず，先進国と発展途上国の経済格差が拡大した．そのため，1960年代に入ると「南北問題」が重要なテーマとして認識されるようになった．農業部門においても，1960年代は「南北問題」の解消が重要な課題であった．先進国では過剰生産とそれによる余剰在庫の蓄積が問題となる一方で，発展途上国では生産不足による飢餓および栄養不良人口が存在し，さらに，農産物価格の低下によって，第一次産品を主要な輸出品目とする発展途上国は大きな影響を受けた．これらの問題に対してFAOは，1960年からの飢餓解放運動や1961年に食料援助を行う世界食糧計画（WFP，当初は余剰食料利用基金という名称だった）を国連と協同で開始，1963年の世界食糧会議，また1964年に農業開発への資金の流れを促進するためにFAO/IBRD共同計画を開始するなど，「南北問題」の解消に積極的に取り組んだ．

このころ，後述する第一次（1958年），第二次（1960年）国連海洋法会議が行われる．これを受けて，領海や漁業制限域の範囲を拡大する国が増加した．それに対して，漁業が制限された漁場を埋め合わせるために，FAOなどによって新たな漁場開発のための調査が行われた．また，西欧では漁場の減少に加えて，伝統的漁場の魚資源量が減少したことによる漁獲量の減少も起きていた．そのため，多くの漁業国では漁獲量の減少を補うために遠洋漁業を奨励し，大型船の建造および漁船団の近代化が行われた．それに伴って，漁業活動はさらに国際性を帯びるものとなった．漁獲技術の発達と近代的な大型漁船に支えられた新しい漁場の開発とペルー沖のカタクチイワシの増産によって，1960年代の漁獲量は急激に増大した．また，発展途上国でも漁撈活動が機械化され漁獲が向上した．その伸びは人口増加率や他の農産物生産の増加率と比較しても極めて大きく，水産物がますます世界の動物性タンパク質供給に対して重要な寄与をするようになっていった．また，発展途上国においては，食料供給源としてのみならず，外貨獲得を増やすために漁業開発に重点が置かれるようになっていった．これらの結果，水産物の貿易額は1960年代の10年間でほぼ2倍となり，発展途上国の輸出額は先進国よりもはるかに急速に拡大し，特にラテンアメリカ，大洋州および極東地域の増加率が大きかった．

国際間での環境保全と資源管理　漁場の全世界への拡大に伴い，国際的な漁業活動の調整が必要となり，FAOは水産資源の合理的利用のための中心的な役割を果たすために，新たな地域漁業機

関を設立するとともに，その中心的組織として1965年FAO水産委員会（COFI）を設立した．

「南北問題」の他に，この時期の大きな世界情勢として環境への意識の高まりがある．それを象徴するものが，1972年にスウェーデンのストックホルムで「かけがえのない地球」を合言葉に開かれた国連人間環境会議であるが，その開催に至った主な背景には，1950年代，1960年代における先進国の急速な経済発展により，酸性雨などの地球環境問題が発生し，かつて無限と考えられていた大気や水という環境資源の限界が認識されるようになったことがある．会議直前にはローマクラブの「成長の限界」が発表され，世界に大きな衝撃を与えた．会議では，環境問題が人類に対する脅威であり，国際的に取り組むべきであると明言した「人間環境宣言」および「環境国際行動計画」が採択され，それらを実施に移すために，同年に国連環境計画（UNEP）が設立された．さらに翌年には同会議での勧告をもとに，絶滅のおそれのある野生動植物の種の国際取引に関する条約（CITES，通称ワシントン条約）も採択された．漁業においても，漁場の拡大に伴って漁獲量が急速に増大する一方で，1960年代後半にはすでに発展途上国沿岸域を含む世界の様々な漁場で，水産資源の悪化と管理の必要性が指摘されるようになった．FAO（1967）は，「現在の開発速度でいけば，今日の漁法で獲れる未開発な有力魚種であと20年残るものはほとんどない．一方，開発が進んだ魚種では，適正管理を必要とするものの割合が急増することは明らかであり，つまり，取り過ぎの魚種を開発の比較的遅れた他魚種に転換させることで問題を回避しようとすることなどはますます難しくなる．したがって，漁業の適正管理の必要性は急速に高まりつつある」と指摘した．また，1972年に開かれた国連人間環境会議において，1つの重要な出来事があった．それは，米国によって提案された「商業捕鯨10年間モラトリアム勧告」が採択されたことである．勧告には拘束力がなく，実行は国際捕鯨委員会（IWC）に任されており，同年に開かれたIWCで否決されたために実際にモラトリアムにはなることはなかったが，これは，国際的な水産政策決定の場で水産関係組織以外の力が大きくなっていく時代の幕開けであった．このころを境に，拡大を続けていた遠洋漁業は，日本でも急速に縮小し，沖合い，沿岸漁業の重要性が増すことになる．一方で，同年のCOFIでは，水産資源の保全と管理の技術的問題については，FAOが指導的な立場を取るべきであるとの強い主張を行った．

世界の総漁業生産量は，1960年代を通じて他の主要農産物に比べて急速に増大し，平均年増加率は6.6％にも及んだが，1971年以降の漁獲量の停滞に伴い，水産物の供給不足が顕著になってきた．これには，ペルー沖のカタクチイワシの大幅減産に加えて，漁業制限水域の拡大や乱獲による資源の減少，オイルショックによる遠洋漁業への打撃が大きな理由としてあげられる．そのような状況の中，国連人間環境会議を受けて，1973年に70にのぼる国々や国際機関が出席したFAO主催の「漁業管理及び開発に関する国際技術会議」が開かれた．そこでは，資源の減少と過剰投資，補助金，オープンアクセスとの関係などが話し合われ，また，世界の水産資源は無尽蔵ではなく，資源保護管理の措置が多くの場合手遅れになっていることが認識され，包括的な科学的経済的情報が欠けている場合でも，管理措置をできるだけ早期に適用すべきであるとの勧告を行った．その年，北西大西洋国際漁業委員会（ICNAF）では，北米沖の重要水産資源の保護のための規制を合意するという重要な進歩をみた．さらに，北東大西洋漁業委員会（NEAFC）においても，各魚種について国別割当制が導入された．しかしながら，多くの漁業国は資源管理に対して消極的であった．水産物の供給が減少する一方で需要は強く，さらに1971年にアメリカが実施した金融経済政策（ニクソン・ショック）による

インフレーションが重なり，魚価は大幅に上昇した．このような事態を受けて，世界の関心は既に過度に利用している水産資源の管理のみならず，さらなる未利用資源の開発と漁獲，投棄されていた副産物の利用，加工・販売面における無駄を少なくすることに向けられるようになった．更には，養殖による供給の増大の可能性も次第に認識されるようになっていった．

国連海洋法とEEZ　1975年の第三次国連海洋法会議第三会期の最終日に，200海里経済水域の文言を含む非公式単一交渉案が配布されたことを契機に，1976年には米国・ソ連を含む多くの国が200海里経済水域（EEZ：Exclusive Economic Zone）を設定するなど，事実上200海里時代に突入した．このEEZ設定により，2つの大きな動きが生じることが予想された．1つは，高度に発達した遠洋漁船団をもつ海洋国から沿岸国への水産資源の再配分である．当時，発展途上国にとって水産物は動物タンパク質供給源の40％以上を占める重要な食料であり，水産資源の再配分は大きな利益となると期待された．もう1つは，公海自由の原則の下で生じていた水産資源の乱獲を阻止するための機会および誘因を得たことである．排他的権利が得られれば，沿岸諸国は将来にわたって水産資源から最大の利益を上げようと，管理を行う誘因が生じることになり，したがってEEZ設定により資源管理が改善されるであろうと期待されていた．FAOは，1979年からProgramme of Assistance in the Development and Management of Fisheries in their Exclusive Economic Zone（通称，EEZ Programme）を開始した．その目的は，①沿岸諸国の管理と開発に関する能力向上，②EEZ内における発展途上国の水産資源の合理的利用促進，③新国際経済秩序樹立の一環として，発展途上国が水産資源からより多くの利益を確保できるよう支援，の3点であった．このような発展途上国を中心とした沿岸国の支援に加え，EEZ設定に伴ってFAOにはもう1つの役割が期待されていた．それは，ある国のEEZと公海にまたがって生息する魚種（ストラドリング魚種）やマグロ・カツオのような高度回遊性魚種を含む公海水産資源の管理である．このことはCOFIにおいても認識され，1981年，1983年のCOFIにおいても議論されたが，具体的な対応策が取られることはなく，その後しばらく議題として取り上げられることはなかった．

1982年，10年間という長期にわたる会議を経て，ついに国連海洋法条約が採択された．この採択を受けて，1984年に「FAO世界漁業管理開発会議」が開かれた（FAO, 1983；UN, 1984）．この会議には，147ヶ国，合計約1,500人の代表団や60を超える国際的政府間機関，および非政府組織の代表が出席したもので，その代表者数においても，またその地位の高さにおいても，まさに，世界の漁業の歴史に残る会議であった．会議の主な目的は，新海洋秩序のもとでの各国の漁業管理，開発の問題点をレビューし，①経済，社会，栄養面から，最適な水産資源の利用を促進すること，②漁業の食料安全保障への貢献を促進すること，③水産資源の管理と開発について発展途上国の自立を促進すること，④先進国と発展途上国の間で，また発展途上国間で資源の管理と開発についての国際協力を促進すること，であった．この目的を達成するために，i）漁業についての計画立案，管理および開発，ii）小規模漁業の開発，iii）水産物貿易，iv）養殖業の開発，v）栄養不足を緩和するための漁業の役割推進，の5つの分野にわたる行動計画が採択された．

1970年代末，短期的・長期的見通しとして，世界の漁獲量はほとんど変化せず，その伸びは世界人口の増加率を下回るであろうと予想されていた．実際は，漁獲量とともに，養殖業生産が着実に増加するなど，1980年代に漁業生産は持続的に拡大した．1976年，FAOは京都で養殖に関するFAO

技術会議を開催した．これは，1970年代初め以来水産物供給が減少する中，供給増大の手段として養殖に注目が集まってきたことや，予想されるEEZ制度の導入により，水産資源に近づく手段を失うことになる多くの国が養殖部門の将来性に大きな注目を払うようになったことを背景に，それまで各地域でFAOが主催してきた一連の会議の成果を集約する目的で開かれた．会議では，今後十分な援助が得られるとすると，10年間に現在の2倍，30年間に5倍の食料が養殖から得られるとの予想もなされた．その後，アジア開発銀行の水産全融資の3分の1以上が養殖に向けられるようになるなど，養殖向けの援助が1978年から1984年の間に4倍に増加し，1980年の生産量は75年から約42％増大するなど，着実に増加した．

水産物貿易は1980年代を通じて増大し，さらに発展途上国のシェアも増大した．そして，国連海洋法条約を契機とした貿易構造の変化への対応と発展途上国貿易拡大を目的に，1985年にCOFIの下に水産物貿易問題に関する多国間協議機構として，水産貿易小委員会（Sub-Committee on Fisheries）が設立された．このような水産物供給と貿易の双方の拡大は，概して不振にあえぐ他の農産物を取り巻く環境の中において，唯一の明るいスポットであった．

漁業資源利用をめぐる国際的な議論　前述のように，1972年の国連人間環境会議において商業捕鯨モラトリアムが勧告された．この勧告は，その後のIWCで否決されたが，その後も商業捕鯨モラトリアムに関する議論は続き，捕鯨国製の商品をボイコットするというような環境保護運動の高まりや反捕鯨国の加盟により，ついに1982年のIWC第34回年次会議において，科学委員会の支持がないにもかかわらず，1986年からの商業捕鯨モラトリアムが決定された．これに対し日本などの捕鯨国は条約の規定に基づき異議申し立てを行った．しかし，米国が商業捕鯨を継続すれば米国200海里内での対日漁獲割当てを削減すると主張したため，日本の商業捕鯨は1988年より一旦中断することとなった．IWCでの商業捕鯨モラトリアム決定を受けて，翌年以降のFAO水産委員会（COFI）でも海産哺乳動物に関する議題が主要議題として話し合われた．1983年の第15回COFIでは，翌年の世界漁業管理開発会議に関する議題とともに，「FAO/UNEP海産哺乳動物保護，管理，利用行動計画」が議題として取り上げられた．会議では，COFIとして海産哺乳類保護に協力することを確認したものの，IWCなど他の国際機関との活動の重複や，またこの活動がFAOの活動全体の中でのどのような優先順位を占めるかについて，さらに検討することとなった．この計画はその後の修正を経て，翌年UNEPで採択された．続く1985年の第16回COFIにおいては，「海産哺乳動物等の漁網及び廃棄物による絡まり問題」が話し合われた（FAO, 1999b）．これは1984年にハワイで開催されたワークショップ「海洋廃棄物の末路と影響」の結果報告を兼ねて，米国の提案により議論されたもので，背景には同国の環境保護団体が漁網やプラスチック製品に海産哺乳動物および海鳥が絡まり死亡することに対して重大な関心を有していることが指摘されていた．しかし，情報が不十分であること，また対策にかかる経済的評価の必要性から，次回（1987年）のCOFIで改めて話し合われることになった．1987年の第17回COFIでの結論は，通常の漁業活動に伴う海産哺乳動物や海鳥の混獲によって当該漁業を全面的に禁止するという極端な措置は非現実的であり，地域漁業機関を通じて地域ごとに取り組むことが適当である，とういうものだった．さらに発展途上国のいくつかの国からは，海産哺乳動物の保護と漁民の生活の糧である漁業との共存を図ることが肝要であり，動物愛護に傾斜した混獲問題が大きく取り扱われることに対して消極的な発言がなされた．以上の経緯から，1989年4

月に開かれた第18回COFIの主要議題の中には，海産哺乳動物に関するものは見られなかった．その第18回COFIが開かれた8ヶ月後，国連総会の場で，公海における大規模流し網の使用停止に関する国連総会決議が提案・採択された．漁業が世界的な最優先議題になることは滅多になく，国連組織の中ではFAOが漁業を扱う主要機構であるため，国連総会が流し網問題を世界的重要課題として取り上げたことは驚きであった．この問題は，現実には北太平洋と，太平洋西部および南西部の2つの海域での出来事が背景となっていた．前者の海域においては，流し網はサケ・マスなどの漁業で長年にわたり使用されていた．1979年に日本，韓国，台湾の船団がアカイカを対象とする流し網漁業を開始するようになると，米国とカナダの漁民は北米を母川とする北米系サケ・マスがイカ漁業によって漁獲されることを懸念し，また環境保護団体はオットセイやイルカなど多種の海産哺乳動物が混獲されていると主張するようになった．この北米系サケ・マスに関わる問題は，戦前から日本の漁船団が公海上でサケ・マスを対象とした操業を行っていたことから，長年，米国とカナダ両国の懸念材料となっていた．戦後は，マッカーサーラインが撤廃された1952年に，日・米・加で北太平洋漁業条約が調印されたことによりある程度規制がされていたが，イカ漁業の出現がこの問題を深刻化させた．後者の海域においては，1987年ごろからビンナガマグロを対象とする表面ひき縄漁業と流し網漁業の漁船団が同海域へ急速に参入してきたことが問題の発端となっている．同海域の地域漁業機関であるフォーラム漁業機関（FFA）はビンナガ資源への影響などを憂慮して1988年秋ごろからこの問題に取り組み，1989年9月に米国も含んで「南太平洋における長距離に及ぶ流し網を用いた漁業の禁止に関する条約（通称，ウェリントン条約）」を採択するに至った．このような過程を経て，米国は1989年の国連総会において，オーストラリア，ニュージーランド，太平洋諸国などの共同提案国とともに国連総会へ決議案を提出した．そして科学的情報を検討する専門部会などが開かれないまま，決議案が採択された．この決議案は，問題となった2つの海域だけでなく，全ての公海を対象とし，1992年6月30日までに公海における大規模流し網漁業を一時停止するよう求めていた．一方で，科学的根拠に基づいて効果的な保存措置が導入された場合はモラトリアムを解除し，公海流し網漁業を続けることを想定しており，また，全ての国連専門機関，特にFAOは流し網漁業とその海洋生物資源への影響を調査し，その見解を事務総長へ報告するように要請された．そのため，FAOは1990年に専門家会議（Expert Consultation on Large-scale Pelagic Driftnet Fishing）を開き，また1991年にも国際シンポジウムの場でこの問題が検討された．こうした議論では，大規模流し網が海洋生物資源の保全と持続可能な管理を脅かすような悪影響を全く与えないと結論付けることはできず，1991年に再度決議案が採択され，1992年末をもって全海域における公海大規模流し網漁業はモラトリアムに入ることになり，事実上消滅した．1989年決議案と違い，1991年の決議は流し網漁業復活のための余地をなんら残していない．この国連決議の注目すべき点としては，保存措置の科学的妥当性の立証責任を，従来の規制をする側から規制を受ける側（漁業者側）に転換し，さらに，漁業を開始または継続する前に科学的根拠に基づく保存措置の導入を要求している．すなわち，予防的原則が取り入れられていることである．漁業の実施に先立ってその影響を科学的に評価することは事実上困難であることから，予防的原則の導入により，その後の公海における資源開発は実質的に不可能になるのではないかと懸念された．実際には，予防的原則よりもより柔軟性が高く，漁業のように影響が可逆的であることが多い場合の管理に適した予防的アプローチが広く適用されるようになり，

UNCEDのリオ宣言や責任ある漁業のための行動規範の中にも取り入れられた．国連総会決議に前後して，1979年に締結された移動性野生動物の種の保存に関する条約（通称，ボン条約）やCITESなどの国際環境管理機関も，アザラシやイルカの保護に関する条約などを通じて，活動対象に漁業による海洋生物の混獲問題などを取り上げるようになっていった．上記のFAO外部の動きに加えて，FAOが1992年度版世界農業白書の中で発表した特集記事（MARINE FISHERIES AND THE LAW OF THE SEA : A DECADE OF CHANGE）も大きな議論を巻き起こした．1970年代に大部分の国が管轄水域を拡大した際，遠洋漁業国を中心として漁船団規模の大幅縮小が行われ，公海という自由水域に吸収される数はあまり多くないと予想されていた．しかしながら，実際には大規模遠洋漁船に引き続き投資がなされ，1980年代に入ると遠洋漁業国の自国EEZ外における漁獲量の増加が明らかになったのである．その操業海域は，余剰水産資源を有する他の沿岸国のEEZのみならず，公海域にも拡大し，その結果，公海上の漁獲量が全漁獲量に占める割合は，1970年代に約5％であったのが，国連海洋法条約採択後の10年間で8〜10％に高まったと推計された．さらに，1989年の世界海面漁船団の年間操業費用は総収入より220億ドル多かったと推定され，経済的浪費とともに，補助金による漁獲能力の増大が公海水産資源の一層の枯渇を招いていると懸念された．

　以上のように，1980年代から1990年代初期にかけて漁業が海洋生物資源に与える影響や公海上の漁業の問題が大きく取り上げられるようになった．このような背景の下で，1992年の「責任ある漁業のための国際会議」，1993年の「公海上の漁船による国際的な保存管理措置の遵守を促進するための協定」，1995年の「ストラドリング魚類資源及び高度回遊性魚類資源の保存及び管理に関する1982年12月10日の海洋法に関する国際連合条約の規定の実施のための協定」，そして同年の「責任ある漁業のための行動規範」採択へと進展していく．

　1991年の第19回COFIの最大の関心事は，2年前に採択された公海大規模流し網決議案についてであった．流し網漁業問題は国連総会事項であるため，FAOは関与する必要がないとして，1992年7月以降の無条件禁止を求める米国，カナダなどに対し，日本などからは，科学的根拠に基づいて管理措置が決定されるべきであるとの主張がなされた．この会議の内容は，漁具の選択性などに重点を置いた技術的なものであった．実際に責任ある漁業の国際的論議の端緒となったのは翌年の「責任ある漁業に関する国際会議（カンクン会議）」で採択された「カンクン宣言」である．東部太平洋では，イルカの下にキハダマグロがついて回遊するという習性を利用して，イルカを目標に網を巻く大型まき網漁業が行われていた．1990年10月，アメリカはイルカの混獲を防止する目的で，1972年に制定された海産哺乳動物保護法（MMPA）に基づき，米国の設けた混獲頭数基準を上回るイルカを混獲している国として，まずメキシコからキハダマグロの輸入を禁止し，その後ベネズエラとバヌアツも禁輸対象国に加えた．さらに，1991年5月，それらの国からキハダマグロを輸入している国からのキハダマグロ製品の対米輸入も禁止した．これに対し，メキシコは同措置がGATT違反に当たる一方的な貿易措置であるとして，1991年2月にアメリカをGATTに提訴し，1991年9月に勝訴した．しかし，メキシコはNAFTAへの悪影響を考慮して，最終的にこの結果の適用を見送った．このような状況を背景として，UNCEDの1ヶ月前に，世界の漁業担当官のトップを集めて，FAOの協力の下でカンクン会議がメキシコで開催された．メキシコの目的は，アメリカの一方的貿易措置を糾弾しつつ，どんな漁業が国際的にも受け入れられるのか，すなわち「責任ある漁業」であるのかを正々

堂々議論することにあった．そして，その会議の成果が「カンクン宣言」であった．宣言では，「責任ある漁業」を，①環境と調和した持続的な漁業資源の利用，②生態系，資源またはその質に害を与えない漁獲および養殖の実施，③衛生基準の要請を満たす加工を通じた付加価値の向上，④消費者が良質の水産物を得られるような商業活動の実施，の4点を包括する概念として提示した．これらは，資源管理・漁業技術のみならず養殖・加工・貿易・流通を合わせた水産業全般，さらにEEZ・公海を問わず対象とした包括的なものになった．カンクン会議の1ヶ月後のUNCEDにおいては，「予防的アプローチ」など一般的な原則を述べた「リオ宣言」に加え，「アジェンダ21」の17章（Protection of the Oceans, All Kinds of Seas, Including Enclosed and Semi-Enclosed Seas, and Coastal Areas and the Protection, Rational Use and Development of Their Living Resources）において，漁業に関連のある事項が述べられていた．17章には7つの行動計画が含まれ，科学・技術的な部分については，公海大規模流し網漁業に関する国連総会の議論が必ずしも科学的な情報に基づいていなかったとの反省に立ち，漁業について唯一の専門機関であるFAOの積極的関与を予め確保している．さらに，行動計画のうちの1つである「公海上の海洋生物資源の持続可能な利用と保全」では，カンクン宣言の中でも合意された，公海上の資源・特にストラドリング魚類（分布範囲が排他的経済水域の内外に存在する魚類）および高度回遊性魚類の保全・管理に関して，国連会議を招集するように勧告している．この背景には，前述のように公海上の資源の悪化が進んでいたことに加え，国連海洋法条約ではストラドリング魚類および高度回遊性魚類の保全・管理に関しては，関係国の協力義務を定めるのみで，具体的な内容について定められていなかったことがあげられる．すなわち，公海上にある船舶はその旗国の排他的管轄のもとにあることは国際法上の確立した原則であり，公海上でストラドリング魚類および高度回遊性魚類の保存・管理に関する国際的規制を遵守しない漁船に対し，その旗国以外の国は取り締まりのために，いかなる場合にどの程度管轄権を行使することができるかについて明確に定められていなかったのである．UNCEDでの勧告を受け，同年の国連総会は正式に会議を招集した．会議は翌1993年に始まり，1995年8月，「ストラドリング魚類資源及び高度回遊性魚類資源の保存及び管理に関する1982年12月10日の海洋法に関する国際連合条約の規定の実施のための協定（通称，国連公海漁業協定）」を採択して終了した．同協定は，公海において他国の漁船に乗船し，これを検査することを同船舶の旗国以外の国に認め，かつその手続きを定めた初めてのグローバルな協定となった．すなわち，世界の国々は，たとえ地域漁業管理機関などの加盟国となっていなくても，自国の漁船が公海において，他の協定締約国によって国際的規制の遵守に関して検査を受けることに同意した．

　上記の国連公海漁業協定が採択される前に，もう1つの公海漁業に関する協定がFAOで採択された．それは，「公海上の漁船による国際的な保存管理措置の遵守を促進するための協定（通称，フラッギング協定）」と呼ばれるもので，漁船の旗国の義務を規定する協定である．EEZ設定によって多くの漁船が外国の漁場から締め出されるようになったのに伴い，公海上の漁獲圧力が高まった．そのような状況の中で，公海を管理対象域にもつ地域漁業管理機関の非加盟国や管理能力の低い国に船籍を移す，いわゆる便宜地籍船の増加が1980年代半ばごろから問題になってきた．この問題はカンクン会議やUNCEDにおいて優先的に取り組むべき課題とされ，1992年のFAO理事会は，FAOに協定文書を作成するよう要請した．この協定は，同年11月のFAO総会で採択という異例の速さで行

われた．この協定により，旗国による公海漁業の許可制，漁船に関する情報のFAOを通じた交換などが旗国に義務付けられるようになった．

漁業をめぐる国際情勢と日本の漁業制度　日本の漁業会社が，沿岸国からの締め出しに対してとった対策の1つは，現地で合弁会社を作り，水産物を輸入することであった．1971年には水産物の輸入量が，輸出量を上回った．そのような傾向はさらに強まり，水産物の自給率も急速に低下した．さらに近年では，国際的な水産物需要の高まりにより，買い負け現象（本章2-1参照）が生じ，水産物の輸入もかつてのように思うままにならない．このような流れを，わが国と世界という対立軸でのみ見ることは誤りであろう．確かに，国連海洋法会議の初期の段階では日本の遠洋漁業の締め出しが少なからず意識されていたのであろうし，反捕鯨運動に人種差別的発言や日本人や漁業に対する偏見が含まれていることも事実であろう．しかし，経済発展と産業のグローバル化の中で，海洋の多面的な機能を重層的に利用していくために，相互に協力していかなくてはならないこと，そのことを前提に世界と付き合っていかなくてはならないということは，どの国にとっても同じである．特に，「ストラドリング魚類資源」の利用に関しては，相互に協調しあって，資源の保全と利用が図られなければならない．海洋は，さまざまな利用者が様々な利用の仕方をするところであり，その利用の権利を，陸上の土地のように，空間的な境界を作って保障し合うことは困難である．そんなことをすれば，海洋の多くの機能が失われる．これは，海洋がもっている基本的な性質である．今日では，産業の発達の中で，さまざまなものが多面的・重層的に利用されており，その調整が問題になっている．温暖化問題におけるCO_2排出や，環境権などその具体的な例であろう．国際的公共物の適正利用を巡って，産業セクター間，国家間，階層間で調整が必要になっているのは，漁業に限った現象ではない．また，日本が特有につきつけられている問題でもない．わが国の漁業史を振り返ると，現在，国際社会で起きている問題とその調整のプロセスが，第2次世界大戦以前に，国内問題として，ほとんど相似型で起きていたことは注目すべきことである．こうした問題をすべて克服したわけではないにしても，問題を乗り越えて日本の漁業は存在している．これを支えたわが国の漁業制度は，世界的に見ても極めてユニークな存在であるといわれている．これについては肯定的，否定的なものを含めて様々な評価がある．ここでは，以下のことを指摘するにとどめる．漁業権に代表される日本の漁業制度は，歴史的に作られた地域の慣行にもとづいて，漁業者自身がボトムアップ的に地域の資源を維持・管理・利用し，利益を配分することを前提に作られた制度である．この制度は，漁業を行うことによる受益者である漁業者自身が，漁業協同組合を通じて漁業を行う権利を管理することから，一見，不合理な制度に見えるが，漁業者自身が資源の管理目標を共有し，利害調整するシステムであり，参加型の資源管理制度として優れた一面がある．また，行政府あるいは第三者が資源管理するために必要な経費を軽減している．その反面，経済事業のための団体でもある漁業協同組合が，漁業管理を担っているため，漁業協同組合の経営状態が悪化すると，漁業権の管理，資源の管理がおざなりになるという弱点もある．しかし，いずれにしても，このような制度下で，漁業技術の発達の過程で生じた様々な軋轢・対立を乗り越えて，海面の利用に関する地域の合意を形成してき日本の経験は，海面利用・資源利用に関する今日の国際社会の合意形成にとっても，おおいに参考になるものであろう．

（黒倉　寿・松島博英）

1-2　わが国の漁業制度

　本節における漁業法の内容は，本書初版第1刷発行時（2008年）時点のものである．その後，2018年12月に「漁業法等の一部を改正する法律」が国会で可決され，2020年12月にこれが施行された．この改正は大がかりなもので，70年ぶりの抜本改正であるとされている．これに伴い関連する政省令も改正された．

　本来であれば本節も抜本改訂すべきところではあるが，今回は2021年の状況について解説を以下に新しく付記しつつ，基本的には2008年当時の記述を残して第5刷とする．

漁業法に関して2020年以降も引き続き継続されている内容

　沿岸漁業については，引き続き漁業権に基づく管理が継続されている．日本の伝統的な沿岸漁業管理の制度は漁業権であり，2020年の改正漁業法でも基本は継続されている．そもそも漁業権制度は，資源を利用する者に政府が資源の利用権を付与する代わりに資源の利用者が保全の責任を負う仕組みで，（ア）政府は，集落の前浜の資源を管理する権限を地元集落に移譲し，よそ者の漁獲を排除する，（イ）するとその集落は皆で相談して資源を未来に残し，子孫繁栄につなげるように管理する，（ウ）政府としては，資源管理方針の策定や，密漁者の見張りなどの監視作業も集落で実施してくれるので，役人の数を減らすことができる，との趣旨である．江戸時代以前から続いてきた日本独自の沿岸管理の方式であり，この基本は継続されている．また沖合・遠洋漁業は許可制である点などの根幹的な仕組みは継続されている．

2020年から変更された主な内容

　沿岸漁業については，特に養殖業や定置漁業の免許を都道府県知事が行う際の優先順位に関する記述が変更された．改正前の漁業法では，養殖業（区画漁業）及び定置漁業の免許を受ける優先順位が明記されており，第1位が漁業者または漁業従事者，第2位が前項に掲げる者以外の者などが法律に書き込まれていた．今回の改正では優先順位の記述は削除され，代わりに，同一の漁業権について免許の申請が複数あるときは，都道府県知事は「漁場を適切かつ有効に活用していると認められる」者に免許をし，これ以外の場合は「地域の水産業の発展に最も寄与すると認められる者」に免許をする仕組みとなった．

　更に「船舶ごとの漁獲割当」が新しく設定された．これは国際的には個別割当制度と呼ばれている制度である．ただしこれは「準備の整っていない」漁業種では実施されない．

　また法律にあわせて政省令も改正され，指定漁業及び特定大臣許可漁業は大臣許可漁業として一本化された．また政令の名称も，漁業法第五十二条第一項の指定漁業を定める政令との名称は廃止され，漁業の許可及び取締り等に関する省令となっている．

　なお，詳しくは八木信行編（2020）．水産改革と魚食の未来．恒星社厚生閣．を参照して頂きたい．

（八木信行）

1) 漁業制度の構成

漁業制度とは，漁場の利用秩序を定める制度であり，具体的には次の法律，政令，省令などで構成されている．

① 漁業法（昭和24年法律第267号）　漁業制度の基本となる法律である．漁業権および入漁権，指定漁業，漁業調整委員会，内水面漁業などの制度を規定している．

② 水産資源保護法（昭和26年法律第313号）　水産資源の保護培養を図り，かつ，その効果を将来にわたって維持することにより，漁業の発展に寄与することを目的とし，水産動植物の採捕制限などを規定している．

③ 漁業法に基づく政令　「漁業法第五十二条第一項の指定漁業を定める政令」（昭和38年政令第6号），「漁業登録令」（昭和26年政令第292号）　など

④ 漁業法および水産資源保護法に基づく農林水産省令　「指定漁業の許可及び取締り等に関する省令」（昭和38年省令第5号），「特定大臣許可漁業等の取締りに関する省令」（平成6年省令第54号）　など

⑤ 都道府県漁業調整規則　漁業法および水産資源保護法に基づき農林水産大臣の認可を受けて各都道府県知事が定めたものであり，その都道府県の沿岸および内水面における漁業の許可，水産資源の保護培養および漁業の取締りなどの漁場に関する規則を定めている．

2) 漁業制度の沿革

わが国の漁業制度の原形は，大宝律令（701年）の雑令において「山川藪沢の利は公私これを共にす」（漁業自由の原則）としたことに始まり，海沿いのほとんどの村で漁業が営まれるようになった江戸時代に確立している．

江戸時代には，律令要略（1741年）の「山野海川入會」において「磯は地付き根付き次第，沖は入會」とされ，一般原則として各藩で適用されていた（明治期以降における沿岸は漁業権制度，沖合は漁業許可制度の原形）．各漁村においては，磯は地付き根付き次第に従い，漁村に住む漁民各自が，その地先水面において，漁村で定めた掟に従って根付磯付漁を行う，いわゆる「一村専用漁場」の漁業慣行が成立し，それと並んで大規模漁業（定置網，捕鯨業など）や養殖業の発達したところでは，生産手段と漁場の私有化が進展した．

明治8年（1875年），新政府は，海面は全て官有であるとし，従来の漁場の使用権はこれを消滅させ，漁業をしようとする者は新たに「海面借区出願」を行うこととしたが，各地で先を争って大量の者が出願するなどの大混乱が生じ，翌年新政府は事実上この布告を取り消した．結果的に漁業については，従来の慣行を基礎として各府県の漁業取締規則（現在の漁業調整規則の原形）によって漁業秩序の維持を図ることとされたが，混乱は続いた．このため，明治19年（1886年），旧来の漁村入会団体を漁民によって構成する漁業組合とし，この漁業組合によって旧来の慣行を自治的に確認，維持させるために「漁業組合準則」が制定された（入会団体に対する近代的な法人格理論の適用を擬制）．

明治34年（1901年）の制定を経て明治43年（1910年）に全部改正されたいわゆる「明治漁業法」は，一村専用漁場を区域とする根付磯付漁業を地元漁業組合にのみ免許される地先水面専用漁業権とし，個人的独占的な漁場利用を各地方で規律してきた漁業を定置漁業権などとする漁業権制度を確立する一方，沖合の漁船漁業のように独占的な漁場が成立しない漁業は，漁業権制度の枠外に置

き，必要に応じて大臣または地方長官が許可漁業として規律することとした．

昭和24年（1949年）に現行漁業法が制定されるまで，明治漁業法は漁場の秩序を維持する役割を担った．

3）漁業法

漁業法は「漁業生産に関する基本的制度」とされている．すなわち，漁場に行って魚や貝などを採捕したり養殖したりする漁業生産部門を対象とする，漁場の公的秩序に関する規律を定めた法律である．このため，その所有者が占用して私的に利用する私有水面には原則として適用されない．

4）漁業調整

漁業調整とは，水産動植物の採捕または養殖など漁場の利用に関係する多種多様な行為について，それぞれの私的悠意に委ねず，全体的見地からその適合した状態に置くことにより漁業生産力の発展を図ることであり，漁業法の目的を示す概念である．

5）漁業権

漁業権とは，都道府県知事の免許によって設定される，一定の水面において特定の漁業を一定の期間排他的に営むことができる権利である．

① **漁業権は漁業を営む権利** 漁業権は，水産動植物を採捕する権利，または水産動植物を養殖する権利であって，あらゆる目的のために水面を独占的に利用したり，水面下の敷地を使用したりする権利ではない．

② **一定の水面で営む権利** 漁業権は，一切の水面で漁業を営みうる権利ではなく，権利の目的となる水産動植物の採捕または養殖の行為は特定された一定の水面（免許された漁場区域）で行われるものに限定される．

③ **特定の漁業を一定の期間営む権利** 漁業権は，一切の種類の水産動植物を一切の手段や方法で無期限に採捕または養殖を行いうる権利ではなく，権利の内容たる漁業は漁具・漁法，漁獲物の種類，漁業時期により一定の範囲のものに特定され，また漁業権の存続期間も法定される（5年または10年，あるいは必要に応じて更に短い期間）．

④ **漁業を排他的に営む権利** 漁業権は物権とみなされ，免許された漁業権の内容たる水産動植物の採捕または養殖を妨げる他人の行為を排除し，予防することが法的に保護され，免許した都道府県への登録を対抗要件とする．

⑤ **免許によって設定される権利** 漁業権は，都道府県知事が，免許の内容などをあらかじめ定めて公示し（漁場計画），申請を求め，申請ごとに適格性や優先順位を審査して誰に免許するかを決定し，都道府県知事が免許することによって設定される．したがって，時効や先占，慣習などによって漁業権が取得されることはなく，漁業権の譲渡や貸付の契約をしても原則無効である．また公益上の必要や違反を理由に都道府県知事から取り消されることなどもあり得る．

6）漁業権の種類

漁業権は定置漁業権，区画漁業権および共同漁業権の3種類である．これらの漁業権の対象となる漁業は，それぞれ法律上，次のように限定されている．

① **定置漁業権** 定置漁具を使用する漁業を営む漁業権であって，身網の設置場所の水深が27メートル以上の大規模なものや，北海道においてサケを主な漁獲物とするものなどが定置漁業権の対象

となる．

　この漁業は，定置漁具によって広い範囲の水面を長期間に独占的に使用するため，漁場の自由な使用が阻害されるので漁業権に基づくのでなければこれを営むことができないこととされている．

　②区画漁業権　　水産動植物の養殖業を営む漁業権である．区画漁業権は養殖目的物を逃さないように一般の水面から区画して一定の区域内に保有する方法によって，次の3種類に分類されている．

　養殖業についても，養殖の施設や装置などによって広い範囲の水面を長期間に独占的に使用するため，漁場の自由な使用が阻害されるので漁業権または入漁権に基づくのでなければこれを営むことができないこととされている．

　第1種区画漁業　　イカダから垂下して養殖するカキ，真珠などの養殖や，小割式イケスの中で養殖する魚類養殖，網ヒビなどに付着させて養殖するノリ養殖などの，養殖の施設や装置を水面に設置することによって他の水面から区画して養殖するものである．

　第2種区画漁業　　土，石，竹，網などで水面を囲い，その中で養殖する「築堤式クルマエビ養殖業」などである．

　第3種区画漁業　　第1種区画漁業にも第2種区画漁業にも該当しない養殖業．例えば，移動性の少ない貝類を地まきするなど，対象種の特性を利用して他の水面と区画して養殖するものなどである．

　③共同漁業権　　次の5つの漁業であって，一定の水面を共同に利用して営む権利である．

　第1種共同漁業　　藻類，貝類，定着性水産動物（イセエビ，ウニ，ナマコ，タコなど）を目的とする漁業をいう．

　第2種共同漁業　　網漁具を使用する漁業であって，漁具を敷設している間は漁具が移動しない構造になっているものいう（定置漁業権，第5種共同漁業を除く）．

　第3種共同漁業　　地びき網漁業，地こぎ網漁業，動力漁船を使用しない船びき網漁業，飼付漁業，つきいそ漁業（第5種共同漁業を除く）をいう．

　第4種共同漁業　　瀬戸内海などで行われる特殊な漁業である寄魚漁業，鳥付こぎ釣漁業をいう（第5種共同漁業を除く）．

　第5種共同漁業　　内水面（琵琶湖，霞ヶ浦などを除く）および久美浜湾，与謝海で行われる漁業をいう（第1種共同漁業を除く）．

7）入漁権

　入漁権とは，他人がもっている共同漁業権または特定区画漁業権の漁場で，その漁業権の内容である漁業の全部または一部を営む権利であり，物権とみなされる．入漁権は，漁業権のように都道府県知事の免許によって設定されるものではなく，入漁先の漁業権の免許を受けた漁業協同組合と入漁しようとする漁業協同組合との間の入漁権設定の契約によって設定される．

8）経営者免許漁業権と組合管理漁業権

　経営者免許漁業権　　定置漁業権および一般の区画漁業権については，漁業権の免許を受けた権利者自らが漁業権の内容である漁業を営む．このような漁業権を経営者免許漁業権と通称している．

　組合管理漁業権　　共同漁業権，特定区画漁業権および入漁権については，免許を受けた漁業協同組合自らは漁業権の内容である漁業を営まず，もっぱら漁業権の管理を行い，その組合員が漁業権

行使規則または入漁権行使規則に従い免許された漁業権の内容である漁業を権利として営む（漁業行使権）．このような漁業権を組合管理漁業権と通称している．〔特定区画漁業権：ひび建養殖業，藻類養殖業，垂下式養殖業，小割式養殖業または第3種区画漁業たる貝類養殖業を内容とする区画漁業権〕

漁業権行使規則には，行使者の資格や操業のルールが規定される．制定，改廃には水産業協同組合法に基づく特別議決が必要であり，加えて第1種共同漁業権と特定区画漁業権については，総会の議決前にその漁業権の漁場が属する地区の組合員の3分の2以上の書面同意を得なければならない．

また，組合管理漁業権を分割，変更，または放棄するときにも同様の手続きが必要である．

9）漁業の許可

漁業を営むことは，本来一般国民の自由である．しかし，漁業法では，漁業調整のため，農林水産大臣または都道府県知事が特定の漁業に従事する漁業者や漁船の数などを制限し，希望者からの申請を審査した上で許可し，その許可を受けた者だけが特定の漁業を営む自由を回復するという，漁業の許可制を定めている．

①指定漁業　船舶を使用して行う漁業であって，政府間の取決め，漁場の位置の関係などにより国が統一して漁業者およびその使用する船舶についての制限を行うために政令で指定した漁業である．指定漁業は，漁業法に基づき船舶ごとに農林水産大臣の許可を受けなければ営むことができない．

船舶の総トン数別許可制による漁獲努力規制　指定漁業は，許可期間を原則5年とし，農林水産大臣は許可をする事前に，水産動植物の繁殖保護，漁業調整などを勘案し，漁業ごとに許可などをすべき船舶について，（ア）総トン数別の隻数，（イ）総トン数別および操業区域別の隻数，（ウ）総トン数別および操業期間別の隻数のいずれかを定めて公示し，申請者や船舶の適格性を審査するなどした上で実績者を優先して許可を行う．

指定漁業において「船舶の総トン数別の隻数」を必ず定めることとしているのは，漁業調整などの観点で漁獲努力の総枠を規制するという指定漁業の許可制の趣旨から，漁獲努力の大きさを反映するものとして船舶の総トン数をとらえ，全体の総トン数と総トン数別の隻数との関連で許可制を運用するという考え方による．

許可期間中の許可　指定漁業については，公示に基づく許可のほかに許可の有効期間中の許可として，従前の許可の内容と同一の申請内容であるときに限り，（ア）許可船舶の使用廃止，沈没などによる代船許可，（イ）許可船舶の使用権を別の者が取得してする承継許可が認められている．これらの場合，従前の許可については，新たな許可が行われたときに廃止される．

また，許可期間中に許可船舶の総トン数を増加したり，操業区域，操業期間などを変更したりしようとするときは許可内容の変更許可を受けなければならない．

許可の失効・取消し　指定漁業の許可は，許可船舶をその漁業に使用することを廃止したときなどに失効する．また，許可を受けた者が適格性を喪失したとき，農林水産大臣は許可を取り消さなければならないほか，漁業調整その他の公益上の必要性，漁業関係法令違反，あるいは長期間の休業などの理由により，許可を取り消すことがある．

指定漁業として次に掲げる13の漁業が指定されている．

① 沖合底びき網漁業〔日本周辺の海域で総トン数15トン以上の動力漁船により底びき網を使用して行う漁業〕
② 以西底びき網漁業〔黄海，東シナ海等の海域で総トン数15トン以上の動力漁船により底びき網を使用して行う漁業〕
③ 遠洋底びき網漁業〔①，②以外の海域で総トン数15トン以上の動力漁船により底びき網を使用して行う漁業〕
④ 大中型まき網漁業〔総トン数40トン（太平洋北部の特定海域は総トン数15トン）以上の動力漁船によりまき網を使用して行う漁業〕
⑤ 大型捕鯨業〔動力漁船によりもりづつを使用してひげ鯨（ミンク鯨を除く．）又はまっこう鯨をとる漁業（⑦以外）〕
⑥ 小型捕鯨業〔動力漁船によりもりづつを使用してミンク鯨又は歯鯨（まっこう鯨を除く．）をとる漁業（⑦以外）〕
⑦ 母船式捕鯨業〔母船式漁業であつて，もりづつを使用して鯨をとるもの〕
⑧ 遠洋かつお・まぐろ漁業〔総トン数120トン以上の動力漁船により，浮きはえ縄を使用して又は釣りによつてかつお，まぐろ，かじき又はさめをとることを目的とする漁業〕
⑨ 近海かつお・まぐろ漁〔総トン数10トン（一部を除く排他的経済水域内は総トン数20トン）以上120トン未満の動力漁船により，浮きはえ縄を使用して又は釣りによつてかつお，まぐろ，かじき又はさめをとることを目的とする漁業〕
⑩ 中型さけ・ます流し網漁業〔総トン数30トン以上の動力漁船により流し網を使用してさけ又はますをとることを目的とする漁業〕
⑪ 北太平洋さんま漁業〔北太平洋の特定の海域で総トン数10トン以上の動力漁船により棒受網を使用してさんまをとることを目的とする漁業〕
⑫ 日本海べにずわいがに漁業〔日本海の特定の海域でかごを使用してべにずわいがにをとることを目的とする漁業〕
⑬ いか釣り漁業〔総トン数30トン以上の動力漁船により釣りによつていかをとることを目的とする漁業〕

②**特定大臣許可漁業**　指定漁業の要件を満たさないまでも水産資源の保護培養および漁業調整のために国が統一的規制を行う必要がある漁業である．特定大臣許可漁業は，漁業法および水産資源保護法に基づく「特定大臣許可漁業等の取締りに関する省令」により，毎年，船舶ごとに農林水産大臣の許可を受けなければ営むことができない．なお，許可期間中の許可や，許可の失効・取消しなどについては，指定漁業と概ね同じである．

特定大臣許可漁業として次の5種類の漁業が定められている．

① ずわいがに漁業〔総トン数10トン以上の動力漁船によりずわいがにをとることを目的とする漁業（沖合底びき網漁業又は小型機船底びき網漁業に該当するものを除く）〕
② 東シナ海等かじき等流し網漁業〔東シナ海等の海域で総トン数10トン以上の動力漁船により流し網を使用してかじき，かつお又はまぐろをとることを目的とする漁業〕
③ 東シナ海はえ縄漁業〔東シナ海の海域において総トン数10トン以上の動力漁船によりはえ縄を使用して行う漁業（沿岸まぐろはえ縄漁業（届出漁業），遠洋かつお・まぐろ漁業又は近海かつお・まぐろ漁業に該当するものを除く）〕
④ 大西洋等はえ縄等漁業〔大西洋又はインド洋の海域において動力漁船によりはえ縄，刺し網又はかごを使用して行う漁業（かじき等流し網漁業（届出漁業），沿岸まぐろはえ縄漁業，遠洋かつお・まぐろ漁業又は近海かつお・まぐろ漁業に該当するものを除く）〕
⑤ 太平洋底刺し網等漁業〔太平洋の公海において動力漁船によりはえ縄又は底刺し網を使用して行う漁業（ずわいがに漁業，沿岸まぐろはえ縄漁業，遠洋かつお・まぐろ漁業又は近海かつお・まぐろ漁業に該当するものを除く）〕

③法定知事許可漁業　　都道府県の地先沖合で操業する漁業であって，経営規模からみて個別具体的に誰に許可するかを地域の実情に応じて行うべき漁業は都道府県知事の裁量に委ねるのが適当である．しかし，一部に，県間をまたがる漁業調整の観点などから漁獲努力の管理を都道府県知事の裁量だけに委ねることが適切でない漁業がある．このような漁業については，漁業法で都道府県知事の許可を受けなければ営めないことを規定し，各都道府県知事が許可できる船舶の隻数，合計総トン数などを農林水産大臣が定めて漁獲努力の総枠の管理を行っており，法定知事許可漁業と通称されている．

法定知事許可漁業として次に掲げる4種類の漁業が規定されている．
① 中型まき網漁業〔総トン数5トン以上40トン未満の船舶によりまき網を使用して行う漁業（大中型まき網漁業を除く）〕
② 小型機船底びき網漁業〔総トン数15トン未満の動力漁船により底びき網を使用して行う漁業〕
③ 瀬戸内海機船船びき網漁業〔瀬戸内海において総トン数5トン以上の動力漁船により船びき網を使用して行う漁業〕
④ 小型さけ・ます流し網漁業〔総トン数30トン未満の動力漁船により流し網を使用してさけ又はますをとる漁業〕
---

④一般の知事許可漁業　　法定知事許可漁業に該当しない知事許可漁業であり，漁業法および水産資源保護法に基づき，各都道府県知事が漁業調整規則において，その漁業を営むためには知事の許可が必要であることを規定している漁業である（地びき網漁業などその操業実態から船舶ごとの許可制とされていない漁業もある）．

都道府県漁業調整規則例（平成12年水産庁長官通知）において次の漁業が例示されている．
　もじゃこ漁業，さんご漁業，小型まき網漁業〔総トン数5トン未満の船舶を使用するものに限る〕，機船船びき網漁業，ごち網漁業，刺し網漁業，固定式刺し網漁業，いるか突棒漁業，さけ・ますはえ縄漁業〔総トン数10トン以上の動力漁船を使用するものに限る〕，しいらづけ漁業，たこつぼ漁業，潜水器漁業（簡易潜水器を使用するものを含む），地びき網漁業，小型定置網漁業

10）漁業調整委員会など

　漁業調整委員会とは，海区漁業調整委員会，連合海区漁業調整委員会および広域漁業調整委員会をいい，その設置された海区または海域の区域内の漁業に関する事項を処理する機構である．なお，内水面では，内水面漁場管理委員会が同様の事項を処理することとされている．

①海区漁業調整委員会の権限　　次のように広い範囲の権限が付与されている．

　都道府県知事への意見具申　　都道府県知事が漁業調整規則の制定改廃，漁業権の免許内容の事前決定など行う場合，必ず海区漁業調整委員会の意見を聴かなければならない．

　委員会指示の発動　　委員会は，漁業調整のために必要があるときは，関係者に対し，水産動植物の採捕の制限または禁止その他必要な指示を出すことができる．この指示自体には強制力はないが，知事の裏付命令により罰則を伴う強制力をもつ．

　入漁権の設定，変更，消滅や，土地，土地の定着物の使用についての裁定

　権限の属する事項を処理するために行う報告徴収および調査　　など

②海区漁業調整委員会の設置　　海区漁業調整委員会は，海面および海面として指定された琵琶

湖や霞ヶ浦などの湖沼について農林水産大臣が定めた64の海区ごとに設置され，地方自治法に規定される都道府県に置かれる執行機関（いわゆる行政委員会）である．

③海区漁業調整委員会の構成
　　　委員数：15人（指定海区10人）
　　　内　訳：漁民が漁民の中から選挙で選ぶ漁民委員9人（同6人）
　　　　　　　知事が選任する学識経験委員4人（同3人），公益代表委員2人（同1人）

④連合海区漁業調整委員会
特定の目的のために必要に応じて2以上の海区を合わせて設置され，各海区漁業調整委員会の委員から選出された各同数の委員で構成される．

権限は委員会指示を出すことであり，その指示は一般の海区漁業調整委員会の指示に優先する．

⑤広域漁業調整委員会
全国的・広域的な水産動植物の繁殖保護などの観点から国の常設機関として置かれ，最も広域的に分布する資源が太平洋と日本海に分布することや瀬戸内海の特殊性を考慮し，（ア）太平洋広域漁業調整委員会，（イ）日本海・九州西広域漁業調整委員会，（ウ）瀬戸内海広域漁業調整委員会が設置されている．

権限は指示を出すことであり，その指示は一般の海区漁業調整委員会と連合海区漁業調整委員会の指示に優先する．

11）内水面の第5種漁業権

内水面の第5種共同漁業権の免許は，水産資源の保護と一般国民のレクリェーションとしての釣りなどの漁場を維持するために，その水面が増殖に適した環境にあることと，漁業権の免許を受けた漁業協同組合は必ず増殖を行うことを条件として免許される．仮に，免許を受けた漁業協同組合が増殖を怠っている場合，都道府県知事が定めた増殖計画に従い増殖すべきことを命令し，この命令に従わないときは免許を取り消さなければならない．

遊漁規則　内水面の第5種共同漁業権の免許を受けた漁業協同組合は，その漁業権の漁場について，組合員以外の一般国民の釣りなどの遊漁のために管理し，自らの負担で増殖を行う義務を負うが，その義務の見返りとして，遊漁規則を定めて知事の認可を受けることにより，その漁業権の漁場で行われる一般国民の釣りなどの遊漁を制限し，また，漁場管理と増殖の費用に充てるための遊漁料を徴収することができる．

（黒萩真悟）

§2．現代の水産業の直面する問題

2-1　経　営

日本の水産業はさまざまな問題を抱え，活力を失いつつある．困難な状況に追い討ちをかけるように，2008年には燃油価格が高騰し，経費削減のための休漁が相次いで実施された．どんな困難を抱えているのだろうか．解決の道はあるのだろうか．本節では漁業者の視点から水産業の抱える問題を整理するとともに明るい将来像を模索する．

1）水産業の直面する問題：消費地，生産地，そして経営

漁業者にどんな問題を抱えているかと尋ねれば，「魚が獲れない」，「魚価が低迷している」，「担い手がいない」などの答えが返ってくるだろう．図5-1は巷間伝えられる問題を構図化して示している．

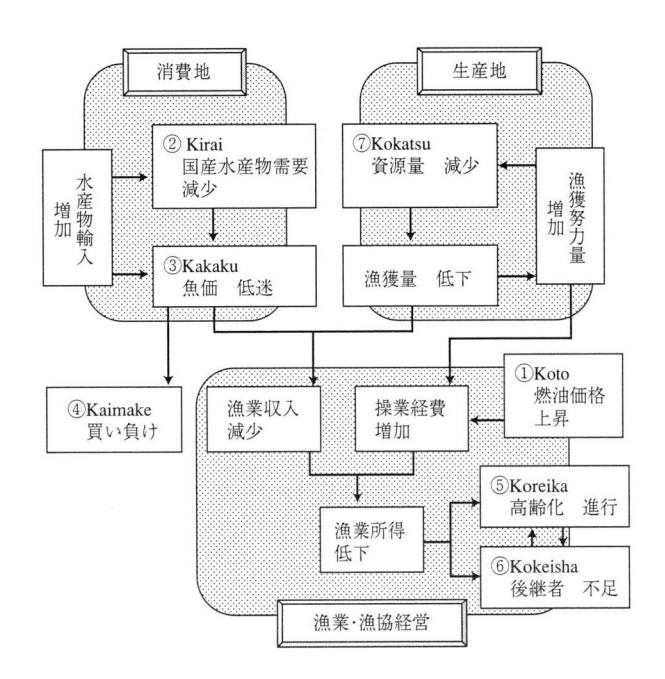

図5-1 水産業の直面する7つの困難

　問題を消費地で起こっている問題，生産地で起こっている問題，そしてそれらから引き起こされる経営問題の3つに整理しておこう．

　消費地では1985年のプラザ合意をきっかけに始まった円高・ドル安基調によって，それまで水産物の輸出大国だった日本が輸入大国に転換し，今日に至っている．世界中から安価な水産物が大量に入ってくるため，国産水産物の需要は減少し，価格（魚価）が低迷する．消費者の魚離れも魚価低迷に拍車をかけている．なお，2004年ごろからは，世界的な景気拡大や健康志向の高まりによって，外国でも水産物需要が増大し始めた．それまで日本が事実上唯一の買い手であったような水産物，例えばマグロやイクラなども欧米で需要されるようになり，日本向けバイヤーが思いがけず必要量を調達できないような事態も生じてきた．これが「買い負け」という現象である．

　生産地では1989年から漁獲量が減少に転じている．この原因の1つはマイワシの資源変動にあり，イワシ効果を除外すれば漁獲量の低下速度はいくぶん緩やかではあるが，長期的な低下傾向は否定できない．獲れないから漁船装備を増強したり網揚げ回数を増やすなど漁獲努力量を増やすと，これが資源圧力を高め，さらに漁獲量が低下するという悪循環が生じている．

　漁業者は天然あるいは養殖の水産物を漁獲し，これを販売することで生計を立てている．漁業収入（売上）から経費（費用）を除いた残りが自らの所得となる．ここで，

　　　漁業収入　＝　魚価　×　漁獲量

である．既述のように漁獲物一単位当たりの価格，すなわち魚価は低迷している．そして漁獲量は，一部に増産基調の魚種があるにせよ，全体として伸び悩んでいる．漁業収入を構成する両要素がともに低迷すれば，それに乗じて漁業収入が低迷するのである．売上が伸びないという状況の下ではせめて経費を削減したいところだ．水産庁の応援もあって省力化・省エネ化を目指した漁船が開発されて

いる．とはいえ，漁獲努力量が増えれば経費は上がる．これに追い討ちを掛けたのが2008年夏にピークに達した燃油高である．操業経費は上昇し，漁業収入は減少するので，漁業者が十分な所得を手にすることができない．このような状況が長期間続くと，漁業者の子弟が漁業を継ぐことがなくなり，漁業就業者数は減少し，漁村には高齢者が残ることになる．そして漁業の不振は漁業協同組合の経営を困難にさせていく．

2）水産業が直面する7つの困難：7K（Konnan）

かつて，働き手がいない職場は3K（キツイ，キタナイ，キケン）の代名詞で語られたものだ．漁業もその例外ではないが，担い手不足になっているのはたった3つのKだけが原因ではない．ここでは漁業の困難（Konnan）な状況を7つのKで表わし，それら1つ1つについて，事実確認をしていくこととする．図5-1にはこれら7つの困難を組み込み，そこには①〜⑦の番号を振っている．以下ではこの番号順に検討を進める．

①Koto：燃油価格の上昇　　燃油価格の上昇は2008年には漁業を苦しめる最も大きな原因であった．漁業で多く使われるA重油価格（全漁連供給価格）は，2004年3月には4.2万円／キロリットルであったものが2008年8月には12万円／キロリットルを超えた．漁業支出に占める燃油費の割合は2005年の23.3％から2007年には30.5％へと上昇している．そもそも原油価格の投機的な上昇に端を発したエネルギー石油製品の価格上昇は，漁業用燃油の価格のみを上昇させたわけではなく，ガソリン，ナフサなどあらゆる石油製品価格を上昇させた．にもかかわらず，漁業経営への圧迫が他産業に比べて大きかったことは，2008年7月15日に行った一斉休漁などのロビー行動からも見て取れる．この理由として次の3点をあげておきたい．

第1に，漁業は省エネの進んでいない，あるいは進めにくい業種だからである．燃油は漁船の推進力として使われるだけでなく，網揚げの動力，夜間操業のための光力としても使われる．好漁場を獲得するための速度競争，操業効率を上げるための集魚競争など，他社船との競争があるために，一定の漁獲量を確保するための必要最小限の使用量を上回って燃油が消費されている．

第2に，代替燃料の開発と利用が遅れているからである．電力において，石油は発電源の13％程度を構成するにすぎないため，電力会社から供給される電力を利用できる陸上の産業は原油価格高騰の直撃を受けなかった．またこれら陸上の産業向けにはバイオエタノール，太陽光，風力などの代替エネルギーが開発され，すでに企業単位・事業所単位で利用されている．

第3に，昔に比べて燃油高騰の影響が漁業経営により深刻な陰を落とすようになっている点である．図5-2は1980年を100としてさまざまなデータを指数化している．これによると，A重油価格は2006年以降急騰しているものの，より長期的にそのトレンドを見ると，1980年〜1985年のA重油価格は2006年以降と同等の水準であったことがわかる．実際に，1979年の第2次オイルショックを経て，翌年から6年間という長期にわたり，A重油価格は6万円／キロリットルを上回っていた．資源の豊度が高く，CPUEが高かったためか，また後述するようにコストの上昇を魚価に転嫁することができたため，今回ほどの困難はなかったのであろう．

燃油価格上昇が漁業に及ぼす影響の分析を通じて，困難を克服するための今後の対処方法も明らかになってくる．これについては本項3）で改めて検討する．

②Kirai：消費者の魚離れ　　消費者の魚離れが起こっているということは，2007年に発表され

た『平成18年度水産白書』で紹介され，全国紙で紹介されるなどひとしきり話題になった．国民1人当たり魚介類供給量（粗食料）は，2006年には57.6 kgとなった．1980年の64 kg，ピーク時である1989年の72 kgに比べれば，確かに落ちている．同白書では，若い人が魚介類を食べなくなったこと，年をとるにつれ食べる量が増える（加齢効果という）が，その増え方が鈍くなったことを，原因として上げている．このデータだけ見ていると，もっと食べてもらわなければ日本の水産業が立ち行かなくなるのではないかと不安にもなるが，ここは冷静に考えたいところだ．

　日本の水産資源にも限りがある．消費者がピーク時のように72 kg消費したからといって，国産魚でそれをすべて賄えるわけではない．水産庁が2007年とりまとめた水産基本計画をもとに，水産庁が望ましいとする消費量を割り出してみると，61 kgとなる．そして，1人当たり世界平均である16.4 kgと比べると，いかに日本人が大量の魚介類を消費しているかがわかる．実際に日本人は事実上，世界一多くの魚介類を消費している．水産業の視点からは，日本人の魚離れがこれ以上進まないようにしたいところだが，世界中の魚を日本人が食べつくすというイメージから生じるであろう国際的軋轢にも配慮しておきたい．図5-2から日本の生産部門の落ち込みと比べて消費（データは供給量でとる）の落ち込みが緩やかであることを確認しておこう．

③Kakaku：魚価の低迷　　魚価の低迷については長期的な問題と短期的な問題とに分けて考え

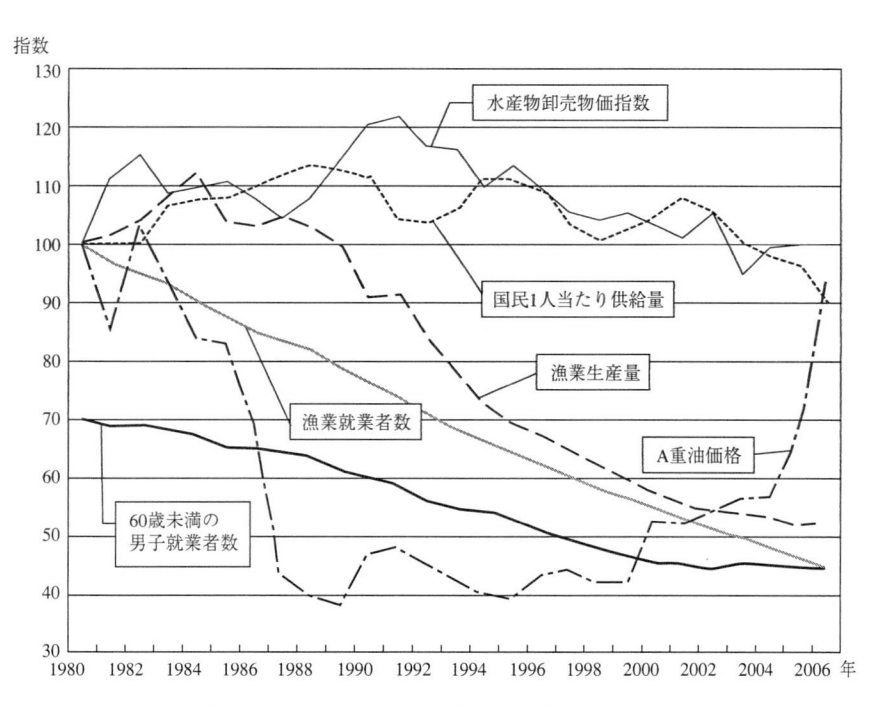

注：1980年の数値を100として指数化．但し漁業生産量は3年移動平均，60歳未満男子就業者数は漁業就業者数に占める割合の実数．
出所：生産は農林水産省「漁業・養殖業生産統計年報」，供給は農林水産省「食料需給表」，就業者数，年齢構成は農林水産省「漁業センサス」「漁業動態統計年報」，物価は農林水産省「水産物流通統計年報」，A重油価格はJF燃油高騰対策ウェブサイト．

図5-2　水産指標の推移（1980（S55）年＝100）

て見よう．図5-2に見るように，長期的には魚価は安定している．しかし卸売物価が安定しているのは水産物だけではない．1991年までは日本経済にもインフレが進行しており，1980年からの12年間で卸売物価は2.8％上昇した．対して水産物の卸売価格は21％も上昇している．卸売物価全体より上昇幅は大きい．1992年以降，日本経済はデフレに陥るが，2005年までの13年間で卸売物価（1996年以降は企業物価・総合）の下落は11％，対して水産物は18％も下落している．国民1人当たり供給量の緩やかな低下と軌を一にして，下落幅が増えたと見ることができる．

次に短期的問題である．一般に財の価格が上がると消費者は購入量を減らす．世界的な水産物需要の高まりのなかで，2004年以降，水産物卸売物価は反転上昇している．そしてこれに呼応するように，1人当たり魚介類消費量が低下しているのである．水産物卸売物価とA重油価格との関連性にもふれておこう．2004年以降のA重油価格の上昇にもかかわらず，水産物卸売物価は下落している．これが収入の減少と費用の上昇となり，漁業者を二重に苦しめている．1988年まで，A重油価格のトレンドと物価指数のトレンドは一致していた．つまり経費の上昇分を生産物の価格に転嫁できていたのである．この論理が通らなくなっていることが，現代的な魚価低迷の厳しさを象徴している．

魚価をめぐってはもう1つ別の問題もある．それは産地価格と小売価格の乖離である．水産庁の調べによると，401円／200グラムの小売価格の内訳として産地の生産経費は96円，流通が64円，小売経費が240円を占めている．つまり生産経費は小売価格のわずか24％を占めているに過ぎない．消費者が支払う小売価格を変えずに，産地の取り分を増やすことができれば，漁業の困難が1つ解決する．

④Kaimake：買い負け現象　　買い負けとは，魚介類の国際市場において，日本向けのバイヤーが提示した価格より高い価格で他国向けバイヤーが購入して行く結果，日本向けに当初予定していただけの輸入魚の供給ができなくなるという現象を指す．この現象は2004年ごろから顕在化し始め，それとともに「買い負け」という造語が生まれた．これは水産業全般が直面する問題ではあるが，漁業が直面する問題ではないことに注意する必要がある．

水産業にとっては，予定していた水産物を加工業者や消費者に届けられないのでビジネス上の不利益を被るであろう．しかし漁業者にとっては，むしろ国産魚の供給を伸ばすチャンスでもある．実際に，日本からの水産物輸出も2001年ごろからまず韓国，中国向けで始まり，さらに寿司用高級食材の欧米向け輸出も開始され，輸出の引き合いがある産地は活気づいている．しかし一方で，日本の魚を日本で食べずに輸出するのはよくない，という意見をもつ人もいる．その理由も地産地消やフードマイレージ，また輸出ビジネスの不安定性などさまざまである．輸入が増えれば悩み，輸入が減っても困り，輸出が増えてもまた悩む人がいる．合理的な水産政策の指針が待たれる分野である．

⑤Koreika：漁業者の高齢化　　漁業就業者に占める60歳未満の男子就業者の割合は，1980年には70％だったが，直近の2006年には45％になった（図5-2参照）．残り55％には60歳以上の男子のほかに全年齢の女子就業者が3.4万人含まれている．女性を除いて男子就業者に占める60歳以上の割合を抽出すると47％となり，この割合は数年間安定しているため，60歳以上の割合が近い将来過半数を超えるとは考えにくい．それにしても17.8万人の男子就業者のうち，8.3万人が60歳以上という数字は高齢化以外の何物でもない．

ある産業に高齢者が多いことは，それ自体が問題というわけではないが，功罪はある．都会のサラ

リーマンは停年後に次の仕事を見つけにくい．年金以外の収入の道が閉ざされてしまうだけでなく，社会での役割や生きがいを見出せないという問題を抱えている．これに比べると個人経営主である漁業者が年齢など気にせず，自分の裁量，自分のペースでいつまでも働けることは，金銭面でも，生きがいの面でも望ましいことである．

一方で，高齢化の問題は，高齢の漁業者が年功によって漁村社会での重要な意思決定者に留まることから生じる．若者や新規参入者が望む方向での改革案が数や力の論理で通らないばかりか，サラリーマンならばとうに管理職になっているような壮年層にさえリーダーシップを育む場が提供されないことが問題である．漁業のような第一次産業では職場である漁場と生活を営むコミュニティーが一致しているので，就業上の人間関係や不満を私的生活と切り離して割り切ることができない．このことから，高齢化は次に述べる担い手不足の問題の一因にもなっている．

また，漁業を引き継ぐ後継者のいない高齢者は，数十年にわたって漁場を利用する予定の漁業者に比べれば，資源保全への関心は薄いであろう．そうした人々の漁場での振舞いやコミュニティーでの意思決定が漁場環境の必要以上の悪化を招く可能性も否定できない．

⑥Koukeisha：担い手の不足　　漁業就業者は高齢化しているだけでなく，就業者数そのものも1980年の半数以下になっている（図5-2）．1980年には48万人いた漁業者が2006年21万人になった．すでに着業している漁業者が漁業をやめるわけではなく，新規着業者が極端に少ないのが漁業の特徴である．例えば2003年の新規就業者数は788人（うち60歳以上が56人）で，これは林業の新規就業者1,022人より少ない．

新しく漁業に就業しようとする人々のなかには既存漁業者の子息と外部からの参入者がいる．漁業者の子息ならば父親を手伝って働き，父親が引退する際，沿岸漁業ならば組合員資格を取得したり漁業権漁業に着業したりする．沖合漁業ならば会社の代表を継承して漁業を存続させる．子供の数が減少したこと，漁業以外の雇用機会が拡大したこと，そして何よりも漁業所得が減少したことにより，こうした親子間の漁業の継承が困難になった．

一方，サラリーマンなど漁業以外の仕事に就いている人のなかには，UターンやJターンで新たに漁業を始めたいと希望する人は多い．全国各地で行われる漁師フェアには毎年数百人規模の参加者が集まるものの，いざ就業をする段階になると雇用条件が折り合わなかったり，試用期間を経て雇用者・被雇用者のいずれかが継続を望まなかったりで，実際に漁業就業者となるのは全国で数十人，そのうち長期定着する人は数人しかいない．他方，研修生や実習生と称する安価な外国人労働力が沖合漁業や水産加工の現場では欠くことのできない存在となっている．いわゆる雇用のミスマッチが生じているのである．

ところで，日本漁業がどれだけの漁業者を必要としているかについては議論もある．例えばOECD諸国について漁業者1人当たりの年間漁業生産量・生産額（2001年）を比較すると，日本は19トン・4.8万米ドルで，生産量では韓国（25トン・3.6万ドル）を下回り，西欧の漁業国であるノルウェー（151トン・6.7万ドル），アイスランド（441トン・16万ドル）に大きく水を開けられている．主に多獲性魚を獲る北欧諸国と生産量の点で違いが出るのはしかたがないとしても，生産額においてまでこれほどの差が出ていることを見過ごすわけにはいかない．漁業経営の適正規模を再検討する時期に来ている．

⑦Kokatsu：資源量の減少と漁業　　水産業が直面する困難の最後に，資源の減少という最も重要な問題を取り上げる．水産総合研究センターの実施している資源評価によると，同センターが調査している90系群のうち，43系群の資源が低位にある．水産庁は大型定置1カ統当たりの漁獲量や底魚の漁獲量からも海の生産力の低下が示唆されるとしている．

ここに至った背景には，陸域起因の水質汚染や気候変動，海洋汚染など，漁業外の要因もある．また漁業内部の要因のなかでも，マイワシの資源変動（レジームシフト）のように，制御不可能な要因もある．しかし論理的には制御可能であったにもかかわらず資源管理が十分に機能しなかったり，管理方法が適切でないなどの理由から十分制御できなかったケースもあるだろう．

2006年の漁業生産量は1980年の52％の水準になっている（図5-2）．遠洋漁業とマイワシを除いても，1980年代後半以降の漸減傾向に変わりはない．

3）水産業の可能性：先進国型漁業を目指して

本項ではこれまで，水産業が直面する問題について検討してきた．これらのなかには水産業の内部で制御できる問題とできない問題が含まれている．内部制御ができない問題も，外部からの影響をなるべく少なくする工夫が必要である．再び図5-1を参照しつつ，これらの点について順に見てみよう．

まず生産地の内部で生じている問題であるが，この多くは水産業の内部で制御できる問題である．必要な資源回復措置と適切な資源管理方策を採り，計画的に漁獲を行うことによって漁獲量をコントロールするのである．これまでこの機能が十分活用されてきたとはいい難いが，それは漁業者同士が競い合って漁獲することを前提とした漁業制度の問題でもあろう．先進国の漁業にふさわしい合理的な漁業制度の再構築が必要である．

次に消費地で生じている問題であるが，国民の嗜好の変化についてはいかんともし難い．諸外国では健康志向から水産物需要が拡大している．こうした好機を捉えて魚価の上昇に結び付けるのは，一般企業ならば当然の行動である．これからの漁業者には単に漁獲をするだけでなく，国内外の需要の動向を調査し，マーケティングをする企業的な能力が求められるだろう．漁業の現場と市場との地理的・時間的・情報の距離を短縮することにより，小売価格に占める漁業者の取り分を大きくできる可能性もある．

漁業経営においては，他産業に匹敵する漁業所得をふたたび取り戻すことを，まず目指すべきである．これが他の先進漁業国との間に生じてしまった漁業収入の格差を縮めることにもつながる．漁村コミュニティー内部では，高齢化の弊害を取り除くとともに，能力のある担い手を確保することが必要とされる．旧来型の生業的漁業から脱却し，規模の経済を追及し，コミュニティー全体での分業と協業を進めることが地域全体と個別漁業者の漁業所得上昇につながるだろう．漁協には，そうした企業型の漁業運営にあたって，指導的な能力が期待されている．

燃油価格の高騰のような外部からの攪乱要因に対応できる頑健な産業体質を作らねばならない．漁獲競争のためにエネルギーを浪費することは地球環境問題の点からももはや容認されないだろう．代替エネルギーの確保やより合理的な漁法の研究開発も求められるところだが，さしあたり漁業内部では，十分な資源を常時確保しておくことが，外部からの攪乱に対応する最善の方策である．資源の持続可能性よりも漁業者の日々の生存が優先される開発途上国の漁業において，ここに述べたような理想を追い求めることは難しい．しかし豊かな漁場に恵まれ，高度な技術力と高い能力をもつ人材を

擁する日本で理想を実現できないはずはない．いやむしろ，困難を抱えたまま活力を失いつつある日本の水産業の異常性を認識し，先進国にふさわしい産業として水産業を再生していくことが必要とされている．

(山下東子)

2-2　水圏環境
1) 主な水質汚濁の歴史

250年に及ぶ鎖国から明治維新（1868年）を迎えたわが国は，それまでの遅れを取り戻すべく「富国強兵・殖産興業」を一大課題として生産の近代化，とくに鉱工業の拡大に格別の力を注いだが，それだけに産業からの排水，廃棄物，煤煙など環境負荷への対策はないがしろにされてきた．その象徴であり，かつ初めての大事件となったのが足尾鉱毒事件である．足尾銅山は戦国時代に銅の採掘が始まり，江戸時代に幕府直轄，明治維新後には民営となっていたが，1877年に古河鉱業が買い取って以後，水力発電を利用した精錬や機械の近代化などによって，全国でも圧倒的な生産量を誇るまでに成長した．その一方で排煙中の亜硫酸ガスによって草木が枯れ，また燃料や坑道の補強用に木が伐採されたためもあって山は保水力を失い，以前にも増して鉱滓中のヒ素や重金属が渡良瀬川に流入することとなった．大規模な農地汚染による農民の窮状を訴えるべく，第1回衆議院総選挙（1890年）で議員となった田中正造は帝国議会でこの問題を取り上げ，さらには天皇への直訴を企て取り押さえられたが，この事件は鉱毒問題を広く世間に知らしめることとなった．しかし，この後も有効な対策がとられることはなく，1973年に鉱山は閉山した．同時代には，別子銅山（愛媛県新居浜市），日立鉱山（茨城県日立市）の銅精錬排煙による甚大な被害も発生しているが，その後も，わが国には「すべての人が享受するべき健全な環境」への人為的阻害を「公害」とする認識は生まれず，企業が住民に対して補償を行うことで解決するという民事事件として扱うことが通例であった．このような背景に支えられ，明治維新後わずか6，70年の間に驚異的な発展を遂げた鉱工業であるが，第2次世界大戦でわが国の産業全体が壊滅ともいえる状況に陥ることになる．しかし，戦後まもなく起こった朝鮮戦争（1950）では，米軍の物資調達の急増（特需と呼ばれる）を受けて鉱工業生産が戦前の水準まで回復し，これを契機に，わが国の経済は急成長を続け，ついにはGNPで世界第2位の座を占めるに至ったが，この高度成長期と呼ばれる急激な発展が，水圏のみならず様々な環境を犠牲にして成し遂げられたことは，当時の川崎や四日市などの工業地帯でぜんそく患者が多発したことからもうかがい知ることができる．なお，わが国の四大公害病といわれるものは，水俣病，イタイイタイ病，新潟水俣病，四日市ぜんそくであるが，四日市ぜんそくを除けば，すべてが水域で起こったものである．

健康被害

① 水俣病　高度成長期の水質汚濁事例では，公害史上最も悲惨な人的被害をもたらした例として世界に知られている水俣病があり，熊本県水俣市の医師から「四肢の痙攣などを伴う原因不明の脳障害患者が入院したこと，また水俣湾の周辺で1953年から同様の症状が発生していることなどが水俣保健所に報告された（1956年）」ことをもって公式確認とされている（熊本県「水俣病問題についてのホームページ」）．その後の研究により，本疾病が魚介類に蓄積した有機水銀（メチル水銀）によるものであること，またその由来は新日本窒素肥料株式会社（現・チッソ株式会社）水俣工場廃液であり，アセチレンからアセトアルデヒドを合成する際に触媒として用いる無機水銀が，反応器内でメ

チル化していることも明らかにされた．しかしこのメチル化反応については，問題の発生当時には理論上証明されていなかったことから，病気との因果関係の解明に至るまでの多くの曲折が対策を遅らせ，魚食の継続による新たな被害者と，また母体を通じて，生まれながらに四肢の麻痺，脳障害を伴う胎児性水俣病の発生が続くことになった．水俣病の患者数は，3,000人ともそれ以上とも言われているが，その定義とされる症状がすべて現れなければ認定されないなどの「壁」があったため，正確な数の把握はできていない．また，死者は約300人に上っている．このように悲惨な結果を招いた背景として，直接的には，企業側が原因を特定していたにもかかわらず排水を継続し，また被害者への見舞金支払いで解決しようとしたことをあげるべきであるが，根底には，先に述べた明治以来の産業優先の体質が強く働いていた．このような社会的状況は，やがてイタイイタイ病や新潟水俣病の発生をも招くことになる．

② **イタイイタイ病**　イタイイタイ病は，三井金属鉱業神岡鉱山（岐阜県）亜鉛精錬所からの廃水に含まれるカドミウムが神通川を通じて富山平野水田地帯に到達し，飲料水から直接人体に，また潅漑用水から米へ蓄積して人体にカドミウム蓄積をもたらしたものである．その結果起こる骨中のカルシウム密度の低下は，軽い動作さえも骨折を招くまでになり，その激痛がイタイイタイ病と命名されるきっかけとなった．また腎障害も併発ついには死に至る者も多かった．この病気が学会に報告されたのは1955年であるが，病気自体は大正時代から発生し，原因不明の奇病，あるいはビタミンD欠乏症とされていた．

③ **新潟水俣病**　新潟水俣病は，有機水銀が原因であることから第二水俣病とも呼ばれるようになったが，新潟県・阿賀野川下流域に，水俣病と同様の手足のしびれや神経疾患などを訴え死亡する患者を出したもので，昭和電工鹿瀬工場のアセトアルデヒド合成過程から発生する排水中のメチル水銀に起因する公害病である．有機水銀中毒として学会発表されたのは1965年であるが，企業側は，前年（1964年）夏に発生した新潟地震により倉庫が浸水し，流出した農薬によるものとの見解を展開した．

漁業被害　漁業は天然の生物資源を漁獲対象とする産業であり，陸上からの排水や廃棄物が動植物の生息や再生産，あるいは来遊に影響するようになれば，資源そのものが死滅，ないしは資源生物の密度が漁業を継続できないレベルまで低下する．また，その水域からの漁獲物に健康被害をもたらす物質が含まれるなどによって出荷が規制されることや，風評によって流通が滞るなどの被害も発生する．

高度成長期の1950年代後半から1960年代にはわが国の河川や沿岸の汚染・汚濁はピークに達し，下水道が普及する以前の都市や工業地帯を流れる河川の水は全く透明度を失い，底質も還元化し硫化物で黒く，また硫化水素臭を放っていたが，そのような河川が流入する沿岸，なかでも内湾部では海水や底質も河川同様の状況にあった．流入河川からの有機物を含んだ海水や堆積したヘドロは酸素消費量が大きいため，海水が成層する夏期に底層水は貧酸素状態と化し，魚類はもとより，ゴカイ類や二枚貝類などの底生生物も住めない状態にあった．とくに東京湾，伊勢湾，大阪湾それぞれの奥部，また洞海湾などのすさまじい状況は今日まで語り継がれている．このような漁業環境への公害の拡大に対して，漁民が直接抗議行動を起こし機動隊との衝突で多くの負傷者を出した事件として，東京湾奥部・浦安における本州製紙（当時名）江戸川工場事件がある．これは，1958年，同工場の製紙排

水が江戸川を通じ千葉県浦安から葛西沖（これらの海域は，埋め立てにより現在は消失している）を汚染し魚介類の大量死滅を招いたことに端を発する大乱闘事件で，工場側が漁民との折衝や監督官庁からの排水停止勧告を無視し操業を続けたことに対し，面会を拒否された漁民ら800人あまりが工場に乱入，機動隊との衝突で重軽傷者105人，逮捕者8人を出したものである（浦安市ホームページ）．

ほかにもこの時代には，伊勢湾の異臭魚騒ぎ（1960年），多摩川へのメッキ工場シアン廃液流入により大量の魚が死亡し浮き上がった（1962年）などが漁業被害の事例として著名であるが，排水への規制など法体制が不備な当時の状況からすれば，実際には小規模な被害事例は日常的にあったと思われる．

2）国の取り組み

高度成長期に続発した水質の汚染・汚濁事例，またそれによる健康被害，漁業被害の深刻さは，それら汚染・汚濁事例を企業と住民あるいは漁民との間の民事事件とした，すなわち戦前のままに放置された法体制の不備に起因するが，1953年には各省間に「水質汚濁に関する連絡協議会」が設けられ，1958年には「水質汚濁防止対策要綱（閣議決定）」が，また同年「公共用水域の水質保全に関する法律」，「工場排水等の規制に関する法律」が成立した．この「旧水質2法」と呼ばれる法律には，国が指定した水域に水質基準を定め，遵守させるために規制を加えることが謳われており，それ以前のわが国の法体系からみれば一見画期的であるが，規制できる水域を限定しており，またその数も少なかったことから公害発生の抑止にはつながらなかった．

水質環境基準の制定　1967年になると公害対策基本法が制定され，「環境基準」として大気汚染，水質汚濁，土壌汚染，騒音について，人の健康の保護と生活環境を保全するうえで望ましい基準が定められた．この基準には罰則はなく，行政の努力目標として制定されたものであるが，例えば水域での基準として定められた「水質汚濁に係る環境基準」（以下水質環境基準）は，その実現のために事業場排水に規制値を定めた「水質汚濁防止法」などで法制定の根拠となり，また，同法施行以後に「湖沼水質保全特別措置法」，「瀬戸内海環境保全特別措置法」などを制定したのも，水質環境基準が達成されない状況を打開するための処置であった．

水質環境基準は，ふつう「健康項目」と呼ばれる「人の健康の保護に関する環境基準」と，同じく「生活環境項目（または生活項目）」と呼ばれる「生活環境の保全に関する環境基準」に分けて制定され環境省ホームページに公開されている．健康項目には，カドミウム，シアン，鉛，六価クロム，ヒ素，水銀，PCB，有機溶媒など26項目が定められているが，これらの物質は急性毒性，発ガン性，生殖毒性，催奇形性など深刻な健康被害をもたらすものであり，また人の生存に欠かせない飲料水や魚介類の摂取を通じて無意識のうちに体内へ取り込む恐れがあることから，基準はすべての公共水域に一律に制定されている．一方「生活環境項目」は河川，湖沼，海域など水域群別に制定されているほか，それら水域群ごとに自然環境保全，水道，水産，工業用水，農業用水，環境保全など目的によって基準が定められている．

水質汚濁防止法の制定と効果　1970年は，わが国の環境政策の大転換期ともいうべき年であり，大気，土壌，騒音，水質などに関する公害関係法制の抜本的整備のため召集された第64回臨時国会では，改正・新規あわせて14の法案が可決された．このため，同国会は「公害国会」とも呼ばれることになる．これらの法律にみられる従来との最大の相違点は，明治以来わが国がとってきた産業優

先の姿勢，すなわち公害排出源への規制は産業との調和を図りつつ行われるべきであるという「調和条項」を完全に払拭したことであり，また14法案の1つ「水質汚濁防止法」では，つぎの事項に，公害に対する国の姿勢の転換をみることができる．① 事業者責任の明確化（排水を出す者が費用を負担して公害を防止する），② 規制強化（現時点で水域に汚染の事実があるなしにかかわらず，全国の公共水域への排水をすべて規制する），③ 直罰（理由を勘案する手続きをとらずに，違反者には直ちに罰則を適用する），④ 地方自治体は上乗せ規定（法律の数値より厳しい内容）を定めることができる．

　水質汚濁防止法制定の目的は，事業場からの排水中物質濃度を規制することによって水域の環境を改善することであり，したがって規制される項目は水質環境基準の項目とほぼ同一で，また「有害物質（環境基準の健康項目に相当）」と「生活環境項目」に区分されている．このうち有害物質の排水基準は，水質汚濁防止法で規定している業種（特定事業場といわれる）すべてに適用されるが，一方「生活環境項目」は，特定事業場のうち日量50 m^{3}以上の排水を出すものにのみ適用される．これらは法律による規定であるが，現実には「有害物質」，「生活環境項目」ともに地方自治体の条例による上乗せ規定があり，ホームページなどで公開されている．

　昭和46年（1971年），水質汚濁防止法が施行されると，それまでほとんど「野放し」状態にあった事業場排水が厳しく規制されるようになり，有害物質については，基準に達していない水域が数年のうちに劇的に減少した．このことは，有害物質が工場など産業からの排水に由来するものであり，したがって法律の制定，施行が効果を現しやすかったことを示している．一方，生活環境項目では，水域の有機汚濁を示すBOD・CODについて環境基準達成率の改善は極めて遅く，とくに海域ではむしろ悪化しているようにも見える．この理由には「BOD，CODの内部生産」の大きいことがあげられており，窒素，リン源としては，① 生活排水に由来する，② 底泥にすでに堆積している有機物が分解し窒素，リンが溶出してくる，などが考えられている．

　排水の総量規制　　水質汚濁防止法に示されている排水基準は濃度による規制であり，水量が多ければ汚濁物質の総量が増えることとなる．海域のCOD環境基準達成率が改善されない状況に対し，1978年には国の総量削減基本方針が出され，1979年からは，瀬戸内海，伊勢湾，東京湾に流入するCODを濃度のみならず1日当たりの総量で規制する「COD総量規制」が導入されることとなった．それら3海域に関係する都道府県は，この基本方針を受けて達成目標の作成とその実現に有効な日間排出量の具体的な規制値を定め，かつ遵守させるほか，生活排水からの汚濁負荷削減のための下水道の整備，また法律の適用を受けない小規模事業場への指導，勧告を行うことが求められる．また2002年からは窒素，リンも総量規制の項目に加えられた．

　生活排水による水質汚濁　　人の生活からは，「屎尿」のほか，炊事，洗濯および入浴から比較的汚濁物質が少ない「生活雑排水」が出されるが，両者を総合して「生活排水」と呼んでおり，下水道が整備されている場合，生活排水は汚水処理場に導かれ，処理後に河川または海域に放流される．東京湾に注ぐ隅田川への汚濁負荷（BOD）の内容を水質汚濁防止法の施行前後で比較すると，施行以前に68%を占めていた工場排水が施行後にはなくなり，代わりに生活排水（処理水を含む）が99%となっている（図5-3）．負荷の総量はほぼ8%に減少しているとはいえ，法施行後には有機汚濁の主原因が生活排水に変化したことが明らかである．またこの傾向は海域においても同様であり，わが国

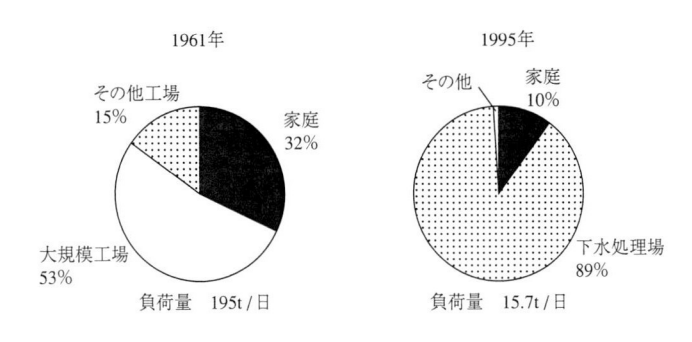

図5-3 水質汚濁防止法施行（1971年）前後の隅田川BOD付加量の比較
「日本の水環境行政」1999を改変

の内海，内湾域の有機汚濁の1/2程度が生活排水に由来すると言われている．

生活排水の下水処理場における浄化方法で最も一般的なものは，活性汚泥法と呼ばれる微生物処理であるが，汚水に細菌や原生動物の混合物（活性汚泥）を接種したのちに，増殖したそれらの生物を沈殿させ上澄を放流するものであるため，もとの汚水からは活性汚泥に相当する成分が取り除かれることになる．その結果，BOD，CODは90ないし98％が除去されるが，窒素およびリンの除去率は低く約60％が除かれるのみである（東京都水再生センターホームページより算出）．近年，この処理のあとに窒素およびリンを除去する工程を付加する技術が開発され，その場合，活性汚泥法を低次処理，窒素リンの除去を高度処理と言っている．しかし現状では，ある水域の窒素およびリンの状況改善を行うために下水の高度処理をすべき自治体の人口合計に対して，実際に高度処理が実現している自治体の人口合計は約45％である．（2015年度　国交省下水道データより）．

水域への汚濁負荷改善が停滞していることについては下水道の構造自体にも問題があり，早くに下水道が整備された自治体では，路面から側溝を通じて集められた雨水が各家庭からの生活排水と合流して処理場に入る「合流式下水道」を採っているため，大雨時に流量が処理場の能力を超える場合には無処理のまま水域へ放流せざるを得ない．この「越流」と呼ばれる緊急処置では，下水処理を受けていない屎尿が水域へ汚濁負荷を与え，また衛生上も問題となる．この解決のために，生活排水と雨水を別々の系統で集水・送水する「分流式下水道」の整備が進められている．

3）海岸の改変と生態系の構造・機能への影響

わが国の海岸線は，環境省自然保護局による第5回自然環境保全基礎調査（1996年）によれば33％が人工海岸，13％が半自然海岸（波打ち際は自然であるが，前面がテトラポッドなどの消波施設によって保護されるか，または後背地が護岸になっている）となり，自然海岸は55％を残すのみ（環境省，2004）であるが，とくに内海や内湾の沿岸部は穏やかで浅いために埋め立てやすく，高度成長期には産業立地として次々と埋め立てられていった．その結果，東京湾を例にすると自然海岸はわずか5％となり，また干潟については江戸時代の95％が失われるなど，潮間帯面積は著しく減少した．また，瀬戸内海沿岸，大阪湾，伊勢湾などをはじめ，工業地帯をかかえる，あるいは人口が集中した沿岸部も同様の状況にある．このような海域では，海岸はほとんどの場合垂直の護岸になって

おり，堆積によって形成されるフラットな砂浜や干潟と比較すると生物相や生物量は一般に貧弱で物質循環機能も劣っている．わが国沿岸ではいまだ生活排水による汚濁負荷が大きいことに加え，その浄化に寄与する潮間帯の喪失は，とくに内海，内湾部での水質環境基準未達成と無縁ではないと考えられ始めている．また，温帯南部から亜熱帯，熱帯にかけては，河口域の干潟上にマングローブ林が広がり，独特の生態系による物質循環機能をもっているが，近年，薪炭の原料として伐採され，またエビ養殖場として開墾されるなどによって減少が続いている．

4）水産と水圏環境

水産による環境へのインパクトと対策　漁業は水域の野生生物を採捕し，また養殖は天然水域で，あるいは天然水域から用水を汲み上げて生物を肥育する行為であるため，いずれも健全かつ安定した水圏生態系の存在が前提となる．したがって，水産は，水質汚濁の影響を真っ先に受ける被害者であると言われた時代もあった．しかし，魚類養殖の残餌や糞が分解過程で酸素を消費するばかりでなく，微生物分解の産物として放出される窒素やリンなどが赤潮の原因になるなど，水産業のなかにも水質汚濁要因をもつもののあることが明らかになっている．また，人工生産種苗の放流によって魚介類を増殖しようとする場合，例えば雌雄1ペアのみの親から生産された種苗群では，著しく遺伝的多様性が低いという問題も指摘され，また他水域の親からとった種苗が天然群中に放流されて遺伝子を攪乱する可能性も否定できていない．このため，これからの水産業には，自然生態系の特徴である生物多様性を保全し，かつ資源を持続的に利用するための配慮と技術開発が求められるようになってきた．例えば養殖による水質汚濁については，海水が停滞しがちの海域を避ける，海底への残餌，糞の堆積を少なくするよう管理する，沈降しにくいペレット状の餌を開発する，生け簀の設置場所を毎年変更するなどの方法が考案され効果をあげている．また，残餌，糞の分解産物である窒素，リンを吸収させるために，生け簀近傍でワカメ，アオサなどの海藻を養殖し，漁獲することで海域への汚濁負荷を低減することも研究されている．種苗放流の遺伝的多様性への影響に関しては，ミトコンドリアDNAや核DNAによる遺伝子解析など先端的手法も用いて，生態系攪乱の可能性とその対策について研究が進められている．

水産の生態系保全機能

① **水域のモニタリング**　漁業が天然水域で野生生物を対象とする産業であることは，漁業者が水域の変化や資源の異変を誰よりも早く知り得ることを意味しており，足尾鉱毒事件や水俣病など過去の公害事例でも，異変はまず魚介類がいなくなるなどの現象に現れていた．このような事件性がない場合でも，わが国では，漁獲量や取引高が網元制度のもとで「浜帳」として保存されてきたため，例えば九十九里地域に残る江戸時代からのイワシ漁獲の記録は，資源変動，海域環境のみならず気候の長期変動などを知る貴重なモニタリング資料としても活用されている．このような漁業がもっているモニタリング機能は，特別の機器を用いない，世界共通の，また古くからの記録が残っている方法として他に類を見ない．

② **物質循環と水域環境の保全**　漁業を生物生産とは別の側面からみれば，魚介類と海藻類を水域から取り出す行為であり，水域に懸濁または溶存する物質を，食物連鎖を通じて陸上に取り上げ水域の環境保全に寄与することとなる．ちなみに，海域からの取り上げ量を人間が1年間に排泄する炭素（C），窒素（N），リン（P）量に換算する方法（丸山俊朗，1999）を用いると，2006年現在のわ

が国の沿岸漁業漁獲量140万トンは，1年間にC，N，Pそれぞれを2,100万人，1,000万人，1,700万人分陸上に循環させていることとなる．実際には，水産資源が利用している栄養塩が必ずしもわが国から流入したものではないのであるが，沿岸に流入する汚濁負荷の多くが生活排水を起源としており，そのなかの窒素，リンが下水処理では除去しにくいことを考えると，外部との水の交換が少ない内海，内湾，また湖沼などで漁業が停滞した場合には，周辺からの栄養塩流入を取り出せなくなる結果として富栄養化が加速し，ついには水域が腐敗状態に至ることも予想される．一方，三河湾一色干潟（約10 km^2）では，アサリを中心とする底生生物が10万人規模の下水処理場（下水道含めて建設費878億円）に匹敵する懸濁物除去能力をもっており，また漁業がアサリを漁獲すれば下水の高度処理に相当する窒素，リンの除去もできることが数値的に明らかにされている（青山裕晃ら，1996）．

③ **絶滅危惧種，希少種の保全**　栽培漁業（3章4-5）の基幹的な技術である人工種苗生産は，親から産卵・孵化させた稚仔を天然での成長が可能になるまで人為的に育てる技術であるが，1960年代に海産魚の種苗生産にいち早く成功したわが国は200種類以上の魚介類について実績を有し，世界のリーダーシップをとっている．その経験は，様々な生態をもつ魚介類のほとんどについて応用可能であり，例えば，天然水域で絶滅しかかっている生物でも人工種苗生産によって大きな個体群に拡大することができる．また，もともとその水域に居た生物が絶滅してしまった場合，他水域の親から種苗生産し放流することで生物多様性の復元が可能になる．

〔日野明徳〕

2-3　水圏の多面的利用と水産業

水圏は本来多面的に利用される場である．主要な水圏利用産業である水産業においても近年このことは強く意識されるようになり，水圏利用を巡る競合関係が問題となるとともに，反対に，それら水産以外の水圏利用と水産の関係を肯定的にとらえて，水産業がもつ社会学的，経済学的価値を多面的な角度から科学的に評価することが必要であると認識されつつもある．2003年農林水産大臣から日本学術会議会長に対して「地球環境・人間生活にかかわる水産業及び漁村の多面的な機能の内容及び評価について」諮問がなされ，2004年に答申が出された．それによれば，「水産業及び漁村の多面的機能」とは，①食料・資源の供給（本来の機能），②自然環境の保全，③地域社会の維持，④生命財産の保全，⑤生活と交流の「場」の提供，にまとめることができるという．本章では，⑤の遊漁，海洋スポーツ，観光といった，一般の国民に水圏と交流する場を提供する機能を中心に，水域のもつ多面的な機能とその利用の競合について記述したい．

1）観光やレクリエーションの場としての利用

水産業は，それぞれの地域の歴史や風土と密接に結びついているため，観光資源としての価値が見直されている．特に，その地域で漁獲される水産特産物は，訪れる旅行者にとって大きな魅力である（図5-4）．そのような地域の特産物の差別化を図るためには，それらを関アジ，関サバに代表されるようにブランド化し，その品質について積極的にアピールする必要がある．2002年，農林水産省は，地域の食文化を守り地産地消（地域で生産されたものを地域で消費する）を推進するため「ブランド・ニッポン」戦略を立ち上げ，地域生産物のブランド化を目指した生産・販売・流通の整備のための施策が行われている．

また，自然環境に対する国民の意識の向上から，自然と親しむための観光「エコツーリズム」が盛

んとなり，環境省は全国の自然公園などにビジターセンターを設置したり，ツアーガイドのためのパークボランテイアを配置したりするようになった．水産庁では，漁村を中心とした新しい産業「海のツーリズム」を「ブルーツーリズム」と名付け，都市と漁村の交流を目的とし，食や漁業体験といった水産業に関わるものだけでなく，遊漁，エコツーリズム，海洋性スポーツなどのレクリエーションや子供達の体験学習をも含む総合的な事業推進を行っている．このような多目的な場と資源の利用には，漁業者とツーリストの間の

図5-4 神奈川県横須賀市長井漁港の長井水産直販センター（写真提供：水産総合研究センター梅澤かがり氏）

共存的な秩序構築や相互理解が重要である．また，漁村を中心とした総合的な新たな産業の創出は，地域経済や地域住民の生きがいを増進し，地域の活性化や後継者問題などに貢献すると期待されている．以下に，それらの例をあげる．

ホエールウォッチング　海洋性エコツーリズムの中に，ツーリストがボートに乗ってイルカやクジラを観察するホエールウォッチングがある．これは，1950年代より米国カリフォルニア州，サンディエゴ周辺で始まったコククジラ観察が起源とされる．その後，米国東海岸やカナダをはじめ世界中に広がり，現在ホエールウォッチングが行われている国は87ヶ国にもおよび，年間1,000万人以上が訪れ，その産業規模は14億米ドル以上ともいわれている．

日本におけるホエールウォッチングは，1988年東京都小笠原で始まったのが最初である．わが国は，捕鯨推進の立場であることから，かつては捕鯨業者との対立が見られた．しかし，日本でもその人気は高く，近年では北海道から沖縄に至るまで全国で行われるようになっている．かつての捕鯨地域である和歌山県の太地や高知県の土佐湾においてもその地域性を活かし漁業者達によってホエールウォッチングが営まれている（図5-5）．中原ら（1999）の観光漁業の経済評価によれば，クジラ・イルカウォッチングの社会的効用をその当時で4,608万円から1億245万円と試算しており，漁村の地域経済に果たす役割が大きいことから，水産庁の推進するブルーツーリズムの中でも海洋性レクリエーションの一つとして大きく位置づけられている．

図5-5 和歌山県那智勝浦沖でマッコウクジラを観察するホエールウォッチ船（写真提供：三重大学吉岡　基氏）

内水面遊漁　湖や河川での内水面遊漁は，「漁業法」第8章内水面漁業，第129条（遊漁規則）に位置づけられている．第5種共同漁業権を免許された内水面の漁業協同組合は，その漁場が閉鎖的な水域であるがために水産資源の増殖の義務を負わなくてはならない．そのため，その漁業協同組合

の組合員以外の者がその水域で採捕（遊漁）を行うときは，その代価としてその漁業協同組合は遊漁料を徴収することができる．また，遊漁をする者も，都道府県が定める漁業調整規則に則った漁法や漁期などを遵守しなくてはならない．アメリカ，カナダ，オーストラリア，ヨーロッパなどでは，内水面の管理は州や国の行政機関が直接行っているため，釣り人は政府の発行するライセンス（免許）を有償で取得する必要がある．

サケのように産卵のために海洋から河川に回帰する遡河性魚類は，「水産資源保護法」第2章水産資源の保護培養，第3節さく河魚類の保護培養において保護されている．さらに，孵化放流事業が進められているサケにとって河川は繁殖の場であるため，同法第25条（内水面におけるさけの採捕禁止）によって内水面での釣りは禁止されている．しかし，日本においてもサーモンフィッシングがしたいという釣り人の要請や，孵化放流事業の成功によるサケ・マス資源の多面的利用推進の機運の高まりから，最近では調査採捕というかたちで北海道の忠類川や青森県奥入瀬川，石川県手取川など多くの河川で一般の遊漁者にも開放されるようになってきた（図5-6）．

図5-6 石川県手取川においてサーモンフィッシングを楽しむ釣り人（写真提供：石川県農林水産部）

第5種共同漁業権には増殖義務がともなうため，各地で釣り場を管理する内水面の漁業協同組合によって種苗放流が行われている．釣り人も，釣果を気にして，放流量に関して非常に関心が高い．しかし，生産効率を追求するあまり無秩序な種苗放流を行うと，さまざまな問題が引き起こされる．日本は1992年「生物の多様性に関する条約」に署名して以降，「生物多様性国家戦略」の中で多様性に配慮した種苗放流に心掛けることとなった．内水面は個々の水域が閉鎖系となっているため，生息生物種は各水系固有の遺伝形質に分化している可能性が高い．そのため，種苗放流を行うときは，その水系から捕獲された親魚から生産された稚魚を用いることが望ましい．また，無秩序な移植放流は，病害などのまん延を引き起こす可能性も高い．「持続的養殖生産確保法」には伝染性疾病のまん延防止が定められており，2003年茨城県霞ヶ浦で起こったコイヘルペスウイルス病（KHV）による養殖ゴイの大量斃死以降，KHVの発生した水域からのコイの移動について禁止措置がとられている．

国内でスポーツフィッシングが普及していく過程で，外来種であるブラックバスの密放流による分布拡大が大きな社会問題となった．ブラックバスは，北米原産のサンフィッシュ科のオオクチバスやコクチバスなどの総称であるが，魚食性が強く，在来の生態系に大きな影響を与える（図5-7）．日本にオオクチバスが移殖されたのは，1925年赤星鉄馬

図5-7 オオクチバス *Micropterus salmoides*（写真提供：水産総合研究センター片野　修氏）

氏が食用および遊漁対象として神奈川県芦ノ湖に導入したのが始めであり，その後，神奈川県下の湖や山梨県の河口湖，山中湖，西湖などにも移殖され，その水域での漁業権対象種に指定された．しかし，1970年頃からルアーフィッシングがブームとなると，生息するはずのないそれ以外の湖沼にもブラックバスが急速に広がり，現在は沖縄を除くほぼ日本全土に広がっている．また，1990年前後より，冷水域や河川でも生息できるコクチバスが各地で報告されるようになり，アユやマス類の漁業者が危機感を募らせた．この生息域の急速な拡大は，バス釣り愛好家などによる自主的な移殖放流によるものと考えられている．琵琶湖など多くの湖沼で，フナやタナゴといったコイ科魚類などの地域特産種が激減し在来漁業に大きな影響を与えたため，各都道府県は積極的な駆除を行っている．これまで，沖縄県をのぞき，漁業調整規則や内水面漁業調整規則によってブラックバスの移殖は禁止されてきており，また多くの地域でキャッチアンドリリースを防ぐための再放流禁止措置がとられている．このような魚類を含むさまざまな外来種の被害を防止するため，2004年「特定外来生物による生態系などに係る被害の防止に関する法律」が公布され，第一次指定種のリストにオオクチバス，コクチバス，ブルーギルが記載された．この法律を制定するにあたり，地域経済や国民のレクリエーションに貢献するとするバス釣り推進派と，生物多様性や地域漁業に影響を与えるとするバス釣り反対派の間で大きな議論が巻き起こった．水圏を多面的に利用する場合，さまざまな目的をもつ利用者間の議論と調整の上ルールづくりをすることが重要である．

　海面遊漁　　海面の釣りには，内水面のような遊漁規則はない．なぜなら，公共の用に供されている水面である海を自由に泳ぐ魚類は無主物（持ち主がいない物）であるため，都道府県の定める漁業調整規則で禁止されている漁法を用いなければ，誰でも採捕してよいからである．そのため，海面の遊漁者は水産資源をめぐって漁業者と競合する立場になる．例えば，神奈川県におけるマダイは，調査の結果漁業よりも遊漁による漁獲量の方が多いことがわかった．そこで，2001年よりマダイの種苗放流を行っている神奈川県栽培漁業協会は，マダイ遊漁船の遊漁者から協力金を徴収するようになっている．とはいえ，都市近郊の漁港に多く見られる遊漁船経営はほとんどの場合漁業者が行っており，また遊漁者が漁村を訪れることによる地域への経済効果も大きいため，遊漁と漁業が単純に対立しているとは言い難い．

　アサリなどの潮干狩りは第1種共同漁業権の侵害になるため，それに対する受忍料として漁業協同組合が金銭を徴収して漁場を開放している．しかし，近年では，観光漁業として漁業協同組合がアサリなどを干潟に地撒きして，積極的に潮干狩り客を招き入れるケースが多い．これも地域経済にとってのメリットが大きいと思われるが，一方で他県産や外国産のアサリが大量に撒かれる場合があり，遺伝的多様性の攪乱やアサリを捕食する外来のツメタガイの混入などの問題も起きているため，適正な管理が必要であろう．

　このような，海面における遊漁者と漁業者の調整を行うため，水産庁資源管理部沿岸沖合課に遊漁・海面利用室が設置されている．また，1988年7月横須賀沖で起こった大型遊漁船と潜水艦「なだしお」の衝突事故を契機に，釣り客などの安全確保と漁場秩序の確保を目的として，1989年「遊漁船業の適正化に関する法律（遊漁船業法）」が公布された．ここで，遊漁船業が，船舶により乗客を漁場に案内し，釣りその他の農林水産省令で定める方法により魚類その他の水産動植物を採捕させる事業，と定義づけられ，その後登録制度の整備がなされている．

管理釣り場　手軽に釣りを楽しむ場所として，釣り堀などの管理釣り場がある．ヘラブナ釣りに加えて，中山間地域では池や自然の河川を仕切ったニジマスなどの管理釣り場，さらに最近ではフライやルアー専用区を設けている釣り場も多い．このように，管理釣り場は都市と中山間地域との人の交流を促進する1つの資源であり，地域経済に貢献する．一方，近年では，三重県や和歌山県などの大都市圏に近い漁村において，養殖生け簀を利用した海面での管理釣り場が増加し，人気を呼んでいる．これらの地域はマダイやブリの生け簀養殖が盛んであるが，魚価の低迷に苦しんでいる．管理釣り場は，流通コストもかからず固定的収入が見込めることから養殖業者にとってメリットは大きい．また，都市部と漁村との人の交流を促進し，それに伴う地域経済への波及効果も見込まれる．

海洋性スポーツ　水圏は，漁業の場であると同時に，サーフィン，プレジャーボート，ダイビングなどさまざまなスポーツの場でもある．サーフィンはもともとポリネシアの伝統文化であったが，戦後アメリカ文化の流行とともにスポーツとして日本にももたらされた．当初は漁業の障害になるものとして漁業者からは嫌われる存在であったが，全国に広がり一般化する中で，各地域にサーファーを対象とした宿泊施設やショップ，レストランなどができるようになり，地域経済に貢献するものとして許容されるようになってきている．

また，ヨットやモータボート，水上バイクなどのプレジャーボートについても，経済の発展とともに数が増えており，漁業者とは水産資源や水面利用の上で競合する物として嫌われる存在であった．しかし，海洋レジャーの盛んな欧米などに比し日本ではまだマリーナなどの整備も不十分であり不法係留の問題が生じたり，漁業者とのトラブルなどが多発したりしたことから，都市近郊の漁村では逆にこれらのプレジャーボートを地域社会に取り込み，共存することにより地域社会を活性化しようとする動きが見え始めている．それを受け，水産庁においても多目的機能を備えた漁港の整備事業が始まっており，全国30ヶ所に漁港内にプレジャーボートの係留施設をもつ「フィッシャリーナ」が整備されている（図5-8）．

スキューバダイバーは，リゾート地などでのダイビング業者によるグループダイビングなどは問題がないが，個人的なダイビングや漁業水域でのダイビングはアワビなどの密漁と勘違いされるなど漁業者とトラブルになることもあるので注意が必要である（図5-9）．また，ダイビングでモリや水中銃などを用いて魚突きを楽しむ愛好者もいるが，県によっては漁業調整規則で潜水による魚突き漁法が

図5-8　神奈川県三浦市三崎漁港に併設されたフィッシャリーナ（写真提供：水産総合研究センター斎藤　晃氏）

図5-9　三浦半島でスキューバダイビングを楽しむ人々（写真提供：ダイビングスクール「泡美」加藤智美氏）

禁止されている場合も多い．

2）経済評価

これまで述べてきた水圏の多面的利用は，水産業や漁村と共存することによって，都市との対流や地域経済を促進し，地域社会の活性化に大きく貢献するものと考えられる．これらの施策を的確に進めるためには，それぞれの機能のもつ経済（貨幣）価値を客観的かつ適正に評価することが必要である．収益性のある業態については，比較的経済評価はしやすいと考えられるが，伝統文化，自然環境，アメニティー（快適さ）など人々の主観にかかわるものについては，単純に価値を評価することは難しい．環境経済学では，このような貨幣経済とはなじまない事象について，経済評価する手法の開発研究が進められている．その1つに，「仮想市場評価法（CVM）」がある．これは，アンケート調査などで，人々にその環境や事象を守るためにどのくらいの金額を払っても構わないかを尋ねる方法である．また，自然機能を人為的な事業に置きかえたときどのくらい予算がかかるかという「代替法」，そこに出かけるのに費やした旅行費用から人々のその場に対するモチベーションを評価する「旅行費用法（TCM）」などがある．このような経済評価法を用いて水産業のもつ多面的機能についてさまざまな評価が試みられているが，水産業や漁村を中心とした複合的かつ総合的なコミュニティーを的確に評価するには，まだまだ研究の余地が多く残されている．

（生田和正）

2-4　漁場喪失や水域保全における合意形成

沿岸の埋め立てやダム建設などによる治水・利水工事など，水圏の改変を伴う公共事業などの「開発」は，当然，水圏環境の変化を招く．水圏環境の利用は重層的・多面的であるため，そのような変化は，さまざまな人々の利害にかかわる．すでに現在，「開発」はそれだけで是とされることはなく，人々の意見は，開発推進と反対の意見に分かれることが通例である．その双方に行政・企業・市民など様々な人が関係し，その中には漁業者など水産関係者が含まれる．その関係は複雑であるが，その中で，水圏において漁業を営む権利すなわち漁業権，入漁権その他漁業に関する権利（以下「漁業権等」という）およびその補償が大きな問題となる．水圏の改変がその利用者に影響を与える以上，利用権を有する者に補償がなされるのは法治国家として当然のことであり，それら利用者の合意なくして開発がおこなわれることはあり得ない．その意味では，多面的な利用者すべての合意が「開発」の前提でなければならないが，過去の通例では，合意形成の過程，工事認可の過程で，漁業権等と漁業者への補償問題が，ほとんど唯一の問題であるかのようなとらえ方がなされてきた．このことは，歴史的に，日本の漁業権等が，沿岸地域社会が共同体として沿岸を利用して漁業を営む権利（入会権）をその起源とすることにもよるが，漁業権等がしばしば，ほとんど唯一最大の補償対象であることにもよる．わが国においては海面は国有でなく公有であり，その利用のあり方は地域社会が決定すべきこと，漁業権等が地域共同体による漁業権管理団体である漁業協同組合によって事実上管理されていることを考えれば，漁業補償問題が開発問題の前面に出てくることは自然にも思われる．しかし，このことは，「開発」側からすれば，漁業権等が「開発」の障害に見え，「保全」側にとっては，「開発」阻止の最大の抵抗力として使えることを意味している．漁業者の中にも，当然，補償によって転業を考える者もいれば，永続的に漁業を営みたいと考える者もいる．誤解を含めて，しばしば，漁業権等の問題は漁業者が考える以上に，「開発」「保全」の双方にとって大問題になる．ここでは，その

ような事例の1つとして，東京湾三番瀬の埋め立てと漁業補償問題の経緯を取り上げる．

1) 三番瀬の地理と歴史

　三番瀬は東京湾奥部の江戸川放水路の河口付近の干潟および浅海域を指す（図5-10）．埋め立てが進む以前は，西側の旧江戸川河口付近まで干潟や浅海域が広がっていた．現在の三番瀬は，旧江戸川から供給される土砂によって形成された広い干潟や浅海域の一部が，埋め立てを免れたもので，東西5,700 m，南北4,000 mの範囲に広がっており，水深1 m未満の面積は約1,200 haである．海底は1/1000程度と非常に緩やかな勾配で傾斜している．三番瀬の付近には，谷津干潟・行徳湿地などの干潟や水辺などが散在する．三番瀬の周辺域は江戸幕府に魚介類を献上するための「御菜浦」として指定され，紀州より移り住んだ漁民によって排他的に利用されていたと考えられている．この排他的な利用に関しては，周辺の漁民との軋轢を生みいくつかの紛争が発生している．三番瀬周辺は豊かな漁場であり，この地域のノリ・アサリ・ハマグリの養殖は江戸末期から明治期にはじまっている．明治期以後，三番瀬とその周辺は，埋め立てと環境悪化によって，大きく急速に変貌するが，1958年には本州製紙江戸川工場が江戸川に流した排水をめぐり，機動隊と漁民が衝突し，重軽傷者105人，逮捕者8人，その他負傷者36人を出す大乱闘事件があった．この時代には，沿岸環境の悪化や埋め立て反対を漁業者が行っていた．

　三番瀬の漁業をめぐる環境は，高度成長期を通じて悪化していくが，1960年代に浦安漁業協同組合が漁業権を一部放棄し埋め立て事業が開始され，1970年代には浦安漁協が漁業権を全面放棄し，1980年代には旧江戸川河口から市川市境界までの埋め立て事業が完成する．しかし，1970年代にあった2度のオイルショックや自然保護運動の高まりなどによって，埋め立て計画は凍結され，現在の三番瀬が残った．1980年代に入ると凍結されていた事業が目的を変更して復活したが，これらの計画に対して，干潟の生態系の中での機能の重要さに関する理解が市民レベルでも広がりを見せたこと，諫早湾干拓事業の実態に関する報道が全国的に大きな衝撃を引き起こしたことなどから，埋め立ての反対運動が全国的に広がり，1999年には当初の740 ha案から101 ha案へと計画が縮小されるが，実際に事業は実行されなかった．また，2001年には，三番瀬の埋め立て計画が白紙撤回され，情報公開と市民参加を前提として三番瀬再生計画検討会（円卓会議）が設置されることになった．

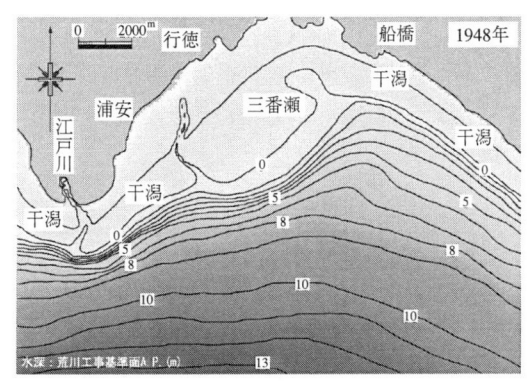

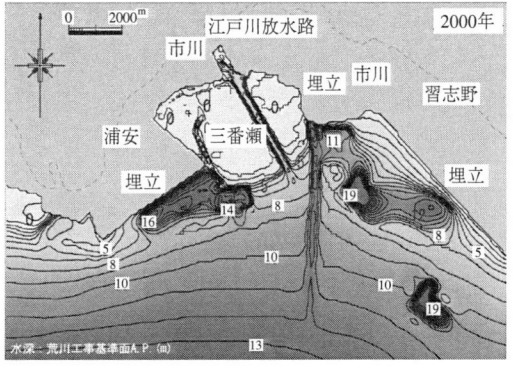

図5-10　三番瀬の過去（1948年）と現在（2000年）

2) 三番瀬埋め立てと漁業補償

　三番瀬の埋め立ては，1950年から1979年にかけての埋め立て開発から保全，1979年から2001年の開発復活から白紙撤回，2001年以後の再生への取り組みの3つの時期に分けられるが，その間，漁業補償をめぐって，漁業者と行政，市民団体の関係は，複雑に変化する．

　三番瀬埋め立て計画の白紙撤回により，漁場が残ったため漁業が継続できることになった．これは一見，漁業には幸運なことに思われたが，大きな社会問題が発生した．白紙撤回に先立つ1982年，千葉県企業庁は，金融機関，市川市行徳漁業協同組合との三者で協定を結び，企業庁は市川市行徳漁協に埋め立てにともなう漁業補償金を支払う前提で県信用漁業協同組合連合会・千葉銀行から転業準備資金として約43億円の融資をさせること，融資にともなう利息を県が負担するとの約束をした．埋め立てにより漁業を廃業せざるを得ない可能性が高いため，職業訓練や子弟の教育，転居の準備などのために，埋め立て事業者の千葉県企業庁が，その海域に漁業権をもつ漁業者に対して，転業を準備する資金の融資の便宜をはかったのである．これは当時の社会情勢からすれば，職を失う大勢の漁業者への不安を解消し，沿岸開発という公益のために迷惑がかかる人たちへの迷惑を最小化するための施策であったともいえる．しかし，これは事実上の漁業補償である．沿岸住民を中心とする自然保護団体などが，事業撤回という退路を断つ，埋め立て推進のための施策であるとして，当時の関係者を相手取って訴訟を起こした．また，漁業を続ける意思が強い人と，廃業して別の世界に生きようとする人の選択の違いによる金銭的な問題は，漁村コミュニティー内での人間関係に影響を及ぼすこととなった．そのため，埋め立て事業者の県行政，漁業者，自然保護団体の3者の関係性が悪化し，こう着状態となっていた．その結果，1999年までの利息が56億円にも達し，この支払について県は予算化をはかった．この間の経緯の詳細は県民に知らせていなかった．千葉地裁は2005年10月，「三者合意」について「瑕疵があり，違法性を帯びるといわなければならない」と指摘したが，利子の肩代わりは「企業庁長の裁量内」として訴えを退けた．また，この転業準備金については，何回かの調停がなされ，2008年12月に，千葉県が66億円を負担し，漁業者からの返済を要求しないということで解決をみた．県民税からの支出については現在も賛否両論がある．

3) 海面利用を巡る市民と漁業者の関係

　隣接する谷津干潟が，ラムサール条約登録湿地となっていることもあり，三番瀬についてもラムサール条約登録湿地を目指す動きがある．三番瀬の保全を願う人々にとっては，ラムサール条約の登録は，保全活動の大きな支えとなるであろう．しかし，2003年12月，船橋市漁業協同組合は，ラムサール条約登録反対を求める署名を集める行動を行った．その文面によれば，漁業関係者が懸念している事項は，次の5点である．①建築物その他工作物の新築や増改築が規制され，水産関連施設の整備に影響がある．②ノリヒビ，刺し網の設置などの漁業行為に関して，規制対象外であることが明確でない．③覆砂，養浜など，水産資源維持・増大を図るための事業が規制対象となる可能性がある．④水鳥によるアサリ，ノリ，その他三番瀬に生息する稚魚の食害が拡大・継続する．⑤水鳥によるノリへの羽毛混入などの被害が拡大・継続する．漁業関係者がラムサール条約登録に反対した場合，ラムサール条約登録が不可能になる恐れがある．相互理解に向けて，今後様々な努力が必要になるが，一方で，連携の動きもある．転業準備金に批判的であった市民も，イベントをともに行うなど漁業者との接点が増えるにつれ，漁業の現状と漁業者の思いを想像できるようになった．三番瀬の水産物を宣

伝する役割もそういった市民が担うようになった．そのような市民側の変化から，漁業者の中にも市民への理解を深める人も出てきた．三番瀬の漁場で漁業が継続できる安心感が生まれることにより漁業者にも，沿岸市民とともにあるという気持ちが生まれてきた．三番瀬問題をめぐる一連の経験は，都市漁業を多くの人が支えるきっかけとなったと捉えることもできるだろう．その後，船橋漁業協同組合は，環境の時代の漁業像を社会に示すことと，今後埋め立て計画が再浮上した場合の予防策として漁場を永続させる目的もあり，ラムサール条約登録に同意する方向性にある．一方，三番瀬を漁場とする他二漁協は2008年の時点で意思表明をしていない．

　一連の経緯から，制度的な問題としては，以下の3点が指摘できる．①国土開発時代に社会システムが形成されたため，開発中止の社会的ルールが日本社会に形成されていない．②漁業補償制度が事前補償であり，税金から出費されているため，財務論理上からは事業中止により返金が義務となる．事後補償的な制度の可能性について考える必要がある．③漁場をいつ失うかわからぬ展望のない生活という精神的苦痛の補償の制度がない．また，関係者に，漁業法や漁業制度に対する誤解だけでなく，水圏の生物生産についての無理解もある．海域は連続的につながっており，その環境は一部だけが孤立して存在しているわけではない．水圏生物は，移動性の高い種から低い種まで，多面的に水圏環境を利用している．また，それらの生物や環境を人々が多面的に利用している．その環境を保全し，適切に利用することは沿岸国の義務である，一部だけを切り離して管理することはできないのであり，漁業権があろうがなかろうが，そこに水圏がある限り，官民を含めてその適切な保全・利用・管理の義務が生ずる．漁業補償＝漁業権に対する補償ではない．また漁業だけを取り上げて開発の適否を論じても意味がない．漁業補償問題をかたづければ開発は自動的に可能になると考えた行政の誤解の事例は，歴史的な教訓であるといえよう．また，保全を訴える市民団体にしても，単に，漁業権を保全側の主張の根拠として使うだけでなく，現実に海に生きる漁業者との共感をいかに作り出していくかを考えなくてはならないだろう．すべての未来が科学的・合理的に予測可能ではない．否，むしろ，予測可能なものは限られていると考えるべきである．そのような中で，どのように情報を提供し，さまざまな利害の対立の中での合意形成に貢献できるかを考えることも，水圏生物科学として重要な分野の1つである．

〔清野聡子・黒倉　寿〕

§3. 問題の解決に向けたいくつかのノート

3-1　水産物の価格形成
1）水産物の価格形成を知る意味

　漁業経営において中長期の戦略を立てる際，最も重要な情報は「市場がどのように変化するか」ということである．市場の変化を予測し，経営戦略をたてて目標を定め，それに応じて経営を行うというのは，経営体としては当然の活動である．

　しかしこれまでの漁業では，先進的な漁協や漁連，企業経営の中にはこのような市場戦略性をもった経営を行ってきているのもあるが，そのような視点をもっていない漁業経営も少なくない．

　では，今後市場がどのように変化するのかということを予測することはできるのかというと，「流れはつかめる」と言うことができよう．この市場の流れをつかんだうえで「戦略」をきめ，そして自

らの身の周りの条件を見定め「戦術」を決めていくのは，個々の経営者の責任である．ここでいう経営者とは「マネジメント」を行う役割をもった人物を指し，漁協や漁連の幹部層かもしれないし，水産企業の社長かもしれないし，個々の船主かもしれない．

漁業の経営戦略で重要なのは，いかに持続可能にするかということである．漁業経営を持続可能にするためには，資源を一定以上に保つ管理を行った上で，利潤を出すことが必要である．利潤を出すためには，市場を読み解き最適な努力量投下を行うことが必要である．特に，同じ努力量投下での経営費を抑えること（費用最小化）と，売上げを上げることが必要である．

経営費を抑えるためには多くの合理化が必要であり，一方で売上げを上げるためには「価格を高位安定」させることが重要である．

同じ漁獲量であれば，当然価格が高いほうが売上げは高くなる．資源を持続的に利用するという上では，単純に漁獲量の増大によって売上げを大きくするより，漁獲量を資源管理で一定に保った上で，価格を上げることに成功したほうが，より持続可能な経営につながる．そして価格を上げるためには価格形成の性質を知る必要がある．

価格形成の性質を知ることは，言い換えれば市場の性質を知るということであり，市場を読み解くということである．つまり価格形成の性質を知ることで，最適な経営戦略を組むことが可能になり，持続可能な漁業経営を実現することが可能になる．

2）水産物の価格形成

価格の性質と決定要因　　価格形成は，「価格」のもつ性質と，その決定要因によって決まる現象を意味し，価格形成を理解することは，より生産物単価を市場で高く取り扱ってもらえるようにするという上で最も重要な作業となる．ここで価格の性質をまとめると以下のようになる．

① 生産量が減ると産物価格は上がり，生産量が増えると産物価格は下がる．
② 消費者所得が上がると産物価格は上がり，消費者所得が下がると産物価格は下がる．
③ 競合財（代替財）の価格が上がれば産物消費が増え産物価格も上がる．競合財（代替財）の価格が下がれば産物消費が減り産物価格も下がる．

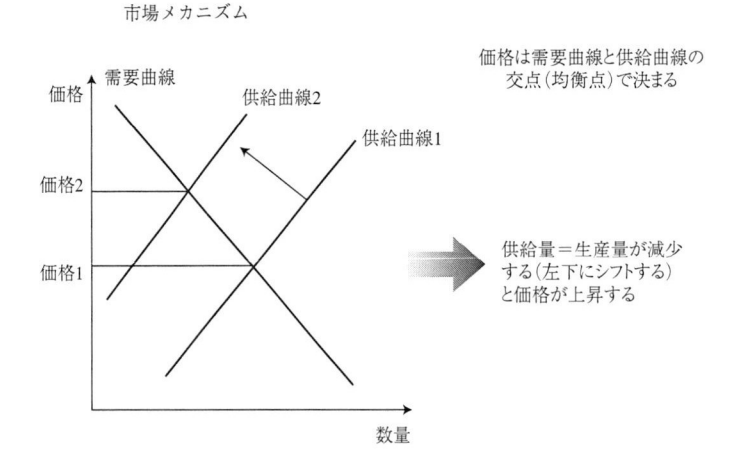

図5-11　需給バランスと価格

④ 同一の産物でも産地市場間，消費地市場間，産地消費地市場間の価格連動の影響を受ける．
⑤ 消費者（実需者）ニーズに合致していれば価格は上がり，合致していなければ価格は下がる．
⑥ 流通が効率的であれば，産地価格と小売価格の差が小さくなり，非効率であれば，産地価格と小売価格の差が大きくなる．

まず，①は需給関係を意味している．同じ性質の商品があるとすれば，その価格は，需要と供給のバランスで決まっている．

②の状態は，消費者の所得水準の影響を意味している．これは①の状態において，需要を規定する需要曲線が，所得によって上下にシフトすることによって説明される．

③の状態は，代替補完関係によるものである．つまり代用できるものがより安価で提供されるのであれば，そちらのほうが多く売れるということで，結局当該商品の価値は下がるということである．このように，価格形成において当該商品の需給関係だけでなく，競合者の影響を読み解くことが不可欠である．

④の状態は，市場連動を意味する．ある産地がある魚を水揚げしても，他の市場で安く取引されていれば，その影響をうけ，自分が出荷する市場での価格は安くなる．産地が出荷戦略を考える場合は，当該市場の状況だけを把握するのではなく，連動する市場の状況も注視し，その影響を予測することが重要である．

⑤の状態は，商品の品質が価格に及ぼす影響である．消費者が望むもの（ニーズにあったもの）であれば，当然需要は大きくなり価格は上る．しかし消費者が望むものでなければ価格は上らない．このように消費者のニーズに対して商品をどのようにしていくかが戦略上重要になる．

⑥の状態は，流通の効率性による．流通段階でロスや長期在庫が多すぎたりすると小売価格と産地価格の差が大きくなる．小売価格には実際は様々なコスト分が内包されているが，そのそれぞれの段階の効率性と，効果を検証する必要がある．

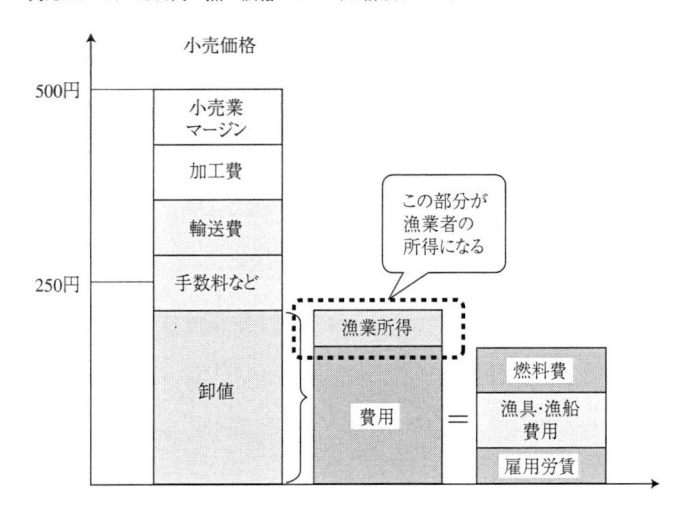

図 5-12 小売価格の構成

産地で水揚げされたものが，加工などの付加価値化が行われた上で小売価格が形成される場合，当然産地価格も上昇する場合もある．重要なのは，単純に流通段階を省くことではなく，機能として必要か不要かを十分に精査した上で，流通を効率化することである．

このように，水産物の価格の性質をまとめてみても，様々な要因で決定していることが明らかである．しかし複雑であるからと無視するのではなく，戦略上これらの価格決定要因がどのようなものであるかを読み解くことは，グローバル化が進み，高度で多様な市場に面する漁業が，持続可能な経営を行う上では不可欠である．

長期の資源管理と水産物価格の関係　　一方上述のような価格形成の要因を整理した中で，長期の戦略として重視しなければならないのは①の需給関係である．なぜなら長期のトレンドはほぼ需給関係で決定するからであり，資源管理との関係で明確に持続可能か否かが決まるからである．図5-13は水産物の価格が資源管理とどのような関係があるかを示したものである．

長期供給曲線（SL）と短期供給曲線（SS1）と需要曲線（D1）が，E1で短期均衡しているとする．このときの漁獲量はQ1で価格はP1である．このとき需要が何らかの要因で増加したとする．需要曲線はD1からD2にシフトする．需要の増加の原因は，人口増加や所得の上昇（これは上述の②の性質にあたる），代替財の価格の上昇などがある．そうすると，供給は短期的に反応し漁獲量は増加し，

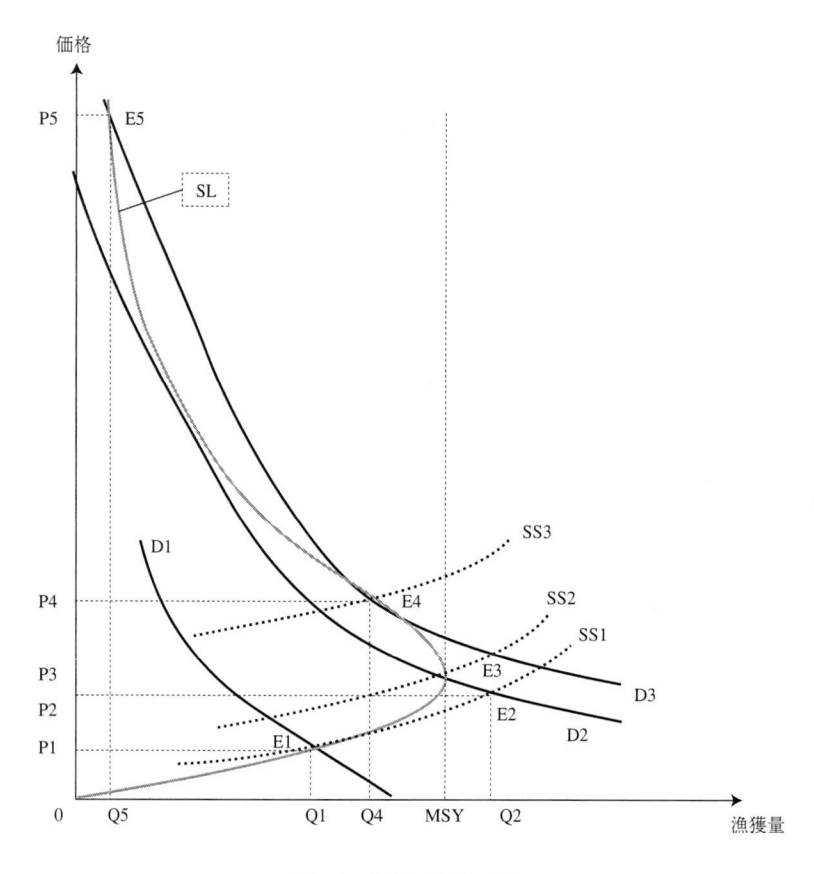

図5-13　水産物の需給モデル

短期供給曲線SS1と需要曲線D2の交点E2で短期的に均衡する．このときの漁獲量はQ2で価格はP2である．Q2は持続的漁獲量（SY：Sustainable Yieldという）を超え，資源量ストックが減少してしまう．その結果短期供給曲線はSS2にシフトし，SLとSS2とD2の交点であるE3で均衡する．この状態のままであるならば，漁獲量が持続的に最大であるMSY（Maximum Sustainable Yield：最大持続的漁獲量）になり，望ましい状態である．したがって，資源に対しての市場均衡は，このE3点であることが求められ，資源管理の目標としても，このような生産量と資源ストックが均衡するように設定する必要がある．

しかし，現実の水産物市場では，資源管理が十分ではない場合，このような理想的な状態になることはない．ある魚種が重要になると，当然需要量はますます大きくなる．ここで，更に需要の増加でD3に需要曲線がシフトしたとする．先ほどと同じ原理で，短期的にはSS2とD3の交点で均衡するが，この結果ストック分も漁獲してしまうので資源量が減少し，短期供給曲線はSS3になる．その結果，SLとSS3とD3の交点であるE4で均衡する．この状態では，MSYよりも明らかに資源ストックが少ない状態である．漁業者にとっては，より多く需要があり，より多く供給インセンティブが働くが，資源ストックが小さくなっているので，漁獲量は減る．価格も当然上昇し，厚生経済も減少する．しかも需要がE4より少しでも増えると，E5での均衡に一気に進み，資源が崩壊する．

このように資源管理と長期の水産物価格は密接に関係しているので，資源管理では経済学的な側面もコントロールする必要がある．

3）水産物価格の分析方法

分析手法　上述のように価格の性質を整理したが，次にこれらの構造を分析し予測する方法を紹介する．本節では定量分析の方法を紹介する．経済分析を行う際，物事の事象をヒアリングやグラフなどから判断し記述的に（および比較静学的に）解析する方法を定性分析という．定性分析は物事の方向性や構造を明らかにする上で重要であり，定性分析が正しく行われていないと，次に述べる定量分析を正確に行うことが難しくなる．したがって，分析を行う際は，まず参考文献や資料を集め，十分に仮説をもった上で，ヒアリングやアンケートを行い，経済構造を把握する．このようなプロセスを元に，定量分析（主として計量経済分析）のモデルビルディングを行う．価格の分析を実施する際，上述の価格の性質に応じてどのようなモデルを用いるのか，説明すると以下のようになる．

①や②は需給関係なので，需給分析を行う．需給分析とは需要関数と供給関数などの市場モデルをベースに，実際のデータを当てはめて，需給関係を明らかにするものである．資源との関係を明確にする際は，短期と長期の生物資源経済モデル（再生産資源の生産関数から導出された供給関数）を用いて分析する．

③の分析は，需要体系分析を用いる．需要体系分析で最も広く用いられているのがAIDS（Almost Ideal Demand System）である．

④の分析は市場統合分析を用いる．市場統合分析は計量経済学の分野でも若干高度な手法を要する．

⑤の分析は，主としてニーズすなわち質的情報に関係するので離散選択分析を用いる．その中でも最も広く用いられているのが，コンジョイント分析である．

⑥の分析は，上記の分析の複合で行う．特に，需給分析と市場統合分析を組み合わせて行うことが

多い．

データ収集の方法　価格分析の際の調査は，主に①問題の内容や実態・背景・現状の把握，②経済モデルビルディングの基となる経済構造の把握，③データの所在確認および入手，④関係諸機関の協力の獲得，を目的として行う．形態としては，参考文献収集，アンケートやヒアリングが中心になる．

まず，①と②の目的を達成することは常に困難が伴う．それは情報の偏在および非対称性が存在するからであり，調査対象者の誤認識や偽り，調査者の誤認識や恣意的な事実の歪曲で，事実からかけ離れることもある．これに対しては，特に複数の異なる視点をもつ調査者で調査を行い，複数回できる限り多くの異なる立場の対象に調査を実施することが重要である．

③と④は，データを扱う分析をする際，常に直面する問題である．計量分析はデータがなければ実行不能なので，この点は能力が必要なところである．関係諸機関は，ステークホルダー（利害関係者）との関係で，特定のデータに関して公開しないことが多くある．一般に公開されている市場データのみで行なう研究もあるが，更にそれ以上のデータ（例えば経営データや流通データ）が必要とされることもある．このような場合は，自分でデータを採る分析（クロスセクションデータによる分析）で代替的に行なうか，該当データをもちうるもしくは代替的に用いることができるデータをもっているあらゆる関係機関へアプローチしデータを入手するなどの対処をする．

（有路昌彦）

3-2　生態系の機能（生態系サービス）

われわれの生活は生態系が提供する様々な物質や機能の恩恵に浴している．空気中の酸素に代表されるように，人類の生存基盤そのものと言うべきものも数多く含まれている．こうした恩恵を総称して生態系サービスと呼ぶ．生態系サービスという言葉はWilson and Matthews（1970）が初めて使ったとされているが，人類の生活が生態系によって成り立っているとの考え方は狩猟や野生生物の採取により食料を調達していた時代に萌芽しており，20世紀中頃には生態系のもつ物質循環機能の重要性は広く認識されていた．20世紀後半になると，人類活動の影響により環境悪化とそれに伴う生態系の劣化や生物多様性の喪失が顕著になった．この変化は歴史上かつてない速度で進行し，その結果，生態系サービスの損失，生態系リスクの増大，一部の人々の貧困，不平等格差の拡大を招いた．生態系サービスの劣化は21世紀前半にさらに進行すると考えられている．生態系の変化をもたらしている直接的要因は今後も持続する，あるいは増加する傾向が認められるからである．したがって，人類の生存に必要な生態系サービスの需要に対応しながら生態系の劣化を回復することが求められるが，そのためには社会制度，社会習慣，政策の変革が必要であるとの認識が一般的になった．こうした背景のもとに，生態系の破壊の実態を地球規模で把握して，人類活動が生態系に及ぼす影響を予測することを目的とした国際共同研究「ミレニアム生態系評価計画（MA）」が，国連環境計画の主導の基に2001年から2005年に行われた．生態系サービスを担保する生態系の保全には，政府間条約や各国の環境政策の確立が不可分であるとの立場から，MAの報告は自然科学から政策提言までをカバーした11分冊の報告が2006年に出版されている（Guide to the Millennium Assessment Reports）．

1）生態系サービス

MAの報告書では生態系サービスを次の4カテゴリーに分けている．

① 供給サービス　食料，水，木材，繊維，薬品などの人間の生活に必要な物資の供給を指す．ここには，現在すでに経済的な価値のある生物資源ばかりでなく，現在は利用されていない，あるいは発見されていないが将来は価値をもつ可能性のある資源が含まれている．海洋からは食料や素材としての水産物，医薬品原材料を含む生理活性物質，遺伝子資源，栄養塩や無機塩類含量の高いいわゆる深層水などが含まれる．

② 調整サービス　環境を制御する機能を指し，人工的に代替えしようとすると，膨大なコストがかかることが特徴である．海洋では気候の調整，大気や海洋の化学組成の調整，ガス代謝，有機物の無機化，人間活動で生まれる有毒物質の分解や無毒化など，が含まれる．こうした機能によって海水中の成分の安定性が保たれる．これらの機能は養殖環境の維持に必須である．

③ 文化的サービス　精神的充足，美的な感動，宗教の基盤，芸術活動やレクリエーションなどの場となっていることを指す．地域固有の文化は生態系や生物相に根ざしており，生態系の多様性が豊かな文化の基盤となることは今日広く認められている．

④ 基盤サービス　上記の①から③までの生態系サービスは，生態系がもつ栄養塩循環，一次生産，土壌形成などの機能によっていることからこれらを基盤サービスと呼ぶ．

これらの諸サービスはそれぞれが人類の福利に役立っている．福利を構成する要素を，安全，豊かな生活のための資材，健康，社会的な絆に分けると供給サービスや調整サービスは主として安全や豊かな生活のための資材，健康に深く関わり，文化的サービスは健康や社会的な絆を支えている．しかしながら諸サービスと福利との関係は単純ではなく，福利を構成するもっとも根源的な要素，すなわち個々人の価値観に基づく選択や行動の自由についてはすべてのサービスが様々な重みをもって複層的に関わっている．

2）海洋生態系サービスの社会的，経済的価値

海洋の生態系サービスとして，現在特に重要なものとして，漁業の対象となる漁業生産，大気成分（酸素，二酸化炭素）の調整，栄養塩循環や廃棄物処理，レクレーション，文化，マングローブなどの土壌浸食の制御があげられる．これらのうち経済価値が認められている，すなわち，サービスの損失に対して金銭的な補償が確約されているのは漁業生産，エコツーリズムに直結するレクレーションなど一部に限られる．マングローブや干潟については経済価値に関する社会的なコンセンサスは確立されていない．大気成分の調節に至っては全く経済的な議論はなされていない．なお，ここで言う社会的コンセンサスとは，利害が衝突した場合に，裁判において利害調整を図る制度的プロトコルが確立していないという意味である．

Costanzaら（1997）は地球の生態系を16の生態系に区分して，17種類の生態系サービスの経済的な価値評価を行った．その結果，地球全体で年間に16～54兆ドル，平均で33兆米ドルの価値があること，そのほとんどは市場経済の価値の外にあることを示した．海洋についてみると地球全体で21兆ドルであり，単位面積当たりでは［栄養塩循環＋排水処理］機能が最も高い．漁業的価値はそのほかのサービスに比べるとかなり低く見積もられており，いずれの海域区分でも総合価値の1割に満たない．こうした計算では，いくつか問題点が指摘される．第1には，必ずしも十分に検証できない

仮定が入るため貨幣価値への換算率の妥当性に議論が生じることである．この点についてはなるべく信頼性の高い科学的知見をベースにすること，社会における価値観の変化をふまえて常に更新していくこと，学際的に取り組むことが求められる．第2には，より大きな問題として，こうした評価が現在の価値に基づいているため将来での価値をどう見るかである．一例をあげれば，地球温暖化が問題になる以前には海洋のガス調節機能の社会的価値についてはほとんど注目されていなかったが，現在では海洋の二酸化炭素吸収能は，単に海洋学の主テーマにとどまらず社会的な関心事になっている．第3には，生態系が循環系であるため，その価値をどう見積もるかである．この点は海洋生態系のもつ生物生産性や物質循環の特徴に深く関わる．

3）生物生産性に関する海洋生態系と陸上生態系の比較

海洋の一次生産力を生物量で割った回転率（P:B比）を再び見てみよう（1章5-2参照）．植物プランクトンが一次生産者である海域では年間に40回生物量が入れ替わるのに対して藻場では生物量が倍加する程度である．これは水という媒質に生息する生物の特質に負うところが大きい．すなわち，光合成生物は光を得るために表層付近に浮遊していなければならないが，水中では小さい個体ほど浮遊しやすく，大きな個体は沈降しやすい．このため植物プランクトンは必然的に細胞サイズが小さい．そのため世代時間（generation time）が短い傾向があるので植物プランクトンのP:B比は大型藻類や陸上植物と比べると遙かに大きいことになる．さらに植食者や肉食者の個体サイズは，漂泳生態系では「大が小を食う」連鎖が一般的であるため食物連鎖（food chain）の低次から高次の段階に向うほど大きくなる．結果として低次の栄養段階ほど世代交代が速く，高次ほど遅いことになるが，それでも平均すると海洋動物のP:B比は陸上動物よりも約3倍大きい．プランクトン生態系の食物連鎖における個体サイズと世代時間の関係は，陸上の草や木など比較的大型の一次生産者がより小型の草食者に食べられるような食物連鎖とは大きく異なっており漂泳生態系の大きな特徴である．

このような生物生産様式の違いは物質循環の違いとなって現れる．端的に言えば，陸上生態系はストック，海洋生態系はフローが卓越すると言い換えることが可能である．生態系サービスの利用では，この海陸の違いが重要となる．海洋生態系では少ない生物量で大きな物質フローを駆動しているため，生物量の減少は，大きな循環系の損失につながることになる．逆に生物量をうまく管理すれば，大きな循環系の恩恵を受けることができる．現に，水産資源管理はこの点を軸に進められている．海洋では，現在，水産資源管理が体系的に，また，制度上十分な管理の対象となっている生態系サービスであるが，例えば，埋め立てのように，生態系そのものを大きく損失，場合によっては全く消滅させてしまう場合，その生態系がもっていた莫大な循環機能は大きな損失を受けることになる．換言すれば，陸上生態系に比べて海洋における生態系サービスではフローの価値がストックの価値よりも相対的に大きいことになる．

4）海洋生態系サービスの社会的，経済的価値—再考

以上をふまえて，どのように生態系サービスを評価したらよいのか，生態系サービスの利用を最適化するのかについて考えたい．第1に，機能の価値評価は可能であるが，生態系そのものの価値評価はほとんど不可能であることを指摘したい．生態系は循環系を駆動する主体なので，それがなくなれば循環系そのものがなくなってしまうからである．水産資源は再生産力の利用が原則である．逆に生態系を人工的に創成することはコストや機能再生の面で極めて難しく，現時点では海浜などで試みら

れているだけで，しかも次善の策にしかなっていない．第2には，海陸の生態系のリンクを前提とした評価が重要である．一例として，耕地で散布される窒素肥料が沿岸生態系に及ぼす影響があげられる（Seitzingerら，2005）．沿岸域に流入した窒素化合物は富栄養化，貧酸素水塊の形成，笑気ガス発生の促進をもたらし，温暖化を加速することになる．第3には，生態系サービス間のトレードオフが加速されることが懸念される．その例をジェオエンジニアリングの手法を用いた私企業による炭素クレジット取引に見ることができる（Glibertら，2008）．こうなると次に問題となるのは生態系サービスの異なる利害の調整をどのように図るかが問題となる．当事者，行政，学，国際機関などの相互の関わりのあり方と言い換えてもよい．漁業資源についてはかなり社会的なコンセンサスができあがっているが，それでも利害対立は常に起こっている．海洋保護区での様々な議論がこの問題を考える場合に大いに参考になると期待したい．上に国際機関と書いたが，現時点での財（例えば水産物）の流通の国際化の加速に加えて，炭素クレジットが例となるサービスの国際化の全球化についても，これから合意形成とその維持のためのメカニズム構築が必要になるであろう．合意形成は地域などの小さなグループから全球レベルに至るまで，どのような原理原則を認め合っていくことになるのか，まさにわれわれの知恵が試されている．

〔古谷　研〕

3-3　漁業権制度をめぐる確執とその解決（元行政官のノート）

　漁業権制度が語られるとき，海面の支配権や水産生物に対する所有権と混同して漁業者側にも往々にして誤解が見られる．漁業権が特定海面における特定の漁業を行う限定的，排他的権利であることは法律上明白であり，研究者や行政官の間で改めて漁業権とは何かということを語る必要はないと思うが，往々にして漁業者や非漁業社会において漁業権に対する誤解が見られる．一番多くの誤解は，漁業権をして漁業協同組合が地先海面の管理権（言い換えれば支配権）を有するという主張に結びつくものであろう．

　漁業権制度の専門家と言われる人々の間でも，時として漁業権の現行法上の法律的性格とは別に漁業権の歴史的由来を踏まえて，地先漁業者を代表する漁業協同組合が地先海面の管轄権や地先権などを有するとする議論が起きている．事実，漁業権の生い立ちを遡れば，江戸時代の漁村占有漁場から派生していることは論を待たないが，その生い立ちを踏まえて所謂，公序良俗に反しない慣行であれば漁業法上の漁業権の輪郭の外にある海面管理権が法的効果をもつと見るか，または近代国家として実定法（漁業法）に基づく限定的社会秩序の形成，運営を考えるかで論者の意見が異なっているようである（このような議論は時としてそれぞれの論点を強調するあまり，社会秩序，法秩序とは国民一般が納得できる秩序の形成であるということを失念している嫌いがある．社会制度は，時代社会の変遷によってその社会が許容しうるものに変遷していくものであり，また人々も法制度がそのような変化へ対応したものとなるように求める．江戸時代がどうであったかという問題を単に平成という時代に写し替えようとしても，そこには大きな無理が生じるであろう）．

1）漁業権制度成立の背景

　江戸時代の律令要略において「磯は根付き，沖は入会」という慣用的な表現で漁業に関する制度が運用されていたことはよく言及されている．研究者の言に寄れば，櫂や櫓などの届くような浅海での水産動植物の採捕はその地先漁村の排他的漁場として一種の漁村区域の一部と見なされていたとされ

る．これはある意味での海面の占有である．しかし，西欧的近代国家へ脱皮する際に，わが国においても海は誰のものにも属さない公有，公共水面という原則が導入され，特定海面を特定の者が所有または支配することを認めないとする概念が導入された．わが国においても養老令においてよく知られている「山川藪沢の利は公私これを共にする」という有名な規定があり，基本的には特定者の占有支配，利用を認めていなかったが，一方でこの種の規定は，特定の漁村による地先海面支配の現実を否定しているものではなく，漁村集団内での入会権であると理解される．奈良時代における人の移動，地域支配を考えれば現実は漁村部落による入会使用で，他部落の者が勝手に漁場を利用できたとは考えられないであろう．しかし，1861年の海面官有宣言に見られるように明治政府は明確に国家以外の海面の私的所有を認めるつもりはなく，漁村による地先海面の占有を一度否定した事実がある．一方で明治政府は，現実の漁村による海面漁業管理を法令制度の近代化の中で入会漁業権を地先専用漁業権などの形で海面支配を認めざるを得なかったが，その過程で市町村という行政統治に組み込まれなかった地先部落という曖昧な単位の代わりとして入会権の所有団体として，漁業については漁民組合を組織させ，それに権利を付与する方針を採ったことが知られている．

このような経緯を踏まえれば地先海面の占有権的「おれたちの海」という感覚とそれを踏まえた漁業権という意識が漁業者集団に残っていたとしても仕方がないが，明治期の法制度化の段階で漁業権は明確に特定集団（浜に居住する漁業者集団）に限定した漁業のための権利となったと言える．明治期においては多くの漁村は名の通り漁業者集団の部落であったと考えられるので，この漁業者集団を地先漁業権の権利者とすることに大きな抵抗なく漁村集落住民に受け入れられたのであろうと思われる．しかし，現代社会において国民（非漁業者）の海に対するアクセスへの関心の高まりと要求の醸成，また，地先漁村においても漁業者の人口比率が著しく低下し，少数者になりつつある現状では，海面およびそこに生息する資源の利用に関してこのような「おれたちの海」という排他的利用を主張する漁業者の感覚は非漁業者との間で対立を引き起こすことは必至であろう．このような対立を解決するためには，漁業権と海面管理権の問題を漁業者自身が整理し，どのような形で社会に主張していくかが重要である．すなわち，漁業法上の漁業権と所謂地先権を分けて論じなければならないし，漁業者意識（漁業権は「おれたちの海」という感覚から派生した権利）と漁業法上の権利問題（漁業権）をもう一度整理しておくことが必要であろう．

２）漁業権

漁業権がどのような権利であるかは法令上も明確であり，改めて詳述する必要はなかろうが，漁業者の間に「おれたちの海」という意識によって漁業権主張が起きれば思わない形で漁業権制度そのものに対する批判が生じかねない恐れがある．どのような歴史的経緯があろうとも，社会秩序，法秩序とは，一般国民が納得できる秩序であり，社会制度は時代の変遷によってその社会が受容しうるものに変わっていくことを考えると，一般社会から受け入れ難い主張は，早晩否定されかねない恐れがある．ここでもう一度，現代の漁業権をどのようにして合理的に一般社会に説明し，制度への理解を得るための私なりに漁業権の位置づけ考えてみたいと思う．

漁業権の歴史的背景を踏まえ，漁業権を純粋な形で考えるとすれば地先住民の水産動植物の採取権の延長で考えることが重要であろう．しかしながら水産動植物という共有財の利用に当っては，どの時代においても集団内における規律というものが必要となることから，それぞれの村落内でのルー

ル化が行われたことは知られている．江戸時代に入って水産動植物の採捕が専業化して漁業という実態が分化するにしたがって，また，漁業者の漁業への依存が高まるにつれ，漁業資源の管理，漁場利用の規則などが必要不可欠になってくる．地先住民の漁業への関与が高ければ，それは漁村という村落内でのルールとして調整され漁業者に配慮したルールとなったはずである．しかし，漁業者が村落内で少数派であり，また，政治的影響力を行使し得ない勢力であれば，水産動植物の採取権は必ずしも漁業者の意を踏まえたものではなく単なる村落住民の地先水面の共同利用権として管理されてきたのであろう．このことは地先海面の管理において有力な農民が力をもっていたという過去の沖縄の村落で見られた村落管理が報告されていることからも明らかである．したがって現代に入って非漁業者の海へのアクセス権主張が強まる中で地先海面の漁業が村落に帰属していたという歴史的背景だけをもって，漁業者であるが故に水産動植物の採取権が漁業者のものであるという主張を受け入れてもらうことは難しいと考える．

　ここで水産動植物の採取権が現代社会において何故漁業者（漁業者団体）に委ねられるべきかについて整理してみたい．

　①地先海面における水産動植物の採取権が村落共同体に帰属する形で形成された権利であることを考えれば，水産動植物の採取権は地先村落の住民に等しく認められるべき権利である．しかしながら現代において行政制度上，字などの地先村落という概念が崩れてしまっている以上，地先海面における水産資源の採取の権利，保存・管理の責務と地先村落の関係を法的に明確にすることが難しい．したがって，行政単位で考えれば市町村が地先村落住民の利益を代表する単位となるが，それは著しく拡大した範囲となってしまう．

　②一方，水産動植物の採取において最大の利害関係者は漁業者であることは明白である．遊漁やレジャー利用者も利害関係者であるが，資源の動向に最も関心が高く，また，生活に影響する者は漁業者であることから資源管理・保存の影響を最も受けるのは漁業者である．

　③次に地先海面の資源保存・管理（採取・利用の管理）を誰が責任をもつべきかという議論になるが，採取権が地先地域住民の等しい権利であると考えれば，法的には住民の意を代表できる組織（市町村または地方議会）ということが考えられる．しかし，現代の地先村落を越えて拡大した地方行政組織や地方議会の下では地先性が薄れている上，地先性を限定したとしても不特定の地先地域住民が水産動植物の資源保存，採取を管理することは行政コストの面また実態上も不可能である．資源保存や利用管理システムがない地先地域住民の採取を放置することはできないので新たな管理者の必要性が生まれるが，誰が最も資源保存や採取管理に真剣に対応してくれるかということを考えれば，日々，当該海面で漁業活動を行う漁業者が必然的に考えられる．遊漁者も資源の保全には漁業者並みの関心はあろうが，日々の水産動植物の採取管理に取組むことは期待し得ない．

　④以上のことを考えれば必然的に日々，漁場で水産動植物の採捕に携わり，最大の利害関係者である漁業者の団体である地先漁業協同組合が地先の資源保存，採取管理の責任団体となることが最も妥当な仕組みである．しかし地先海面の水産資源の保存，管理者権限を漁業協同組合に委ねることが最も実際的で妥当であるとしても，その妥当性が地先海面の所有や占有を漁業協同組合に認める論理から生まれたものでない以上，地先住民の水産物の妥当な採取権まで否定するものではない．すなわち，漁業協同組合は地先住民の水産資源保存，管理権を委ねられた所謂スチュワード（Steward）

と考えるべきもので，これが現代法で漁業権として漁業協同組合に付与されたと考えるのが妥当ではないだろうか．

⑤それでは漁業協同組合は管理者としてどの程度まで地先住民の水産動植物の採取希望に答えるべきかという問題が残るが，それは正に管理者である漁業協同組合が利害調整の観点から責任をもつべきものであり，どの程度の規模で認めるべきかどうかは管理者である漁業協同組合に委ねられるべきものであろう．ただ，漁業権種だからという理由で一尾の採取も認めないというような対応では，漁業権という形で地先海面の漁業を管理することに対する地先住民からの理解，支援も薄れ，最終的には現行法における漁業権制度の存立基盤を脆弱化する恐れが強い．このため漁業協同組合は，漁業者の生活に影響を与えない範囲で年に一度ぐらいは一定管理の下で非漁業者地先住民に対する漁業権漁業対象の種の採取を認めるサービスを考えてもよいのではないかと考える．そうすれば漁業権管理に対する地域からの理解と支持も得られよう．

⑥漁業協同組合は，地先地域住民に準組合員などの形でできるだけ広く門戸を開くべきであるが，現実には政策的に漁業協同組合員資格を厳格化，漁業協同組合経済事業の効率化，スケール・メリットを追求するために漁業協同組合の広域化（1県1漁協など）が進められ，漁業協同組合が地先地域住民から益々疎遠な組織になりつつある．漁業権については，漁業協同組合の広域化，合併などの障害とならないようにするため，合併漁業協同組合においても元の地先漁業協同組合の組合員の権利を保護する措置が取られているが，地先地域住民と合併広域化した漁業協同組合の関係についても何らかの工夫，手当てが必要であり，このことが真剣に考えられないと，上記のような地先住民の権利と漁業権をめぐる漁業協同組合の関係構築は難しくなり，漁業協同組合を基幹とした漁業権制度そのもの存立基盤を損ないかねない．

3）漁業以外の海面利用

次に漁業権と離れて，沿岸域における水産動植物の採取を伴わない海洋レジャーの進展（ダイビング，水上バイクなど）に伴い，地先海面（以下，海中を含む.）の利用をめぐる新しい対立（漁業者と非漁業者）についてどうとらえるかという問題がある．この種の対立において漁業者サイドは，正に「おれたちの海」という意識である．一方，非漁業者サイドからは，漁業権は百歩譲っても何故漁業者が地先海面を所有するがごとく非漁業者を規制しようとするのかという批判が出る．このことは誰が地先海面に対して，どのような理由で管理権を主張できるのかという問題である．この問題への対処として「おれたちの海（地先権）」により地先漁業協同組合が管理することが認められるべきという考え方がある．実定法である漁業法は漁業権についてのみ定めているため地先権の法的裏付けとして法令に特別に規定されていない公序，良俗に反しない慣習は法的効果をもつとする「法例」第2条（平成18年に「法の適用に関する通則法」第3条として改正されたが，以下においても「法例」とする）や歴史的な慣習として現実的に受けられてきた慣習秩序，「生きる法」をもって漁業者の「おれたちの海（地先権）」を正当化できるとする考えがあるが，この主張に頼ることによって漁業協同組合の海面管理権が果たして確保できるであろうか．

地先権の主張の根拠である歴史的な慣習として地先海面を漁業者たちが「おれたちの海」として考え，支配し，それに対して多くの地域では明確な反発が起きず，受け入れられてきた事実はある．しかし，非漁業者の地先海面への進出が進む新しい時代背景の中で，この種の過去の慣習をもって果た

して漁業者（少数者）による排他的海面管理権を「法例」にいう「公序，良俗に反しないとする主張」に頼ることが可能なのであろうか．権利と私的要求が区別されなければならないことは明白であり，法的に権利が権利として確立するためには，相手（社会）がその正当性を承認し，相手（社会）がその要求に応じることを認めた場合とされる．それでは水産資源の利用以外の海面利用について，別途，法的に新たな管理システムを構築すべきではないかという考えが起きようが，たとえ，新たに海面利用管理システムを構築するとしても，そのシステムは既に存在する漁業権という水産資源管理システムと調整を図るものとならざるを得ず，新たな複雑な利害調整機構を要することとなる．海面利用管理システムを単なる海面利用の利害調整という面で捉えれば，その権限を行政庁に委ねることもできようが，漁業者が主張する地先権的概念を現代法制度において説明しようとすれば，その権利は一種の環境権と言い得るのではないだろうか．すなわち，無秩序な海面の利用を放置することによって，地先海面の安全，秩序，静謐さ，景観など生活環境を損なうことを予防する地先住民の権利である．そう考えるとその権利は歴史的に見て漁業者などの職業集団にあるのではなく，漁業権同様に地先村落に由来するものと考えることが妥当である．一方，そのような地先権を法制度上明確にして認めたとしても現代社会において漁業者でない地先住民が水産動植物の採取のような利益の伴わない海面の管理という権利を日常的に適切に行使できるかという実行上の問題が残される．その意味で，再び，漁業権と同様に海面管理権についても日常的に海面を利用し，漁業活動を行っている地先漁業協同組合にStewardとして管轄権を委ねていると位置づけて整理することが，慣習法上の解釈および実行上の観点からも最も妥当な解釈が可能ではないか．この場合にあっても，漁業権と異なり漁業協同組合が地先住民の利害との間で海面管轄権の実施においてどのような関係を構築するかが極めて難しく，新たな制度上の工夫を考える必要があろう．

（岡本純一郎）

3-4 水産物の国際貿易と資源保全
1）世界における水産物貿易の現状

水産物の国際貿易は活発である．FAOの統計は，1970年代以降，水産物の生産量増加に伴い水産物の貿易量も増加していることを示している（図5-14）．また，世界で生産された水産物の約38％は，生産国で消費されず輸出に回されている状況である（FAO, 2007）．

水産物の輸出においては，世界の水産物輸出量の過半数に相当する57％（金額換算では48％）を，途上国が輸出している（FAO, 2007）．途上国全体では，水産物の純輸出（輸出－輸入）金額は，年間200億ドルを超えており，これはコーヒー，ゴム，バナナ，砂糖などの農産品よりもはるかに多い金額である（FAO, 2007）．

途上国から輸出された水産物の8割近くは，先進国が輸入している（FAO, 2007）．これは，先進国における水産物需要が高いことはもちろんのこと，加えて，先進国の水産物関税水準が途上国に比較して極めて低いことも，影響していると考えられる．EU，日本，米国における水産物の平均関税率は，それぞれ4.2％，4.0％，0.2％（加重平均値：OECD, 2003a）であるが，これに対し，途上国では数十％の関税を徴収している国も多数存在する．

2）世界の水産物貿易に占める日本の位置

日本は，2004年において，世界の水産物取引金額753億ドルのうち，約20％に相当する146億ド

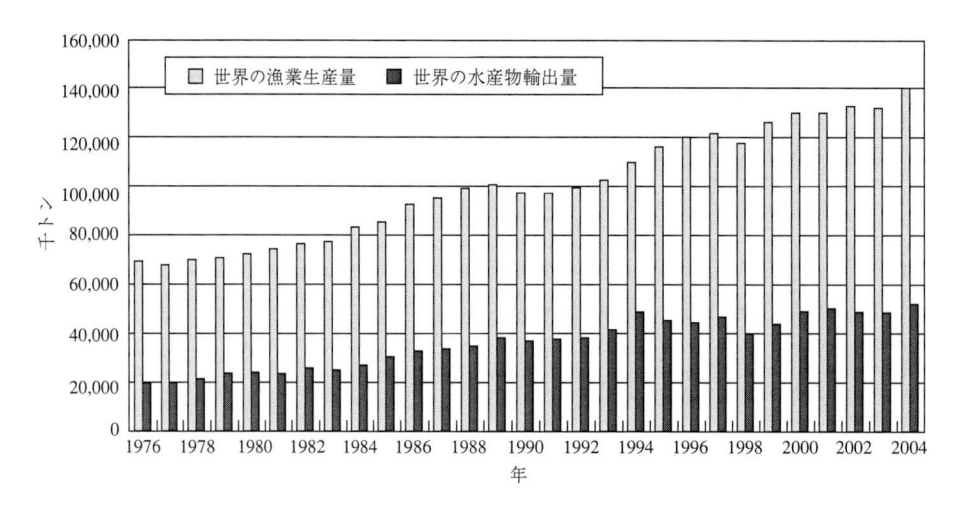

図5-14 世界の漁業生産量と水産物輸出量（FAO, 2007）

ルを輸入する世界一の水産物輸入国である（FAO, 2007）．ただし，このシェアは近年低下傾向にある．日本では，1980年代半ばから水産物消費の伸びは止まっており，更に最近は，マダラなど特定の魚種について国際価格が上昇し，日本の輸入業者が「買い負ける」状況も報告されている（水産白書，2007）．一方で，世界的に水産物の消費は伸び続けている．実際，1994年から2004年にかけての国別輸入金額の増減を見ると，日本が僅かながら減少しているのに対し，EU，米国，中国，韓国などは大きく増加している状況である．

3）水産物貿易がもたらす経済的な便益と外部性

水産物に限らず，貿易がもたらす一般的な効果について，経済学の教科書では，市場の需給曲線を用いながら，次のように説明をしている（マンキュー，2005）．

- ある財の貿易を行えば，輸出国ではその財の値段が上昇し，消費者余剰（買い手の支払い許容額から実際に支払った金額を差し引いたもの）は減少する．しかし，それを上回る規模で生産者余剰（売り手が受け取った金額から生産に要する費用を差し引いたもの）が増加するため，国全体の厚生は増加する．
- 輸入国でも，その財の値段が下落するため生産者余剰は減少する．しかし，それを上回る規模で消費者余剰が得られるため，こちらも国全体では厚生が増加する．
- したがって，各国が，比較優位をもつ産品の生産に特化すれば，世界全体で経済の総生産が拡大し，ひいては全ての国で人々の生活水準の向上に役立つ．

確かに，現実の世界においても，近年，水産物貿易が拡大しているのは先述したとおりである．貿易拡大は，商業的な利益が得られるために続いていると解釈するのが自然であり，この点で，水産物貿易も経済学の教科書的な動きに従っている点は疑いようがない．

しかしながら同時にわれわれは，水産物貿易が，負の外部性（周囲の人間などに金銭の補償なく負の影響を与えること）をもたらす可能性についても適切な注意を払う必要がある．これについて，以下，更に議論を続けたい．

4）世界における漁業資源の現状

まず，水産貿易の対象となる漁業資源の現状を確認しておこう．FAOでは，1974年以来，世界の漁業資源の状況をモニタリングしており，年を追うごとに資源の開発が進んでいる状態を報告している．2005年時点での資源状況は次のとおりである（FAO, 2007）．

- 未開発の資源　　　　　　　　　　　3％
- 適度な開発下にある資源　　　　　　20％
- 満限まで開発されている資源　　　　52％
- 過剰に開発されている資源　　　　　17％
- 枯渇資源　　　　　　　　　　　　　7％
- 枯渇から回復途上である資源　　　　1％

言い換えれば，世界の海洋水産資源の77％までが，これ以上の開発余地がないところまで利用されている状態となっている．減少した資源のうち，どの程度が貿易による需要増加の影響を受けたものかに関する統計的な資料はないものの，世界の水産物生産の4割近くが貿易に回っていることを勘案すれば，その影響は大きいと考えざるを得ない．資源管理が不十分な状況で自由貿易を行えば，漁業資源に悪影響を及ぼすとの指摘もある（Brander and Taylor, 1998 ; OECD, 2003a, Roheim, 2005）．

5）水産物貿易と資源の持続性

水産物貿易では，有限天然資源そのものが貿易の対象となっているため，需要増加に合わせて生産を無制限に拡大して貿易を行えば，資源の枯渇が生じ，長期的には貿易が成立しない結果となる．海洋水産資源の77％までが追加的な開発余地がないところまで利用されている現状に鑑みれば，これは水産物貿易においても最も重視すべき課題といっても過言ではない．供給量が無制限に拡大できないという性質は，漁獲漁業だけでなく，養殖漁業についてもある程度あてはまる．養殖も，餌の原料を漁獲漁業から得ている，または稚仔魚を天然魚に頼る場合は，生産物を無制限に供給できない性質を有している．

6）資源保全を目的とした政府の役割

有限天然資源を持続的に利用するためには，市場均衡により生産量が決定されるような経済システムに全てを委ねることは適当ではない場合もある．消費者が資源の生物学的な許容量などについて情報を有していない，または資源保全のための費用が製品価格に転嫁できていないような市場では，不用意に安い価格で需給が均衡し，乱獲が進む可能性が存在する．この状態を是正し，長期的な資源の最適利用を達成するために，政府の役割が重要となっている．

政府による介入は，一般的には，生産時における漁獲制限などの規制措置として実行されている．しかしながら，現実には，途上国のものを含め全ての資源に対して効果的な規制措置が実施されているわけではない．

7）漁業資源管理の費用

多くの国で，十分な資源管理がなされていない理由には，経費的な要因が存在していると考えられる．OECDによれば，1999年に加盟国が漁業管理活動を行うために費やした金額は合計25億ドルであり，その大部分が取締活動や調査研究のための費用であったと報告している（OECD, 2003b）．OECDは30ヶ国の先進国が加盟している国際機関である．途上国を含めれば世界での漁業管理経費

は更に莫大なものになるであろう．更には，公共部門だけでなく，民間部門でも，オブザーバー受入れ費用や，免許料や漁船登録費のほか，規制遵守をするために失う費用などが生じる．

このような費用を市場メカニズムに取込む仕組みがなければ，資源管理の普及は阻害されることになる．国際市場において，資源管理費用を反映させた商品と，させていない商品が混在する場合，後者の価格競争力が高いために，前者が駆逐される懸念が存在するためである．一部の国で資源管理を行っているにもかかわらず，資源管理を行っていない国の漁業が世界市場で生き残ることで，共有資源の枯渇が進むという懸念も深刻である．この懸念は，個別の漁船レベルでも存在する．国際的なルールを遵守しない便宜置籍漁船などによる無秩序な操業は，Illegal（違法），Unreported（無報告），Unregulated（無規制）の頭文字をとって，IUU漁業と呼ばれ，各種の地域漁業機関，FAO，OECDなどでも深刻な問題となっている．

8) 問題解決に向けて

以上の問題を解決する対策としては，規制的な手法だけでなく経済的な手段を講じることも有効であろう．前出のBrander and Taylor（1998）では，対策には，資源に所有権を付与すること，または輸入国が関税をかけるなどの手段が存在すると述べている．たしかに，所有権の付与は，共有資源の保全のために有効であるとの指摘も多い．しかしながら，水産物の場合，現実的には，広大な海洋に存在する資源に所有権を設定することは極めて困難である．また，税についても，外部費用を市場価格に取り込む（内部化させる）方法としては有効であるが，これを関税という形で徴集することは，現下のWTO（国際貿易機関）体制になじまない．WTO加盟国は，一旦譲許した（上限を約束した）税率を自由に上げることができないなどの制約を設けているためである．

むしろ，地域漁業機関などにおいて国際的な資源管理体制を更に効果的に実施すること，また，資源管理の枠組みを減殺しない貿易体制を策定することが，現実的な対応策であろう．実際，CCAMLR（Commission for the Conservation of Antarctic Marine Living Resources：南極の海洋生物資源の保存に関する委員会）やICCAT（International Commission for the Conservation of Atlantic Tunas：大西洋まぐろ類保存国際委員会）などの地域漁業機関では，違法に漁獲された魚が国際貿易の対象にならないようにする制度を実施している．このような制度はWTOにおいても奨励されるべきであろう．

あわせて，十分な資源管理を行った上で生産された製品と，そうでない製品を消費者が知り得る仕組みも有効であると考えられる．この仕組みはエコラベルと呼ばれており，近年では，FAO水産委員会において表示のガイドラインも採択され（FAO, 2005），また民間レベルでも普及に尽力する団体が出てくるなど，世界的に体制が整備されつつある．今後の普及状況や，消費者の動向が注目される．

9) 水産物貿易が社会に与える影響

最後に，水産物貿易が及ぼす社会的な影響について少々触れておく必要がある．貿易によって，輸出国・輸入国の双方が利益を得るとしても，同じ国の中でも，利益を得る層と被害を受ける層が別々であることを忘れてはならない．

被害を受ける層は，輸出国の場合，水産物価格の上昇の影響を受ける消費者である．沿岸コミュニティーにおいて安価かつ重要な食料資源であった水産物が，輸出に回されるようになったために，消

費者が簡単に入手できなくなるような状況も想定できる．この場合は，同じ国内でも，輸出で潤う生産者などが存在すれば，被害者層に対する適切な財政的移転などを検討することが重要であろう．

輸入国の場合は，今度は生産者が被害を受ける層になる．例えば日本の場合，食用魚介類の半数近くを輸入に頼る状況が近年続いている．日本の消費者にとってみれば，簡単に安く入手できる輸入水産物の存在が極めて重要であることは確かである．しかしながら一方で，漁業生産者は，所得水準の減少，経営体数・就労者数の減少，就労者の高齢化といった困難に直面している．こういった困難な状況が生じる要因の一部に，輸入水産物の存在があることは否定できない．例えば，有路（2006）は，サケ・マス類を題材として市場分析を行い，輸入品のサケ・マス類の価格が，国内のサケ・マス類の価格を決定づける要因であると述べている．つまり，水産物の輸入が，国内魚価を下落させる要因になっているとの分析である．

仮に労働市場が完全であれば，1つの産業部門が衰退しても他の部門に労働力が速やかに移動するのであろうが，日本における労働市場はそうなってはいない．漁業の場合，生産者は生産現場である漁場から近い沿岸コミュニティーに生活の場を有しており，兼業に有利な別の土地に移ることも困難である．

また，漁業者だけでなく，沿岸地域社会も影響を被る場合もある．沿岸の地域では，主要な産業が漁業であるところが多い．加えて，漁業活動自体が，多くの沿岸漁村において地域文化の継承など，生産以外の多面的な機能も有している．漁業の衰退は，漁業者個人だけでなく，地域にも社会経済的な影響を及ぼす問題となる．

水産物貿易が生物資源に与える影響と同様に，このような社会的な影響についても，今後，十分な議論がなされるべきであろう．

（八木信行）

おわりに

本章は，自然科学的知識に社会科学的興味の裏付けを与えたいという思いから付け加えられた章である．興味の内容をより具体的に現実の問題として読者にとらえてもらうことを意識して，3-3の漁業制度に関する部分については，あえて個人的な見解に近いもの掲載した．もちろん，こうした見解を教科書的な本に掲載することについては批判もあることを承知している．この項を付け加えたことによって，問題の解決をより具体的に考えようとする反応が生まれれば幸いである．いずれにしても，水圏生物科学の基礎研究には，こうした社会的な問題の解決につながる基盤的知見を提供するものとしての期待も大いにある．今後，自然科学的な水圏生物科学・水産学を学ぼうとする人々にとっても，こうした社会科学にかかわる情報を大いに活用してもらいたい．また，社会科学的興味からこの章を読まれた方に対しては，水圏生物科学と社会科学の中間領域にこのような魅力的な科学・学問の場があることを認識されて，水圏生物科学との協力関係の構築に取り組まれることを期待したい．

（黒倉　寿）

文　献

青山裕晃・今尾和正・鈴木輝明（1996）：干潟域の水質浄化機能．月刊海洋，**28**，178-188

有路昌彦（2004）：日本漁業の持続性に関する経済分析．多賀出版，225pp

Brander, A and Taylor S (1998)：Open access renewable resources:Trade and Trade Policy in a Two Country Model, *Journal of International Economics*, 44, 181-209.

Costanza, R. *et al.* (1997)：*Nature*, 387, 253.

FAO (2005)：Guidelines for the Ecolabelling of Fish and Fishery Products from Marine Capture Fisheries, FAO, Rome. 90pp

FAO (2007)：The State of World Fisheries and Aquaculture 2006, FAO, Rome. 162pp

Glibert, P. M. *et al.* (2008)：*Marine Pollution Bulletin*, 56, 1049.

環境省（2004）：自然環境等の現状，平成16年度環境白書，熊本県水俣病問題についてのホームページ http://www.pref.kumamoto.jp/eco/minamata/index.html

マンキュー, N, G（2005）：マンキュー経済学Ⅰ，ミクロ編（第2版），東洋経済新報社，pp.246-251

丸山俊朗（1999）：養魚排水の量・濃度と環境への負荷，水産養殖とゼロエミッション研究（日野明徳，丸山俊朗，黒倉 寿編），恒星社厚生閣，pp.9-24.

中原尚知，妻小波，松田恵明（1999）：観光漁業の社会的効用．地域漁業研究，39（2），245-265.

（財）日本下水道協会ホームページ http://www.jswa.jp/05_arekore/07_fukyu/index.html

OECD（2003A）：Liberalising Fisheries Markets - Scope and Effects, OECD, Paris. 384pp

OECD（2003B）：The Costs of Managing Fisheries, OECD, Paris. 173pp

Roheim, C. A.（2005）："Seafood：Trade liberalization and impacts on sustainability", Global Agricultural Trade and Developing countries（M.A. Aksoy & J. C. Beghin, eds.），The World Bank, Washington, DC. 275-295

Seitzinger, S. Pら（2005）：*Global Biogeochemical Cycles* 19, GB4S01.

水産庁編 水産白書（2007）：平成19年版水産白書，財団法人農林統計協会，126pp

東京都水再生センターホームページ http://www.gesui.metro.tokyo.jp/

浦安市ホームページ http://www.city.urayasu.chiba.jp/index.html

Wilson, C. L. and Matthews, W. H.（1970）：Report of the Study of Critical Environment Problems（SCEP），MIT Press. Washington, DC. 319pp

参考図書

有路昌彦（2006）：水産経済の定量分析－その理論と実践－，成山堂書店，161pp

Clark, C. W.（1976）：Mathematical Bioeconomics, John Wiley & Sons, New York, 352pp.

Clark, C. W.（1983）：生物経済学，生きた資源の最適管理の数理，啓明出版，342pp.

Guide to the Millennium Assessment Reports http://www.millenniumassessment.org/en/Index.aspx

漁業法研究会（2008）：最新逐条解説「漁業法」，水産社，623pp.

浜本幸生（1999）：共同漁業権論－平成元年7月13日最高判決批判，まな出版企画，840pp.

浜本幸生・熊本一規（1996）：海の『守り人』論 徹底検証・漁業権と地先権，まな出版企画，474pp.

長谷川彰（1985）：漁業管理，恒星社厚生閣，236pp.

速水佑次郎（2000）：開発経済学（新版）．創文社，382pp.

黒崎 卓（2001）：開発のミクロ経済学－理論と応用－．岩波書店．256pp.

京都大学フィールド科学教育研究センター（2007）：森里海連環・森から海までの統合管理を目指して，京都大学学術出版会，364pp.

松田敏信（2001）：食料需要システムのモデル分析，農林統計協会，164pp.

文部科学省（2004）：漁業，海文堂出版，335pp.

（社）日本水環境学会（1999）：日本の水環境行政，ぎょうせい，284pp.

西村 肇・岡本達明（2001）：水俣病の科学，日本評論社，東京，343pp.

小野征一郎（2005）：TAC制度下の漁業管理，農林統計協会，364pp.

小野征一郎（2007）：水産経済学－政策的接近，成山堂書店，322pp.

清光照夫・岩崎寿男（1982）：水産経済，恒星社厚生閣，262pp.

三番瀬再生計画検討会議（2004）：三番瀬再生計画案，三番瀬再生計画検討会議事務局，238pp.

三番瀬再生計画検討会議（2004）：三番瀬の変遷，三番瀬再生計画検討会議事務局，118pp.

（社）産業環境管理協会（2002）：20世紀の日本環境史，（石井邦宜監修），（社）産業環境管理協会，197pp.

千葉県三番瀬ホームページ
http://www.pref.chiba.lg.jp/syozoku/b_soukei/sanbanze/index-j.html

付 録

付録1a

海水密度 ρ は，塩分 s [psu]，水温 T [℃]，圧力 p [bar = 10 dbar であることに注意] の関数として，次のように定式化されている．

$$\rho(s, t, p) = \rho(s, t, o) / [1 - p/K(s, t, p)]$$

$\rho(s, t, 0)$ は圧力 $p = 0$ の場合の密度であり，下記のように定式化されている．

$\rho(s, t, o) =$

$\begin{aligned}
&+ 999.842\,594 && + 6.793\,952 \times 10^{-2} \times T \\
&- 9.095\,290 \times 10^{-3} \times T^2 && + 1.001\,685 \times 10^{-4} \times T^3 \\
&- 1.120\,083 \times 10^{-6} \times T^4 && + 6.536\,332 \times 10^{-9} \times T^5 \\
&+ 8.244\,93 \times 10^{-1} \times S && - 4.089\,9 \times 10^{-3} \times T \times S \\
&+ 7.643\,8 \times 10^{-5} \times T^2 \times S && - 8.246\,7 \times 10^{-7} \times T^3 \times S \\
&+ 5.387\,5 \times 10^{-9} \times T^4 \times S && - 5.724\,66 \times 10^{-3} \times S^{3/2} \\
&+ 1.022\,7 \times 10^{-4} \times T \times S^{3/2} && - 1.654\,6 \times 10^{-6} \times T^2 \times S^{3/2} \\
&+ 4.831\,4 \times 10^{-4} \times S^2
\end{aligned}$

$K(s, t, p) =$

$\begin{aligned}
&+ 19\,652.21 \\
&+ 148.420\,6 \times T && - 2.327\,105 \times T^2 \\
&+ 1.360\,477 \times 10^{-2} \times T^3 && - 5.155\,288 \times 10^{-5} \times T^4 \\
&+ 3.239\,908 \times p && + 1.437\,13 \times 10^{-3} \times T \times p \\
&+ 1.160\,92 \times 10^{-4} \times T^2 \times p && - 5.779\,05 \times 10^{-7} \times T^3 \times p \\
&+ 8.509\,35 \times 10^{-5} \times p^2 && - 6.122\,93 \times 10^{-6} \times T \times p^2 \\
&+ 5.278\,7 \times 10^{-8} \times T^2 \times p^2 \\
&+ 54.674\,6 \times S && - 0.603\,459 \times T \times S \\
&+ 1.099\,87 \times 10^{-2} \times T^2 \times S && - 6.167\,0 \times 10^{-5} \times T^3 \times S \\
&+ 7.944 \times 10^{-2} \times S^{3/2} && + 1.648\,3 \times 10^{-2} \times T \times S^{3/2} \\
&- 5.300\,9 \times 10^{-4} \times T^2 \times S^{3/2} && + 2.283\,8 \times 10^{-3} \times p \times S \\
&- 1.098\,1 \times 10^{-5} \times T \times p \times S && - 1.607\,8 \times 10^{-6} \times T^2 \times p \times S \\
&+ 1.910\,75 \times 10^{-4} \times p \times S^{3/2} && - 9.934\,8 \times 10^{-7} \times p^2 \times S \\
&+ 2.081\,6 \times 10^{-8} \times T \times p^2 \times S && + 9.169\,7 \times 10^{-10} \times T^2 \times p^2 \times S
\end{aligned}$

付録1b

ポテンシャル水温 θ は，塩分 S [psu]，水温 t [℃]，圧力 p [bar＝10 dbar であることに注意] の関数として，次のように定式化されている．

$$
\begin{aligned}
\theta(S, t, p) = \ & t - p\,(3.6504 \times 10^{-4} + 8.3198 \times 10^{-5} t - 5.4065 \times 10^{-7} t^2 \\
& + 4.0274 \times 10^{-9} t^3) - p\,(S - 35)\,(1.7439 \times 10^{-5} \\
& - 2.9778 \times 10^{-7} t) - p^2\,(8.9309 \times 10^{-7} - 3.1628 \times 10^{-8} t \\
& + 2.1987 \times 10^{-10} t^2) + 4.1057 \times 10^{-9}\,(S - 35)\,p^2 \\
& - p^3\,(-1.6056 \times 10^{-10} + 5.0484 \times 10^{-12} t)
\end{aligned}
$$

索　引

あ　行

r 選択　68
アイソフォーム　136
IUU 漁業　238
IUU 漁船　92
青潮　22
赤潮　22, 214
アクチビン B　53
アクチン　137
アクトミオシン　138
アジェンダ 21　193
足尾鉱毒事件　209, 214
アシルグリセロール　141
アドレナリン　62
亜熱帯循環　10
油流出事故　185
アプリシアトキシン　177
網漁具　89
網とり式捕鯨　181
アミノ酸　134
アミノ酸配列　134
アラノビン　154
アルギニン　164
アルギニンバソトシン　60
アルギニンリン酸　144
アルギン酸　148
アルテミア　116
α-ヘリックス　135
アレルギー　138
アワビ　133
アンセリン　145
安定同位体　40, 74
アンフィディノライド H　175
活けじめ　165
異所的種分化　70
イソトシン　60
磯やけ　113
イタイイタイ病　209, 210
一塩基多型　157
一次構造　134
一次生産　25
1回繁殖　71
一斉休漁　204
一村専用漁場　196

一般成分　132
一般の知事許可漁業　201
一本釣　90
遺伝子　136, 155
遺伝子工学　156
遺伝子導入　125
イノシン 5'-一リン酸　146
イミダゾールジペプチド　144
インスリン　62
インスリン様成長因子-1　51
ウェリントン条約　191
鱏　79
海鳥　36
A 重油価格　204
栄養塩　18, 37, 42
A 型精原細胞　53
エキス成分　143
エクソン　136
エクテナシジン 743　174
エコーロケーション　74
エコラベル認証制度　93
エストラジオール-17β　53
FAO 世界漁業管理開発会議　189
鰓　55
エルギノーシン　178
沿岸漁業　84
沿岸漁場整備開発法　118
塩基　155
塩基配列　156, 157
塩分　7
遠洋漁業　84
遠洋漁業奨励法　183
塩類細胞　63
オイラー微分　13
黄体形成ホルモン　52
オカダ酸　171
沖合漁業　84
オクトピン　155
オスモライト　152
汚染魚　185
オピン　154
オペレーティングモデル　111
オリンピック方式　109
卸売物価　206

オンナミド A　175

か　行

カイアシ類　42
外国人労働力　207
海産顕花植物　33
海産種　4
海産哺乳動物等の漁網及び廃棄物による絡まり問題　190
海産哺乳類　36
海水の密度　7
海藻　147
海難事故　183
開発　220
買い負け　203
海綿動物　33
海面遊漁　218
回遊　75
回遊型　77
回遊環　75
海洋安定 (Ocean stability) 説　98
海洋回遊　77
海洋性スポーツ　219
海洋熱塩循環　12
海洋廃棄物の末路と影響　190
外来遺伝子　159
海流　6
価格形成　223
化学合成　26
化学合成生態系　39
獲得免疫　64
下垂体　59
仮想市場評価法　220
活性汚泥法　213
褐藻　33
褐藻　148
加入当り漁獲量　106
加入量　94
カラゲナン　148
カリクリン A　177
顆粒膜細胞層　52
カルシウム　162
カルシウムイオン　167
カルシトニン　61

カルノシン　144	極性脂質　139, 143	高度回遊性魚類資源　92
加齢効果　205	漁具能率　105	高度処理　213, 220
カロテノイド　137, 150	棘皮動物　35	高度不飽和脂肪酸　139
感覚　57	漁港漁場整備法　118	公有　220
環境改善　112	魚種交替　99	小売価格　206
環境収容力　68	筋小胞体　167	ゴーストフィッシング　93
環境収容力　102	グアニジノ化合物　146	護岸　213
環境ホルモン　173	区画漁業権　198	呼吸　54
カンクン宣言　192, 193	組換えタンパク質　156	国際貿易機関　238
環形動物　34	クラゲ　67	黒色素胞刺激ホルモン　60
岩礁生態系　37	グリコーゲン　134	国連海洋法条約　92
間腎腺　61	グリコーゲン含量　165	国連公海漁業協定　193
完全養殖　119	グリシン　164	国連食糧農業機構　186
寒天　148	グリシンベタイン　147, 164	国連人間環境会議　182, 188
管理釣り場　219	グリセリルエーテル脂質　142	個体群　69
記憶喪失性貝毒　172	グリセロリン脂質　143	コハク酸　154, 164
機械釣　90	グルカゴン　62	個別漁獲割当　109
汽水種　4	グルタミン酸　164	コラーゲン　133, 138
季節変動　133	クレアチンリン酸　144, 146, 165	コリオリ力　12
基礎生産　25	クロム親和細胞　61	コルチゾル　61
北大西洋深層水　11	クロロフィル　137, 150	コレステロール　142
キチン・キトサン　178	群集呼吸　26	コレステロール含量　161
基盤サービス　229	系群　101	小割式　121
規模の経済　208	K 選択　68	混獲　93
嗅覚　59	K 値　168	混合栄養　29
給餌養殖　119	下水道　213	混合層　22
供給サービス　229	ゲノム　157	コンジョイント分析　227
競合財　224	下痢性貝毒　171	コンドロイチン硫酸　178
共同漁業権　198	原核生物　30	Gompertz 式　104
夾膜細胞層　52	嫌気代謝　154	
許可漁業　91	健康項目　211	さ　行
漁獲可能量　92	健康被害　209	サーモンフィッシング　217
漁獲係数　105	原索動物　35	細菌　32
漁獲努力可能量　92	減衰係数　16	サイクロセオナミドA　178
漁獲努力量　105	顕熱　8	鰓後腺　61
漁獲率　105	現場密度　7	採餌　73
漁業技術の発達　181	航海能力　76	再生産　107
漁業組合準則　196	降河回遊　77	再生産関係　94, 107
漁業権　197, 220	光合成　25	最大経済生産量　103
漁業権漁業　91	交雑育種　125	最大持続生産量　101
漁業資源管理の費用　237	抗腫瘍性　174	最適採餌戦略　73
漁業制度　208	甲状腺　61	最適生産量　103
漁業の近現代史　181	甲状腺刺激ホルモン　60	細尿管　63
漁業の経営戦略　224	紅藻　33	栽培漁業　115
漁業被害　210	紅藻　148	採苗器　123
漁業法　196	抗体　64	細胞外不等浸透圧調節　152
漁業補償　220	好中球　64	細胞間粘質多糖　148

索　引

細胞毒性　174
細胞内等浸透圧調節　152
細胞壁骨格多糖　148
魚離れ　203
サキシトキシン　171
索餌　73
刺網　89
雑漁具　89
サブユニット　135
3K　204
サンゴ礁　38
三次構造　135
酸素消費量　56
産地価格　206
産物価格　224
産卵親魚量　94
残留型　78
シェアードストック　92
Jターン　207
Schaeferのプロダクションモデル　103
潮干狩り　218
シオミズツボワムシ　68, 115
視覚　57
シガテラ　170
シガトキシン　170
敷網　89
糸球体　63
始原生殖細胞　51
死後硬直　164
自己分泌　59
死後変化　132, 164
地先海面の管理権　231
地先権　232
脂質　138
市場統合分析　227
雌性成熟　51
自然海岸　213
自然死亡係数　105
自然免疫　64
持続的養殖生産確保法　128
実用塩分　7
質量　78
指定漁業　199
17, 20 β-ジヒドロキシ-4-プレグネン-3-オン　53
ジビニルメタン構造　139

脂肪酸　139
刺胞動物　34
資本漁業　183
市民　221
ジャスパミド　175
弱光層　16
自由漁業　92
集魚灯　91
重金属　172
集団　69
集団遺伝学　69
重量　78
重力加速度　78
需給関係　225
需給分析　227
宿主転換　128
受精　49
種遷移　20
種苗生産　115
種分化　70
寿命　66
需要曲線　226
需要体系分析　227
循環　54
春季ブルーム　24
純群集生産　26
純生産　16, 26
順応的管理　111
松果体　61
消散係数　16
譲渡可能個別漁獲割当　109
消費者の魚離れ　204
初期減耗　95
食段階　39
食物連鎖　39, 41, 173
深海層　5
新規就業者数　207
神経性貝毒　172
神経分泌　59
人工海岸　213
人工魚礁　113
人工種苗生産　215
人工生産種苗　214
真光層　16
腎小体　63
深層　5
心臓　54

浸透圧　62
浸透圧調節　62
浸透有効物質　152
水銀　173
水圏　1
水圏生物　1
水産委員会　188
水産基本計画　205
水産基本法　118
水産資源　111
水産資源保護法　128
水産物の国際貿易　235
水産貿易小委員会　190
水産用医薬品　128
水質汚濁防止法　211
水質環境基準　211
水素結合　3
スクアレン　142
スタニウス小体　61
スタニオカルシン　61
ステロール　142
ストラドリング魚種　189
ストラドリングストック　92
スノーボールアース　31
SmithとFretwellの理論　71
成育場　75
生活環　66
生活環境項目　211
生活史　66
生活史特性　66
生活排水　212
生業的漁業　208
制限酵素　156
精原細胞　51
精細胞　53
生残率　105
生産量MSY　103
精子成熟　53
生殖腺刺激ホルモン　52
生殖腺刺激ホルモン分泌ホルモン　52
生殖的隔離　70
生食連鎖　28
生息域　75
生態系サービス　228
生体防御　64
成長の限界　188

成長ホルモン　51
生物学的管理基準　110
生物学的許容漁獲量　92
生物多様性　214, 215
政府による介入　237
世界食糧計画　187
脊椎動物　35
責任ある漁業のための行動規範　93, 192
摂餌　73
摂餌開始期（Critical period）説　97
節足動物　34
ゼラチン質プランクトン　44
セルトリ細胞　53
セルロース　148
全減少係数　105
染色体操作　125
漸深海層　5
全炭酸　18
潜堤　114
潜熱　8
選抜育種　125
操業海域の拡大　182
総生産　16
総生産　26
相補的DNA　156
総量規制　212
遡河回遊　77
側線　58
組織脂質　139
ソマトラクチン　60

た 行

第一次精母細胞　53
ダイオキシン　173
第5福竜丸　184
第三次国連海洋法会議　189
代替法　220
ダイデムニンB　175
第二次精母細胞　53
ダイビング　219
大陸棚　5
タウリン　143, 153, 161
卓越年級群　95
多数回繁殖　71
多面的機能　215
炭化水素　142

短期供給曲線　226
単細胞　32
淡水回遊　77
淡水種　4
タンパク質　134
地域漁業機関　238
築磯　113
蓄養　119
地産地消　206, 215
地中海水　12
窒素固定　19
中間育成　117
中間種苗　122
中枢神経系　57
中性浮力　79
中層　5, 37
チューブリン　174
聴覚　58
長期供給曲線　226
超深海層　5
調整サービス　229
貯蔵脂質　139
貯蔵多糖　149
釣漁具　89
低酸素　154
低次生物生産　29
ディスコデルモライド　174
底生生態系　37
底生生物　37
定置網　90
定置漁業権　197
呈味有効成分　163
適合溶質　153
適・不適合（Match-mismatch）説　98
テストステロン　53
テトロドトキシン　169
動因　76
同所的種分化　70
動的繁殖戦略　69
動物搭載型記録計　74
透明度板　16
ドウモイ酸　172
通し回遊　77
特定事業場　212
特定大臣許可漁業　200
独立栄養者　29

突然変異体　159
トップダウンコントロール　44
トランスジェニック魚　159
トリアシルグリセロール　141
トリメチルアミンオキシド　146
トリヨードチロニン　61
トレードオフ　68

な 行

ナイアシン　162
内水面遊漁　216
内的自然増加率　68, 102
内部生産　212
内分泌撹乱化学物質　173
南極中層水　12
南極底層水　11
軟体動物　34
南北問題　187
新潟水俣病　209, 210
二次構造　135
日補償深度　16
日周鉛直移動　43, 46
200海里経済水域　189
二枚貝　154
尿素　147, 154
ヌクレオシド　146
ヌクレオチド　146, 164
熱水噴出域　26
ネフロン　63
年級群　95
燃油価格の上昇　204
燃油高　204
ノックアウト技術　159
ノルアドレナリン　62

は 行

胚環　49
ハイグレイディング　109
胚盾　50
排他的経済水域　92
排他的利用　232
胚盤　49
胚盤葉　49
はえ縄　90
薄光層　16
鼻　59
ハリコンドリンB　174

パリトキシン　171
半自然海岸　213
繁殖集団　70
繁殖戦略　68
繁殖場　75
繁殖保護　112
ヒアルロン酸　178
B型精原細胞　53
P：B比　28
干潟　113
ひき網　89
ひき縄釣　90
非極性脂質　139
ヒスチジン　143
微生物環　28
微生物食物連鎖　28
ヒ素　173
ビタミンA　161
ビタミンD　161
ビタミンB_{12}　162
ビタミンB_2　162
ビタミンB_1　162
必須元素　172
必須微量元素　172
ビテロゲニン　53
非保存部分　12
漂泳生態系　37, 41, 46, 47
表層　5
表層胞　49
微量元素　163
貧酸素　22
フィードバック管理　111
フィコビリン　150
フィッシャリーナ　219
フードマイレージ　206
富栄養化　21
孵化　50
孵化酵素　50
副漁具　90
副腎皮質刺激ホルモン　60
フグ毒　169
フコイダン　148
付着汚損生物　121
物質循環　25
不凍タンパク質　138
負の外部性　236
不飽和脂肪酸　139

浮遊生物　4, 37
ブライン　9
プラザ合意　203
フラッギング協定　193
ブラックバス　217
プランクトン　4
プランクトンパラドックス　46
ブルーツーリズム　216
ブルーム　20
プレジャーボート　219
ブレベトキシン　172
プロテインキナーゼC　176
プロラクチン　60
文化的サービス　229
分子系統解析　156
平均滞留時間　2
ペデリン　176
Beverton-Holt型再生産曲線　107
ヘモグロビン　56
von Bertalanffy式　104
便宜置籍船　93
ペンギン科　72
扁形動物　34
変性　135
変態　51
法定知事許可漁業　201
防波堤　114
傍分泌　59
ホエールウォッチング　216
ボーマン嚢　63
捕鯨モラトリアム　182
補償深度　16
補体　65
ポテンシャル水温　8
ポテンシャル密度　8
ボトムアップコントロール　44
ホマリン　147
ポリプ　67
ポリメラーゼ連鎖反応　156
ホルモン　59

ま　行

マーケティング　208
マイクロサテライト遺伝子　70
マイケラミドA　175
まき網　89
マクロファージ　64

末梢神経系　57
マノアライド　177
麻痺性貝毒　171
蔓延防止　129
マングローブ　214
ミオグロビン　137
ミオシン　137
味覚　59
ミカロライドB　175
ミクロシスチン　177
水作り　121
ミトコンドリアDNA　70
水俣病　185, 209, 214
ミネラル　172
耳　58
明神礁　184
ミレニアム生態系評価計画　228
無給餌養殖　119
無光層　16
無酸素　154
無病証明書　128
眼　57
明治漁業法　196
メチルアミン　146, 164
メラトニン　61
メラニン凝集ホルモン　60
免疫賦活剤　127
モジャコ　123
藻場　38, 113

や　行

薬剤耐性菌　128
遊泳生物　37
遊漁者　185
遊漁船業　218
有光層　16
雄性成熟　51
Uターン　207
優良形質遺伝子　158
輸送・滞留（Transport-retention）説　98
溶存酸素　12
溶存物質　4
四次構造　135
余剰生産量　101
予防的措置　110
四大公害病　209

ら 行

ライディッヒ細胞　53
ラグランジェ微分　13
Russellの方程式　101
ラトランクリンA　175
ラミナラン　150
ラムサール条約　221
ランゲルハンス島　62
卵原細胞　51
藍藻　32, 147, 177
卵母細胞　51
乱流（Turbulence）説　98
リオ宣言　193
陸棚斜面　5
Ricker型再生産曲線　107
リボソーム　135
硫酸還元菌　22
漁師フェア　207
両側回遊　77
量的形質遺伝子座　158
緑色蛍光タンパク質　137, 159
緑藻　33, 148
旅行費用法　220
臨界深度　23
リングビアトキシンA　177
輪形動物　34
リン脂質　143
リンパ球　64
レクチン　66
レジームシフト　99
レプトセファルス　67
連鎖解析　158
連鎖地図　158
logistic式　104

濾胞刺激ホルモン　52

わ 行

ワックス　141

アルファベット

ABC　92
adaptive management　111
Ara-A　174
Ara-C　174
ATP　165, 167
BOD　22
BRP（biological reference point）　110
carrying capacity　102
catchability coefficient　105
cDNA　156
Central Place Foraging　75
COD　21
COFI　188
CVM　220
DHA　143
DNA　135, 156
EEZ　189
EEZ　92
exploitation rate　105
FAO　186
feedback conrol　111
fishing coefficient　105
fishing effort　105
f-ratio　42
GFP　137
IMP　146, 167

intrinsic rate of natural increase　102
IPA　143, 161
IQ（individual catch quota）　109
ITQ（individual transferable catch quota）　109
MEY（maximum economic yield）　103
MP（management procedure）　111
MSY（maximum sustainable yield）　101
natural mortality coefficient　105
OM（operating model）　111
OY（optimum yield）　103
PCR　156
precautionary approach　110
reproduction　107
RNA　156
stock　101
stock-recruitment relationship　94, 107
surplus production　101
survival rate　105
TAC　92
TAE　92
TCM　220
TMAO　146, 152, 154
total mortality coefficient　105
tropfic cascade　45
WTO　238
YPR, Y/R（yield per recruit）　106

水圏生物科学入門	
2008年9月25日　初版第1刷発行	編者　会田勝美Ⓒ
2015年9月20日　第2刷発行	発行者　片岡一成
2017年2月28日　第3刷発行	発行所　恒星社厚生閣
2019年3月15日　第4刷発行	〒160-0008　東京都新宿区四谷三栄町3-14
2021年2月25日　第5刷発行	電話 03 (3359) 7371 (代)
2023年4月28日　第6刷発行	http://www.kouseisha.com/
	印刷・製本：(株)デジタルパブリッシングサービス

ISBN978-4-7699-1095-4　C3045
定価はカバーに表示してあります

JCOPY ＜出版者著作権管理機構　委託出版物＞
本書の無断複写は著作権法上での例外を除き禁じられています。複写される場合は，そのつど事前に，出版者著作権管理機構（電話 03-5244-5088, FAX 03-5244-5089, e-mail:info@jcopy.or.jp) の許諾を得て下さい。

好評発売中

水圏微生物学の基礎

濵﨑 恒二・木暮一啓 編

B5判・280頁・定価（本体3,800円＋税）

微生物の分布，多様性，機能，相互作用などを最新の知見に基づき包括的に記述．重要ポイントがはっきりわかる形式で解説した微生物学テキストの決定版．［目次］1章 水圏環境の特徴と微生物 2章 微生物の分布 3章 水圏微生物の特性 4章 微生物の系統と進化 5章 微生物の多様性 6章 有機物を作り出す微生物 7章 微生物による有機物分解 8章 微生物の捕食者 9章 食物網の中の微生物 10章 微生物による生元素循環 11章 嫌気環境の微生物 12章 他生物との相互作用 13章 水圏微生物と人の関わり ［執筆者］木暮一啓・澤辺智雄・澤辺桃子・鈴木 聡・砂村倫成・永田 俊・浜崎恒二・春田 伸・福田秀樹・美野さやか・和田 実

増補改訂版
魚類生理学の基礎

会田勝美・金子豊二 編

B5判・278頁・定価（本体3,800円＋税）

魚類生理学の定番テキストとして好評を得た前書を，新知見が集積されてきたことにふまえ，内容を大幅に改訂．生体防御，生殖，内分泌など進展著しい生理学分野の新知見，そして魚類生理の基本的事項を的確にまとめる．［主な目次］1章 総論 2章 神経系 3章 呼吸・循環 4章 感覚 5章 遊泳 6章 内分泌 7章 生殖 8章 変態 9章 消化・吸収 10章 代謝 11章 浸透圧調節・回遊 12章 生体防御 ［執筆者］会田勝美・足立伸次・天野勝文・植松 一眞・潮 秀樹・大久保範聡・金子豊二・黒川忠英・神原淳・小林牧人・末武弘章・鈴木 譲・田川正朋・塚本勝巳・難波憲二・半田岳志・三輪 理・山本直之・渡邊壯一・渡部終五

魚類生態学の基礎

塚本勝巳 編

B5判・320頁・定価（本体4,500円＋税）

生態学の各分野の第一人者と新鋭の研究者25名が，これから生態学を学ぶ人たちに向けて書き下ろした魚類生態学ガイドブック．魚類生態学の分野は幅広く奥深いが，概論，方法論，各論に分け，コンパクトに解説．［主な目次］第1部 概論［1 環境・2 生活史・3 行動・4 社会・5 集団と種分化・6 回遊］第2部 方法論［7 形態観察・8 遺伝子解析・9 耳石解析・10 安定同位体分析・11 行動観察・12 個体識別・13 バイオロギング］第3部 各論［14 変態と着底・15 生残と成長・16 性転換・17 寿命と老化・18 採餌生態・19 捕食と被食・20 産卵と子の保護・21 攻撃・22 なわばり・23 群れ行動・24 共生・25 個体数変動・26 外来種による生態系の攪乱］

水圏生化学の基礎

渡部終五 編

B5判・248頁・定価（本体3,800円＋税）

進展著しい生化学分野の基礎をコンパクトにまとめる．最新の知見はもとより教育上の要請を十分取り込み，本文中のコラム，巻末の解説頁で重要事項を丁寧に説明した本書は，生化学を学ぶ方の恰好のテキスト．［主な目次］1．序論（なぜ生化学か など） 2．生体分子の基礎 3．タンパク質 4．脂質 5．糖質（糖類の代謝，光合成） 6．ミネラル・微量成分 7．低分子有機化合物 8．核酸と遺伝子 9．細胞の構造と機能．［執筆者］板橋 豊・伊東 信・潮 秀樹・大島敏明・岡田 茂・緒方武比古・尾島孝男・落合芳博・柿沼 誠・木下慈晴・近藤秀裕・豊原治彦・松永茂樹・山下倫明・渡部終五

新版・魚病学概論

小川和夫・飯田貴次 編

B5判・204頁・定価（本体3,800円＋税）

『魚病学概論』を全面改訂．水産防疫の情報更新，麻酔法を追加．［目次］1．序論 2．魚類の生体防御と耐病性育種 3．ウイルス病 4．細菌病 5．真菌病 6．寄生虫病 7．環境性疾病 8．栄養性疾病 9．病原体の検査法とその関連技術［概説 病理組織学的検査法 免疫学的検査法 ウイルス学的検査法 細菌学的検査法 真菌学的検査法 寄生虫学的検査法 血液検査および生理学的検査法 麻酔法］／宿主（学名）一覧 ［執筆者］小川・飯田・泉 庄太郎・伊藤直樹・倉田 修・坂本 崇・佐藤秀一・佐野元彦・白樫 正・中尾実樹・西澤豊彦・廣野育生・舞田正志・横山 博・吉田照豊・良永知義・吉水 守・和田新平・渡邉研一

恒星社厚生閣